# 高精度三维地震技术与应用

阎世信 著

石油工业出版社

## 内 容 提 要

本书是对中国石油"十五""十一五"期间高精度三维地震技术的总结和关键问题的思考。涵盖了高精度三维地震勘探的定义、地震分辨率的认识、地震采集仪器、野外观测系统设计、表层调查及静校正、地震资料处理、高精度三维地震解释等内容。针对陆上油气勘探开发，以完成地质任务为出发点，提出提高地震资料精度的关键在于地震理论和生产实践相融合，并展示了高精度三维地震采集、处理、解释的关键技术和技术应用成果，对陆上高精度三维地震技术的推广和应用提出了建设性的意见。

本书可供油气勘探工作者与相关大专院校师生参考。

### 图书在版编目（CIP）数据

高精度三维地震技术与应用／阎世信著．— 北京：石油工业出版社，2019.8
 ISBN 978-7-5183-3255-7

Ⅰ．①高… Ⅱ．①阎… Ⅲ．①地震勘探 Ⅳ.
①P631.4

中国版本图书馆 CIP 数据核字（2019）第 049984 号

---

出版发行：石油工业出版社
（北京安定门外安华里 2 区 1 号 100011）
网　　址：www.petropub.com
编辑部：（010）64523736
图书营销中心：（010）64523633
经　　销：全国新华书店
印　　刷：北京中石油彩色印刷有限责任公司

2019 年 8 月第 1 版　2019 年 8 月第 1 次印刷
787×1092 毫米　开本：1/16　印张：15.75
字数：400 千字

定价：200.00 元
（如出现印装质量问题，我社图书营销中心负责调换）
版权所有，翻印必究

# 序一

近年来，以万道地震仪器为代表的高空间采样地震采集技术、以叠前偏移成像为代表的提高成像精度处理技术、以叠前反演为代表的储层预测与油气检测技术得到快速发展，成为油气勘探领域不可须臾离开的关键技术。可以说，没有物探技术的进步也就没有现代石油工业。

我国东部地区为油气勘探成熟区，经过全国矿产资源第三轮油气评价，仍有巨大油气储量有待发现。几年前，中国石油响亮地提出了进行二次三维地震，即高精度三维地震工程，致力于寻找复杂断块、岩性和新层系油气藏，并为老油藏提供更加丰富的地球物理信息。经过多年的攻关和创新，在各主要含油气盆地都打下了坚实的资料基础并取得了非常显著的成绩。尤其是辽河油田的大民屯凹陷以及东西部凹陷的储量和产量每年都迈上了新台阶，华北油田的冀中坳陷和二连盆地均发现了一批岩性油气藏，大港油田的歧口凹陷也被揭开了多年沉睡的面纱，使得多年储量和产量递减的老油田，都重新焕发出了青春。

无数成功实例证明，物探技术是近年来含油气盆地发现圈闭和提高油气田勘探开发效益的关键技术。而高精度三维地震技术又是当今各大石油公司勘探开发诸多物探技术中的核心技术。

难能可贵的是，阎世信同志退休之后仍潜心研究，认真思考，笔耕不辍，从地质地球物理的角度，以富含油气凹陷地质理论为指导，比较系统地总结和论述了二次三维高精度地震勘探的理论、技术和方法。在开展以小面元、长排列、高覆盖、高分辨率为主要技术内容解决地质精细勘探问题的实践基础上，努力提炼实用技术并加以升华，确实写出了当前高精度三维地震技术的水平和现状，定会给业内人士以很好的借鉴和启迪。

我相信，本书的出版对精细石油勘探乃至地球物理技术的发展将会起到积极的促进作用。

中国科学院院士

2009 年 3 月于北京

# 序二

科学技术是生产力,在有生油条件的盆地过去找不到油的地方,石油工作者利用新的勘探技术就有可能找到油;过去地质问题研究搞不清的地方,用新一代勘探技术就可以搞清楚。高精度三维地震勘探技术是石油天然气工业勘探开发的一项核心技术,在当前油气勘探开发中起到了非常关键的作用。特别是在我国东部地区富油气凹陷老油田成熟区通过高精度三维地震大面积连片采集、处理、解释,也可以找到新的油气圈闭乃至大油气田。

在富油气凹陷精细勘探理论指导下,推广实施高分辨率、高信噪比、高保真度的高精度三维地震技术,在岩性—地层油气藏勘探、复杂断块勘探方面,以及微幅度构造发现、圈闭识别与描述、储层精细预测与解释、油气藏描述等技术应用方面,高精度三维地震都发挥着不可替代的作用。

高精度三维地震技术的应用,为中国石油的东部老油田重新焕发青春燃起了希望。因此,对"十五""十一五"以来开展的高精度三维地震的理论、技术方法和经验,很值得下大力气总结,以期获得新的更大发现,为我国的石油工业和国民经济建设做出新的贡献。

本书作者多年来一直工作在勘探管理和应用研究的一线,有着扎实的理论基础和实际工作经验。将近几年重要的学术报告和文章通过整理和提炼,比较系统地阐述了高精度三维地震勘探的理论、技术和应用方法,理论联系实际,阐述了高精度三维地震勘探的工业化应用探索和实践的历程,以及在一系列大油田发现中所发挥的独特作用。特别要指出这些成果都是首次发表。

中国石油的勘探开发形势和油气储量在蓬勃发展,勘探新技术也日新月异。高精度三维地震处于盆地级大面积连片采集、处理和解释,与以往的工作方法和研究思路有很大差别。相信本书的出版,将在推动高精度三维地震技术应用方面发挥作用,进一步促进地震勘探技术的进步和发展。

中国科学院院士 贾承造

2009 年 3 月于北京

# 前　言

　　地球物理技术是现代地球科学中的高新技术，既是解决油气勘探开发中各种复杂地质问题的最主要手段，也是修正和完善勘探地质理论的最重要依据。忆往昔，新中国石油工业成功开拓和油气储量、产量快速增长的全过程，无不由地球物理勘探技术的发展和进步相伴。

　　21世纪初，"东部硬稳定，西部快发展"的战略决策加快了中国石油工业的发展，在东部勘探多年的老区发现了更多的油田、更多的储量，在西部探区也发现了一大批油气田。为了在富油凹陷找到更多的储量并迅速转化为产能，中国石油加大了勘探力度、三维地震部署和应用力度，使得勘探面积成倍增长。随着地质工作者对地震勘探精度要求的不断提高，从高分辨率地震勘探逐渐过渡到高精度地震勘探，物探技术的进步带来了一系列新的重大油气发现，充分发挥出了其科技进步"推进器"的作用。

　　高精度三维地震不仅仅是采取小面元、高覆盖的野外观测，它贯穿了三维地震采集、处理和解释的整个过程，要求采集的数据是高品质的、处理的数据是高保真的、解释的成果是高精度的。要获得高精度的地质解释成果，做好地震工程是基础，重视和选择适用技术，以应用效果为标准是关键。在野外采集环节，做好野外采集技术设计，好的设计就是成功的一半。根据探区的石油地质条件、勘探概况和地球物理勘探史、存在的主要地质问题，提出高精度地震勘探面临的物探技术问题，根据地球物理参数论证，采取相应的先进适用的观测系统设计技术，优选野外采集观测系统和参数，达到获得具有较高频带宽度、较高信噪比的高品质地震数据目的。在处理环节，做好保真预处理、速度建模，选择适合的偏移方法，获得高保真的叠前道集和成像剖面。在解释环节，做好岩石地球物理，做好精细构造解释，优选储层敏感参数，选择适宜的反演方法和属性描述方法，获得高精度储层预测和流体检测结果。

　　马在田院士在给熊翥先生著述的《21世纪初中期油气地球物理技术展望》序言中说得好："现在地球物理界的众多人员，包括有相当才干、有能力的人员过多地沉湎于局部方法技术的掌握，不重视方法技术的应用效果，也不想通过掌握全面的科学技术去解决地学研究的实际需求。特别是有越来越多的人不以需要探索解决的地震问题为研究目标，而是以掌握某一项技术为目标。这样一来，社会发展所需要的地球物理学家越来越少，而以重复开发计算机算法的人越来越多。其结果是中国的地球物理学家已经在地学界被边缘化，而且越来越严重。因此，我呼吁，多一些有地学知识的地球物理学家，少一些玩计算机花样的所谓地球物理学家……由于地球物理数据本身是地质体的物理场，物理场是非直接数据，因而将物理场解释成地质问题时有多解性。解决多解性要有其他方面的知识，如果只知其一，不知其二，多解性是不会解决的。因此，要求地球物理学家有更广泛的知识，有更多的实践经验，特别是要有更丰富的地质知识。一切方法性采集、处理和解释技术最终都必须以解决地质问题为目标。不能解决地质问题的地震原理、方法和技术都是不会被承认的。"

物探方法的基础是地质物理模型以及与之关联的数学关系和推演，而地质物理模型必须符合地质基础原理，才能更快地趋近实际。本书编著的原则是从地质地球物理的角度，积笔者40余年的工作实践经验，系统地总结和论述高精度三维地震勘探相关的理论、技术和方法，突出技术方法的实用性、可操作性、可借鉴性。

本书从地震勘探技术本身环节出发，围绕提高三维地震勘探精度的问题，系统阐述了地震分辨率、地震资料信噪比、地震资料采集、地震数据处理、地震资料解释等方面中各个环节对勘探精度的影响因素，结合实际资料的分析和应用，提出了提高精度的措施，并说明了技术应用的效果和优势。

诚然，高精度三维地震技术涵盖面较广，书中论及难免有疏漏和谬误之处，敬请读者批评指正。

# 目　　录

1 绪论 ………………………………………………………………………………（1）
2 高精度三维地震技术的理论基础 …………………………………………………（5）
 2.1 高精度三维地震技术的定义 ……………………………………………………（5）
 2.2 高精度三维地震技术的发展简况 ………………………………………………（6）
 2.3 高精度三维地震技术的主要优势 ………………………………………………（7）
 2.4 高精度三维地震技术的主要特点 ………………………………………………（14）
 2.5 高精度三维地震技术的关键点 …………………………………………………（15）
 2.6 地震分辨率概述 …………………………………………………………………（20）
 2.7 地震资料的信噪比 ………………………………………………………………（48）
 2.8 地震资料的高保真 ………………………………………………………………（51）
 2.9 认识与建议 ………………………………………………………………………（54）
3 高精度三维地震采集技术 …………………………………………………………（57）
 3.1 观测系统的设计和选择 …………………………………………………………（57）
 3.2 地震采集装备的发展 ……………………………………………………………（95）
 3.3 高精度三维地震采集的实施 ……………………………………………………（117）
 3.4 认识与建议 ………………………………………………………………………（122）
4 静校正 ………………………………………………………………………………（123）
 4.1 静校正概述 ………………………………………………………………………（123）
 4.2 方法技术研究及应用 ……………………………………………………………（126）
 4.3 三维静校正量计算 ………………………………………………………………（128）
 4.4 静校正配套技术应用 ……………………………………………………………（148）
 4.5 认识与建议 ………………………………………………………………………（154）
5 高精度地震资料处理技术 …………………………………………………………（156）
 5.1 室内处理提高地震资料信噪比 …………………………………………………（157）
 5.2 提高分辨率处理技术 ……………………………………………………………（159）
 5.3 叠前时间偏移成像技术 …………………………………………………………（163）
 5.4 叠前深度偏移技术 ………………………………………………………………（171）
 5.5 认识与建议 ………………………………………………………………………（181）
6 高精度三维地震解释技术 …………………………………………………………（184）
 6.1 地震地质解释理论基础 …………………………………………………………（184）
 6.2 构造精细解释技术 ………………………………………………………………（196）

  6.3 层序地层学技术 …………………………………………………（197）
  6.4 储层预测技术 ……………………………………………………（200）
  6.5 裂缝检测技术 ……………………………………………………（218）
  6.6 烃类检测技术 ……………………………………………………（225）
  6.7 认识与建议 ………………………………………………………（237）
**后语** ……………………………………………………………………（239）
**致谢** ……………………………………………………………………（240）
**参考文献** ………………………………………………………………（241）

# 1 绪 论

在我国石油工业的发展道路上，地球物理勘探起到了十分重要的作用。我国现有油气田中除老君庙油田、延长油田及西部少数油田为地面地质调查所发现之外，90%以上的油田是利用地球物理勘探方法发现的。目前，地球物理勘探技术面临着新区要寻求新突破新发现、老区要保持增储稳产两大迫切需求，高精度三维地震勘探技术成为解决新需求的主要技术手段。由于高精度三维地震勘探获得信息量丰富，地震剖面、切片分辨率高，映射的地下的古河流、古湖泊、古高山、古喀斯特地貌、断层等均可直接或间接反映出来。地质勘探人员利用高精度的三维地震资料找油找气，渤海湾盆地南堡油田、四川盆地普光大气田、塔里木盆地库车大气田等的发现，应该主要归功于高精度的三维地震勘探技术。

三维地震勘探技术产生良好的勘探效益，得益于其信息量大且信息成分丰富。增加地震信息量的途径，一是通过提高采样密度来增加空间信息量，二是提高频率域的地震信息量，即提高地震资料的分辨率。前者与采集仪器的装备性能及采集设计有关；后者与工区的地震地质条件、采集工艺及资料处理技术有关。提高覆盖次数，减小面元尺度，提高空间采样率，并配合相应的去噪处理技术，是国内外三维地震技术向高精度发展的主要途径。

高精度三维地震技术的观测系统将广泛采用小网格、宽长排列、小面积检波器组合，以获得小面元、高覆盖次数、宽方位的海量数据。其中，宽方位采集方式得到快速发展，即增加排列片宽度，纵横比由目前的 0.4~0.7 向 1 趋近。

室内处理将采用分方位的叠前处理技术，获得不同方位角的叠前道集和偏移剖面，以进行构造断裂系统及岩性非匀质性的精细描述。资料的频率会展宽 10Hz 左右，纵向分辨率、横向分辨率得到进一步提高。

资料解释将充分利用钻井和测井资料，进一步发展叠前反演技术、叠前属性提取技术、复杂储层预测技术，更直接地向油藏建模和油藏模拟地震技术发展，并继续提高分辨率、信噪比、成像精度和保真度，使薄互层、特殊岩性体、复杂小断块、裂缝发育带的成像特征更加清楚，满足现阶段复杂储层油气勘探的需要。

高精度地震勘探技术的发展是地球物理技术整体进步的表现，更是油气勘探开发战略思想、技术思路和管理水平整体进步的体现。日趋成熟的高精度三维地震技术针对不同的地质需求，发挥其技术优势，而地质需求将高精度地震勘探技术推向一个更新的水平，以解决更为复杂的油气地质问题，发现更多的构造及隐蔽油气藏资源。

目前，从剩余油气资源的领域分布看，国内剩余油气资源主要集中在岩性—地层油气藏、叠合盆地中下部组合、前陆盆地冲断带、富油气凹陷（区带）、陆上新区新盆地、海域及非常规油气资源等 7 大勘探领域。其中，岩性—地层油气藏、叠合盆地中下部组合、前陆盆地冲断带、富油气凹陷（区带）是陆上油气勘探的重点工作目标。随着勘探程度的不断深入，勘探难度的不断加大，这些复杂油气藏对油气勘探技术提出了更高的要求。因而，高精度三维地震技术应用于复杂油气藏勘探是一种必然性的结果。只有运用好高精度三维地震技术，才能够在复杂油气藏勘探区域做到采集写真、处理归真、解释求真，才能够确保构造空间位置精准，储层和烃类预测可靠。

（1）岩性—地层油气藏对高精度三维地震技术的需求。

岩性—地层油气藏指含油气盆地中沉积环境、岩性变化与构造条件联合作用而形成的一类非构造油气藏。本书中所述的岩性—地层油气藏主要针对坳陷型盆地而言，包括松辽盆地、鄂尔多斯盆地和渤海湾盆地等。这类盆地的共性是构造背景平缓稳定、继承性强，湖盆面积大、水体较浅，广泛发育大型浅水型三角洲沉积体系，形成的油气藏以大面积岩性—地层油气藏为主，储量丰度虽低，但含油范围广，储量规模大。

中国中东部坳陷型湖盆油气聚集，以发育大面积低丰度岩性—地层油气藏为基本特征，如松辽盆地萨尔图、葡萄花及高台子油层储量丰度一般为 $30\times10^4 \sim 40\times10^4 t/km^2$；鄂尔多斯盆地延长组油层储量丰度多小于 $50\times10^4 t/km^2$。但形成的油气藏规模较大，目前所发现的岩性油藏储量规模都在 $1\times10^8 t$ 以上。

尽管中国陆上发育的大型坳陷型湖盆具有形成大面积岩性—地层油气藏的优越条件，但由于储层以低渗透储层为主，储层面积大、厚度较薄，导致地震识别、预测及描述难度大。除断陷盆地以外，中国中西部盆地也广泛发育岩性—地层油气藏，面临比东部更为复杂的地质难题。常规的地震勘探无法很好地解决这一问题，需要采用高精度三维地震勘探。

针对岩性—地层油气藏勘探的需求，高精度三维地震勘探需要完成的主要任务是预测致密砂砾岩及裂缝型岩性油气藏、层序界面地层油气藏及复杂岩性油气藏，预测高分辨率地震储层，识别薄储层、低孔低渗储层及有利圈闭，刻画储层的非均质性，寻找有效圈闭。具体到国内含油气区的需求而言，即松辽盆地中浅层预测三角洲前缘相及河流相 $1\sim3m$ 厚的砂体，渤海湾盆地富油气凹陷预测缓岸河流相、陡岸扇三角洲相砂体等，鄂尔多斯盆地中生界预测河流相砂体，塔里木盆地塔北等预测岩性地层圈闭，吐哈盆地预测河流相及扇三角洲前缘砂体，柴达木盆地西南部预测河流相及扇三角洲前缘砂体、三湖预测河流相砂体，四川盆地川中预测河流相砂体等。与此密切相关的是要提高地震分辨率，东部地区资料主频再提高 $10\sim15Hz$，西部地区再提高 $10Hz$ 左右，进一步提高薄储层、小断裂、微幅度构造的识别和预测精度，使储层预测符合率达到 $85\%$ 以上，钻探成功率达到 $60\%$ 以上。

（2）前陆盆地冲断带油气藏对高精度三维地震技术的需求。

前陆冲断带主要包括中西部塔里木盆地的库车和塔西南、准噶尔盆地南缘和西北缘、酒泉盆地祁连山前、吐哈盆地台北凹陷山前带、四川盆地的龙门山前和大巴山前、鄂尔多斯盆地西缘等。前陆冲断带最主要的地质特点是：地处盆山接合部，地面、地下条件复杂；构造圈闭发育，成排成带展布，且构造规模较大；油气资源丰富，以构造油气藏为主。由于受地质认识与勘探技术制约，勘探程度普遍较低。

前陆冲断带是前陆盆地最主要的油气富集带。中国中西部发育有叠加型、改造型、早衰型和新生型 4 类前陆盆地冲断带。不同类型冲断带油气富集特征与资源丰度差异较大。前陆盆地一般充填了巨厚的复理石或类复理石碎屑沉积，冲断带的构造托举作用和前陆快速挠曲沉降作用可产生欠压实，深部砂岩可有效保存相当数量的孔隙，甚至 7000m 以深的地层都有好的储层。以这一认识指导库车前陆盆地深层构造勘探，2007 年大北 3 井于 7000m 以深的古近系砂砾岩获高产气流，发现了新的含气区带，证实了库车前陆盆地克拉苏构造带 4 排构造都有大规模含气的可能性，勘探领域大大拓展。

中西部发育的前陆盆地，大多经历了喜马拉雅期强烈的逆冲推覆，使得从造山带向克拉通方向，逆冲掩覆带成排成带展布，且构造面积大、幅度高。因而，前陆冲断带所发现的油气藏具有储量规模大、丰度高、单井产量高的特点，一旦勘探获得突破就有可能发现一批大中型油气田。

但是，前陆盆地冲断带油气勘探面临的难点是地面、地下地质条件复杂，构造变形强烈，地震资料信噪比低、成像差，导致构造落实难度大。因而，前陆盆地冲断带油气藏需要高精度三维地震勘探解决的主要任务是复杂构造准确成像、优质储层预测和圈闭有效性识别。并且要提高复杂山地地震资料信噪比，提高复杂高陡构造成像精度，准确构造成图，准确预测岩性，提高圈闭评价准确度，使构造落实成功率达到80%，钻探成功率达到65%，构造深度误差和高点平面误差小于2%。

(3) 叠合盆地中下部组合油气藏对高精度三维地震技术的需求。

叠合盆地中下部组合指盆地较深部位发育的、时代较老的一套或多套沉积—构造组合，是上叠原型盆地之下的构造地层层序，中西部盆地为晚三叠统($T_3$)渤海湾盆地为前古近系、松辽盆地为上白垩统以下。叠合盆地中下部组合最主要的特点是目的层埋藏偏深，多以碳酸盐岩和火山岩等特殊类型储层为主，具较强的非均质性；历经多次构造运动改造与破坏，油气成藏历史与油气分布极为复杂。

以往针对前陆盆地油气的勘探，多集中于盆地中浅层，对深层勘探投入相对较少，因而对叠合盆地中下部组合的认识水平和勘探程度较低。进入21世纪，通过油气成藏与分布规律的深化研究，对叠合盆地中下部组合有了新的认识。

中国发育的叠合盆地可分为上构造层和下构造层，下构造层之上往往发育有膏泥岩、泥页岩、煤系等区域性封盖层，油气可有效保存在区域盖层形成的封闭系统中。叠合盆地中下部组合经历了多期次的生烃、充注和成藏，以晚期成藏为主，富油更富气，油气分布复杂。叠合盆地中下部组合具有时代老、改造强、地震资料品质较差（主频一般20~30Hz）、埋藏深度大、高温高压等特点，导致原型盆地恢复困难，影响了有效勘探范围的确定；储层非均质性强，油气分布规律认识和储层预测难度大，影响了有利区带的评价和展开；地震资料品质差、成像难，影响了储层预测与圈闭描述精度。针对碳酸盐岩储层，高精度的三维地震勘探的主要任务是查清深层构造，提高礁滩储层的预测成功率，提高缝洞储层的预测精度，立体雕刻缝洞储层空间展布，开展非"串珠"状储层的识别预测研究。深层地震资料的信噪比再提高20%~30%，开展叠前深度偏移处理、井控地震资料预测和储层预测研究，使纵向和横向分辨率再提高30%左右，提高圈闭雕刻精度，为勘探和开发奠定基础。针对火山岩储层的需求，高精度三维地震勘探的主要任务是查清深层构造，准确预测有利相带，预测有利储层，开展烃类检测研究。深层地震资料信噪比再提高50%，通过三维重磁电震综合预测技术，进一步提高断层、裂缝、有利相带和孔隙储层的识别预测精度，使有效储层预测成功率达到75%以上，钻探成功率达到65%以上。

(4) 富油气区带对高精度三维地震技术的需求。

富油气凹陷（区带）指勘探时间较长、勘探程度较高、资源探明率较高的老油气区中，资源丰度为$20×10^4$~$40×10^4 t/km^2$、资源规模大于$5×10^4 t$、已发现或可望发现一个乃至多个亿吨级规模大油气田的凹陷（区带）。本书所述的富油气凹陷（区带）主要包括松辽盆地长垣、三肇、扶新隆起，渤海湾盆地各富油气凹陷，准噶尔盆地西北缘，吐哈盆地台北凹陷及柴达木盆地柴西地区等。其地质特点是构造活动频繁；小物源、多水系，岩性、岩相横向变化快；烃源岩质量好、厚度大；油气藏类型丰富，既发育构造油气藏，也发育岩性油气藏。

富油气凹陷虽然勘探程度较高，但剩余油气资源仍较丰富，勘探潜力很大。断陷型湖盆往往具有多洼、多凸的构造背景，发育多个优质生烃洼陷，生烃强度大，有效烃源岩占凹陷面积比例大。同时多个凸起的发育形成了相当有利的成藏背景，油气多以短距离运聚为特征，散失量小。因此，断陷型湖盆发育的凹陷自成油气系统，油气富集程度高，资源丰富。

然而，随着勘探程度的加深，富油气凹陷（区带）进一步勘探面临着勘探目标隐蔽性增强、深层地震资料品质差、隐蔽目标落实难度大等诸多难点。而该领域勘探开发的一体化，以油藏评价、寻找剩余油、老区新层系新目标挖潜、隐蔽圈闭识别为主。针对富油气区带勘探开发一体化的需求，高精度三维地震勘探需要解决的主要任务是提高地震资料的信噪比和分辨率，提高地震成像精度和储层识别预测精度。提高地震资料信噪比50%以上，地震主频再提高10~20Hz，进一步识别东部3~5m、西部5~10m的小断块，预测识别东部厚度1~3m、西部厚度3~7m的岩性和构造岩性储层，提高油气藏三维模型描述精度，为储量滚动扩边和油气二次开发提供技术支撑。

综上所述，在岩性—地层油气藏勘探领域，地震资料分辨率低和储层预测的精度还难以满足分辨薄砂层的要求。在前陆盆地油气勘探领域，复杂山地地震资料信噪比低、山地静校正困难、高陡构造成像问题依然突出。在碳酸盐岩勘探领域，储层埋藏普遍较深，储层非均质性强，成藏模式复杂，油气水关系复杂，储层定量化雕刻和流体检测面临巨大挑战。在火山岩勘探领域，储层埋藏普遍较深、地震反射弱、火山岩内幕反射杂乱，火山喷发不同期次叠置界面反射弱且顶面起伏剧烈，储层非均质性强，有效储层识别问题依然突出。在成熟老区勘探领域，断裂系统复杂、断裂小，精细识别难度大，深层资料信噪比低，除了迫切需要加强以新思路、新理论为指导的整体地质认识研究以外，应用高精度三维地震勘探技术，提高小或薄的地质体识别精度，是目前的主要任务。

在地质目标日趋复杂的情况下，常规三维地震勘探已经不能满足储层非均质性描述的需要。油气田经过大量投资，完成大量勘探工作并进入长期开发之后，开发过程中依然面临很多问题，以往大多采用储层参数的平均值，如孔隙度、流体饱和度和有效厚度等来计算储量。但用平均值计算储量问题颇多，如对流体估算受储层物性的极值影响很大。而这些极大值、极小值的变化用平均值很难估计，常对储层的不均质性估计不足甚而对连通性估计过高。从而导致油气储层的产能预测过于乐观。因此，不论是在勘探阶段，还是在油藏评价阶段，从勘探开发一体化考虑，必须应用高精度的三维地震数据，进行精细描述储层的形态分布和构造特征，结合钻井和测井资料拾取岩性和储层物性的信息，进而预测地层压力、孔隙度、渗透率、饱和度、检测流体乃至烃类的分布，利用高精度反演资料计算储量，从而提高勘探成功率和开发效益。

因此，地震勘探所面临的任务是应用高精度三维地震技术，提高地震资料的分辨率、信噪比，提高地震成像精度和非均质性储层的预测精度，提高岩性识别与油气检测的技术水平，促进油气勘探开发水平的进步。

# 2 高精度三维地震技术的理论基础

高精度三维地震勘探的重点在于高精度，如何提高精度是高精度三维地震技术的理论基础。信号的频带宽度、处理过程中子波的选取、地震分辨率、地震资料信噪比都是提高精度的关键点。本章从高精度三维地震勘探的定义、频带宽度和子波的角度论述高精度三维地震勘探技术，并在后半部分着重阐述高精度三维地震技术中分辨率和信噪比问题。针对分辨率，本章主要介绍地震分辨率的相关概念，提出提高地震分辨率的方法和措施。另外，在纵向分辨率方面，对近年来关于瑞雷（Rayleigh）准则"一个反射波的分辨率的极限是1/4波长极限"，"分辨率已突破1/4波长极限"的讨论及低频信息的利用进行了相关讨论。在横向分辨率方面，从计算的角度对横向分辨率做了一个叠前叠后成像分辨率的对比。针对地震资料的信噪比，本章主要简述了噪声的来源，并从原理出发选择更合理的方法压制噪声。

## 2.1 高精度三维地震技术的定义

### 2.1.1 何谓精细勘探

精细勘探是相对于普查、详查阶段勘探而言的，21世纪我国已进入精细勘探阶段。当前油气勘探面临的地质问题日趋复杂，随着复杂构造、岩性—地层油气藏的发现，以及勘探开发精度的不断提高，油气勘探对地震资料的分辨率和信噪比要求也越来越高。

精细油气勘探在复杂构造和岩性—地层油气藏勘探中需求更加突出。全国第三次资源评价显示，岩性勘探领域石油地质资源量$129×10^8 t$，天然气地质资源量$35511×10^8 m^3$，前陆构造带石油地质资源量$67×10^8 t$，天然气地质资源量$76689×10^8 m^3$，岩性—地层油气藏和构造油气藏将是中国增储上产的主要方向，它具有隐蔽性较强、成藏条件复杂、运聚机理复杂等特点。这就要求地震资料要有高信噪比、高分辨率、高保真度的特点。

### 2.1.2 何谓高精度三维地震

高精度三维地震又称为精细三维地震。简单来说，高精度三维地震就是具有高信噪比、高分辨率、高保真度三大特性的三维地震。广义地说，高精度三维地震是相对于常规石油天然气三维地震而言的，是在传统三维地震基础上以完成地质目标为前提，强化采集参数为基础，以提高地震分辨率、地震资料信噪比和地震偏移成像精度为手段，以获得高分辨率、高精度的地震数据。高精度三维地震资料结合钻井测井资料，能实现定量描述小断层、小幅度构造、薄储层以及裂缝和缝洞的分布范围和厚度，能够预测含油气圈闭的油、气、水关系。

高精度三维地震采集的时间采样率应不大于1ms，空间采样率（地震道距）应不大于40m，以保持空间具有足够的采样率。高精度三维地震资料处理在实现振幅和波形特征基本相对保持且信噪比大于1的情况下，主截频信号通放带最大振幅衰减3dB时所对应的频率宽度应不小于2.5~3个倍频程。在此范围内，高中低频成分丰富，各个频率组分的振幅大体相当，能达到零相位更好，精度会更高。这样的地震资料具有高信噪比、高分辨率、高保真度的特征，称为高精度三维地震。

常规三维地震勘探存在的不足主要有两点。一是其采集、处理的资料不能满足当前构造精细解释和储层预测的要求，制约了成熟区老油田的滚动勘探以及新层系的扩展。20世纪八九十年代开展的常规三维地震勘探受当时技术、设备等条件的限制及地质任务的针对性不强等众多因素的影响，绝大多数油田处于发现期，主要是满足构造和断层的落实以及储量任务的完成；勘探目的层也大多以中、浅层为主，野外施工采集的接收道数少，资料覆盖次数低，偏移距小，面元大，中、深层反射波能量弱，采集脚印严重等问题突出。尽管经过多轮的计算机重复性处理，地震剖面的品质虽略有改善但却没有实质性的提高，仍然只能满足一般的构造解释。二是在复杂地表和特殊地区（如城区、水域）受当时技术及装备条件的制约，特别是地震波激发设备、变观技术、仪器装备等限制，导致原始资料缺陷较多。常规三维地震复合波的"肚子"里，虽然包含了若干单波的干涉，但是它们相互拥挤在一起，单波发育非常不齐全，被迫互相干涉，形成相对较胖的复合波。显然这些复合波资料分辨率不高。严重影响了对地下构造岩性圈闭的准确解释及其油藏的整体认识。

众所周知，希望地下反射的单波要简单，要细瘦，要少旁瓣，那就必须提高频、保低频，并尽量克制主频的振幅，频带宽度应能达到2.5~3个倍频程。因此，高精度三维地震勘探一开始就要从采集工程技术设计的源头抓起，野外施工严格激发、准确接收；室内认真压噪、精细静校正和动校正乃至后续一系列处理环节都要严格精细一丝不苟地进行。

## 2.2 高精度三维地震技术的发展简况

油气勘探开发的需求是物探技术进步的原动力，物探技术的发展和进步大幅度地提高了认识油气地质问题的能力。石油天然气勘探历史上证明物探技术的每一次进步都会带来油气储量的快速增长。20世纪我国油气探明的石油地质储量有5次大幅度增长，每一次都与地震技术进步有着极为密切的联系。第一次大幅增长在1961年，核心技术是综合物探技术；第二次是1965年，核心技术是复杂断块地震技术；第三次是1976年，核心技术是数字多次覆盖地震技术；第四次是1984年，核心技术是常规三维地震技术；第五次是1998年，核心技术是复杂储层预测地震技术。目前，高精度三维地震勘探技术成为解决勘探新需求的主要技术手段。可以认为，国内第六次油气地质储量的大幅稳定增长，必将归功于高精度三维地震勘探技术。

我国东部探区自20世纪70年代开始实施三维地震勘探，勘探对象是规模较大的简单构造型油气藏，主要集中在浅、中层。常规三维地震资料的构造解释精度比以往的二维资料明显提高，为加快油田的勘探开发建设做出了重大贡献。但前期的常规三维地震工作受地质需求、勘探设备和技术水平等条件限制，地震资料的缺陷也是明显的。仪器动态范围小，地震采集数据精度低；接收道数小，一般为120~480道，只能做一些简单的三维项目，排列片窄，方位角窄，炮检距受到限制（最小炮检距大，最大炮检距不够），不利于各向异性复杂地质体的成像；面元在25m×50m以上，横向分辨率低；覆盖次数少，一般为20次，其中横向只有两次；激发能量偏小，中、深层资料信噪比低；对地面障碍采取回避做法，地震剖面存在较大缺口。由于当时的地震工作重点在于浅、中层勘探，所以浅、中层资料的品质较好，深层地震资料的信噪比低，成像质量较差。即使后来重新进行地震资料目标处理，深层采取针对性能量补偿等一系列措施，但由于老资料的"先天"不足，深层资料品质的改善仍然有限。随着油气勘探向深层目标发展，前期的常规三维地震资料已难以适应寻找深层复杂油气藏。

因而，根据油气勘探开发的迫切需求，顺应物探技术的发展潮流，国内开始积极开展提高空间采样密度的高精度三维地震技术试验，使得油气地震勘探工作逐步进入高精度地震勘探时代。

中国石油三维地震勘探是在20世纪80年代早期开始进行试验性生产的，90年代初期发展到全国近10000km²/a的三维地震工作量，90年代中后期进行大规模三维勘探生产。进入21世纪，中国石化、中国石油陆续在香港和纽约上市。为了满足岩性—地层勘探和增储上产的需要，2001—2003年开始进行了第二轮三维地震也就是二次三维地震勘探采集和处理，目标是高地质效果，低工作成本。中国石油于2002年专门在大连召开了13个油气田、研究院所和东方地球物理公司的三维地震资料处理技术交流和评比大会，2004—2005年开始进行连片叠前时间偏移处理攻关及应用。首先在冀东油田南堡、辽河油田大民屯、塔里木油田轮南三个地区开展试点工程，之后逐步在华北油田冀中、大港油田歧口、大庆油田徐家围子等地区进行了推广。采集面元由25m×50m减小到20m×20m、覆盖次数由60次提高到90次，仪器道数由1000多道提高到2400道以上，特别是突出减少滚动距，削弱采集脚印，大力推行采集处理解释一体化。

2006—2008年又逐步进行了叠前深度偏移和叠前弹性反演攻关，同时开始了以三维油藏表征和模拟为特点的攻关征程。

为了寻找更多的石油与天然气，三维地震勘探技术近几年发展很快，数据采集、处理和解释的方法不断取得新的突破。同时，三维地震勘探技术也反过来促进了计算机硬、软件的发展，还催生了层序地层学、地震地层学等新的边缘学科，这些新的油气勘探理论对复杂油气藏的勘探起到了很好的指导作用

（1）发展万道地震采集技术。采用万道地震仪（测线在30000道以上）和数字检波器进行单点激发、单点接收、大动态范围、多记录道数、多分量地震、全方位信息、小面元网格、高覆盖次数的特高精度三维地震采集技术。

（2）发展数据处理和数据存储技术。为提高处理精度，必须发展海量机群并行处理和海量存储技术。海量机群并行处理技术指PC-Cluster（针对大型数据库及大负荷运算量的集群计算机）的节点要多，同时发展相关的静校正处理、组合处理、叠前时间偏移、叠前深度偏移、全三维各向异性等处理技术，以提高地下成像精度和储层描述精度及含油气分析精度。海量存储技术指发展大容量的磁盘和自动带库，以满足大数据量的存储需求。

（3）进行高精度精细地震解释。随着计算机技术的提高、成本的降低以及可视化解释软件的发展，三维可视化解释技术的发展趋向是微机群，即用于解释的微机群将以两种形式存在：一种是集成并行机群，用于大数据量的计算和三维可视化分析；另一种是分布式机群，人手一台，通过网络连接，用于复杂构造精细解释研究。

## 2.3 高精度三维地震技术的主要优势

### 2.3.1 相对二维地震勘探的优势

众所周知，二维地震勘探存在较大的局限性，通常二维地震勘探的主测线垂直于目的层

构造走向布设，就是使测线上的信息尽可能地来自测线正下方。但是，垂直测线以外构造走向上的信息在偏移时却不能够正确归位。例如，长庆油田苏里格气田勘探开发中遇到的主要问题是：低渗透，气层压力低，有效储集体预测精度低。苏里格气田天然气储层属上古生界石炭系—二叠系辫状河三角洲以及曲流河三角洲沉积（图2-1），主分流河道左右摆动，迁移、交叉、复合等现象较为频繁。在过去十几年的勘探历程中，开展了近$10 \times 10^4 \text{km}$的二维地震和3500多平方千米的三维地震。二维剖面实际上应该是个"三维体"，它包含了在菲涅耳带范围内的所有侧面信息，如图2-2所示。

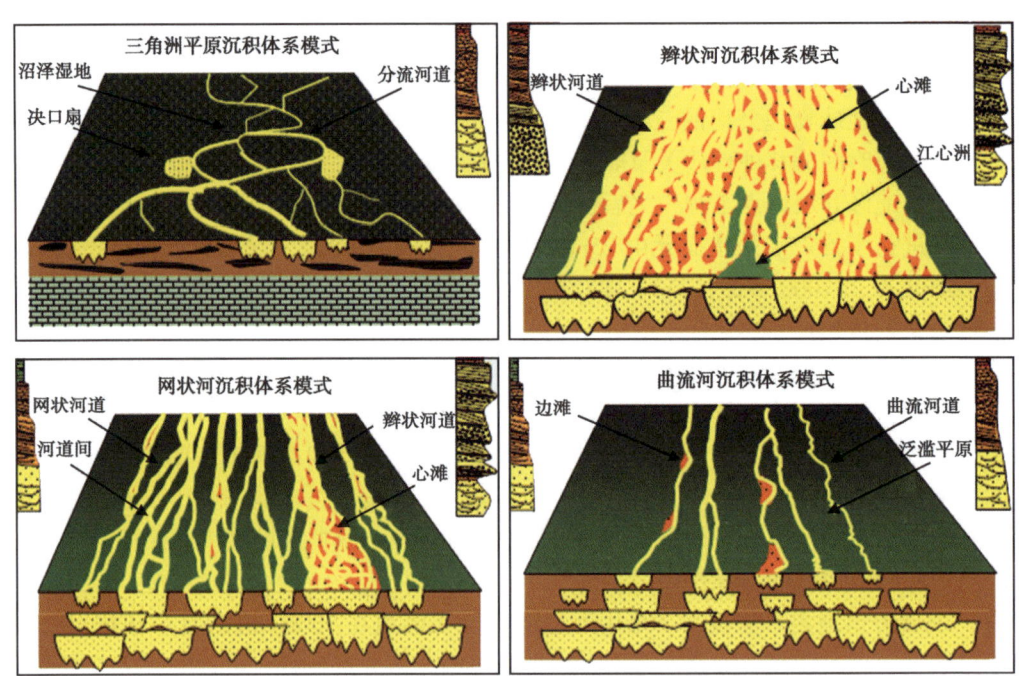

图2-1 苏里格气田天然气砂岩储层（据长庆油田）

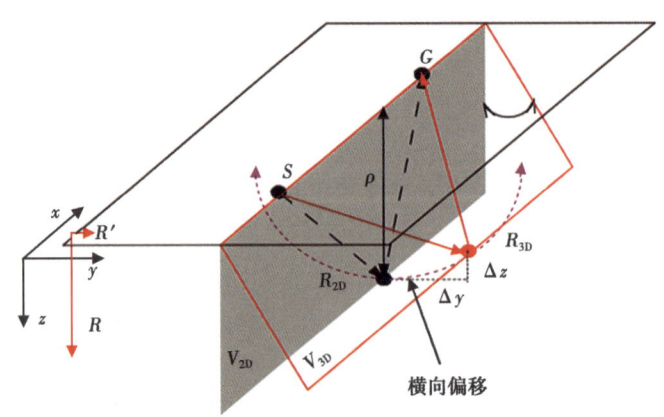

图2-2 二维剖面横向偏移示意图

大家知道，均匀介质水平界面情形下，理论上第一菲涅尔带半径$R$的计算公式可近似为：

$$R \approx \sqrt{\frac{\lambda h}{2}} \ (\lambda \ll h) \tag{2-1}$$

式中 $\lambda$——地震波的波长，m；

$h$——主要目的层埋深，m。

现以长庆油田苏里格气田为例，主要含气目的层储层深度 $h=3450\text{m}$，纵波速度 $v_\text{p}=3600\text{m/s}$，主频 $f=40\text{Hz}$，$\lambda=v_\text{p}/f=90\text{m}$，那么由式（2-1）知，对应的菲涅尔带半径 $R\approx 394.0\text{m}$。

在苏里格气田，二维偏移后，垂直测线方向的394m内的能量无法归位，也就是说是无法分辨的；而对于高精度三维地震来说，正如图2-3所示的那样，三维偏移归位后的 $R'$ 在储层深度 $h=3450\text{m}$，纵波速度 $v_\text{p}=3600\text{m/s}$，主频 $f=40\text{Hz}$，波长 $\lambda=v_\text{p}/f=90\text{m}$ 的情况下，菲涅尔带内的地震数据偏移归位后储层深度处的横向分辨率一般大于两倍波长，其定量计算与道间距和最大偏移距有关，可根据观测波场的共聚焦分析得到。

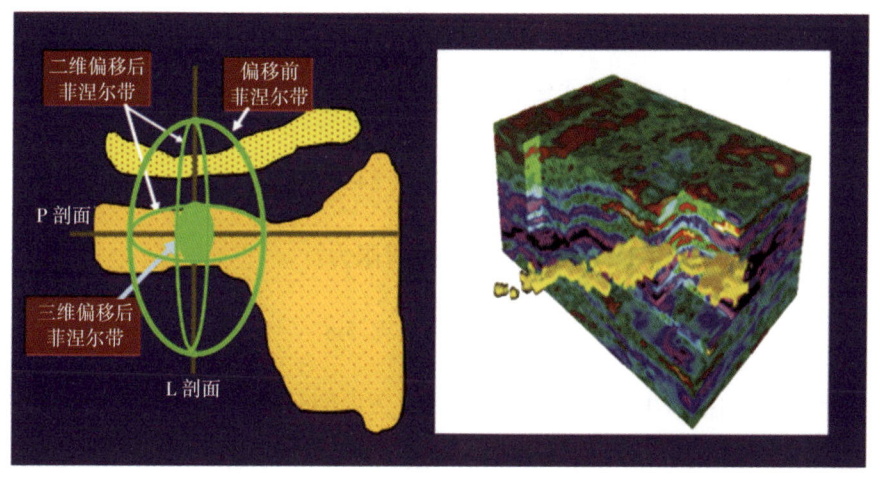

图2-3 三维地震的优越性（据陈小宏）

横向分辨率通常用菲涅尔带来表征，菲涅尔带半径越小，横向分辨能力越高。在不加特殊说明时，菲涅尔带通常指第一菲涅尔带。

当水平界面的埋藏深度为 $h$，反射界面上覆介质为均匀介质，其介质速度为 $v$。选取的地震子波主频为 $f$，其对应的地震波长为 $\lambda=v/f$。假设震源点与接收点重合，则水平界面的第一菲涅尔带的半径为：

$$R=\sqrt{\frac{1}{2}\lambda h+\frac{1}{16}\lambda^2} \tag{2-2}$$

通常，检波点位于地面上，其记录到的波场函数值对于相应的真实反射点存在偏移。对于地震偏移成像来说，利用地面上的已知波场函数值，将波场向下延拓，当波场延拓至真正的反射点，即实现了反射波的偏移归位。此时，检波点由在地面距离反射点的埋藏深度为 $h$ 逐渐向下延拓，$h$ 逐渐变小，对应的第一菲涅尔带半径逐渐变小，也即分辨率逐渐增大；当波场逐渐延拓至真正的反射点时，$h$ 变为0，此时达到了第一菲涅尔带的极小值，也达到了横向分辨能力的极限：

$$R = \frac{1}{4}\lambda \tag{2-3}$$

考虑到目前三维地震勘探并非全方位观测，通常采用横纵比 $\gamma$ 来表示一个排列片内的 Crossline 与 Inline 方向的比值，若比值为 1，则表示全方位观测，比值越小，说明观测方位越窄。上述得到的横向分辨率的极限可以看成是 Inline 方向的分辨能力，对于三维观测来说，Crossline 方向的横向分辨能力极限可以用 Inline 方向的分辨率极限与横纵比来近似表示：

$$R_c = \frac{1}{4}\lambda/\gamma \tag{2-4}$$

式中　$R_c$——Crossline 方向的分辨率。

现以长庆油田苏里格气田为例，主要含气目的层储层埋藏深度 $h = 3450\text{m}$，纵波速度 $v_p = 3600\text{m/s}$，主频 $f = 40\text{Hz}$，则地震波长 $\lambda = \dfrac{v_p}{f} = \dfrac{3600}{40} = 90\text{m}$。

从观测的角度来看，从地面上计算得到的第一菲涅尔带的半径为：

$$R \approx \sqrt{\frac{1}{2}\lambda h} = \sqrt{\frac{1}{2} \times 90 \times 3450} \approx 394.0\text{m}$$

从偏移成像的角度来说，Inline 方向的分辨率极限为：

$$R = \frac{1}{4}\lambda = \frac{90}{4} = 22.5\text{m}$$

当三维观测系统的横纵比为 0.5，则 Crossline 方向的分辨率极限为：

$$R_c = \frac{1}{4}\lambda/\gamma = \frac{\frac{90}{4}}{0.5} = 45\text{m}$$

实际勘探中，由于地层非均质性强菲涅尔带往往对河流面积的估算偏宽，对河曲的估计偏缓。河流越弯曲，菲涅尔带引起的误差就越大。图 2-4 为菲涅尔带给估算带来影响的示意图，从图中可以看出，估计结果比实际河道面积宽，弯曲度小。

Hilterman（1982）研究结果表明，二维勘探中不考虑三维菲涅尔带的影响，气田面积的估算误差可以高达 40%。图 2-5 中，虚影以内是通过二维勘探解释的结果，而实际砂体面积仅为虚线所圈定的范围，很明显，用二维勘探解释的砂体要比实际砂体偏大。

而高精度三维地震勘探，可较好地考虑三维菲涅尔带的影响，成像偏移归位准确。在苏里格气田苏 6

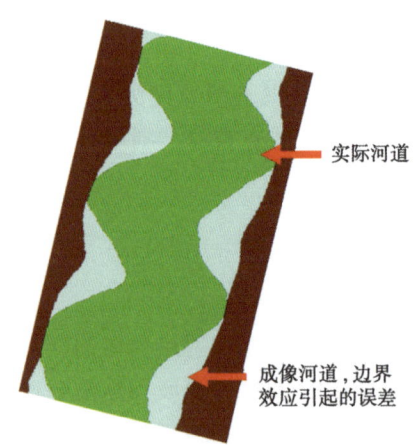

图 2-4　砂体预测模型示意图（据谢里夫）

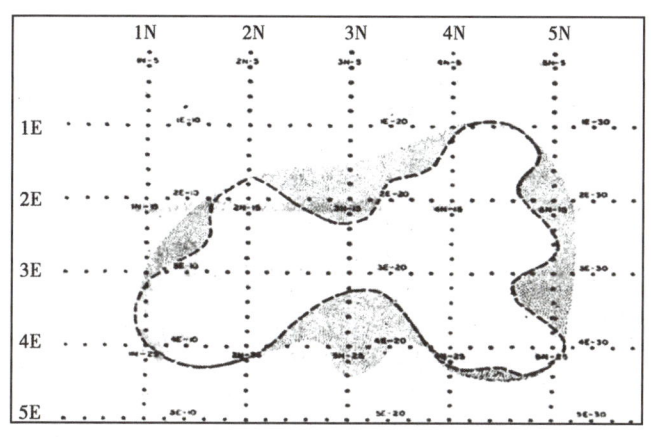

图 2-5 二维地震的勘探效果示意图（据谢里夫）

井区开展的三维地震，三维空间归位准确，大大降低了地质体几何形态的失真度，充分展示了三维勘探在储层预测方面的优越性。苏 6 井三维区盒 8 下亚段原来二维预测为两条主河道砂体，经三维解释为 5 条河道近 20 个心滩砂体。砂体空间展布形态及构造特征明显优于二维，如图 2-6 所示。因此，从 20 世纪 90 年代很少实施三维地震的长庆油田，经过前几年的探索和验证，终于在 2005 年以后，开始进行大规模的高精度三维地震采集了。同样，在吉林油田、塔里木油田开展的三维地震，也展示了同样的效果，高精度采集三维地震资料比老资料品质有了明显改善，信噪比、分辨率高，断点清楚，波组特征明显，构造形态清楚，易于解释（图 2-7）。

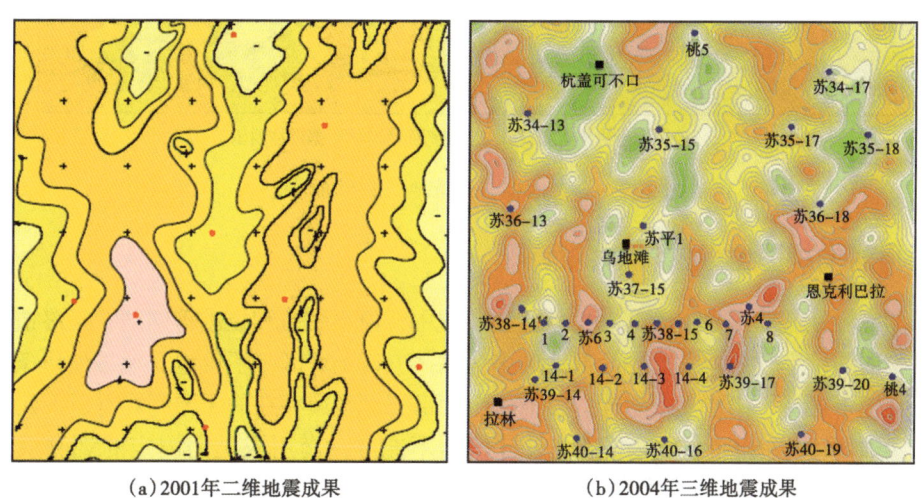

(a) 2001年二维地震成果　　　　(b) 2004年三维地震成果

图 2-6 苏 6 井三维区盒 8 下亚段二维地震与三维地震勘探成果对比（据长庆油田）

综上所述，二维地震勘探技术功不可没，但在勘探难度越来越大的今天，特别是评价建产能中却很难胜任。可以说没有高精度三维地震，便没有岩性—地层勘探。随着勘探开发程度的提高，挖潜剩余油分布及实施二次、三次采油，更加迫切需要了解储层的非均质性，具有纵、横向连续分布的三维资料结合钻井测井资料拾取有关岩性和储层物性的信息，已成为精细储层预测的关键。

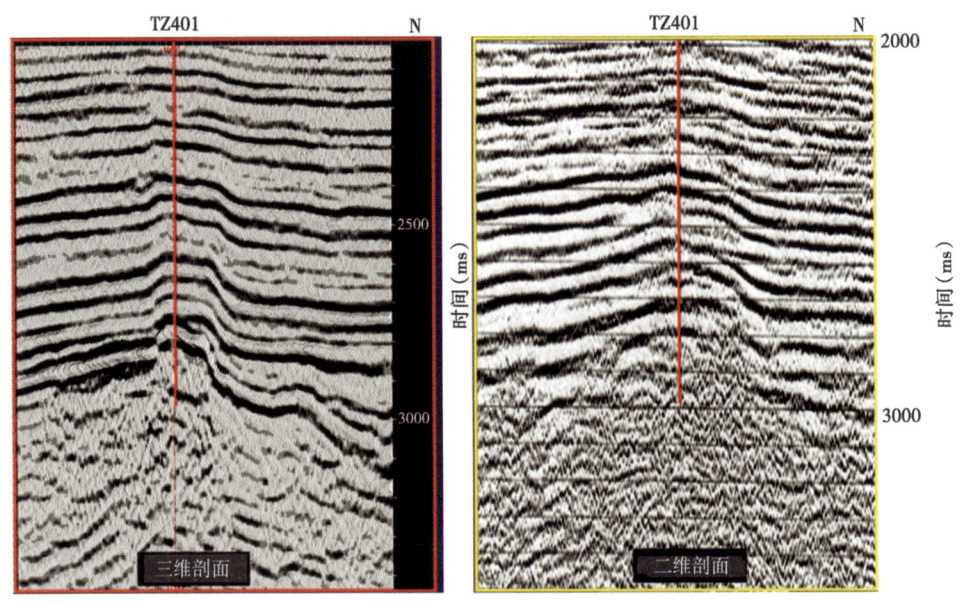

(a)塔中油区二维与三维连井剖面的对比（据陈小宏）

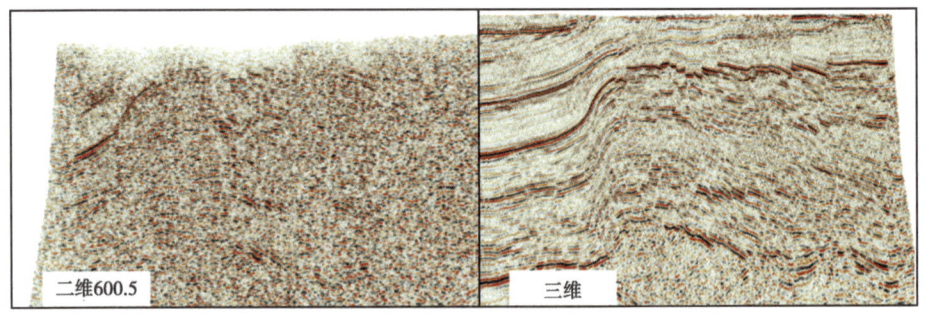

(b)松辽盆地扶余油区二维与三维剖面的对比（据吉林油田）

图 2-7　二维地震与三维地震的剖面对比

## 2.3.2　相对常规三维地震勘探的优势

常规的三维地震勘探在中西部勘探的运用实践中，由于装备和技术等问题，最终造成地震勘探成果验证准确率较低。我国中西部地区多为山区、黄土塬区，不仅地表地震地质条件复杂多变，而且地下煤层、构造复杂多样。目前，中西部三维地震存在的主要问题有以下几点。

（1）观测系统设计问题。观测系统设计依据不充分，套用或延用固定的观测系统现象较多，野外变观随意性强，造成观测系统复杂多变，炮检距分布不均匀，将影响速度分析的效果、影响偏移效果。

（2）测量资料的准确性问题。应该说第一手的测量资料和测量桩号问题不大，但地震勘探是一个系统工程，如果衔接不好，后续钻孔激发、接收工作衔接不上，测量桩号丢失严重，再加上山区施工炮检点位移较多，测量资料的准确性值得重视。

（3）钻孔激发问题。复杂地区激发条件复杂多变，地震钻孔工具单一，原始资料信噪比低，单炮记录优级品率太低。

（4）纵向分辨率、横向分辨率问题。纵向分辨率、横向分辨率都不够，小断层、小陷落柱等构造遗漏现象比较严重。

（5）长波长静校正问题。山区静校正目前不少单位采用绿山折射波静校正方法，其对长波长静校正不能够取得理想效果，最终可能导致地层深度解释误差大，或解释出假断层、假陷落柱等假构造现象。

（6）偏移成像问题。中西部地区构造样式多变，地层倾角大，共中心点道集反射点散射问题严重，适用于我国东部的常规叠后偏移成像技术已不再适用于中西部三维地震勘探资料。

高精度三维地震勘探为了提高地震分辨率和保真度，加密了地震数据采集的空间采样密度，减小野外激发和接收组合，避免了野外组合时差对高频的影响，因此有利于提高分辨率；增加空间采样的数量，其对面波等线性干扰能够充分采样，因此有利于在室内对线性干扰进行压制；均匀高密度空间采样避免了组合产生的接收各向异性问题，所获得的地震资料更有利于检测地下岩性的各向异性。以拾取初至波为前提的折射静校正技术较好地解决了折射层稳定且变化平缓地区的表层静校正问题。采用叠前噪声衰减技术，减少高频有效信号估计的随机性，提高估算精度。运用高保真处理技术，在对资料进行常规处理球面扩散补偿之外，还做地表一致性振幅校正，消除地表地质条件对反射波能量的影响和不正常道的影响，为下一步流程奠定基础。为满足高精度速度分析的需要，针对高密度采集资料，开发出高密度速度分析方法，以较少的共深度点（Common depth point，简称CDP）组合，消除CDP组合对速度精度的影响；以较高的速度分析密度，保证小断块的叠加质量，消除各向异性的影响，保证CDP道集内反射波的同相性；以反复多次的速度分析与剩余静校正的迭代，进一步提高速度精度。采用叠前偏移技术，提高复杂构造成像精度，降低勘探开发风险。叠前偏移处理技术包括叠前时间偏移处理技术和叠前深度偏移处理技术。在构造复杂、构造倾角不大、速度横向变化不大的情况下，利用叠前时间偏移技术可以较好地改善成像精度。

2005年底，中国石油进行了国际技术合作，引进了法国CGG公司EYE-D技术，在渤海湾盆地辽河坳陷进行了200km²高精度三维地震勘探，在采集、处理、解释一体化实施对外合作，宽方位（纵横比0.9）、高密度（12.5m×12.5m）、高覆盖（96次）、超多道（7680道）仪器、排列布设平行构造、叠前时间偏移处理与叠前深度偏移处理等情况下，原始单炮的频率范围达到了5~8Hz至80~90Hz、中深层目的层反射能量强、中浅层分辨率比老资料提高近10Hz、波形活跃断裂成像清晰，如图2-8和图2-9所示。

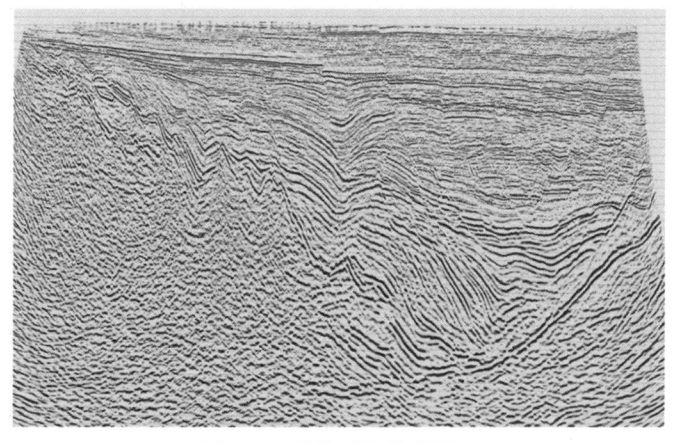

图2-8 叠前时间偏移剖面

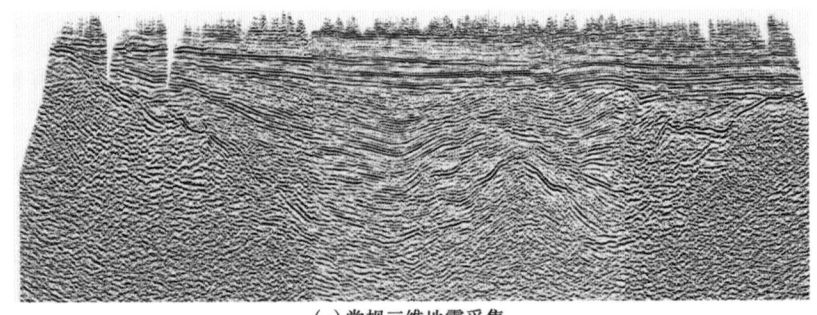

(a)常规三维地震采集

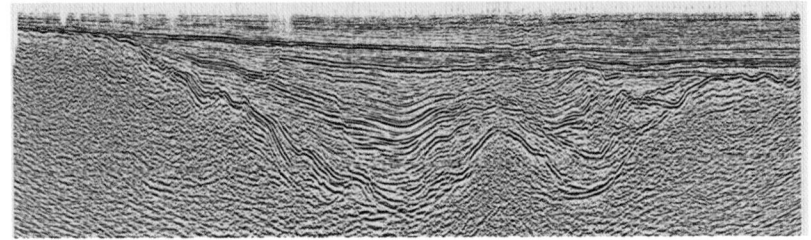

(b)高精度三维地震采集

图 2-9 辽河坳陷西部凹陷高精度三维采集前后效果对比

## 2.4 高精度三维地震技术的主要特点

高精度三维地震技术核心内容主要包括精细地表层调查、逐点逐段优选岩性激发、多道（5000 道及以上）、小道距、小面元接收、高覆盖次数、精细静校正和压噪、速度分析和建模、叠前时间偏移和深度偏移成像、地震反演与多属性提取、储层预测和烃类检测、三维可视化解释及虚拟现实技术等。高精度三维地震具有以下特点。

### 2.4.1 地震采集的特点

（1）观测系统，通常情况下，采用对称采样，根据提高分辨率需求选择小炮检点距和大保护频率，根据要成像的目的层选择合适的线距和最大炮检距。选择大道数（大于 4000 道）、较小面元（尺寸不大于 25m×25m）、较宽方位角的排列片（横纵比大于 0.6）、小炮线距（道距的 4~6 倍）、高覆盖次数（100 次以上）、正交观测系统接收。前些年采用的斜交观测系统是在接收排列道数不够的情况下，为了改善面元属性的一种无奈折中办法。

（2）表层调查，一般根据野外地表情况，选择小折射、微测井、地质雷达等表层结构调查方法，构建表层结构地质分层图、速度模型，查清表层岩性，为静校正、激发井深设计奠定基础。

（3）静校正，根据表层情况，做好均匀介质中的一次静校正、层状介质的折射静校正、复杂介质中的层析静校正，特别是，在实际工作中用好层析静校正。在地震资料处理中，还要做好统计剩余静校正、地表一致性剩余静校正、地表非一致性剩余静校正。

（4）接收和激发，根据卫星照片、表层地质影像、野外实地踏勘等资料，按照"五避五就"原则［岩层露头区"五避五就"原则：避干就湿、避高就低、避碎就整、避陡就缓、避土就岩；黄土区"五避五就"原则：避高就低（地形）、避低就高（近地表速度）、避土就砾（黄土或砾石）、避厚就薄（黄土）、避干就湿（黄土含水性）]，合理布设接收点和激发点，努力做好宽频带激发和低噪声环境下的接收。

### 2.4.2 地震处理的特点

（1）高分辨率高保真目标处理。做到真振幅恢复（球面扩散补偿），地表一致性振幅补偿，精细速度分析和剩余静校正，保幅成像。

（2）根据勘探目标选择适合的成像技术。以得到高信噪比的叠前道集为原则，仔细做好叠前去噪、静校正，对高低起伏地表数据应该在浮动基准面上进行处理；岩性油气藏，以保幅高分辨率处理为原则，优选振幅补偿、反褶积、反 $Q$ 滤波等处理方法。

（3）优选偏移参数。叠前时间偏移处理采用弯曲射线叠前时间偏移，输出叠前时间偏移道集进行叠前反演时，输出道集的偏移距增量应该足够小，以反映出振幅变化。

叠前深度偏移处理采取克希霍夫（Kirchhoff）叠前深度偏移，根据数据质量和地质目标的复杂程度，可采取 Beam 偏移方法或双程波逆时偏移方法。

做好偏移孔径试验，孔径太小，陡倾角地层无法成像，孔径太大，偏移噪声较大。同理还要做好倾角试验。

偏移速度采用相对平缓变化的速度模型。

### 2.4.3 地震解释的特点

构造油气藏解释技术发展已历经多年，比较成熟。目前，高精度三维地震解释对于薄互层砂体识别的特点包括以下几个方面。

（1）拓频处理，拓宽地震资料的频带范围，以识别薄储层和小尺度地质体。

（2）开展基于零偏移距剖面的岩性解释。

（3）差异分析——提高描述砂体空间分布细节的能力。相似性和差异性分析揭示砂体空间分布的细微变化；波形分类和属性体聚类预测砂体分布有利沉积相带。

（4）频谱分解——提高高频识别薄层能力。调谐频带提高属性信息空间分辨灵敏度；分频属性改善砂体厚度识别横向分辨率；分频反演挖掘砂体厚度，识别纵向分辨率。

（5）地震反演——提高纵向分辨率。

（6）属性分析——要充分利用横向分辨率。

（7）砂体有效识别——属性和反演结合。等时格架约束（层序地层）；沿层属性—地层切片，改善砂体空间分布识别能力；层序格架约束储层反演，提高砂体垂向分辨识别能力。

（8）流体识别。利用叠前瞬时属性与叠前属性提高烃类检测能力。

## 2.5 高精度三维地震技术的关键点

### 2.5.1 保持足够的频带宽度

高精度三维地震技术相较于 20 世纪末的高分辨率地震技术，更充分利用低频信息而不再过分追求高频信息，从而获得更多地下深层的信息。高精度三维地震技术首先要保护好低频，低频信号有以下特点：子波清晰，能量较强，有利于成像，低频信号还能穿透并覆盖屏蔽区，低频信息通过绕射和能量隧道效应能将阴影带转换，使盐下构造成像，在速度建模、构造成像、流体检测方面具有独到的优势。

低频信息有利于改善速度模型，不仅能得到较好的速度模型，改善后的速度模型还能有助于高频信息的成像，可以从三个方面体现：(1) 进行盐下速度分析需要叠前数据，由于叠前数据通常比叠加数据质量差，改善低频信号有助于速度分析；(2) 适当拾取盐底较差的信息以便确定盐底数据质量较差区域，从而在质量好的区域进行拾取；(3) 波动方程偏移算法要求有稳定的低频信息，这些波动方程偏移算法能自动进行地震速度分析，优越于目前的常规方法。

低频信号有利于获取可解释的成像，低频信号优于高频信号是由于前者对用于速度场的深度偏移误差不太敏感，速度误差使偏移的高频信息容易丢失，而低频信息对初始速度模型具有较强的适应性，用精度不太高的速度模型可以对数据集进行偏移成像，可以使成像质量明显提高。

对于火成岩而言，为获取较好的火成岩及岩下信息，更多的低频信息能用于强化子波，而缺乏低频信号的子波将会有明显的假频旁带。

反射地震波的低频信息在解释上非常有利，尤其是在块状油藏区可以更好地近似所有波阻抗，而且具有很好的液体成像能力，可以利用地震低频信息进行含油气检测。确定储层含油气的富集区带并描述其空间展布形态。

在实际地震资料处理中，高、低频率成分均要很好地加以利用，因而要好好分析地震信号的频谱。在信号的频谱中，截频是信号通频带最大振幅衰减 3dB 时所对应的频率，是在讨论滤波器频带宽度时常用的术语。限频是指从截频开始向低频端或高频端外延一个倍频程的极值频率。如图 2-10 所示，截频分为低截频 $F_{CL}$ 和高截频 $F_{CH}$ 所对应的频率，而限频分为低限频 $F_{RL}$ 和高限频 $F_{RH}$ 所对应的频率，$F_M$ 为主频。滤波作为数字处理中最常用的手段，在处理流程中的任何环节被广泛使用。带通滤波器可以去掉高、低频干扰，保持有效频带内的信号。然而，经过某些处理后（如反褶积、谱白化等），有效信号并不是在特定的频带内具有较强的能量，信号和噪声也不是在某一频率上能截然分开的（图 2-11），高频段内噪声的能量高于信号的能量，宽带的带通滤波不能充分提高信噪比，窄带滤波又会降低记录的分辨率。

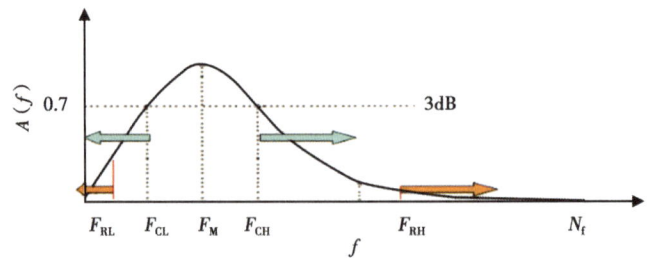

图 2-10 某一信号所对应的频谱

图 2-11 表明通过储层特征反演能够重建地震资料频谱。可以进行重构的地震资料频谱的范围（曲线 2）受地震信号振幅与噪声振幅相对强弱关系的限制，只有在地震信号振幅（曲线 1）比噪声振幅（曲线 3）强的频率范围内，地震资料频谱可以得到重构。零频率的信息可由成像速度估计得到，而较高频率的信息则可由地震反射数据获得。地震资料频谱中

缺少低频信息（曲线4）。缺少低频的地震剖面由地震相转变成沉积相解释就非常困难，不利于地质解释。图2—12是国外海上宽频采集地震剖面，可以看出它的动力学波形特征活跃，沉积特征丰富，无论是地层构造特征还是层序特征，规律都十分清晰，是所追求的高质量的地震剖面。

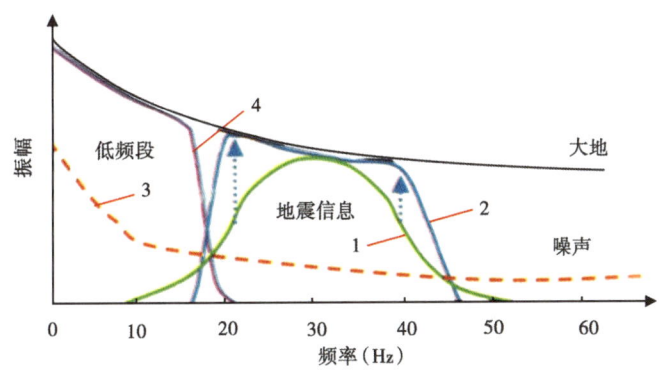

图2—11 反演重构地震资料频谱示意图
曲线1—地震频带；曲线2—可能的拓频带；曲线3—随机噪声；曲线4—低频规则噪声

图2—12 海上宽频地震剖面（据CGGVeritas公司、林德春等）

## 2.5.2 选用最佳子波

高分辨率处理是以获得反射系数剖面为理想目标，即期望子波是脉冲函数。但由于受原始数据的频带范围和信噪比的限制，从预处理到偏移成像之间的每个处理步骤所得的结果都是具有带限子波的记录，以至最终的处理结果仍然是反射系数与带限子波的褶积。这种子波在一定程度上是可选的，处理中常用的子波是带通子波和雷克（Ricker）子波，前者延续时间长，旁瓣波形复杂，后者旁瓣幅度也比较大，都不是脉冲函数的最好近似。为此，俞寿朋教授提出了一种新型子波，它是由不同宽度的Ricker子波合成的，它的主瓣窄、旁瓣幅度小、波形简单、振幅谱光滑连续，在分辨率、保真度和信噪比方面都优于常用的两种子波，被李庆忠院士命名为"俞氏子波"（图2—13）。

俞氏子波的峰值频率和记录中最高信噪比的频率一致，所以采用俞氏子波作为滤波因子对记录做滤波处理既可以保持记录有较宽的频带，又可以突出高信噪比频带的信号，使得滤波后的记录在不降低分辨率的条件下，有最佳的提高信噪比能力。因此，俞氏子波又称为"最佳信噪比调频率波"。

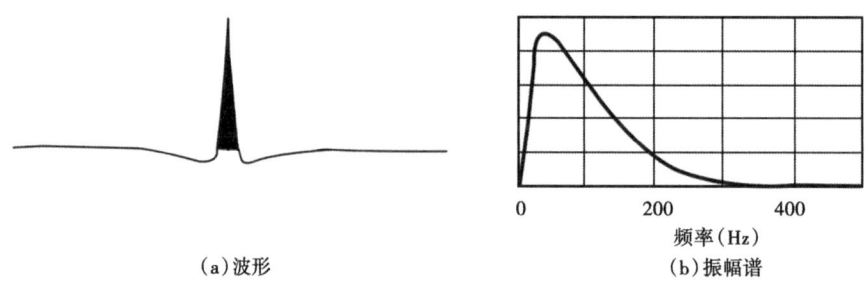

（a）波形　　　　　　　　　（b）振幅谱

图 2-13　俞氏子波及其振幅谱

俞氏子波的出现使对地震勘探中有关数据的频带宽度与信噪比、分辨率及保真度的关系及其在时间域和频率域的表现等问题有了新的认识。在过去几年的生产实践中，俞氏子波在滤波、反褶积、速度分析和合成记录方面得到广泛的应用，良好的处理结果表明，俞氏子波是现有条件下高分辨率处理中的理想子波。这种滤波方法不仅可以用于处理中的任何步骤，而且可以替代一些程序内部的滤波方法。例如在高精度相干叠加模块中，对由若干个共中心点（CMP）叠加建立起来的模型道做滤波处理，提高模型道的质量，可以更准确地估算相关时移量。

俞氏子波即宽带雷克子波，图 2-13 为俞氏子波的波形及振幅谱。其时间域表达式为：

$$y(t) = \frac{1}{q-p}[q\mathrm{e}^{-(\pi qt)^2} - p\mathrm{e}^{-(\pi pt)^2}] \tag{2-5}$$

式中　$p$ 和 $q$——分别为低边和高边的频率界限。

其振幅谱为：

$$r(f) = \frac{1}{\sqrt{\pi}(q-p)}[\mathrm{e}^{-(f/q)^2} - \mathrm{e}^{-(f/p)^2}] \tag{2-6}$$

俞氏子波具有以下的主要特性。

（1）俞氏子波主瓣窄，旁瓣幅度很小，主瓣的等效频率比振幅谱的峰值频率高得多。从它的瞬时频率特征可以看出，对分辨率起主要作用的是主瓣宽度，因此与带通子波和 Ricker 子波相比，在同样主瓣宽度的情况下，俞氏子波的实际分辨率更高。

（2）保真度，保真度与很多因素有关，子波的形状是影响保真度的因素之一。如果子波只有主瓣，没有旁瓣，则在能分辨的情况下是保真的。子波的旁瓣幅度越大，保真度越差，子波的旁瓣数目越多，延续时间越长。如果一个子波的主峰与前后多个子波的旁瓣重叠，则保真度更差。俞氏子波仅在主瓣左、右各有一个旁瓣，而且幅度很小，因此具有较高的保真度。

（3）信噪比，原始记录是原始子波与反射系数褶积再加上噪声叠加以后的结果，假设反射系数和噪声都是白色的，则信号的振幅谱与子波的振幅谱有相同的形状，一般是带限的。所以，原始记录的信噪比与频率有关，即低频部分和高频部分信噪比低，中频部分信噪比高。俞氏子波的峰值频率远低于主瓣等效频率，向低频方向下降陡度很大，有利于衰减噪声的低频成分，特别是面波。向高频方向下降陡度小一些，并有一定的宽度，可使放大了的高频噪声得到削弱。采用了这种子波的滤波性能，如果峰值频率与最高信噪比的频率一致，可望得到较高的信噪比。

图 2-14 是采用不同子波频谱分别处理出来的同一条二维测线地震剖面。可以看出，采用图 2-14（d）所示子波频谱处理出来的剖面振幅强弱分明，噪声水平低，信噪比较高。

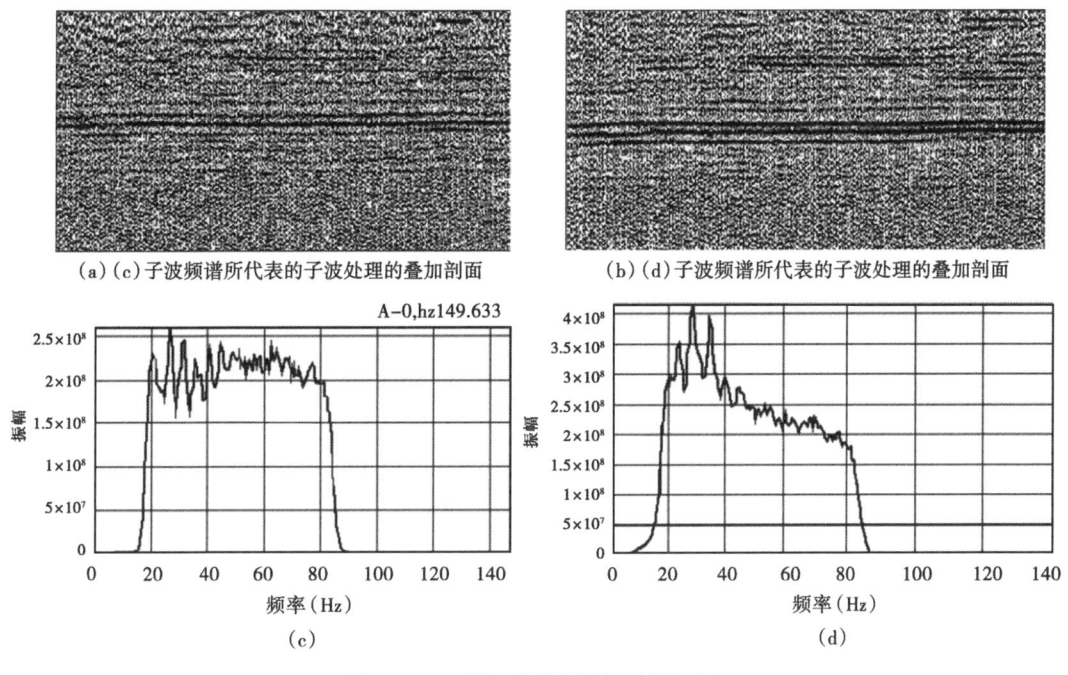

图 2-14 不同二维谱的同一剖面对比

此外，通过调整式中的 $p$、$q$，可以得到不同频带宽度、不同峰值和高频与低频两边下降速度各异的俞氏子波，以满足应用中的不同需求。

### 2.5.3 提高分辨率

提高分辨率是地震勘探永恒的话题，在实际操作当中，无法采取单一因素，而综合因素在提高分辨率方面又可能相互矛盾，实际应用中可根据需要灵活掌握，充分考虑以下几点因素。

（1）影响空间分辨率的因素有采样孔径、观测系统、覆盖次数、采样率。主要受制于观测系统、速度模型及震源子波。高密度对称采样（小检波点距、小炮点距）可优化空间波场连续性，也是解决"脚印问题"的根本办法，但是可分面元法观测系统并不比常规观测系统能使偏移噪声变得更小。空间不连续性会降低资料的分辨率，因此，三维设计应考虑地下目标成像的质量，充分考虑空间连续性、空间分辨率，而不应该把分辨率或信噪比孤立起来看。在处理中"偏移算子的空间分辨率"无噪声时，分辨率只与空间采样率有关，地面地震的采样孔径越宽，水平分辨率越佳。

（2）时间分辨率与最大频率成比例（严格说与带宽成正比），由采样定理可知，采样稀疏会降低可达到的分辨率，虽然随机稀疏采样可以减少偏移噪声，但还是应坚持小采样率采集。

（3）多次覆盖会降低分辨率，但它又能改善信噪比，即通过增高信噪比从而降低了分辨率，三维数据的多个单次覆盖集对同一 CMP 面元具有不同的分辨率，零炮检距单次覆盖集分辨率最好，但覆盖次数越多，分辨率越低，因此要客观地对待覆盖次数。

（4）宽模板（即宽方位）在一定意义上更趋近全采样三维，对于大倾角复杂构造区成像更为有利，宽模板可更充分发挥叠前偏移的作用，使三维数据归位准确性得到很大提高，同时有利于非均质性储层的识别，因此，在野外尽量选择使用较宽方位的模板。

### 2.5.4 提高信噪比

信噪比就是信号和噪声之比，一般用其振幅的比值表示。反映地震资料成像的抗干扰能力，在地震剖面上就是剖面是否干净无噪点。

在无噪声的情况下，地震资料的分辨率取决于子波的分辨率。而子波的分辨率取决于子波的主瓣宽度和旁瓣比。一般地说，子波的主瓣越窄，旁瓣比越小，子波的分辨率就越高；子波的频带越宽，高、低频越丰富，地震资料的分辨率也就越高。除了子波的频宽、高低频成分影响分辨率外，噪声也影响分辨率。噪声是提高地震资料分辨率的最大障碍，这主要表现在以下几个方面。

（1）噪声本身降低分辨率。

（2）当噪声存在时，反褶积在提高分辨率的同时，大大降低了信噪比。这主要是反褶积前记录本身存在噪声，反褶积之后，这些噪声被放大。因此，在提高信噪比时，分辨率的提高受到限制。

（3）当信号与噪声在频率域重合时，对线性时不变滤波器来说，提高信噪比和提高分辨率是一对矛盾的要求。

（4）在噪声存在的情况下，分辨率取决于有效频宽及其高低截频点。一般地说，地震记录的有效频带越宽，信号的高、低频越丰富，地震记录的分辨率就越高。线性滤波不能提高单一频率分量信噪比。因此，也就不能展宽有效频宽。

（5）为了减小噪声的影响，在反褶积之前必须先进行压噪处理，反褶积前的输入记录应有较高的信噪比，才能收到较好的反褶积效果。若原始记录的信噪比很低，一味地通过反褶积来提高分辨率是没有意义的。

（6）现有绝大多数压噪方法，都带有滤波的性质，这些方法在去噪的同时，也损失了反射信号的低频或高频成分，使反射波的频带变窄，结果导致分辨率降低。

总的而言，高精度三维地震勘探的本质是要求地震记录既有较高的信噪比又有较高的分辨率，其中较高信噪比是提高分辨率的基础。

## 2.6 地震分辨率概述

按照 SEG 勘查地球物理百科全书大字典的定义，分辨率就是区分开两个非常靠近的物体细节的能力，即在两个单个地质体靠得很近时仍可进行区分的距离。对于地震而言，有垂直分辨率和水平分辨率。根据野外收集到的相关资料，确定和区分一个地质体大小的能力，不但与地震资料的信噪比和分辨率有关，而且还与解释人员的知识与经验有关，有时在解释中采用了正确的方法和模型，就有可能超过传统的分辨率极限。如果资料数据的信噪比非常好，同时对要研究区域已有部分比较正确的认识和看法，则地震数据上微小变化就有可能与微小的地质特征有关系。

如果地震子波非常尖锐，也就是主频带非常宽，则分辨率就很高，但地震子波总是有一定的频率范围限制的，因此地震波的分辨率也就有它一定的局限性，通常偏移前与偏移后的分辨率不同，前者高于后者。

（1）地震分辨率与分辨力。

有关分辨率或分辨力概念的论述有很多，而且现在流行的分辨率和分辨力的概念多少有些含混不清。李庆忠院士（1994）曾用不同频率振幅值与最大振幅值比值的累加和计算视觉分辨率，马在田院士（2006）在论证地震成像分辨率报告时认为分辨率应当是一个相对值，而不是现在普遍使用的绝对值概念。为此，他将目前普遍采用的以绝对值表示的分辨能力的概念称为分辨力，同时定义了一个以相对值表示分辨能力的概念，并称之为分辨率。

（2）垂直分辨率与水平分辨率。

按照研究方向的不同，地震勘探中一般将分辨率概念细分为垂直分辨率和水平分辨率，或者称为纵向（垂向）分辨率和横向（水平）分辨率。前者是指在垂直方向上能分辨岩性单元的最小厚度；后者则指在水平方向上确定特殊地质体（如断层、尖灭点、超覆点和岩性体）的大小、位置和边界的精确程度。由于水平分辨率主要是在空间域进行研究，因此，有研究者也将其称为空间分辨率。不过，也有研究者将地震波垂直向下入射时，沿铅垂方向的分辨率称为垂直分辨率，相应水平方向的分辨率称为水平分辨率；而将地震波倾斜入射到介质中时，沿射线方向的分辨率称为纵向分辨率，与射线方向垂直的分辨率称为横向分辨率。本章讨论的内容主要是采用前面的定义方式。

（3）地震分辨率与地震资料解释分辨率。

这里同样认为地震分辨率与地震资料解释分辨率是两个概念。地震分辨率仅与地震野外采集与室内处理有关，"解释分辨率"的提高只是解释手段进步的体现，例如解释人员在波组的时间属性不可分辨的情形下，采用振幅信息、相位信息、频率信息、波阻抗剖面以及其他属性信息进行地质体的推断和识别。一般来说，借助于先进的技术和方法，人们总是可以不断拓展和提高解释能力的。但它不应属于分辨率定义的范畴之内，而是属于"解释分辨率"。也就是说，对于小而薄的地质体，虽不能进行定量的描述，但的确可以进行判识。同时，地震分辨率的定义不应当将噪声因素考虑在内，因为分辨率是一个独立的概念，不应当将两者混在一起。分辨率与视觉分辨率不一样，视觉分辨率只是视觉上的一种识别，可以包括噪声在内。因此，在定义分辨率概念与分辨率公式时，就不应当将噪声项加入其中。总之，分辨率计算公式应考虑到野外采集与室内处理两个阶段，而且不包括噪声在内。

（4）地震频带及高分辨率。

众所周知，地震反射信号的多次覆盖会降低地震资料的分辨率，但它确实能够改善原始资料的信噪比，由于只有在一定的信噪比情况下，才能谈论分辨率问题，故而也有的同行在不同的会议上说，多次覆盖能够很好地压制和衰减噪声，所以能够提高地震资料的分辨率也不无道理，但从科学严格的定义出发，多次覆盖技术通过提高信噪比，就一定程度地降低了资料的分辨率。

在油气勘探开发的生产实际中，习惯于在地震时间剖面图上看时间分辨率，在切片平面图上看空间分辨率。在具备一定信噪比并具有较宽的绝对频宽的剖面上，时间分辨率正比于最高频率，空间分辨率正比于（偏移后的）最大波数。

在高分辨率的时间剖面，分辨率高一般表现为细分层，一般来说反射同相轴有疏有密，相位分得开，振幅有强有弱，即常说的剖面具有动力学特征。但是有很多勘探地区不易见到这种现象，也不见得反射同相轴多就是高分辨率时间剖面，反射同相轴少就一定不是高分辨率时间剖面。

笔者高分辨率高信噪比的地震时间剖面，即高精度的地震剖面，应该是地震勘探目的层频带范围要达到三个倍频程，才能满足当前精细勘探的要求，例如 8~80Hz，就可以称得上是高精度地震剖面。

常规地震勘探通常表现的两个倍频程就显得明显不足，频带较窄，信息量就要大打折扣。两个倍频程在大套地层追踪，划分大断层，进行构造解释尚还可以，进行地层岩性解释肯定力不从心。

同时，时下存在以为只有高频信息重要的倾向，地震勘探高频信息、低频信息同样珍贵不可缺失。当然，获得高信噪比的高频信息非常不易，但获得高信噪比的低频信息同样不易，这里指的低频信息是 10Hz 以下的信息。除了保证高频信息和低频信息同时存在外，还要使宽频范围内各个频率组分的振幅大体相当，最好是相对低频的振幅峰值还要稍大一些（俞寿鹏），同时要力争达到零相位。

图 2-15 表示了储层物性反演所需的频带宽度（蓝色）。黑色实曲线代表地层频谱，可以由测井曲线模拟得到。绿色曲线显示了从地震数据得到的 Ricker 子波频谱，红色曲线表示背景噪声。

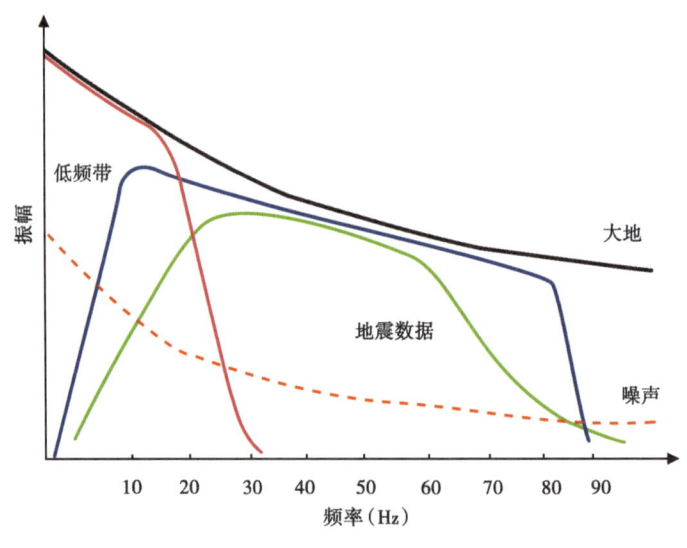

图 2-15　储层物性反演所需的带宽（蓝色）

Ricker 子波和俞氏子波分别是对应最广频谱的一个最短的满足最佳成像的子波。在反演中，子波去除后得到蓝色曲线（图 2-15），低频振幅值大于高频振幅值。但是值得注意的是，恢复得到的地层谱的范围受限于噪声。背景噪声之上低频信号的缺乏是反演中面临的一个特殊问题，这些低频信息来源于该地区的地质模型。如果噪声之上的低频地震信息可以测得，那么就可以更好地约束反演。不幸运的是，背景噪声不是水平的，在低频急剧增大，导致记录和应用这些低频信息面临很大的挑战。

前面已经讨论过地震资料的频带宽度，同时还可以将频带定义为地震有效信号的振幅值大于噪声振幅值的频率范围。所以频带宽度的定义还与噪声的量化有关。

目前野外可控震源资料已能获得5~10Hz的记录，如果能够设法得到3~10Hz的低频反射，那就能较好地改善低频信号缺乏这一问题。

前面已经谈到，时间分辨率与最大频率（严格说应为带宽）成比例，空间分辨率与最大波数成比例；影响空间分辨率的主要因素有：采样率、采样孔径、观测系统、覆盖次数、还有子波衰减、速度、地层产状等。空间不连续性采样会降低地震资料的分辨率，采样孔径越宽，水平分辨率越佳，但不是无限制地增加分辨率。

高精度三维设计应考虑地下目标成像的质量，因此空间连续性、空间分辨率是考虑的主要目标，而不应该把分辨率或信噪比孤立起来看。

（5）地震子波与地震勘探精度的关系。

影响地震分辨率的因素包括地震和地质两个方面。地震因素应包括激发条件、接收条件以及资料处理，各种因素的作用都体现在地震子波上。地质因素对地震分辨率的影响主要表现为地震波在地层内传播过程中子波的变化。因此，提高震源子波分辨率是高精度地震勘探追求的基础与关键。在室内处理过程中，可以采取很多办法来提高地震剖面分辨率，但野外采集在高精度地震勘探整个过程中是最基础的环节。在野外地震勘探采集中，决定分辨率的关键因素之一就是震源。因此，要提高地震分辨率，必须提高震源子波分辨率。就炸药震源而言，其所产生的震源子波谱一般多接近于钟形谱，这说明地震波不同频率成分初始能量是不一致的，也就是说，高频、低频分量能量先天不足。在地震波传播过程中，高频成分吸收比低频严重，这使得高频分量的获取更为困难。因此，改进震源子波的分辨率实际上就是如何保护高频成分和拓宽低频成分。具体实现途径有三步：提高震源子波的下传能量；单纯提高高频成分的能量；研究和开发宽频带震源。

普遍采用的震源组合方法中，纵向延迟激发就是一种较好的提高震源子波下传能量的方法。值得注意的是，在均匀介质中，单一球面震源沿各个方向子波能量是一致的，纵向延迟激发虽然可以提高下传能量的强度，遗憾的是这种能量强度的增加具有明显的方向性，沿着垂直方向可以获得最尖锐、振幅最强的脉冲；而偏离这一方向，随入射角度的变化可能会产生一种滤波效应，进而造成地震子波的不一致性。在地震波激发接收范围内，这种不一致性究竟会对地震波产生怎样的影响还需要进一步探讨。如果这种影响较强，就必然会对叠前AVO分析造成影响。更何况研究的对象还不是均匀介质，因此，有必要研究震源组合的方向效应。此外，利用可控震源的非线性扫描补偿高频吸收，可以部分提高高频分量的能量，进而提高资料的分辨率。这是目前最有效提高高频成分能量的方法。已有的研究表明，大药量激发比小药量激发表现出更加明显的中频和高频能量差异，因而，小药量激发可以获得比大药量更宽的频谱，但就相同频点的高频成分绝对能量而言，仍然是大药量的高。在野外采集中，受到环境噪声的影响，只有在地层吸收衰减后，高频分量的能量高于环境噪声的情况下，所接收到的高频分量才是有效的。因此，从保护高频分量具有足够信噪比的目的出发，药量并不是越小越好，也就是说要选择适中的炸药量。

根据实际的野外地震记录仪特性及得到的地震资料，模拟检波器记录地震信号可以记录的最大动态范围只能是60~70dB，也就是说，实际上低频、高频的能量差距远远超过1000倍，根据李庆忠院士指出的检波器组合、组内时差、大地吸收对反射波的低通滤波原理，对于高频一般只能接收到100Hz左右的反射波，60~70dB是同时记录高频、低频的极限，也就是所谓的高频"死亡线"。因此，高频信号就难于在处理中再恢复其真实波形。虽然在地震道记录的频谱上能够看到大于100Hz以上的频率有一定能量，甚至具有相似的小峰值而且还能保持稳定，但是其中大部分是环境噪声能量的表现，而不是所谓的什么地质薄层反射的反映。至于说能够处理出100Hz乃至200Hz高频的剖面，如图2-16所示，那只不过是一种纷冗的数学算法而已。

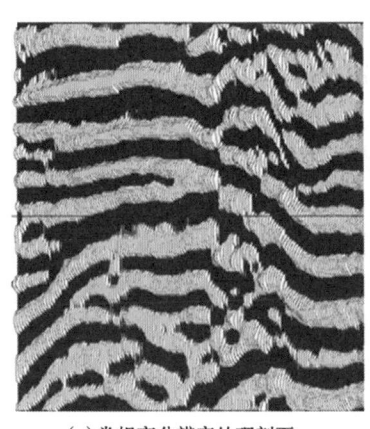

(a) 常规高分辨率处理剖面　　(b) 相对应的无约束反演剖面

图2-16　常规处理与提高分辨率处理后剖面的对比

(6) 保护好低频的意义。

长期以来，不少人认为地震波的频率组分越高分辨率就越高。实则不然，必须要把频带宽度的低频端向10Hz以下延伸。目前陆上可控震源已能把起始频率从8~10Hz向下扩展到3Hz左右。陆上爆炸激发也可产生更长时间的爆炸，增加低频能量向地层的传递，低频信息在地下的传播要比高频快得多，低频能量对深层勘探目标成像，如盐下或火山岩等区带尤为重要。正常高频信息都有严重的衰减、散射和频散以至不能提供必需的有用信号。

低频信号有以下特点：子波清晰、能量较强、有利于成像，低频信号还能穿透屏蔽区，低频信息通过绕射和能量隧道效应能将阴影带转换。

低频信号的最大特点是能获得可解释的成像，低频信号优于高频信号的重要原因还在于低频信号对用于速度场的深度偏移误差不太敏感，用精度不太高的速度模型可以对数据集进行偏移处理，速度误差使偏移的高频信息容易丢失，而低频信息则可以使成像质量明显提高，地质沉积特征更加清楚（图2-17）。与图2-18常规海上剖面相比，低频成分更加丰富，地质特征清楚，易于解释。

为获取较好的火山岩及盐下信息，需要在消除低频噪声的同时还要保持信号的振幅和相位的特性，尤其需要更多的低频信息用于强化子波，而缺乏低频信号的子波将会有明显的假频旁瓣。

应用低频信息的最大优点是能改善速度模型，改善后的速度模型有利于高频信息的成像，这可以从三个方面看出：首先盐下或火山岩速度分析需要叠前数据，由于叠前数据通常比叠加以后的数据质量差，改善单炮低频信号则有助于速度分析；其次通过适当拾取盐底较差的信息以便正确划定数据质量较差区域，从而在质量好的区域进行拾取；最后，波动方程

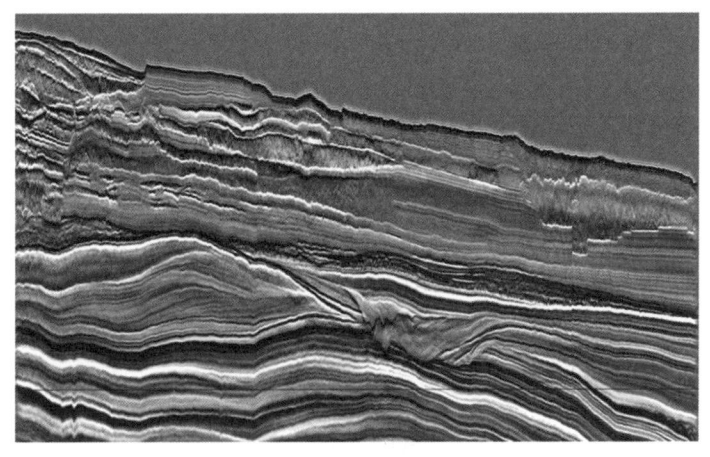

图 2-17　国外海上宽频地震剖面（据 CGGVeritas 公司、林德春等）

图 2-18　缺乏低频的陆上地震剖面

反演算法要求有稳定的低频信息，可以实现全波场反演。这些波动方程反演算法能自动进行地震速度分析，大大优越于目前的常规方法。

另外，反射地震波的低频信息还具有很好的液体敏感能力，可以利用地震低频信息进行含油气预测。确定储层含油气的富集区带并描述其空间展布特征。

## 2.6.1　垂向分辨率的定义

一般采用两种方法来定义地震垂向分辨率。

### 2.6.1.1　用薄层的顶底反射波的时差来定义垂向分辨率

在 20 世纪 70 年代之前，人们用薄层顶底反射波的时差来判别其厚度，即用在地面同一点接收薄层顶底两个反射波的时差与波延续时间的比值大小来定义垂向分辨率，比值不小于 1 时，两个波能分开，就说有较高的分辨率，比值小于 1 时，两波不能分开，薄层就无法分辨。这就是早期对垂向分辨率的定义。

如图 2-19（a）所示，有一个水平薄层，厚度为 $\Delta h$，层速度为 $v_n$，薄层顶底界面分别

为 $R_1$ 与 $R_2$，对应于 $R_1$ 与 $R_2$ 的自激自收地震子波分别为 $b_1(t)$ 与 $b_2(t)$。设两个子波有相同的波形，其延续时间为 $\Delta t$，两个波的时间之差为 $\Delta \tau$，即为波在薄层内传播的回声时间（$\Delta \tau = \dfrac{2\Delta h}{v_n}$）。随着地层厚度的变化，$\Delta \tau$ 与 $\Delta t$ 的相对关系会出现两种情况，第一种情况，当 $\Delta h$ 较大时，可使 $\Delta \tau \geqslant \Delta t$，即 $\Delta \tau / \Delta t \geqslant 1$，这时 $b_1(t)$ 与 $b_2(t)$ 两个子波时间上可分辨；第二种情况，当 $\Delta h$ 较小时，会出现 $\Delta \tau < \Delta t$，即 $\Delta \tau / \Delta t < 1$ 的情况，这时两个子波发生干涉，形成复波，如图 2-19（b）所示，已无法从时间上来分辨哪个是 $R_1$ 界面的波形，哪个是 $R_2$ 界面的波形了，这个复波实际上就是厚度很小的薄层反射子波的叠加。

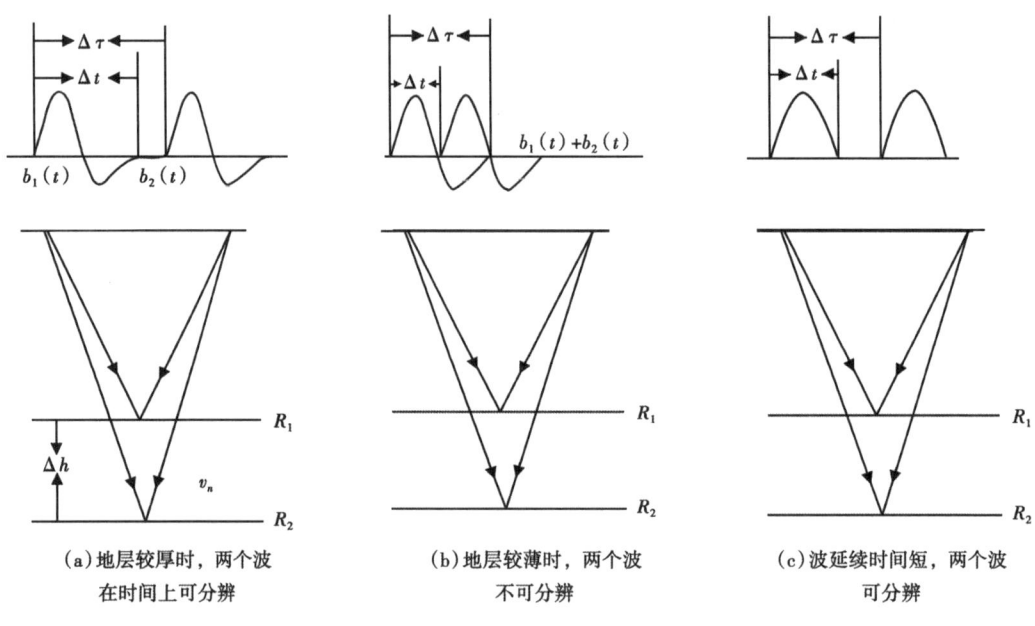

(a) 地层较厚时，两个波 　　(b) 地层较薄时，两个波 　　(c) 波延续时间短，两个波
　　在时间上可分辨 　　　　　　　不可分辨 　　　　　　　　　　可分辨

图 2-19　顶底反射模型试验

因此，为了在时间剖面上分辨出薄层，必须使 $\Delta \tau$ 不小于 $\Delta t$，其办法不外乎有两种途径，即增大 $\Delta \tau$ 或缩短 $\Delta t$。当 $\Delta t$ 一定时，要增大 $\Delta \tau$；当 $\Delta \tau$ 一定时，则要缩短地震子波的延续时间。在实际问题中，薄层的时间厚度 $\Delta \tau$ 是一定的，所以要想在时间剖面上分辨出薄层，只能是缩短地震子波的延续时间。可以设想把图 2-19（b）中子波的延续时间由一个周期缩短为 1/2 周期，则可使 $\Delta \tau \geqslant \Delta t$，薄层的两个子波在时间上就可以分开了，如图 2-19（c）所示。

下面通过公式推导来继续讨论分辨率问题。假设两个子波的时差等于波的延续时间，即：

$$\Delta \tau = \Delta t = \dfrac{2\Delta h}{v_n} \tag{2-7}$$

可得：

$$\Delta h = \dfrac{v_n \Delta t}{2} \tag{2-8}$$

为了用描述地震信号的某个物理量来表示分辨率薄层的厚度公式，设 $\Delta t$ 等于 $n$ 个视周期，即 $\Delta t = nT^*$，得到厚度的分辨率公式为：

$$\Delta h = \frac{v_n \cdot nT^*}{2} = \frac{v_n n}{2f^*} = \frac{n\lambda^*}{2} \quad (2-9)$$

式中　$\lambda^*$——视波长；
　　　$T^*$——视周期；
　　　$f^*$——视频率。

从式（2-7）可知，当波的延续时间为一个视周期时（$\Delta t = T^*$），则可分辨地层的厚度为 1/2 视波长（$\Delta h = \frac{\lambda^*}{2}$）；当波的延续时间为半个视周期时（$\Delta t = \frac{T^*}{2}$），则可分辨薄层的厚度为 1/4 视波长（$\Delta h = \frac{\lambda^*}{4}$），这时地震子波已趋近于尖脉冲，达到理想的厚度分辨率。

此外，式（2-9）进一步表明 $\Delta h$ 与 $nT^*$ 成反比，即波的延续时间越短，$\Delta h$ 越小，垂向分辨率越高，从图 2-19（b）与图 2-19（c）的对比中，可以明显看到这一点。按照该理论，垂向分辨率主要取决于地震子波的延续时间，这正如 Knapp 所认为的"垂向分辨率应该用地震子波脉冲的时间延续度来定义"。

然而实际上地震子波的延续度很长，在常规的 2~3km 的勘探深度上，一个地震子波大概至少要振动两到三次，时间延续度长达 100~200ms（折合为 150~300m）。如果室内子波处理得很理想，压缩成一个振动相位，也往往要长达 50~80ms（折合为 75~120m）。虽然这个分辨率很差，但严格地说，分辨率是应该这样定义的。所以有学者称为"严格的分辨率"，也有学者称为"Knapp 准则"。

#### 2.6.1.2　用零相位子波来讨论垂向分辨率

用零相位子波来讨论垂向分辨率主要有以下三种观点。

（1）Widess 准则。当出现调谐振幅时，垂向分辨率为 1/4 视波长，当地层厚度变薄时，已不能用时差来确定薄层厚度，而只能用振幅信息来确定地层厚度。

（2）Rayleigh 准则。当薄层顶底的两个子波时差不小于子波的半宽度（半个视周期）时，两个子波时间上可分辨，Rayleigh 把子波的半宽度称为垂向分辨率的极限，这就是 Rayleigh 准则，它所对应的薄层厚度为 1/4 主波长。其表达式为：

$$\Delta h = \frac{v_n}{\Delta f_p} = \frac{\lambda_p}{4} \quad (2-10)$$

式中　$f_p$——子波的主频；
　　　$\lambda_p$——主波长。

对于 Sinc 子波，Rayleigh 准则所能分辨的薄层厚度与式（2-10）相同。

（3）Ricker 准则。当两个 Ricker 子波在时间轴上的时差不小于子波主极值两侧拐点的时间间隔时刚好能被分辨（图 2-20），Ricker 把这个时间间隔称为时间分辨率的极限，这就是 Ricker 准则，其表达式为：

$$\Delta t = \frac{1}{2.3 f_p} \quad (2-11)$$

式中　$f_p$——地震子波的主频。

从式（2-11）出发，只要剖面上主频偏高就认为其时间分辨率高。如果把层速度 $v_n$ 乘上 $\Delta t$ 就得到厚度分辨率公式，即：

$$\Delta h = \frac{v_n \Delta t}{2} = \frac{\lambda^*}{4.6} \tag{2-12}$$

式中 $\lambda^*$——视波长；

$\Delta h$——可分辨层厚。

对于 Sinc 子波，Ricker 准则所能分辨的薄层厚度为：

$$\Delta h = \frac{\lambda^*}{4.3} \tag{2-13}$$

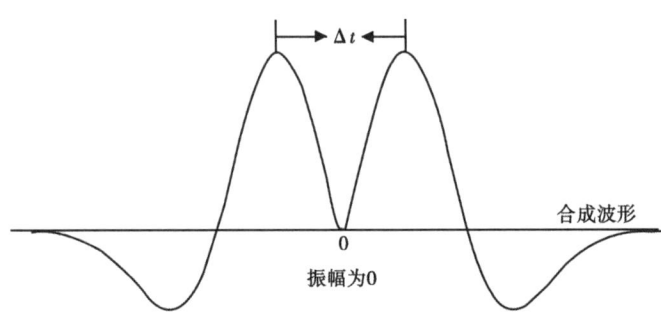

图 2-20 两个彼此相距 $\Delta t = \dfrac{1}{2.3 f_p}$ 的 Ricker 子波的合成波形

两个正波峰之间出现一个波谷，波谷的谷底振幅为 0，两个波峰刚刚分开

这两种定义各有其优缺点，具体表现在以下三个方面。

（1）在以上对垂向分辨率的两种定义中，用薄层顶底反射波时差来判别地层厚度的方法比较简单、形象直观、通俗易懂，但有其片面性，因为在讨论中假设的地震子波不是零相位的。用零相位子波来定义垂向分辨率的三个准则补充了它的不足，使分辨率的概念更加全面准确，物理意义更为清楚。

（2）在各种子波中，零相位子波具有较高的分辨率，如果能使零相位子波趋于 $\delta(t)$ 脉冲，就达到了最为理想的分辨率，所以在高分辨率地震勘探的系统工程中，从信息的采集到处理，在保证地震剖面有较高信噪比的条件下要"双向拓宽"信号的频率，使地震信号接近于尖脉冲。

（3）在对垂向分辨率的不同定义中，其相应的可分辨的地层厚度是不一样的，中间两个准则基本相同，即为 $\Delta h = \dfrac{\lambda^*}{4}$。如果把地震信号的视频率看作主频，则地震勘探中理想的厚度分辨率为 1/4 视波长。对于第一个定义，由于太严格造成得出的分辨率非常低，所以只限于理论上的理解而不用于实际计算；对于第四个准则，分辨的地层厚度更薄一些，但它所假设的条件太苛刻，实际上是很难达到的，所以目前普遍用"1/4 视波长"来定量估算垂向分辨率。但是值得注意的是，这种估算要求子波是零相位的，波的延续时间为半个视周期，在地震剖面上很难满足这些条件，因而用公式计算的分辨率只能说是一种理论值，它还必须经过实际地震剖面上所能分辨地层厚度的地质效果来检验。

## 2.6.2 地震垂向分辨率极限

在石油天然气地震勘探实际工作中,人们更关心垂向分辨率。在大多数情况下如果不特别说明,一般都是指垂向分辨率。尤其是在地震野外采集施工中,解释人员为了确定每张监视记录能否达到技术设计中要求的分辨率,会首先设计一个较高的起码能够满足一个倍频程的带通滤波门去滤波,看看有没有较高频率成分的同相轴出现。这是最有效的判别单炮地震记录的频率组分的办法。李庆忠院士提出的此种方法,已被绝大部分物探工作者所接受。如果有较高频率成分的同相轴出现,才能大胆放心地生产。否则,施工的质量品质就要大打折扣,甚至无法完成预定的地质任务。

自"瑞雷准则"被提出来后,它就在地震勘探中得到了最为广泛的应用。然而随着现代地震勘探技术的发展,特别是三维地震勘探技术、高分辨率地震勘探技术以及地震资料处理解释技术等各种技术方法的不断发展,人们综合运用各种技术对野外地质环境进行精查勘探,对薄层厚度的分辨能力越来越高,在实际生产中应用"1/4 波长"来估算地下薄层的厚度时出现的问题也越来越突出。"1/4 波长"是薄层可分辨率的极限,要达到这个极限值有着苛刻的条件限制,按照这一理论,实际上的砂层可分辨厚度应该而且只能比这个厚度大,而不是小。可是实际上的情况却又恰恰相反,先来看下面的一个表(其中 $v_n$ 为地层速度,$\lambda$ 和 $f_p$ 分别为勘探子波的波长与主频)。

表 2-1 显示的是对应层速度 3000m/s 以及几个在地震勘探中常用的子波主频,由"瑞雷准则"计算出的可分辨的极限层厚(除列出 $\lambda/4$ 外,还列出了 $\lambda$ 与 $\lambda/8$ 的值以供参考)。以主频为 85Hz 的地震子波为例,按照"瑞雷准则",它最多可以分辨厚度为 8.8m 的砂层。然而根据生产经验,目前在石油勘探的中深层反射中,85Hz 主频已达到相当高的分辨率水平,它通常可以分辨出 8.8m 或更薄的岩层。

表 2-1 分辨率与频率关系表 ($v_n$ =3000m/s)

| $\lambda$(m) | $f_p$ = 25Hz | $f_p$ = 45Hz | $f_p$ = 85Hz | $f_p$ = 100Hz | $f_p$ = 200Hz |
| --- | --- | --- | --- | --- | --- |
| $\lambda$ | 120.0m | 66.7m | 35.3m | 30.0m | 15.0m |
| $\lambda/4$ | 30.0m | 16.7m | 8.8m | 7.5m | 3.8m |
| $\lambda/8$ | 15.0m | 8.3m | 4.4m | 3.8m | 1.9m |

为解决这一问题,首先通过对瑞雷准则 和 Ricker 准则进行了初步的理论分析,得出的观点是:(1) Ricker 准则研究的对象是两个零相位的正反射系数的子波,如图 2-21 所示,而实际的地震子波往往是混合相位的,当它们相互错开半个视周期时,在其合成波形上通常看不到相应的两个波峰,很难分辨出彼此。(2) 瑞雷准则研究的对象只是一个单一的薄层,而在勘探领域研究垂向分辨率的目的是寻找中深层地下介质中的砂泥岩互层中的储层,这些砂泥岩的厚度变化是非常复杂的 [图 2-22 (a)],导致其反射系数 [图 2-22 (b)] 杂乱无章、正负交错,彼此之间的距离也在随机地变化着,瑞雷准则中单个的薄层显然不能描述这么复杂的变化。

通过以上分析,认为现在应该抛弃原有的纯理论的研究方法,同时在理论联系实际的基础上去开辟一种新的研究思路来讨论垂向分辨率问题。为此,做如下模型实验。

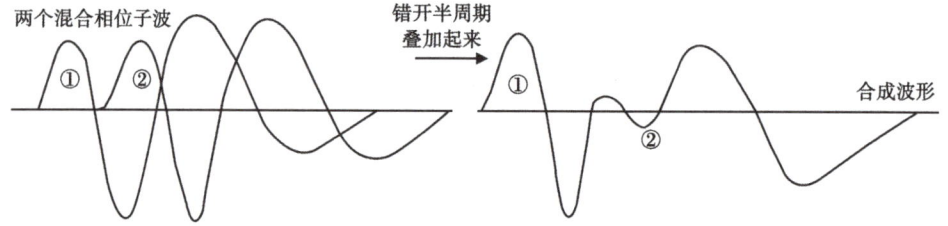

图 2-21 两个错开半个视周期的混合相位子波（其合成波形难分彼此）

（a）厚度变化复杂的砂泥岩储层（正负振幅分别代表砂岩与泥岩）

（b）杂乱无章、正负交错的反射系数序列

图 2-22 砂泥岩互层产生的反射系数序列

#### 2.6.2.1 定性分析

关于定性分析，李庆忠院士在《走向精确勘探的道路》一书中设计了一组模型，如图 2-23 所示。图 2-23（b）是一个反映地下砂层分布的声速剖面。图中黑色的是砂层，每个道的基线是泥岩基线，它相当于速度为 3000m/s，两个道之间的距离相当于速度增量为 1000m/s，所以砂岩的速度在 3400～3900m/s 变化。采样率为 1ms，设地层的平均速度为 3000m/s，则每个采样点相当于 1.5m 厚度。该剖面的右方砂层较多、较厚，相当于一个砂岩体的根部，而砂层向左逐渐减薄，层数增加，相当于砂岩体的前缘（三角洲相），再向左进入浅湖相，砂层薄而且层数稀少。因而此模型可以表达一个完整的砂岩体的情况。整个剖面总厚度为 200ms，相当于地下 300m。在右方单层砂岩最厚的达 33m，在左方最薄的可以为 1.5m（一个采样点）。图 2-23（a）反映的是将砂层模型 I 对应的反射系数曲线（根据 Gardner 关于总体密度的经验公式 $\rho = 0.31 v_n^{0.25}$，可以推算出波阻抗：$\rho v_n$，$v_n$ 为纵波层速度，从而可以得到该反射系数曲线）与高分辨率零相位带通子波 [$f = 10\sim160$Hz，中心频率（以下简称主频）为 85Hz，波形显示于图 2-23（a）] 褶积后得到的理论合成地震道剖面。但是这个剖面还不能直观地反映砂层变化，要想追踪实际砂层必须将此反射波形进行逐道积分，使其转换成为相对波阻抗剖面（以下简称为波阻抗剖面），如图 2-23（c）所示，才能追踪地下砂层的真实分布情况。将图 2-23（b）与图 2-23（c）核对可以看出（为方便比较，在模型 I 中标注出了大部分砂层的厚度，单位为 m，并且用符号"＊"与椭圆对反映得好的薄层做了标记）。

（1）波阻抗剖面不仅对模型 I 中 9m 以上的砂层反映良好，并且对每个厚度在 4.5m 以上的砂层都有反映，拿这个数据去与表 1 对照，9m 大约对应着 λ/4，而 4.5m 大约对应着

$\lambda/8$。

(2) 波阻抗剖面不仅对模型 I 左边湖盆中 4.5m 的砂层有正确地反映，对 3m 的砂层也有较为清晰地反映，甚至对一层 1.5m 的砂层也能追踪。

以上定性分析的结果表明，主频为 85Hz 的带通子波确实可以分辨出比 8.8m（$\lambda/4$）更薄的砂层，同时为下一步的定量分析预测奠定了基础。

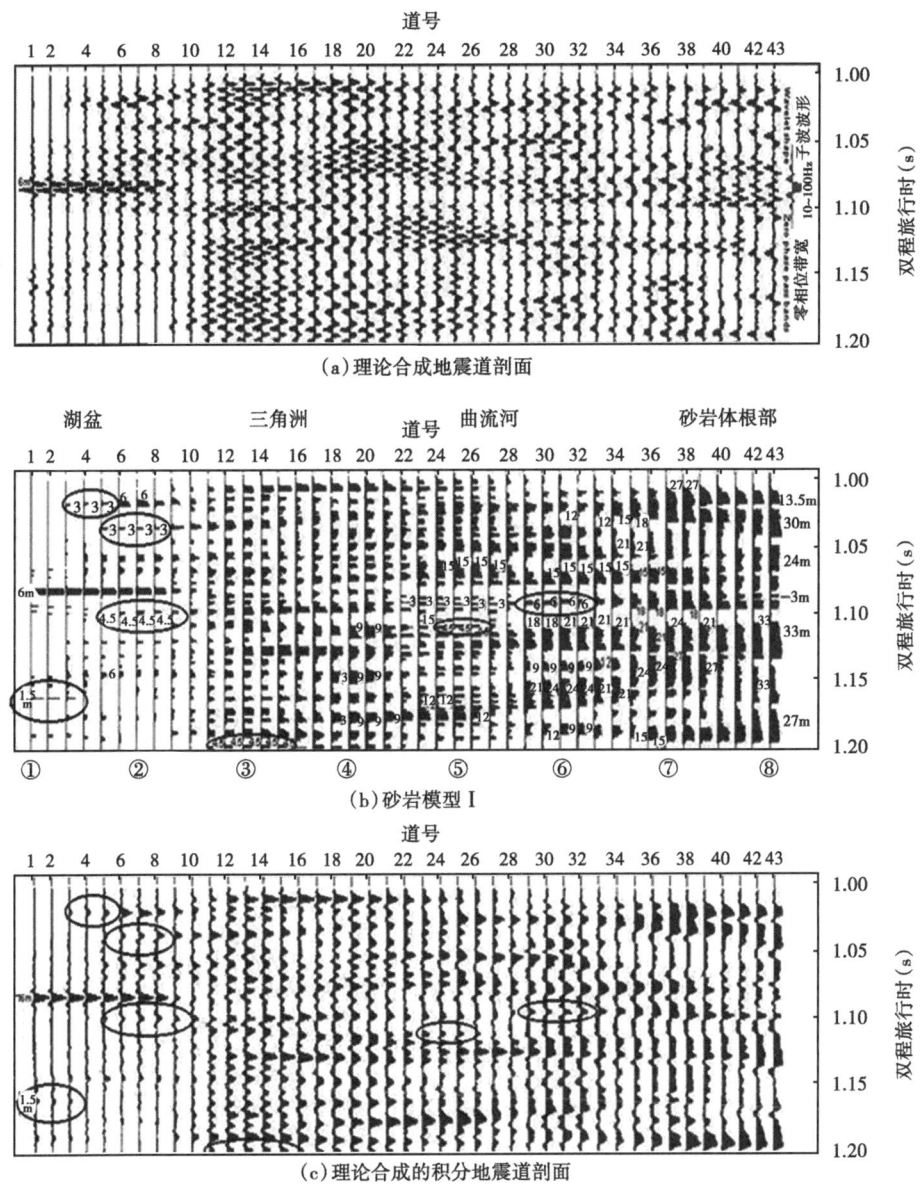

图 2-23 理论模型及合成地震记录

### 2.6.2.2 定量分析

现通过定量分析进一步证明，垂向分辨率确实可以达到"$\lambda/8$"。设计三个模型分别模拟不同的地下砂泥岩储层，这三个模型反射系数的变化杂乱、无序；它们都是声速剖面，一个地震道，3000 个样点，采样率为 0.5ms，假设地层平均速度为 3000m/s，则每个采样点相

31

当于0.75m厚度。道中的正负振幅分别表示厚度随机变化的砂泥岩，可以通过重点观察归一化互相关系数达到0.7以上的相关道中的砂层对比情况来研究垂向分辨率。由于3000个样点太多，剖面中只显示300个样点，同时在模型道上标记出了砂层的大致厚度（在波阻抗剖面上用符号"*"标记正确的预测，用符号"★"着重标出在其预测准确的砂层中厚度达到的砂层；图2-24（a）表示模型道，图2-24（b）至图2-24（d）分别表示低、中、高分辨率波阻抗剖面。

模型Ⅰ反映的是砂泥岩厚度相差不大的情况（图2-24），归一化互相关系数随子波分辨率的增高而增加，波阻抗地震道对模型道的相似性越来越好。分别观察：低分辨率波阻抗剖面，$\phi=0.47$，远低于0.7，它对模型道中的薄层几乎没有反映，不过对几个厚度接近的砂层的位置有较为正确的反映，如图中用符号"★"标记的厚度分别为13m，15m及16.5m的三个砂层；中分辨率波阻抗剖面，$\phi=0.76$，已经高于0.7，除了对厚砂层反映正确外，还对两处厚度分别为7m与8m的砂层的位置有较清楚地反映，且对8m砂层的厚度也反映良好（这两个厚度均接近$\lambda/8$）；高分辨率波阻抗剖面，$\phi=0.87$，它与模型砂层位置、厚度的相似性都非常好，对模型道中两个厚度分别为4.5m与5m（均接近$\lambda/8$）的砂层的位置与厚度都有相当清楚的反映。模型说明在砂泥岩厚度相差不大的情况下，垂向分辨率可以达到$\lambda/8$。

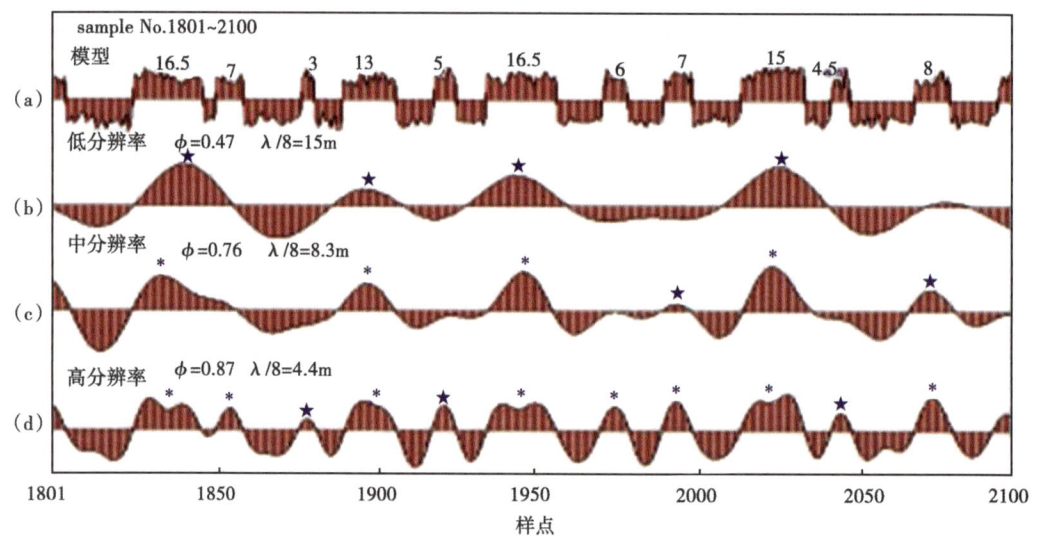

图2-24 地下砂岩储层模型Ⅰ（砂泥岩厚度相差不大的情况）

模型Ⅱ反映的是砂层厚而泥岩薄的储层（图2-25）。总体来看，随子波分辨率的增高，归一化互相关系数值也逐渐增加，波阻抗剖面对模型中砂层的反映越来越好。仔细观察：低分辨率波阻抗剖面，$\phi=0.43$，远低于0.7，对模型的相似性很差，仅能够分辨几个厚砂层；中分辨率波阻抗剖面，$\phi=0.64$，接近0.7，除了对模型道中厚砂层的位置有基本正确的反映，对一层厚度为9m（接近$\lambda/8$）的砂层也有微弱地反映；高分辨率波阻抗剖面，$\phi=0.84$，其对模型已有了很好的近似，几乎对所有的模型砂层的位置、振幅及厚度都预测得较好，而且能够清楚地预测出模型道上一层厚度为4.5m（接近$\lambda/8$）的砂层。

模型Ⅲ，如图2-26中所示，它反映的是砂层薄而泥岩厚的储层。总体来看，随子波分辨率的增高，归一化互相关系数值也逐渐增加，波阻抗剖面对模型中砂层的反映越来越好。

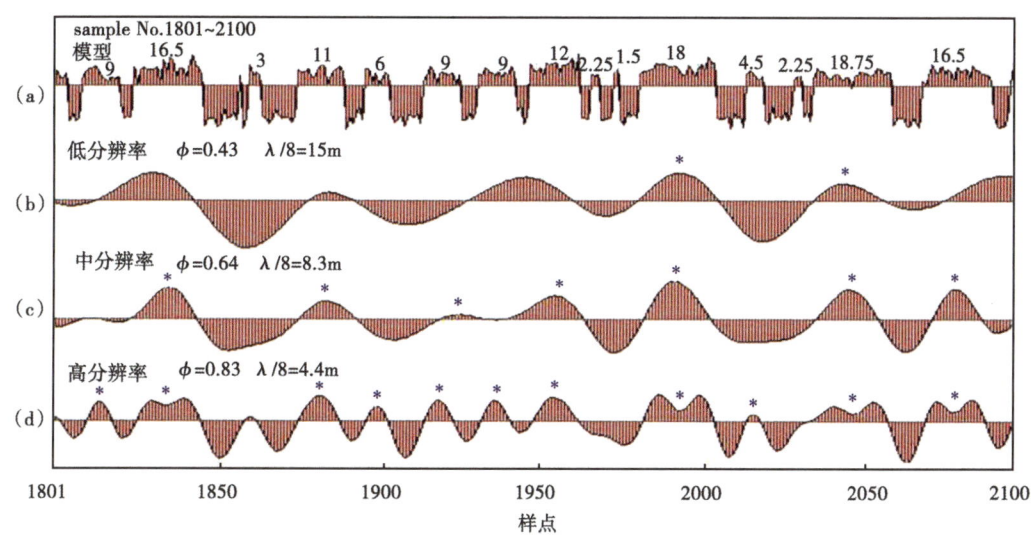

图 2-25　地下砂岩储层模型Ⅱ（砂岩厚、泥岩薄的模型）

分别观察：低分辨率波阻抗剖面，$\phi=0.47$，虽然它与模型的相似性很差，但是却能够反映出厚度仅为 5m，7.5m，甚至 3.75m 的砂层（远小 $\lambda/8$）。另外中、高分辨率波阻抗剖面均可分辨出比 $\lambda/8$ 小很多的薄砂层。

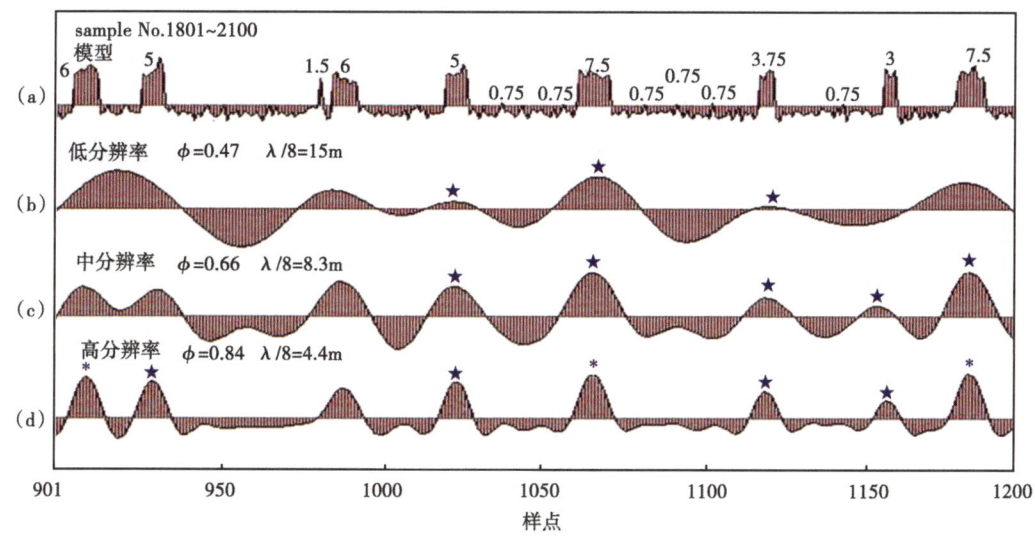

图 2-26　地下砂岩储层模型Ⅲ（砂岩薄、泥岩厚的模型）

综合以上对模型Ⅰ至模型Ⅲ的定量分析，可得到三条重要结论：其一，由于地下砂泥岩的分布是非常复杂的，所以检验垂向分辨率需要建立不同厚度砂泥岩互层模型；其二，归一化互相关系数是检验两个对应道（模型地震道与波阻抗剖面地震道）相似性的最为可靠的办法；其三，根据一系列的定量模型实验，砂泥岩互层的情况垂向分辨率是可以达到 $\lambda/8$ 的，而且对于模型Ⅲ这种较为特殊的情况，垂向分辨率甚至可以比 $\lambda/8$ 还要小。

当大套泥岩中含单层砂岩时，在模型Ⅲ里比 $\lambda/8$ 还薄的砂层也能被波阻抗剖面分辨出来，这个例子中的介质都是在大套泥岩中含着单层的砂岩。一般认为该种情况比较特殊，不论探测子波的频带范围是否足够宽，都能对厚泥岩中的砂岩位置做出较为准确地估计，对此仍通过模型来做分析。

图 2-27（a）是一个在大套泥岩中夹着一层楔形砂层的理论模型Ⅳ的波阻抗剖面。该模型共 30 个道，100 个样点，采样率为 1ms，假设地层平均速度为 3000m/s，则每个采样点相当于 1.5m 厚度。砂层从 1~30 道由 1.5m 逐渐增至 45m（每道递增 1.5m）。分别用高、低两种分辨率的零相位带通子波（10~160Hz，10~40Hz）与模型剖面的反射系数曲线褶积可得到相应的理论合成地震剖面，进一步将地震剖面转化为波阻抗剖面。现把高、低分辨率两个波阻抗剖面与其追踪的模型剖面放在一起做比较，如图 2-27（b）（c）所示。

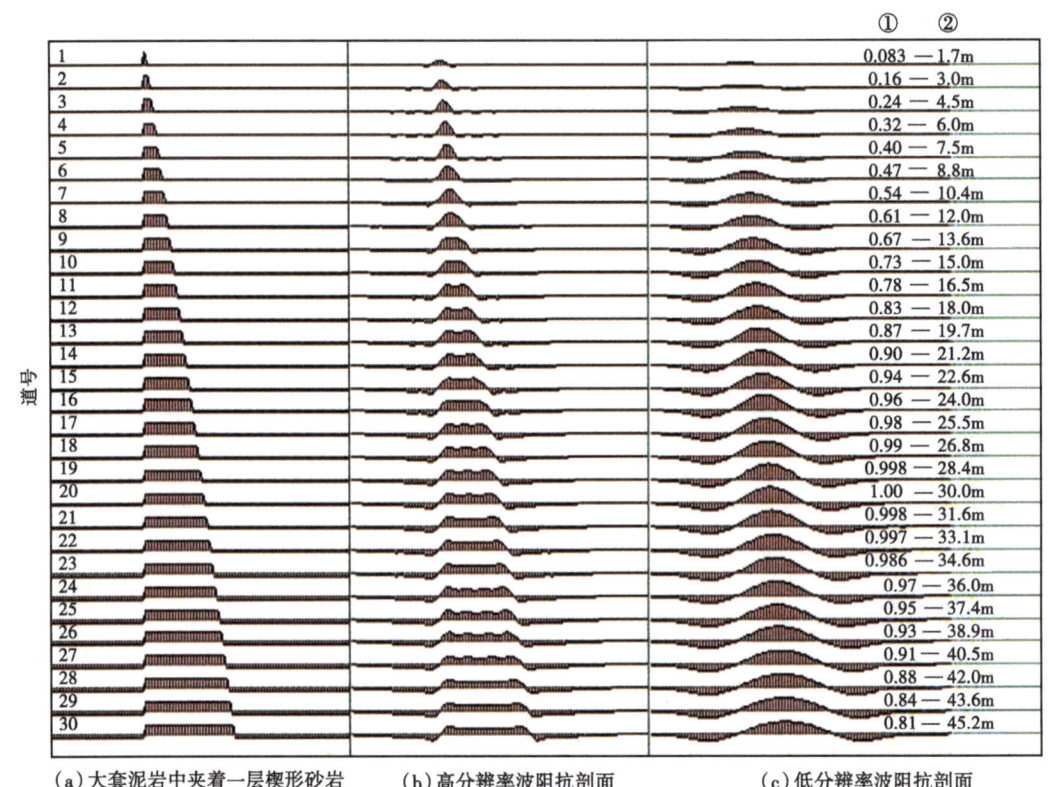

（a）大套泥岩中夹着一层楔形砂岩　　（b）高分辨率波阻抗剖面　　（c）低分辨率波阻抗剖面

图 2-27　波阻抗剖面对比图

①栏—标注的是各道的相对振幅；②栏—标注的是相对振幅在调谐曲线中对应的砂层厚度

关于这两个波阻抗剖面与模型的相似程度可用归一化互相关系数曲线来表示（图 2-28）。

图 2-28 中标注了对应归一化互相关系数值 0.7 求出的垂向分辨率分别约为 2.5m、10m。与表 2-1 对比，这两个值比 $\lambda/8$ 还小很多，差不多接近 $\lambda/10$。这进一步说明大套泥岩中夹单层砂岩的特殊性——在大套泥岩中子波可以分辨出比 $\lambda/8$ 更薄的砂层。

继续观察图 2-27 可发现，虽然总的来看图 2-27（b）和图 2-27（c）均能对模型（a）中砂层的位置做出正确地反映，但是相比之下高分辨率波阻抗剖面中的砂层形态更接近模型砂层的分布；而低分辨率波阻抗剖面与模型砂层的相似性要差很多，这主要表现为厚度的畸

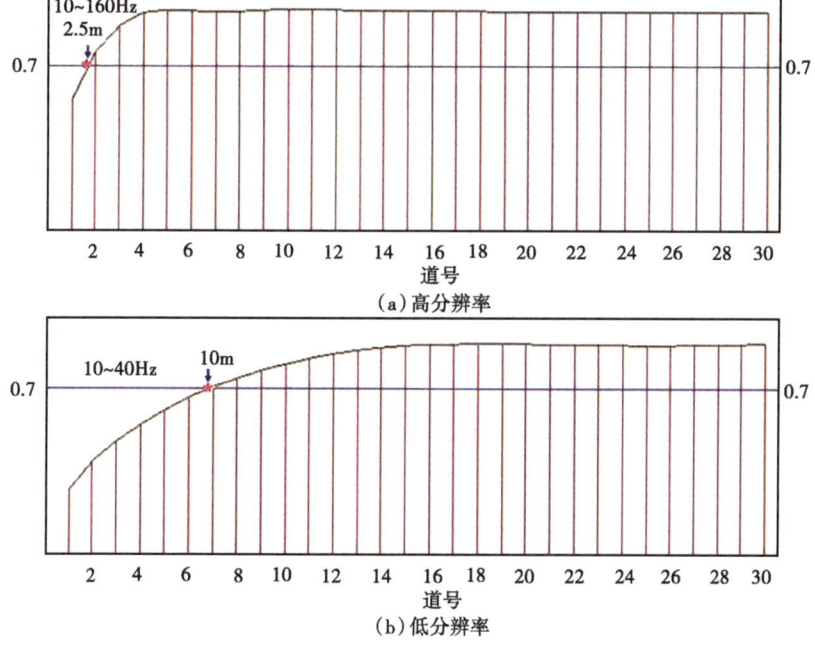

图 2-28 归一化互相关系数曲线

变化较为严重，但对于这种情况人们仍旧可以使用调谐曲线来预测砂层的厚度。图 2-29 显示的就是低分辨率波阻抗剖面的调谐曲线。

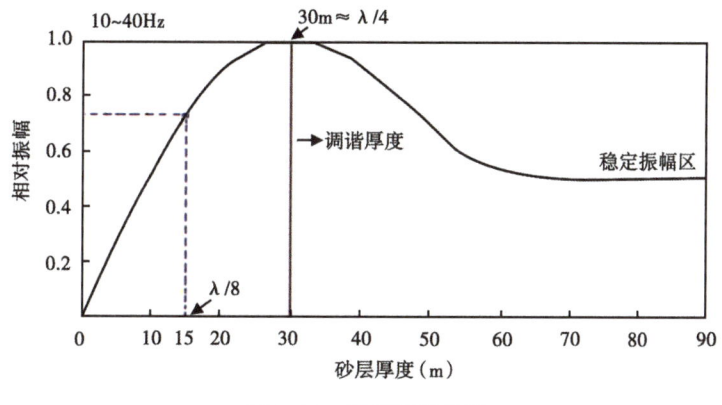

图 2-29 振幅调谐曲线

在调谐曲线上的 0~30m 这个区间，相对振幅随砂层厚度增大而增大，当砂层厚度增至 30m（约 $\lambda/4$ 处）时相对振幅达到最大值，然后缓慢下降，最后趋于一个稳定值。对照本例中的低分辨率波阻抗剖面，从第 1 至第 20 道，砂层相对振幅由 0.083 渐增至 1.00，在第 20 道达到最大值 1，在曲线上查出对应着砂层厚度约为 30m，然后振幅值缓慢下降，最后逐渐趋于稳定。对应波阻抗剖面中的每一道的相对振幅值都可以在曲线上查出其相应的砂层厚度值（在低分辨率波阻抗剖面中的②栏已经标明对应每一道的相对振幅值在调谐曲线上查出的砂层厚度），因此通过调谐曲线的办法，即使由于使用的子波分辨率较低，波阻抗剖面对砂层的厚度不能做出正确的反映，但是根据每道的相对振幅值也能估计出砂层的大致厚度。

综合所述，在一般情况下，即砂泥岩互层的情况，垂向分辨率大约可达到；在特殊情况下，即大套泥岩中含单层砂岩的情况，垂向分辨率约可达到$\lambda/16$，而且依靠调谐曲线可以进一步把低分辨率子波分辨不准的砂层厚度大致求准。

### 2.6.3 地震横向分辨率

对于横向分辨率的讨论，将给出适用于各种地下结构和观测方式的任意方向上的空间成像分辨率的广义计算公式。为了导出二维和三维地震偏移的空间成像分辨率的广义表达式，首先给出各种原始观测地震道的空间分辨率的广义表达式，在此基础上进一步导出地震偏移成像的分辨率计算式。

#### 2.6.3.1 成像分辨率的定量表达

地震波的成像是通过将原始地震道进行叠前偏移或叠后偏移获取的。偏移过程是一个对某孔径内的原始地震道按波传播规律进行加权求和的过程，这一点用克希霍夫积分法偏移时最为清楚。用其他方法本质上也与积分法等同，只是不够直观而已。因此，在时间域采用积分法进行成像分辨率分析。为了不使计算一开始就复杂化，于是采用一个速度已知的均匀介质中任意散射点成像的原理进行理论分析，这些基本方法原理也可以向任意复杂介质延伸。

不同观测系统中各道空间分辨率是不同的，同一地震道在不同空间方向上的分辨率也是不同的。为了导出成像点空间分辨率的广义式，首先要导出原始地震道空间分辨率的一般表达式，然后根据它们求出成像分辨率的一般表达式。

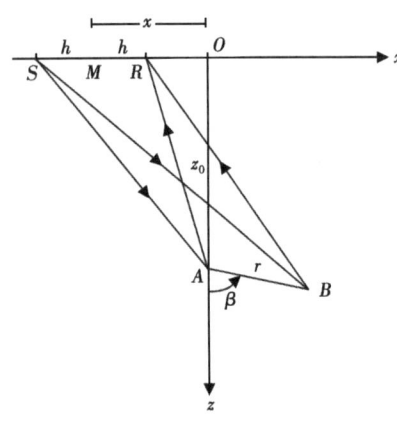

图 2-30 二维地震道观测几何图

（1）二维地震成像点的空间分辨率。

首先来讨论二维地震道的空间分辨率，假设地震道的观测几何如图 2-30 所示：点 $A$ 和点 $B$ 是两个散射点；点 $A$ 与点 $B$ 的连线与正 $z$ 轴的夹角为 $\beta$（$\beta$ 角逆时针旋转为正，反之为负），$\beta$ 可在 $-\dfrac{\pi}{2}$ 至 $\dfrac{\pi}{2}$ 内变化；点 $A$ 埋深为 $z_0$；点 $A$ 和点 $B$ 两点之间的距离为 $r$，$r$ 表示要求得的某个地震道上在 $\beta$ 方向上可分辨的最小距离；炮检距为 $2h$，中点在 $M$；$S$ 为震源点；$R$ 为接收点；坐标原点 $O$ 到 $M$ 之间的距离为 $x$；坐标原点位于散射点 $A$ 向地面投影点上。

采用 Ricker 关于地震分辨率的定义，即同一震源发出的地震波和同一接收点收到的 $A$ 点和 $B$ 点产生的散射波所经路径长度之差等于地震波视波长的一半，即 $\dfrac{\lambda}{2}$。由此，从图 2-30 可求出下列关系式：

$$[(x+h-r\sin\beta)^2+(z_2+r\cos\beta)^2]^{\frac{1}{2}} + [(x-h-r\sin\beta)^2+(z_0+r\cos\beta)^2]^{\frac{1}{2}}$$
$$= [(x+h)^2+z_0^2]^{\frac{1}{2}} + [(x-h)^2+z_0^2]^{\frac{1}{2}} + \frac{\lambda}{2} \tag{2-14}$$

将平方项展开并整理，得：

$$[x^2 + z^2 + h^2 + 2hx + r^2 - 2r(x+h)\sin\beta + 2rz\cos\beta]^{\frac{1}{2}} +$$
$$[x^2 + z^2 + h^2 - 2hx + r^2 - 2r(x-h)\sin\beta + 2rz\cos\beta]^{\frac{1}{2}} \tag{2-15}$$
$$= (x^2 + z^2 + h^2 + 2hx)^{\frac{1}{2}} + (x^2 + z^2 + h^2 - 2hx)^{\frac{1}{2}} + \frac{\lambda}{2}$$

在式（2-15）的开方项中带 $r$ 的项是非常小的，只有 $2hx$ 大一些，但 $2hx$ 与 $x^2+z^2+h^2$ 相比，$2hx<(x^2+z^2+h^2)$，而且在一般情况下 $2hx$ 远比 $x^2+z^2+h^2$ 要小很多。因此可将式中的三个根式项进行泰勒展开并取线性项为止。则式（2-15）可表示为：

$$r^2 - 2r(z\cos\beta - x\sin\beta) = \frac{\lambda}{2}\sqrt{x^2 + z^2 + h^2} \tag{2-16}$$

从式（2-16）可求出二维情况下 $A$ 点和 $B$ 点间可分辨的最小距离 $r_2$，即：

$$r_2(x, z, h, \beta) = \left[\frac{\lambda}{2}\sqrt{x^2 + z^2 + h^2} + (z\cos\beta - x\sin\beta)^2\right]^{\frac{1}{2}} - (z\cos\beta - x\sin\beta) \tag{2-17}$$

过去常常将最小可分辨距离作为反射波的分辨能力标志，也称为"分辨率"。因此，提高分辨率就是减小两个地震波散射（反射）点之间的可分辨距离，这样的定义应称为分辨力。

重新定义地震分辨率的概念如下：地震 1/4 地震波长与任意两个地震散射点间可分辨的最小距离 $r$ 之比。因此，在固定波长的情况下最大分辨率为 1。

根据上述定义，二维地震道的分辨率为：

$$R_2(x, z, h, \beta) = \frac{\lambda}{4r_2(x, z, h, \beta)}$$
$$= \frac{\lambda}{4}\left\{\left[\frac{\lambda}{2}\sqrt{x^2 + z^2 + h^2} + (z\cos\beta - x\sin\beta)^2\right]^{\frac{1}{2}} - (z\cos\beta - x\sin\beta)\right\}^{-1} \tag{2-18}$$

式（2-18）就是二维地震道的广义空间分辨率的表达式。用此一般式可以给出一些特殊情况下的空间分辨率公式。$h=0$ 时，可得到零炮检距地震道的空间分辨率；$x=0$，$\beta=0$ 时，可得到零炮检距地震道的垂向分辨率；$x=0$、$\beta=\frac{\pi}{2}$、$h=0$ 时，可得到零炮检距地震道的横向（水平）分辨率。

现推导二维成像地震道的空间分辨率表达式。

根据偏移理论，偏移成像的分辨率是所有偏移孔径内（$x_n-x_m$）地震道分辨率的加权平均。其加权因子为：

$$w(x, z, h) = \frac{\sqrt{x^2 + z^2}}{\sqrt{x^2 + z^2 + h^2}} \tag{2-19}$$

式（2-19）反映的是一个震源道集内振幅随炮检距 $2h$ 的增加而衰减。成像分辨率根据地震道分辨率公式［式（2-18）］可表示为：

$$R_{2I}(z, \beta) = \frac{\lambda}{4h_m D_x} \times$$

$$\left( \int_0^{h_m} \int_{x_m}^{x_n} w(x, z, h) \left\{ \left[ \frac{\lambda}{2}\sqrt{x^2 + z^2 + h^2} + (z\cos\beta - x\sin\beta)^2 \right]^{\frac{1}{2}} - (z\cos\beta - x\sin\beta) \right\} dxdh \right)^{-1}$$

(2-20)

式中 $x_n$——接收点 $n$；

$x_m$——接收点 $m$；

$D_x$——偏移孔径范围，$D_x = x_n - x_m$；

$h_m$——最大半炮检距。

式（2-20）所表示的成像分辨率可以是叠前的，也可以是叠后的。后面将证明叠前偏移和叠后偏移的成像分辨率在 $\beta = 0$ 时是相同的，只要是水平叠加前做过 DMO 校正和叠后偏移时速度是正确的即可。

（2）三维地震成像的空间分辨率。

如同讨论二维情况，首先讨论三维地震道的空间分辨率。与二维情况相似，用图 2-31 的观测几何建立起散射点 $A$ 处的空间分辨率的表达式。图中，坐标原点 $O$ 为散射点 $A$ 向地面的投影点；点 $S$ 为炮点；点 $R$ 为接收点；点 $M$ 为点 $R$ 和点 $S$ 之间的中点；$l$ 为从点 $O$ 到点 $M$ 的距离；$\alpha$ 为水平矢量 $l$ 与正 $x$ 轴间的夹角；$\beta$ 为空间方向 $AB$ 与垂直轴正 $z$ 的夹角；$r$ 为 $AB$ 间的距离，表示分辨率的最小距离，$\theta$ 为矢量 $AB$ 的方位与正 $x$ 轴间的夹角；$\gamma$ 为 $SR$ 与 $x$ 轴间的夹角。根据 Ricker 的分辨力定义，从图 2-31 的观测几何关系图可以得到下列关系式：

$$[(x + h\cos\gamma - d\sin\beta\cos\theta)^2 + (y + h\sin\gamma - d\sin\beta\sin\theta)^2 + (z + r\cos\theta)^2]^{\frac{1}{2}} +$$
$$[(x - h\cos\gamma - d\sin\beta\cos\theta)^2 + (y - h\sin\gamma - d\sin\beta\sin\theta)^2 + (z + r\cos\theta)^2]^{\frac{1}{2}}$$
$$= [(x + h\cos\gamma)^2 + (y + h\sin\gamma)^2 + z^2]^{\frac{1}{2}} + [(x - h\cos\gamma)^2 + (y - h\sin\gamma)^2 + z^2]^{\frac{1}{2}} + \frac{\lambda}{2}$$

(2-21)

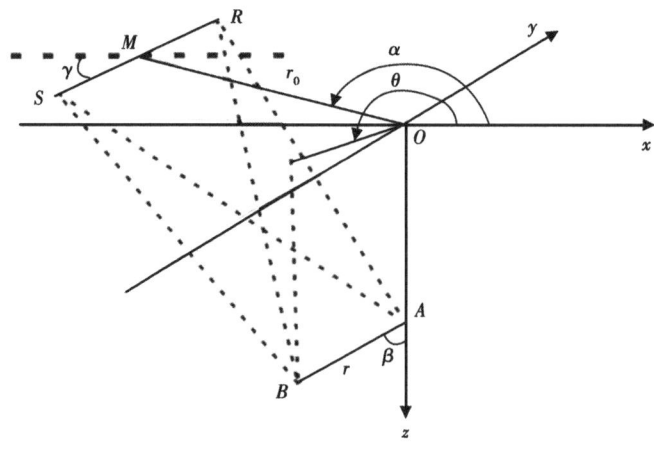

图 2-31 三维地震道观测几何图

应用与二维情况相同的近似处理方法,得到三维情况下地震道的空间最小可分辨的距离 $r_3$。其表达式为:

$$r_3(d, z, h, \beta) = \left\{ \frac{\lambda}{2}\sqrt{l^2 + z^2 + h^2} + [z\cos\beta - l\sin\beta\cos(\alpha + \theta)] \right\}^{\frac{1}{2}} - [2\cos\beta - l\sin\beta\cos(\alpha + \theta)]$$

(2-22)

由此三维地震道的广义空间分辨率表示式为:

$$R_2(d, z, h, \beta) = \frac{\lambda}{4} \left( \left\{ \frac{\lambda}{2}\sqrt{l^2 + z^2 + h^2} + [z\cos\beta - l\sin\beta\cos(\alpha + \theta)] \right\}^{\frac{1}{2}} - (z\cos\beta - l\sin\beta\cos(\alpha + \theta)) \right)^{-1}$$

(2-23)

其中:
$$l = \sqrt{x^2 + y^2}$$

当 $\alpha=0$ 或 $\pi$ 和 $\theta=0$ 或 $\pi$ 进行 4 种组合时,式(2-23)可变为与二维情况相同的表达式[式(2-18)]。

根据三维空间地震道的空间分辨率公式,可以求出三维地震成像的空间分辨率表达式。使用的加权函数此时应表示为:

$$\frac{\sqrt{l^2 + z^2}}{\sqrt{l^2 + z^2 + h^2}}$$

(2-24)

由此可得出偏移孔径 $2\pi l_m$ 内的成像空间分辨率表达式:

$$R_{31}(z, \beta) \frac{\lambda \pi l_m h_m}{2}$$

$$\left[ \iiint_{0\ 0\ 0}^{h_m d_m 2\pi} \frac{\sqrt{l^2 + z^2}}{\sqrt{l^2 + z^2 + h^2}} \left( \left\{ \frac{\lambda}{2}\sqrt{l^2 + z^2 + h^2} + [z\cos\beta - l\sin\beta\cos(\alpha + \theta)]^2 \right\}^{\frac{1}{2}} - [z\cos\beta - l\sin\beta\cos(\alpha + \theta)] \right) d\alpha dl dh \right]^{-1}$$

(2-25)

式中 $l_m$——最大偏移孔径半径;
$h_m$——最大半炮检距。

#### 2.6.3.2 影响成像分辨率的因素分析

有关影响成像分辨率的因素均已表示在成像分辨率的表达式中,$\lambda$、$x$ 或 $l$、$z$、$h$、$\beta$、$h_m$、$D_x$ 或 $d_m$ 和 $\alpha$ 等 8 项。在正常情况下 $\alpha$ 范围变化在 $2\pi$ 之内,当成像点在边界上孔径不对称时,$\alpha$ 的范围将小于 $2\pi$;当然,$d_m$ 也有在各个方向上不等的情况。这些在实际计算分辨率时都可以区别对待。现在考虑的成像点位于二维或三维孔径内部。选择孔径时,其范围可以选择并进行讨论。在以上 8 项因素中是固定的(由于是在深度域讨论问题,故不考虑速度的影响,实际上速度是一个应用问题,不是理论问题);当选定了一个成像点 A 时,它的深度 $z$ 是不变的。因此,在 8 项因素中只分析其中 6 个因素。在 6 个因素中,$x$ 或 $l$ 和 $h$ 是与观测道有关的因素,而 $D_x$ 或 $d_m$ 和 $\alpha$ 是与偏移孔径有关的因素,至于 $\beta$ 是选择在什么空间方向上进行波形(加变面积)显示的因素。因此,影响分辨率的因素可归结为三类,即观测几何、偏移孔径和显示方向。下面分别对二维和三维成像分辨率影响因素进行分析。为此，首先要对地震道的分辨率的空间变化行为特征进行分析。

对于二维情况首先考虑地震道空间分辨率的行为特征。从式（2-18）可以知道二维地震道的空间分辨率随 $x$，$h$ 和 $\beta$ 而变化，但是由于该公式右端的函数表现很不直观，因此难以判断各地震道的分辨率曲线行为随 $x$，$h$ 和 $\beta$ 而变化的特征。为了便于分析，将式（2-18）变换到一种新的表示形式中，并在允许的误差范围内讨论其行为特征。将式（2-18）的括号内加上一个可配方的项：

$$D_2 = \frac{x^2 + z^2 + h^2}{(2\cos\beta - x\sin\beta)^2} \tag{2-26}$$

当 $D_2 = 1 \sim 4$ 时，$R_2$ 误差从 1 向 4 方向增大，但不超过 5% 且变化趋势与原式相同。因此，加上此项不会影响对观测几何因素对分辨率影响的分析。由此，得二维地震道分辨率的分析式：

$$R_2(x, z, h, \beta) = \frac{z\cos\beta - x\sin\beta}{\sqrt{x^2 + z^2 + h^2}} \tag{2-27}$$

式（2-27）只用于行为分析，不用于计算，实用计算时仍采用式（2-7）。分析式（2-27）中，$h$ 的作用是使分辨率随的增大而降低，比较单纯。而影响分辨率变化的因子 $x$ 和 $z$ 比较复杂。虽然二者的影响相似，但更关心的是固定 $z$ 来研究 $x$ 的影响。暂令 $h = 0$ 专门研究分辨率随 $x$ 变化的行为特征。当 $h = 0$ 时，零炮检距各道的分辨率公式为：

$$\hat{R}_2(x, z, 0, \beta) = \frac{z\cos\beta - x\sin\beta}{\sqrt{x^2 + z^2}} \tag{2-28}$$

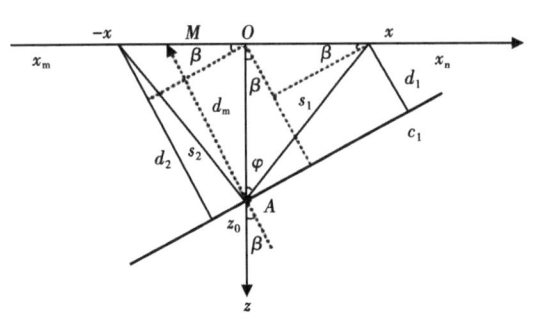

图 2-32 分辨率计算的几何关系表示图

式（2-28）的分母和分子项的值可用图 2-32 的几何关系来表示。令 $s_i = \sqrt{x_i^2 + z^2}$、$d_i = z\cos\beta - x\sin\beta$，因此，式（2-28）可用几何学长度 $s_i$ 和 $d_i$ 表示[$s_i$ 为散射点 $A$ 至 $x_i$ 的距离，而 $d_i$ 为点 $x_i$ 向垂直 $\beta$ 角通过点 $A$ 的直线（代表反射面）上的投影长度]。$s_i$ 与 $d_i$ 分别为直角三角形 $\Delta Ax_ic_i$ 的斜边与对边之长。因此，可将式（2-28）表示为：

$$\hat{R}_2(x, z, 0, \beta) = \frac{d_i}{s_i} \tag{2-29}$$

从图 2-32 可以看出，$x$ 点与 $-x$ 点距原点 $O$ 的距离相等时，它们所对应的 $d$ 是不等的。但两个 $s$ 是相等的。因此，两点上的空间分辨率是不相等的。这是由 $\beta$ 不等于 0 即要求的空间方向不是垂向而引起的。只有当 $\beta = 0$ 时，两个 $d$ 值相等，分辨率值对称于原点。$\beta \neq 0$ 时，二维分辨率曲线的极点不位于原点而位于 $x_M = -z\tan\beta$ 处，因为只有在这点上 $d_M = s_M$ 并且分辨率最大。此时，分辨力为 $r_2(x_M, z, 0, \beta) = \dfrac{\lambda}{4}$；分辨率为 $R_2(x_M, z, 0, \beta) = 1$。

空间分辨率极大值必定位于$-x_M$点的证明是根据$\frac{s_M}{d_M}$必等于1的条件。据此条件，有：

$$z\cos\beta - x\sin\beta = \sqrt{x^2 + z^2} \tag{2-30}$$

将式（2-30）展开并整理得：

$$(x\cos\beta + z\sin\beta)^2 = 0 \tag{2-31}$$

故有：

$$x\cos\beta + z\sin\beta = 0 \tag{2-32}$$

因此：

$$x_M = -z\tan\beta \tag{2-33}$$

此时原点处$s_0 = z$，$d_0 = z\cos\beta$，分辨率为$\frac{d_0}{s_0} = \cos\beta \leq 1$。

因此，原点处的分辨率一般地小于1。只有当$\beta = $时，即地层水平时分辨率才等于1，此时分辨率最大。当$\beta$值为负时，其分辨率变化曲线与$\beta$为正时$x=0$对点是对称的。3种曲线如图2-33所示。

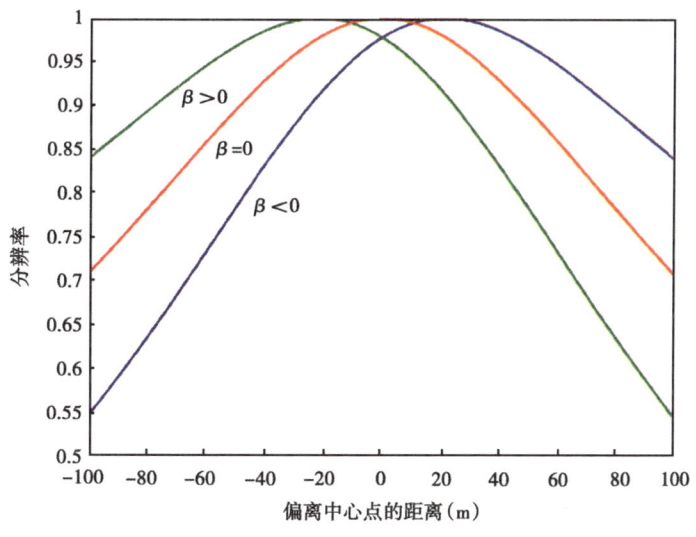

图2-33 $\beta$为正、$\beta$为零和$\beta$为负时分辨率曲线图

从图2-33可以看出，当$\beta = 0$时，分辨率曲线对$x = 0$点是对称的；当$\beta$为正值时，其分辨率最大值为1，位于$-x_M$点，且曲线在$-x_M$两边并不对称；当$\beta$为负值时，分辨率最大值为1，位于$x_M$点，其曲线变化与$\beta$为正值时的曲线变化对于$x=0$是对称的；当$|\beta|$越大时，曲线的左右支不对称性越强；当$\beta = \pm\frac{\pi}{2}$时，它们各成为一支，对称于$x=0$点，如图2-34所示。

当$h \neq 0$时，从式（2-27）可以看出，分辨率在同一个$x$上随$h$的增大而降低。因此，对非零炮距来说，其分辨率永远不会达到最大值1。$h$对应的分辨率也随而变化，其相对最

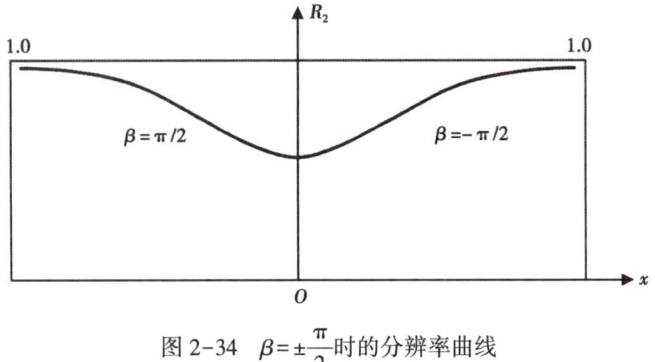

图 2-34 $\beta=\pm\dfrac{\pi}{2}$ 时的分辨率曲线

大分辨率应位于 $x_M$ 处。图 2-35 是式（2-27）的曲线图。

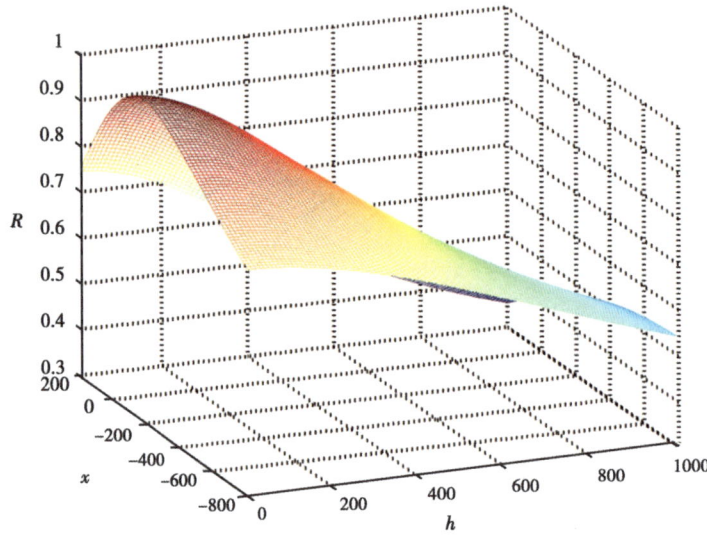

图 2-35 二维地震分辨率曲面图（$\beta$ 为正值）

现对二维地震成像分辨率分析：

为了对二维地震成像分辨率的分析能够用图形来说明，还是用分辨率的简洁式进行分析。研究在固定 $\lambda$ 和 $z$ 的情况下如何选择孔径计算成像分辨率才能提高成像分辨率。

如前所述，地震偏移成像的分辨率是一种孔径内地震观测道的分辨率的加权平均和，如式（2-20）所示。式（2-20）太复杂，用本节的地震道分辨率公式（2-27）进行讨论。此时，成像分辨率的表达式可表示为：

$$R_{2m}(z, h, \beta) = \frac{1}{D_x h_m} \int_0^{h_m} \int_{x_m}^{x_n} \frac{z\cos\beta - \sin\beta}{\sqrt{x^2 + z^2 + h^2}} \cos\phi \, dx dh$$

$$\cos\phi = \frac{\sqrt{x^2+z^2}}{\sqrt{x^2+z^2+h^2}} \tag{2-34}$$

如果令 $h=0$，即零炮检距时，式（2-34）就变为：

$$R_{2m}^0(z,\ 0,\ \beta) = \frac{\lambda}{4D_x}\int_{x_m}^{x_n}\frac{z\cos\beta - x\sin\beta}{\sqrt{x^2+z^2}}\mathrm{d}x \tag{2-35}$$

式（2-35）就是零炮检距或叠后偏移的成像分辨率。

把式（2-35）写成求和式，并用相应的几何长度来表示被积函数中的一些函数，则此积分式可表示为：

$$\begin{aligned}\widetilde{R}_{2m}(z,\ h,\ \beta) &= \frac{1}{D_x h_m}\sum_0^{h_m}\sum_{x_m}^{x_n}\frac{S(x,\ h)d(x,\ h,\ \beta)}{L^2(x,\ h)}\Delta x \Delta h \\ &= \frac{1}{D_x h_m}\sum_0^{h_m}\sum_{x_m}^{x_n}R_2(x,\ z,\ h,\ \beta)\Delta x \Delta h\end{aligned} \tag{2-36}$$

式中，$S = \sqrt{x^2+z^2}$；$L = \sqrt{x^2+z^2+h^2}$；$d = z\cos\beta - x\sin\beta$；$R_2$ 为各地震道的分辨率值。

式（2-36）求和就是求图 2-35 所示孔径内地震道的空间分辨率曲面下的体积，然后除以 $D_x \cdot h_m$ 的面积，得到的值是原点的深处为 $z$、方向为 $\beta$ 的成像分辨率值。从式（2-35）和图 2-35 可以看出，成像分辨率是一个偏移孔径内最大和最小空间分辨率值之间的一种平均值，它小于最大分辨率 $\lambda/4$，大于地震道值的半数以上的地震道分辨率。因此，偏移成像地震道的波形与最大分辨率零炮检距或最小炮检距地震道的波形表现有拉伸现象。这种拉伸现象随偏移孔径不恰当地增大和大炮检距地震道的无节制的选用而越严重。为了提高成像分辨率，合理地选择偏移孔径和对长炮检距的观测加以限定是很关键的。

讨论三维情况地震道空间分辨率的行为特征和二维情况相似，将式（2-22）改写为简洁的近似式。为了讨论中的方便，在不失一般性条件下，将 $\beta$ 方向的方位置于 $\alpha=0$ 的情况。因此，三维地震道的空间分辨率的表达式可写为：

$$R_3(l,\ z,\ h,\ \beta) = \frac{\lambda}{4}\left\{\left[\frac{\lambda}{2}\sqrt{l^2+z^2+h^2} + (z\cos\beta - l\cos\alpha\sin\beta)^2\right]^{\frac{1}{2}} - (z\cos\beta - l\cos\alpha\sin\beta)\right\}^{-1} \tag{2-37}$$

和二维的情况相似，可以求出其简洁式：

$$R_3(l,\ z,\ h,\ \beta) = \frac{z\cos\beta - l\cos\alpha\sin\beta}{\sqrt{l^2+z^2+h^2}} \tag{2-38}$$

当 $\alpha=0$ 时，有 $l\cos\alpha=x$，式（2-38）变成了二维情况的分辨率表达式（2-37）。与二维讨论时情况相似，令 $h=0$，式（2-38）就变为：

$$R_3(l,\ z,\ 0,\ \beta) = \frac{z\cos\beta - l\cos\alpha\sin\beta}{\sqrt{l^2+z^2}} \tag{2-39}$$

当 $R_3=1$ 时，分辨率最大，其空间位置可求出：

$$l(\alpha=\pi) = -z\tan\beta \tag{2-40}$$

式（2-40）导出如下：令 $R_3(l,\ z,\ 0,\ \beta) = 1$，则有 $l^2+z^2 = (z\cos\beta - l\cos\alpha\sin\beta)^2$，由此得 $(l\cos\alpha\cos\beta+z\sin\beta)^2 = -l^2\sin^2\alpha$，该式成立的条件只有 $\alpha=0$ 或 $\alpha=\pi$，因此有 $l\cos\alpha = -z\tan\beta$ 或 $l_M = -z\tan\beta$。$l$ 永远为正，只有 $\alpha=\pi$ 时成立。

从式（2-40）可以看出，当取 $\beta$ 方向的方位角 $\alpha=0$ 时，分辨率的极大值位于（$l_M$，$-\pi$）点上。在通过（$l_M$，$-\pi$）和原点的直线上分辨率的变化对极值点是非对称的，与二维情况相似。当观测中心点 $M$ 所在的直线偏离通过（0，$\pi$）方向直线时，此直线上的分辨率值均相对降低。形成一个不对称的丘状曲面（图 2-36）。

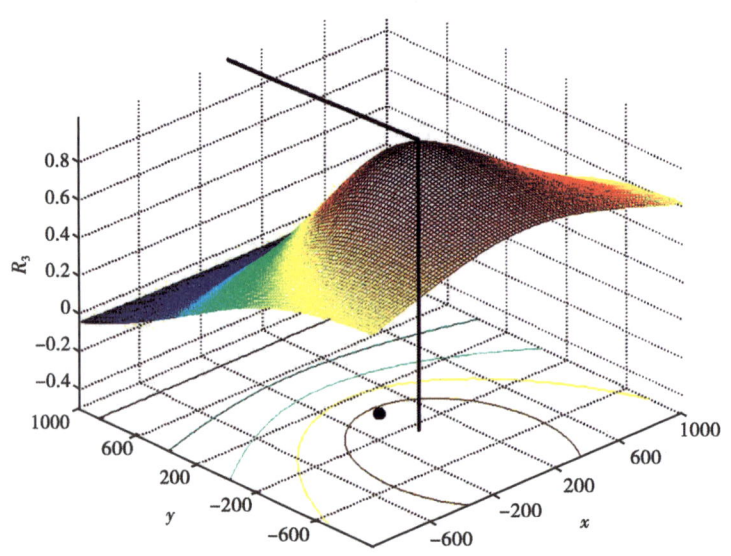

图 2-36 三维地震道分辨率曲面图

上面分析的是当 $h=0$ 的情况。对 $h \neq 0$ 时的情况和上面的行为特征是相似的。只是分辨率随着 $h$ 的增大是逐步降低的。

当 $\beta=0$ 时，极值点位置在原点 $O$ 上，且分辨率曲面的分布特征对原点是对称的。

同样地，讨论三维地震成像的空间分辨率也和二维情况相似，用简洁公式进行它的行为特征分析。三维偏移成像的分辨力公式为：

$$r_{3I}(z, \beta) = \frac{1}{2\pi r_m h_m} \int_0^{2\pi} \int_0^{l_m} \int_0^{h_m} W(r, z, h) \frac{z\cos\beta - r\cos\alpha\sin\beta}{\sqrt{l^2+z^2+h^2}} \mathrm{d}h \mathrm{d}r \mathrm{d}\alpha \tag{2-41}$$

其中：

$$W(r, z, h) = \frac{\sqrt{l^2+z^2}}{\sqrt{l^2+z^2+h^2}}$$

三维成像的分辨率公式为：

$$R_{3I}(r, \alpha, z, h, \beta) = \frac{\lambda}{4r_{3I}} \tag{2-42}$$

将式（2-41）写成求和形式，即：

$$\hat{r}_{3I}(z, h, \beta) = \frac{1}{h_m} \sum \frac{1}{2\pi l_m} \sum \sum \frac{ds}{L^2} \Delta h \Delta l \Delta \alpha = \frac{1}{h_m} \sum \hat{R}_{3I}(z, h, \beta) \Delta h \tag{2-43}$$

式中，$d=\sqrt{l^2+z^2}$；$s=z\cos\beta-r\cos\alpha\sin\beta$；$L=\sqrt{l^2+z^2+h^2}$；$d$，$s$ 和 $l$ 的几何意义表示在图 2-37 上。

式（2-42）可表示为：

$$\hat{R}_{3I}(r, z, h, \beta) = \frac{\lambda}{4\hat{r}_{3I}} \tag{2-44}$$

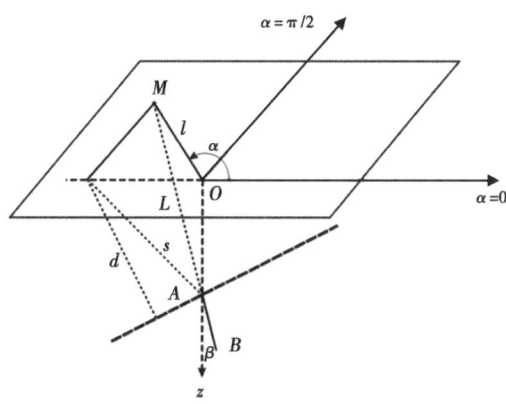

图 2-37 三维成像中几何因素示意图

先对每个 $h$ 求出一个对 $\alpha$ 和 $r$ 的加权平均值，然后再求所有 $h$ 的 $\hat{R}_{3I}(z, \beta)$ 的均值，即为该点 $A$ 的成像值。

#### 2.6.3.3 叠前与叠后成像分辨率对比

从三维偏移成像的分辨率公式（2-37）可以看出，先对半炮检距 $h$ 求和，再对孔径求和或者反过来，其求和的结果是一样的。这样的相同性是指一个点产生的绕射波在孔径内各种观测地震道的成像结果是相同的。这样的多次覆盖地震记录用于求成像分辨率的公式是针对叠前偏移结果的。纵然求和次序可以互换，但先对每个 $x$ 点的 $h$ 求和不等于一般意义下的水平叠加。因此，式（2-37）的求和先后不能代表叠后和叠前成像的分辨率，因为两者是一样的，都是表示叠前偏移成像分辨率。

叠后偏移成像分辨率应当如何计算呢？首先来观察一个点绕射波在偏移孔径内走时的行为，如图 2-38 所示。

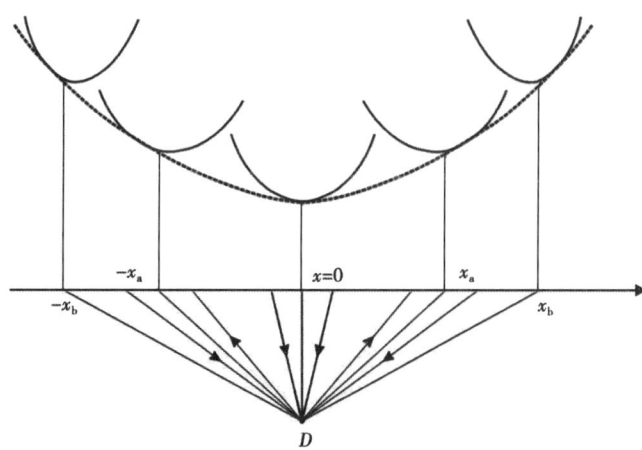

图 2-38 偏移孔径内 $D$ 点的绕射波走时曲线

现在，要先叠加后偏移。首先将各个 $x$ 点上的绕射波进行叠加，结果放在 $x_j$ 处。这就是水平叠加，每个叠加结果就相当于零炮检距时 $D$ 点的绕射波。再将它们进行叠后偏移，即收敛到 $x=0$ 点成像。

首先对每个 $x$ 点处的绕射双曲线进行水平叠加，每个 $x$ 点的共中心点道集（不同 $h$ 的）是一个有不同倾角影响的道集（$x=0$ 处除外），因此，在进行水平叠加之前进行 DMO 倾角校正。倾角校正之后，每个道集就可认为是水平层的共中心点道集的叠加，但深度为 $\sqrt{x^2+z_D^2}$，而 $\beta=0$，因此，从式（2-18）可求出每个 $x_j$ 点水平叠加的分辨率，即：

$$R_{2S}(\beta=0, x) = \frac{\lambda}{4}\left\{\frac{1}{D_h}\sum_{h_m}\left[\left(\frac{\lambda}{2}\sqrt{x^2+z_D^2+h^2}+x^2+z_D^2\right)^{\frac{1}{2}}-\sqrt{x^2+z_D^2}\right]\Delta h\right\}^{-1} \tag{2-45}$$

式（2-45）可在中括号内加上一个相对很小的数使之可以求出开方结果的表示式。这个小数为：$\frac{\lambda^2}{16}\frac{\sqrt{x^2+z_D^2+h^2}}{\sqrt{x^2+z_D^2}}$。这个数在 $\sqrt{\frac{x^2+z_D^2+h^2}{x^2+z_D^2}} \leq 2$ 时是允许的。如此，式（2-45）可表示为：

$$R_{2S} = \left(\frac{1}{D_h}\sum_h \sqrt{\frac{x^2+z_D^2+h^2}{x^2+z_D^2}}\Delta h\right)^{\frac{1}{2}} \tag{2-46}$$

式（2-46）就是每个 $x$ 点上的水平叠加的分辨率，它相当于水平叠加的子波波长的 $1/4$。

现在求叠后地震道的偏移成像分辨率。各个叠加道的对点 $D$ 的分辨率为：

$$R_{2SM} = \left\{\left[2r_{2S}\sqrt{x^2+z_D^2}+(z_D\cos\beta-x\sin\beta)^2\right]^{\frac{1}{2}}-(z_D\cos\beta-x\sin\beta)\right\}^{-1} \tag{2-47}$$

叠后偏移成像分辨率为（不考虑加权因子）：

$$R_{2SM} = \frac{\lambda}{4}\left[\frac{1}{D_x}\sum_x\left(\frac{1}{D_h}\sum_h\left\{\left[\sqrt{x^2+z_D^2+h^2}+(z_D\cos\beta-x\sin\beta)^2\right]^{\frac{1}{2}}-(z_D\cos\beta-x\sin\beta)\right\}\Delta h\right)\Delta x\right]^{-1} \tag{2-48}$$

现在要研究叠前偏移成像分辨率与叠后偏移成像的分辨率是否等价。

去掉加权项后，叠前偏移公式（2-42）可表示为：

$$R_{2BM} = \frac{\lambda}{4}\left(\frac{1}{D_x}\sum_x\left\{\frac{1}{D_h}\sum_h\left[\left(\frac{\lambda}{2}\sqrt{x^2+z_D^2+h^2}+(z_D\cos\beta-x\sin\beta)^2\right)^{\frac{1}{2}}-(z_D\cos\beta-x\sin\beta)\right]\Delta h\right\}\Delta x\right)^{-1} \tag{2-49}$$

式（2-49）与式（2-48）的差异在于求和号的位置不一致，它们是否等价以下讨论。将式（2-48）和式（2-49）进行和前面相似的处理，使开方得以进行并取得开方后的表示式。因此，式（2-49）可以写为：

$$R_{2BM} = \left[\frac{1}{D_x}\sum_x\left(\frac{1}{D_h}\sum_h\frac{\lambda}{4}\frac{\sqrt{x^2+z_D^2+h^2}}{z_D\cos\beta-x\sin\beta}\Delta h\right)\Delta x\right]^{-1}$$

$$= \left(\frac{1}{D_x}\sum_x\frac{1}{D_h}\sum_h\frac{\sqrt{x^2+z_D^2+h^2}}{z_D\cos\beta-x\sin\beta}\Delta h\Delta x\right)^{-1} \tag{2-50}$$

对式（2-48）进行同样的处理，有：

$$\left[\frac{\lambda^2}{16D_h^2}\left(\sum_h \frac{\sqrt{x^2+z_D^2+h^2}}{z_D\cos\beta-x\sin\beta}\right)^2 + \frac{\lambda}{2\Delta h}\sum_h \sqrt{x^2+z_D^2+h^2} + (z_D\cos\beta-x\sin\beta)^2\right]^{\frac{1}{2}} -$$

$$(z_D\cos\beta-x\sin\beta) = \frac{\lambda}{4D_h}\sum_h \frac{\sqrt{x^2+z_D^2+h^2}}{z_D\cos\beta-x\sin\beta}\Delta h \tag{2-51}$$

将式（2-51）代入式（2-48），有：

$$R_{2SM} = \left(\frac{1}{D_x}\sum_x \frac{1}{D_h}\sum_h \frac{\sqrt{x^2+z_D^2+h^2}}{z_D\cos\beta-x\sin\beta}\Delta h\Delta x\right)^{-1} \tag{2-52}$$

式（2-52）与式（2-50）相同，故叠后偏移成像的分辨率与叠前是一样的。同理可证三维的叠后偏移的成像分辨率与叠前偏移的成像分辨率是相同的。剖面差异主要是偏移归位的差异。

#### 2.6.3.4 如何提高地震成像分辨率

从成像分辨率的分析中已经知道，成像分辨率就有以下几点特征：（1）成像点的空间方向与垂直轴 $z$ 的夹角 $\beta$ 不同，同一个观测地震道在此方向上的分辨率也不同，这个 $\beta$ 角等于地层倾角，它是垂直反射面方向与 $z$ 轴之间的夹角；（2）在所有成像孔径内的地震道中空间分辨率最大，即可分辨的距离最小（1/4）的空间位置位于（二维）$x_M=z_0\tan\beta$ 和（三维）$l_M(\alpha=0,\pi)=z_0\tan\beta$ 处（二维时 $\beta$ 角从正 $z$ 轴算起，逆时针方向为正，顺时针方向为负；三维时 $\beta$ 永为正）；（3）当 $h$ 为固定量常数时，所有成像孔径内观测地震道的空间分辨率表现为以 $x_M$ 或 $l_M\beta$ 角的方位角（$\alpha=0$ 或 $\pi$）为极值的类双曲线（二维）或类双曲面（三维），但是它们并不对称于通过 $x_M$ 点的平行 $z$ 的轴线；（4）随着 $h$ 的增大，同一个炮检距中点的地震道的分辨率随之减小；（5）偏移孔径增大，成像分辨率降低，即可分辨的最小距离增大。

根据以上特征可提出提高成像分辨率的措施：（1）合理地选择偏移孔径，克服当前盲目扩大孔径范围的做法（水平和倾斜反射层的孔径应当不是一样的，针对目的层的倾角，各类点的偏移孔径应当分别加以选择）。（2）对所有分辨率小于 1 或所有分辨率小于 $\lambda/4$ 的地震道在进行偏移成像叠加前都可以进行相位校正，即提高它们空间分辨率后再叠加（如果是叠后偏移，则应当对水平叠加记录进行提高分辨率的相位校正）。（3）不同倾角地层的偏移，其偏移成像的数据应当是放在与地层成法线的方向上（如果要像水平界面的成像结果那样放在垂直方向上，则需要进行相位校正，使之更符合客观实际）。

叠前偏移与叠后偏移的成像分辨率是相同的。要提高地震成像分辨率，则提高地震波主频和定准速度是必要的，这些都应当在偏移之前完成，这里不再讨论。

对于零炮检距地震道垂直分辨率和水平分辨率的最小可分辨距离 $r$ 的变化曲线与点源记录的视波长之间的关系是对立的。图 2-39（a）为理论记录所表现的各道子波的视波长的变化图。图 2-39（c）为炮点和检波点相同且位于中心地面点，接收来自圆面上的反射，用二维地震道公式（2-15），令 $\beta=0$ 时计算的垂向可分辨距离 $R_2$ 的曲线。二者是相对立的。

图 2-39（d）为同样情况下 $\beta=\pm\dfrac{\pi}{2}$ 时的横向可分辨距离 $R_2$ 的理论曲线。图 2-39（b）

为与之相对立的理论记录。从图 2-39 的对比中可以看出理论和实际情况是一致的。

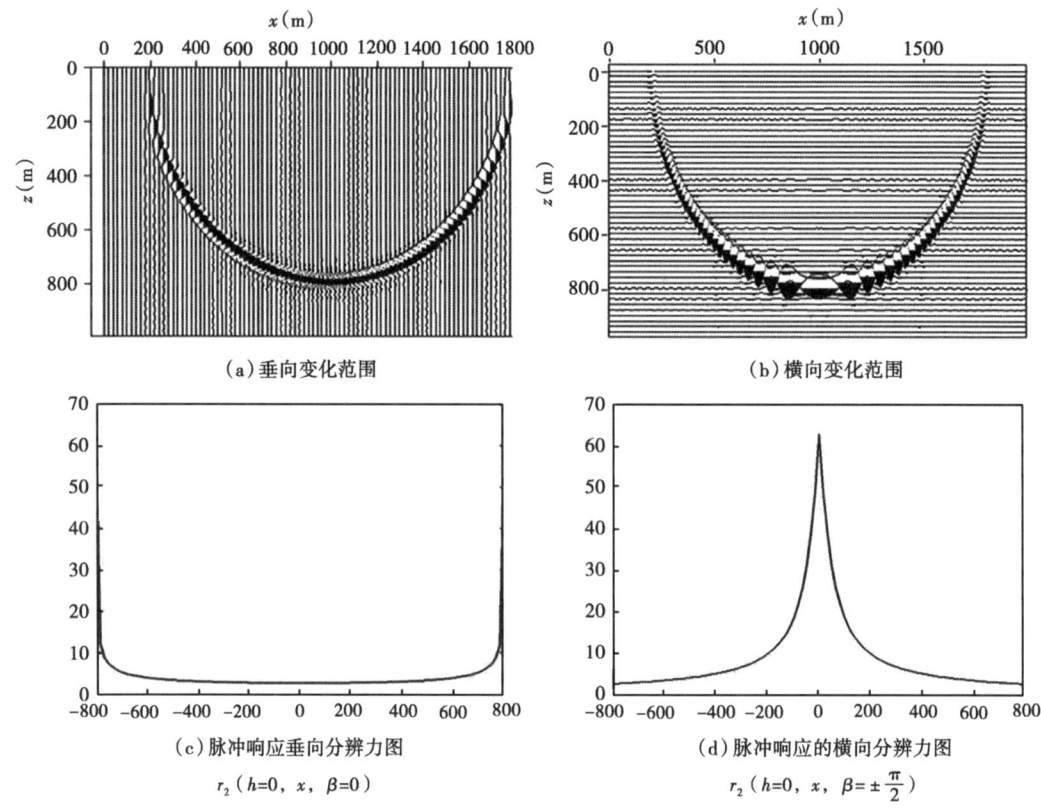

图 2-39  不同 $\beta$ 分辨率的比较

从图 2-39 知，地震波的横向分辨力随炮检距的变小而增大，而垂向分辨力随炮检距的变化却不是很明显。因此缩小炮检距可以提高横向分辨力而对垂向分辨力的影响很小。

通过对成像点分辨率的分析，提出了在处理环节提高地震分辨率的方法和措施。而提出的提高成像分辨率方法和措施对于用 Kirchhoff 积分法类的偏移成像来说立即可用于实际。对于波动方程类偏移方法来说，在孔径选取上有一定的困难，但对炮道集的叠前偏移可完全适用，对于中点—半炮检距道集也可以用选择最大炮检距的范围和进行偏移后叠加的相位校正进行提高成像分辨率。

## 2.7  地震资料的信噪比

信噪比，就是信号和噪声之比，一般用其振幅的比值表示。反映地震资料成像的抗干扰能力，在地震剖面上就是剖面是否干净无噪点。

地震信噪比和分辨率是密不可分的，较高的信噪比是提高分辨率的基础，信噪比也是高精度三维地震的关键点。前面对分辨率进行了讨论，接下来主要讨论信噪比。压制噪声，提高地震资料信噪比，主要是通过野外和室内资料处理两个环节进行。

压制各种噪声是提高原始资料信噪比的重点，除了通过相关处理技术压制噪声提高信噪比以外，从采集的源头开始压制噪声和提高信噪比是极其关键的。检波器组合是地震资料野外采集阶段衰减噪声提高信噪比最重要的手段之一。

### 2.7.1 野外噪声

影响地震资料信噪比的因素主要包括采集过程中的各类干扰波、处理过程中由于边界条件及算法引入的噪声等。其中，地震数据采集过程中引入的各类干扰波是影响地震资料信噪比的主要因素，提高地震资料信噪比的关键就是压制采集过程中引入的各类噪声。

地震勘探中所接收到的除有效反射波以外的反射定义为噪声，噪声对有效信号的提取有不利影响。在常规的地震勘探中，大多是关注和重视有效反射波，噪声是被压制的对象，在野外采集时几乎无一例外的压制噪声，体现在地震仪器、检波器的设计、观测系统和检波器组合形式设计等方面，这样一些干扰波可能由于空间采样的假频永远成为噪声。而高精度三维地震勘探追求的相对健全的波场采集，因而对地震空间波场的全面认识非常重要，对干扰波不再采取简单的压制措施，并且有的规则干扰波包含有地下介质的地质信息，也能作为有效波进行处理。采用地震噪声研究地震场地作用和浅层结构的方法在最近几年发展迅速并被广泛应用。因此，在高精度三维地震勘探中，随着研究的深入，过去所认为的噪声也有可能被作为有效波用于地震勘探中。

#### 2.7.1.1 噪声的分类

野外噪声的来源很复杂，可以把它们大致归结为4种。

第一种是震源激发产生的噪声，一般属于规则干扰波，有一定的主频和视速度，例如面波、声波、浅层折射波、侧面波等。它们的主要特点如下。

（1）面波：特点是频率低，一般为几赫兹到30Hz，波速低，一般是100~1000m/s，以200~500m/s常见。面波时距曲线是直线，在小排列上是直的，随着传播距离的增大，振动延续时间变长，形成"扫帚状"，即发生频散。面波能量的强弱与激发岩性、激发深度以及表层地震地质条件有关，浅井激发，表层有效波吸收衰减越强，面波越发育，激发岩性松软。面波虽然是一种干扰，但是，由于面波能量强，比较稳定，易于拾取，最近，许多公司应用面波反演近地表速度模型，是对噪声的另一种开发利用。

（2）声波：在坑中、浅水中、河中和干井中激发，都会出现强烈的声波，是一种在空气中传播的弹性波，速度为340m/s左右，频率较高，延续时间较短，呈窄带出现。改善激发条件，可有效降低声波干扰。

（3）浅层折射波：当近地表存在高速层、稳定潜水面或者第四系下面的老地层埋藏浅时，存在浅层较强的波阻抗界面，在中远排列产生同相轴为直线的折射波。

（4）侧面波：在地表条件比较复杂的地区，由于地表高程高差大，处于低洼处的排列可能接收到从沟壑侧壁反射回来的波，形成侧面波。

（5）多次波：也称多次反射波，是反射多于一次的地震波。所有地震波能量都含有某种多次波，重要的是要区分出全程多次波还是短程多次波。

第二种是随机干扰，它是一种没有一定频率、没有一定传播方向的波，在地震记录上形成杂乱无章的干扰背景，包括地面微震，如风吹草动和一些人为因素引起的无规则振动，这类干扰持续存在；另一种是仪器道故障形成的噪声；还有一种是激发形成的随机干扰，如激发岩性变化等形成的噪声。随机干扰频谱宽，无一定的视速度。但它遵循"统计规律"，可以通过组合检波和多次叠加的统计效应进行压制。

第三种是次生的低速干扰和次生的高速干扰波，它与随机干扰不同，比规则干扰更为复杂，在频率域中与有效信号不能分离，在视速度和视波长域中，次生高速干扰又和反射有效波部分重合。它们在地震记录上出现的时间可以占据全部记录的任何一个角落，是由地表附近的各种地物障碍物（如沟、坝、建筑物、路基、树林、小山包、电线杆等）以及地表岩性不均匀所造成的，是反射波、面波、折射波的衍生物。例如反射波到达地面后，使地面产生振动，地面上任何不均匀性和障碍物就受到激励对地面作"敲击"动作，从而形成一个次生震源，产生次生的直达波和面波，在远处产生次生的折射波，这种次生干扰波种类多，来自不同方向，对有效信号可以造成严重干涉，是目前最难对付的一种噪声。

第四种是接收设备产生的系统噪声、漂移噪声等，包括接收仪器的元器件产生的固有噪声，这种噪声频谱分布很广泛，除了改进元器件的材料和生产工艺外，几乎没有任何办法消除，还包括电路本身的设计或者制造工艺上的缺陷带来的噪声，例如电路中的轻微自激（一种自由振荡状态）、信号传输特性畸变、电磁感应噪声、线路串扰噪声、传输噪声等，这些噪声需要选择工艺良好、设计先进的地震数据接收系统。

**2.7.1.2 噪声的应用**

（1）面波的应用。

面波勘探技术是近年发展起来的一种浅层地震勘探方法。随着计算机技术的发展，面波勘探的软、硬件及技术理论得到进一步完善，瞬态瑞雷面波法也越来越引起人们的重视。它主要是利用其频散特性和传播速度与岩土物理力学性质的相关性达到解决工程地质问题的目的。由于面波勘探与常规地震勘探相比具有对场地要求不高、快速经济、易于激发和识别、有用信号能量强、不受各地层速度影响、对浅部地层分辨率高等特点，使得瞬态面波勘探技术广泛应用于各类工程的勘察和评价中，并取得较好的应用效果。

近年来，人们针对石油地震勘探资料来研究面波，将它用于解决地震资料的近地表校正、$Q$ 补偿、面波压制、反射信息提取和提高分辨率等问题，为面波的应用拓展了领域。面波的研究和应用，目前主要集中在工程地质领域的防灾减灾、利用人工激发面波勘察工程场地的近地表速度结构以及利用天然地震记录反演地球内部结构。

（2）多次波的应用。

像一次反射波一样，多次波包含有地下界面信息。在复杂地下结构情况下，有的区域一次反射波难以照明，但是多次波却可以照明，因此，多次波甚至包含了一次波所没有的地下信息。这样，在叠前对多次波成像，提取了更多地下信息，将使得地震资料的成像效果更好。近年来，很多地球物理学家从不同的角度对这种方法进行了深入的探讨和尝试。当前的多次波成像方法大体上可以分为三类方法。

① 将多次波转化为伪一次波，然后用常规成像方法来对其成像。如用加权相关方法把多次波转换为一次波，用炮点—检波点偏移方法成像多次波等。

②联合延拓和成像技术来成像多次波。如用叠前克希霍夫方法成像多次波，炮—剖面偏移方法成像多次波，用叠前深度偏移成像一次波和多次波，用交叉相关方法成像多次波，用最小平方方法联合成像一次波和多次波等。

③直接对含有多次波的记录进行成像，在成像过程中自然衰减掉多次波。如用基于波射线路径偏移成像方法直接压制多次波，该方法只对记录中的一次波成像，所以能够在偏移成像中自然压制多次波。通过叠前克希霍夫深度偏移衰减多次波。上述多次波成像方法目前主要限于理论研究，对于理论模型这些方法都取得较好的效果，但是对于实际应用还需要做更多的工作。

地震勘探中的噪声是千变万化的，对勘探目的层的干扰也是各不相同的。在地震勘探的采集阶段，既要注意井深药量的选择，减少面波、声波干扰，又要做好采集时的戒严工作，避免随机噪声的干扰。在资料处理时，既要尽量去除噪声，又要最大限度地保留反射波的能量。所以对噪声的研究是一个很复杂的问题。

### 2.7.2 处理解释噪声

地震资料的信噪比和分辨率是一对相互依托又互相制约的因素。提高分辨率的处理（即频带的拓宽）过程会带来高频噪声，偏移后会产生偏移噪声。因此，在资料信噪比较低的情况下要恰当拓宽频谱，同时提高分辨率手段要和提高信噪比的方法搭配使用，达到相辅相成；在资料分辨率提高后，随着频带的拓宽，高频噪声的能量也得到了加强，因此还要进行提高信噪比处理，如同相叠加等。

所谓同相叠加是指为保证属于地下同一反射点的资料达到最佳成像效果所采用的处理技术，如叠加、动校正、静校正，当地下反射层倾角较大时，还要进行倾角动校正（DMO）。在构造复杂的地区，地震数据信噪比较低，Bancroft 和 Geiger（1994）基于叠前基尔霍夫积分偏移原理，提出了等效炮检距偏移（EOM）方法，不断调整速度参数，并重新进行剩余静校正量的求取，直到剖面效果满意为止。

### 2.7.3 压噪的其他方法

野外压制噪声除检波器组合以外，还有震检联合压噪、埋置检波器、提高检波器与大地的耦合关系、三级以上的有风天不施工等措施。其中，震检联合压噪就是利用地震剖面、井资料、地质背景资料、地理信息确定主要噪声类型及其传播速度，确定此类噪声的时距曲线，在此基础上设计出多套观测系统，根据激发点、接收点的大地坐标关系计算共中心点道集（CMP）中每道的位置关系，进而计算噪声的剩余时差，计算工区内或某个子区内 CMP 的噪声压制特性，并绘制平面图，统计噪声压制特性的分布，进而绘制噪声压制特性图和频数分布图，应用噪声压制特性图和频数分布图进行综合分析，确定各观测系统的压噪效果，从而选择压噪能力较强的炮检点分布关系。

处理中噪声压制的方法还有很多，比如 Radon 变换、四维去噪、多域联合去噪等技术，近几年也取得了良好效果，成为高精度三维地震勘探的重要环节。

## 2.8 地震资料的高保真

进入 21 世纪以来，越来越多的地震勘探项目，尤其是在地震资料的处理解释中，提到对地震资料既要高信噪比、高分辨率，又要高保真的要求，那什么是地震资料的高保真呢？

20 世纪基本上很少提及高保真的问题，主要是因为处于构造勘探阶段而较少涉及复杂油气藏勘探，对地震资料的要求还没有那么严谨和苛刻。随着成熟区的油气勘探开发的新发展、新要求，向地层岩性新的领域油气藏进军，常规的地震资料根本无法满足需要，进而必须发展高精度三维地震。因此，对地震资料要求高信噪比、高分辨率、高保真，也就顺理成章了。

地震资料的所谓高保真，就是要求在地震资料的采集处理解释中，对地震信息的振幅、频率、相位和波形相对地保持其固有的特性，这里说的是相对地保持，而不是绝对的保持，绝对的保持是不存在的，也是不可能的。

相对地保持振幅、频率、相位和波形对构造勘探来讲并不是必不可少的,但对地层岩性勘探来说则是非常重要和必需的,如果做不到这一点,那么进行隐蔽性油气藏勘探结果就可能掉进陷阱。

振幅相对保真处理是高精度三维资料处理中的重要环节。该项处理内容包括时间和空间两个方式的补偿技术。在时间方面,采用几何扩散补偿和吸收补偿来补偿地震波在传播过程中球面扩散以及介质吸收而引起的能量损耗;在空间方面,需要采用地表一致性振幅补偿来消除非地表一致性因素以及激发、采集条件差异而带来的能量差异和噪声压制。采用这两种方式相结合的方法,可以较大限度地消除非地质因素对地震波振幅的影响。此外,在资料处理过程中还要进行动校正拉伸等一些补偿和进行剩余振幅分析和频率补偿技术等。

相对振幅保持和频率的补偿主要做法是在地震资料处理中将大地 $Q$ 吸收补偿即对大地吸收衰减进行补偿,地震波球面发散和能量补偿,还有地表一致性统计振幅的补偿,补偿大地半空间吸收衰减和透射损失。

采用反褶积方法提高或恢复地震波的高频信息处理,能够相对保持反射波的振幅,也是提高分辨率的重要手段。通过设计高频反褶积算子可以提高分辨薄层的能力,但是过分强调高分辨率和提高信噪比完全可能会使处理结果保真度变差,从而使地震剖面上反映地层岩性的地震响应失真。

上图黑色曲线是相关测井阻抗频谱的平均值,类似的曲线可以从许多油田测井资料中得到。图 2-40 来源于 Spyros Lazaratos 在 SEG Expanded Abstracts (28 卷, 2009 年) 期刊中第四部分所做的叠前偏移频谱整形工作。地震数据代表了不同的阻抗,它需要整合得到真实的阻抗。正如黑色曲线所示:它在低频值比较高,而在高频下降很快。

Lazaratos 等在参考频谱分解时,发现强调地震数据的低频而不是高频在解释上非常有利,在块状油藏区可以更好地近似所有波阻抗。更严格的方法就是做全频带的地震反演,将测井和现场经验得到的全低频模型引入反演中。

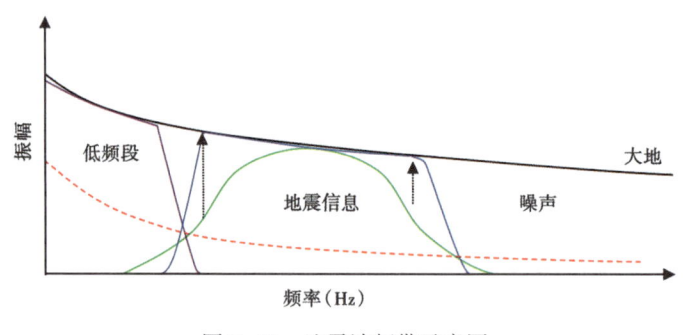

图 2-40 地震波频带示意图

图 2-40 中加入的噪声曲线(红色的曲线)是为了说明:不论是做简单的频谱整形还是做全频带地震反演以便与测井得到的阻抗曲线匹配,信噪比(尤其是低频)是最重要的限制因素。

## 2.8.1 基于子波处理和有效拓宽频带的反褶积对于保持振幅的影响

反褶积,顾名思义是褶积(滤波)的逆过程,褶积是一种平滑运算,而反褶积就是要消除褶积的效应。反褶积的目的是通过压缩地震记录中的基本地震子波、压制交混回响和短周期多次波，给出地下反射序列。反褶积既应用叠后资料处理，也广泛应用于叠前资料处理。记录信号本身确定子波和反射系数序列。如果把大地吸收描绘成一个线性系统，则反褶积就要了解该系统，就要估计该系统的输入，这就不得不对输入系统做出一定的假设。由于假设与实际情况总是存在某种程度的差别，因此反褶积只能是一个近似运算过程。但是，反褶积既是子波处理，又是常规处理流程中最精确的处理环节，是直接提高地震信号分辨率的核心部分，在高精度三维地震勘探处理中起着十分重要的作用。俞寿朋教授曾把提高分辨率的工作分为两类，一类是直接提高分辨率的核心工作，另一类是为核心工作准备条件或打基础的外围工作。理想的反褶积应该压缩子波并消除多次波，使地震道内只留下地层反射系数序列。

能够在地震勘探技术中应用反褶积技术，主要借用于三点假设，否则就无法应用该技术。这三点假设是：子波时不变或简单变、子波最小相位和反射系数白噪。但实际情况并非如此，子波是千变万化的，也往往是非最小相位的，反射系数白噪系列假设很难予以满足，实际情况也并非如此。因此，提高反褶积处理精度的唯一办法是向这三点假设尽量靠近，改善反褶积的应用条件。如分时窗段进行反褶积，在多道上统计自相关函数，反褶积前子波整形处理等。同一块三维地震资料，不同的处理技术人员向这三点假设靠近的技术和手段略有不同，那么地震波的振幅和频率就会发生一些相应的变化。同时在整个的处理过程中，对相位谱还没有进行保持统一处理，因此如何保持相位谱不变，还要进一步努力改进。最近发展起来的基于谱模拟技术的处理思路，可以较好地应用于实现混合相位地震子波的估算，从而实现混合相位反褶积。相对于常规反褶积模型子波最小相位假设，可以更好地接近于实际情况。因此，混合相位反褶积处理为实现高精度三维地震资料反褶积处理提供了一条可行的途径。

在实际地震勘探开发生产中，三维地表一致性反褶积模块应用较多，大多数都是在频率对数域用高斯赛德尔迭代法进行分解，具有子波整形和子波压缩的双重作用。应用好这项技术首先要注重其相关条件：要时间一致性、做好地表一致性补偿和异常振幅压制及地表一致性剩余静校正、反射点要一致性、各道已经分别进行了常规处理、考虑大地滤波是一个线性最小相位系统等。根据上述5个方面的要求，还必须注重应用三维地表一致性反褶积前后的其他模块的相应处理。比如，因在地层岩性勘探中叠前数据处理和叠前数据解释应用较多，应用反褶积技术时，还要重视消除炮检距的影响，而这种影响大多包含在相位信息中。

## 2.8.2 三维叠前偏移成像处理对于保持振幅的影响

无论是山前复杂构造带还是叠合盆地腹地，若要得到高精度的成像数据，均需要进行叠前偏移成像处理。如果从地质模型复杂程度考虑，更多的是需要三维叠前时间及叠前深度偏移。但由于深度偏移方法强烈依赖于速度深度模型，而建立精确的速度模型是取得三维叠前时间偏移和深度偏移准确成像最关键的因素。

众所周知，克希霍夫积分法在构造成像中已经发挥了巨大的作用，在岩性成像中也有着巨大的潜力，潜力的挖掘在于振幅保真。但是，射线追踪需要对速度场进行平滑，当速度场十分复杂时，会出现焦散或阴影区，旅行时计算也遇到困难。用改进的有限差分法直接求解程函方程，仅能计算初至旅行时，无法处理存在的多值走时问题。因此无法做到振幅的相对保持。

目前发展起来的用波动方程微分解进行偏移成像的波场外推方法，即在深度方向递归外推波场，称为波动方程叠前深度偏移基本可以克服对振幅的影响。真振幅的波动方程偏移，能实现对球面扩散损失的补偿，恢复期望的反射系数，还能在进行构造成像的同时给出震源子波的信息，这对于 AVO、AVA 和偏移后的振幅解释有着重要意义。因此，波动方程叠前深度偏移算法，不仅是复杂构造成像和速度分析的工具，而且是岩性成像最精细的处理方法，是"三高"处理成像中最核心的方法。高效高精度的波场外推算子（偏移成像算法）、真振幅的波动方程偏移、偏移速度分析策略是这种核心方法的三个重要方面。

## 2.9 认识与建议

### 2.9.1 对地震分辨率的认识与建议

（1）高分辨率剖面，应具有丰富的动力学特征，而不应以同相轴的多少作为判断依据。高精度的地震剖面应该是地震勘探目的层频带振幅谱覆盖的范围要达到 2.5~3 个倍频程的概念，以满足地层岩性解释需要。

（2）在提高分辨率过程中，地震勘探的高频信息和低频信息同样珍贵不可缺失，低于 10Hz 以下的有效信息的获取和保护尤为重要。

（3）受大地吸收衰减影响，地震信号频带范围一般从几赫兹到几百赫兹，主要表现特征是低频能量强，高频能量弱。拓频处理要依据地球物理规律，不能违反地学规律肆意抬高高频段能量。

（4）地震分辨力的判断应该基于叠加剖面或偏移剖面，地震野外数据采集与室内资料处理对地震分辨率会产生较大影响，因此，用广义空间分辨率来定量表示分辨率公式更为合理。

（5）地震分辨力是地震数据的一种客观存在，它只取决于地震子波的特性，与地震剖面中是否存在噪声无关，信噪比的提高只能提高地震地质解释能力，而不能从根本上改变地震资料的分辨力。

（6）在地震分辨力一定的条件下，利用特殊的解释技术可以使解释地层厚度小于 $\lambda/4$，但这并不意味着地震分辨力的提高，这只是说明地震地质解释能力的提高而已。

（7）高精度地震勘探与地震子波有关，具体地说是地震子波的频带宽度、延续时间和子波形状控制着分辨率，因此要提高地震勘探精度必须改善地震子波特性，例如子波压缩、提高主频、扩展有效频带宽度、实现零相位化等，在实际野外施工时，普遍采用的方法有震源组合、可控震源的非线性扫描补偿高频吸收、大药量激发等。

（8）三维设计应考虑地下目标成像的质量，因此空间连续性、空间分辨率是考虑的主要目标，而不应该把分辨率或信噪比孤立起来看。正如李庆忠院士所说：限制着分辨率提高的主要因素（或障碍）是高频端的信噪比谱……地震勘探的分辨率大小必然与信噪比谱有关联。

### 2.9.2 对地震信噪比的认识与建议

提高信噪比是提高分辨率的基础，是高精度三维地震勘探的关键。通过野外采集、室内资料处理两种手段联合应用，特别是加大室内处理，是提高信噪比的现实做法。

（1）野外检波器的选择：在石油地震勘探行业中，10Hz 自然频率的检波器频率响应范围较宽，比较适合于中深层油气勘探目的的需要。对于常规的勘探应选择10Hz自然频率的检波器为好，这样可以最大限度地保护地震数据的低频信息，拓宽地震频带。对于某些特殊目标勘探（如所谓的中浅层的高分辨率勘探），可以选择28Hz以上自然频率的检波器进行作业。

检波器结构在性能上是高通的，不利于低频端信号的接收。在地震资料波阻抗反演过程中如果地震资料低频能够达到5~6Hz，那么映射的地层分界线就更加清晰。常规地震勘探低频成分单纯依靠地震施工方法难以获得，一般需要依靠测井资料或地震层速度提供低频背景模型而取得。严格地讲，使用不同自然频率的检波器，一般只能改变地震信号的低截频，而每个有效信号频率的信噪比是不会改变的。关键点需要的是能够保证高保真度、畸变小、宽频接收的技术指标和效果的检波器。

因此，不宜强调使用较高频率特性检波器，特别是主频在30Hz以上的检波器。石油天然气地震勘探中、深层（>2500~3000m）油气勘探开发一般应该采用自然频率为10Hz的检波器，而对于中浅层（<2500~3000m）油气勘探开发可以使用自然频率为28Hz以上的检波器，因为高频检波器并没有压死低频，只是抑制了低频，相对突出了高频，毕竟检波器的响应特征更适合人们肉眼的观察。自然也就会得到相关人员的认可和赞誉。

不过，认为单纯通过提高检波器的自然频率，提高压制低频信息的门槛，针对低频进行必要的压制（特别是能量较强的低频干扰，如面波），把有限的检波器动态让给能量较低的高频有效波，以达到拓宽有效波频宽的目的，实践证明也并非完全如此。比如使用自然频率为60Hz的检波器，它对50Hz以下的地震波也进行了压制。

根据地震地质条件，合理选择检波器自然频率，在保证拓宽高频的同时，不大幅度压制低频端频率成分的能量，以达到提高整个频带宽度的目的，才是追求的目标。因为当绝对频宽相同，如频宽为10~80Hz与20~90Hz两种频率范围的绝对频带宽度相同、相对频带宽度不同的情况下，分辨率何有差异，哪一种分辨率高？前者要优于后者！因为前者动态范围为三个倍频程，而后者仅只有两个倍频程多一点。

在众多的检波器中，传统的检波器总体处在同一技术水准，相比之下超级检波器和新型的加速度检波器的接收能力较强。对于高频信号衰减严重的地区，为了突出高频弱小信号建议尝试使用模拟加速度检波器进行施工。

（2）检波器组合：如果采用组合检波，应尽量使检波器组合效果等效于单只检波器。在弱信号的地区，可以适当增加检波器串联数目，以增加每道的灵敏度；在干扰信号较强的地区，应适当增加检波器并联的数目。组合检波的组合图形、组内距、组合基距的选择应根据施工地区的干扰波的特征（频率、速度等）进行选择。同时检波器组合还要考虑检波器串的阻抗和地震仪的阻抗相匹配，使地震仪的输入阻抗对检波器的性能的影响最小为佳。

（3）检波器野外耦合：检波器组合埋置效果为低通，不利于高频信号的接收，在地表坚硬无风天气，野外施工宜不挖坑或挖浅坑埋置，并与大地耦合好，防止畸变。在三级风以上时必须采取措施夯实埋置，必要时停止施工。

组合检波器由于埋置状况不同，得到的效果也不尽相同。若布设基距偏大，虽然有利于折射波及面波的压制，但却不利于有效波高频信号的通放接收。而在平原区如坚持潜水面以下激发，在保持最佳（不是极高）的覆盖次数的情况下，可以单点激发，单点接收，也可通过室内处理对散射干扰进行压制。此外，组合中的联结方式不当，也影响地震勘探中的分辨率。例如过量并联可导致检波器阻尼急增，对低频反射极为不利，过量串联可导致检波器灵敏度增高，高频噪声严重。

（4）为了保持地震信号的原始面貌，在有条件的地区，在随机干扰较弱地区，可以采用单道单只检波器采集，此时可以通过室内处理来剔除各种干扰。

（5）低噪环境施工是提高高精度三维地震施工质量的关键。环境不安静，车马行人，机械等高频噪声严重时不能放炮，大于三级风就更不能施工。

在野外，对检波器也进行溯源性测试。由于高精度三维采集方法的改变，检波器需求激增，致使正常检波器供货方供不应求。检波器制造厂家既有持久规模生产的正规厂家，也有中外合资的相关厂家，还有一些迅速崛起的民营企业生产厂家。虽有统一标准，但没有溯源，精度和灵敏度也不同，有时还可能混用，导致仪器接收的地震波动力学特征差异。希望能够引起勘探家和地球物理同行的关切和注意。建议选用高精度、高指标的标准检波器做比对，测试仪器的实测数据与标准检波器标定的数据误差，行业标准规定误差<0.8%。以确保检波器的一致性和性能指标符合标准。

（6）无线地震数据采集系统代表了地震采集装备发展的方向，具有节约野外施工成本，降低人为因素，减少系统噪声的优势，是未来单点高密度大道数作业、室内组合技术实现的有效手段。

（7）室内噪声压制：根据不同噪声的特点分步分批分次进行压制，既能有效提高资料信噪比，又能做到对地震资料的高保真，是高精度三维地震勘探要大力攻关发展和推广的有效做法。

# 3 高精度三维地震采集技术

高精度三维地震采集是高精度地震勘探的三大环节之一，地震数据的采集直接影响到原始资料的好坏，因此，高精度三维地震数据采集既是基础，同时也是决定成败的最主要因素。

高精度三维地震采集又分为三个主要环节：大地放样测量、激发地震波和接收地震波。本章主要讨论激发地震波的接收地震波。

高精度三维地震数据采集对细节要求更严，质量要求更高，突出表现在：（1）小面元网格、高覆盖次数的高精度观测系统的使用；（2）高品质震源的研究和使用；（3）先进采集系统的引进，包括数字检波器和万道数字地震仪，全面提升地震采集的空间和时间采样率。本章主要从高精度三维观测系统设计、接收系统以及激发参数优选等野外实施的方面进行论述。

高精度三维地震采集中观测系统占有十分重要的地位，好的观测系统设计能够使地震资料的空间连续性较好，尽量不产生地震波属性空间跳跃，使空间分辨率有较大的提高，兼顾要成像的最浅反射层和最深反射层，并要有较高的覆盖次数，保证对噪声有足够的压制效果，适合叠前储层反演、分方位处理和裂缝检测等需求。

高精度三维地震观测系统设计的思路要求和相应参数选择，主要考虑以下几个方面，见表3-1。

**表3-1 观测系统设计要求及参数考虑**

| 要求 | 需要考虑的参数 |
| --- | --- |
| 空间连续性 | 对称采样 |
| 分辨率 | 炮点间距、带宽 |
| 要成像的最浅层位 | 线距 |
| 要成像的最深层位 | 最大炮检距 |
| 噪声压制 | 覆盖次数、炮检距分布 |
| 叠前反演 | 炮检距分布均匀、采样率 |
| 裂缝检测 | 高覆盖次数 |

## 3.1 观测系统的设计和选择

众所周知，开展三维地震施工，首要的是进行工程技术设计和施工设计。除确定正确的激发方式和因素，正确的接收装置和因素之外，观测系统的选取是三维地震设计和勘探的核心和灵魂，确立观测系统主要目的是要使目的层反射面元炮检距分布均匀、方位角分布均匀、覆盖次数足够而且均匀。观测系统的参数主要有地震仪器道数、检波器道距、炮点距、接收线距、炮线距、面元尺寸、最大的最小炮检距、最大炮检距、检波器组合基距、横向滚动线数等。

影响三维观测系统设计的主要因素有地层构造走向，测区大小，共反射面元大小，共反射面元形状，内插方法，接收线和震源（炮）线方向，激发组合方式，滚动方向和排列数，覆盖次数和测线线距，记录装备以及检波器面积组合的大小。

观测系统设计过程中，要以明确的地质勘探思想为指导，必须以地质设计为依据，遵循科学的流程，首先要明了油气勘探或评价的目标和范围，然后尽可能地了解地层走向、倾角、断层间距和地层的厚度及深度等，根据地质任务，确定适合本探区特征的观测系统参数。三维观测目标必须与观测参数直接联系起来，通过评估观测目标、理论计算和模拟结果确定反射面元大小。三维观测还必须保证有足够的采样率和偏移孔径所需的足够的炮检距，以便保证菲涅耳带完全收敛。若偏移不到位或不完全或采样率不足则会对地质目标的正确成像产生极为不利的影响。

观测系统类型包括正交式、斜交式、砖墙式、细分面元式等，在不同历史阶段发挥了其应有作用。目前，大家普遍接受垂直正交的观测系统。斜交式或是砖墙式等观测系统是在成本制约下，为了使用较少的野外投入而获得较好的方位角分布、较均匀的炮检距分布和增加横向上的覆盖次数而采取的一种观测系统。

高精度三维地震资料处理对三维观测系统设计提出了较高的要求。

（1）宽的正交模板更适合于双域滤波，叠前偏移，静校正计算等多种算法。

（2）为适应 AVO 分析技术的应用，要求采集模板是平行模板并且远近炮检距均匀分布。

（3）方形小面元有利于静校正计算、成像。

（4）地震属性空间不能产生突变，包括叠加属性、偏移振幅属性。

（5）浅层要有足够的覆盖次数，以利于成像。

（6）要有足够的偏移距，以利于偏移成像和 AVO 分析。

基于以上要求，理想的高精度三维地震观测应该是空间对称采样、连续采样、均匀采样。

（1）炮点间距等于检波点间距。

（2）炮线间距等于检波线距。

（3）Inline 方向的最大炮检距等于 Xline 方向的最大炮检距，炮点段和检波点段应踞中并正交。

（4）炮点组合应尽量与检波点组合一致。

因此，笔者认为，对观测系统的设计应考虑以下几点。

（1）正交观测系统可实现正方形的十字排列、共检波点道集与共炮点道集相似、Xline 方向的地震特性与 Inline 方向的一致。采用正交和平行的观测系统可保证共接收点道集有许多炮点，以优化空间波场的连续性，如图 3-1 所示，（a）（c）（e）为砖块的，（b）（d）（f）为十字排列的。显然十字排列所得结果的连续性要好而且断层的边界清楚。

（2）道距是影响三维分辨率最重要参数之一。小道距单个检波器接收，高密度空间采样是高精度三维地震的技术发展方向。

（3）高时间采样率是反褶积、适应叠前反演等技术的基本要求。

（4）根据地质任务要求，结合本区地震地质条件，应用基于地质模型的观测系统设计技术，优化观测系统参数，改善观测效果，并利用实际资料验证分析设计观测系统的合理性。

（5）选择恰当的总体覆盖次数，适当提高横向覆盖次数，有利于压制干扰，提高资料信噪比。

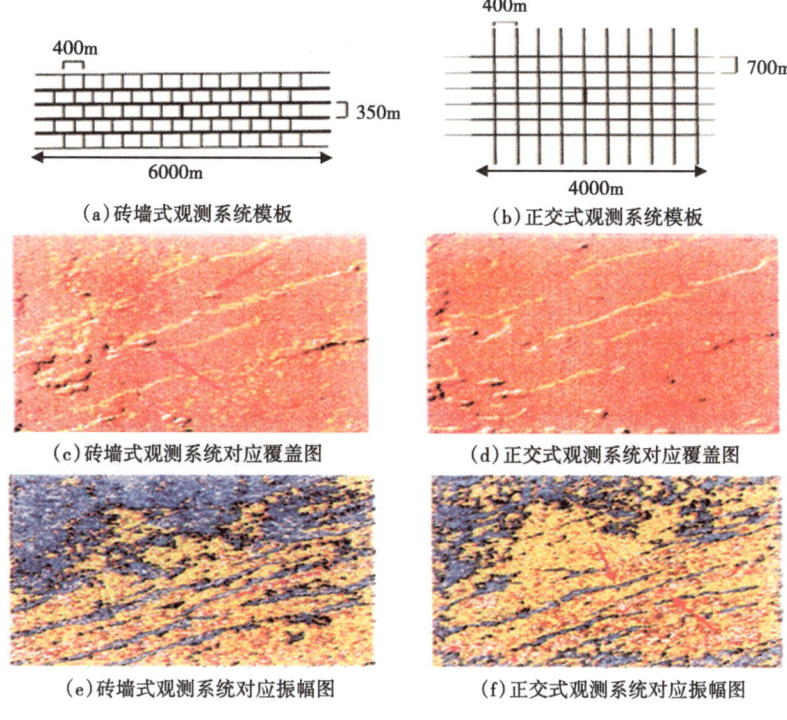

图 3-1 砖块排列与十字正交排列所得结果对比

（6）采用适宜炮检距的观测系统，增加目的层有效信息（有一定 $S/N$ 的远道），以满足提高成像精度的要求。

观测系统设计的基本流程如图 3-2 所示。

### 3.1.1 地质建模及最大保护频率确定

根据工区以往地震剖面、地质剖面、构造图及井资料，得到各个论证点的主要目的层地球物理模型参数，根据地质任务，分别列出各目的层的反射时间、叠加速度、层速度、埋深、倾角等参数以及期望的分辨率和频率。

结合工区内的综合录井资料、地质剖面、合成记录等资料，根据过井地震剖面，建立地质模型（包含了各层的地球物理参数信息）。对该模型进行自激自收正演，得到的自激自收记录，如果该记录与实际地震剖面基本吻合，说明建立的地质模型基本符合目前对地下地质情况的认识，图 3-3 显示了东部某探区的地质模型及正演结果与实际地震剖面比较吻合。

通常在复杂区采用模型正演进行采集处理解释研究，帮助识别多次波、广角反射和初至折射等各种地震波，并选择合适的最大炮检距等参数压制干扰，提高信噪比，帮助地震波场分离，为处理好剖面提供直接的依据，在实际生产中得到广泛应用。

瑞雷准则认为可分辨的厚度大于瑞雷分辨率厚度（等于 1/4 主频对应的波长），按照这一准则，已知要分辨的最小目的层厚度，通过测井数据的地震合成记录就可以估算出主频。一般近似地认为对称零相位子波主频是最大频率的一半，反过来，求得主频，就可近似认为最大频率是主频的两倍。

根据地质任务对分辨率的要求，先求出对频率的需求，按照纵向最小分辨率公式：

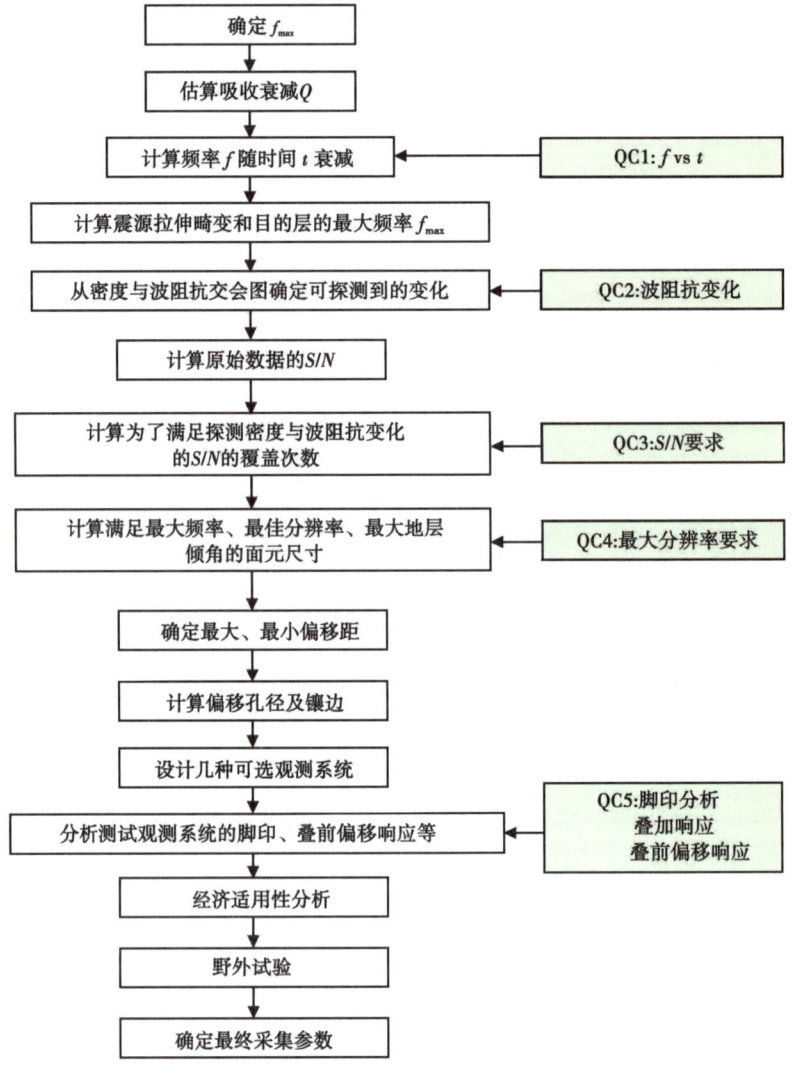

图 3-2　观测系统设计的一般流程

$$v_r = \frac{v_{int}}{4f_p} \qquad (3-1)$$

式中　$v_r$——纵向分辨率，m；

　　　$v_{int}$——目的层的层速度，m/s；

　　　$f_p$——目的层地震反射波主频，Hz。

参照各目的层的地球物理参数，求出东部某探区各目的层所需的频率，见表 3-2，东部某探区地球物理参数，当最高频率 $T_3$ 为 70Hz 时，$T_3$ 纵向分辨率为 20m 左右，可以满足技术指标的要求。

在确定了最高频率以后，横向分辨率受纵向分辨率的制约，即最高频率的制约，用以下式表示：

$$h_r = v_{int}/f_{max} \qquad (3-2)$$

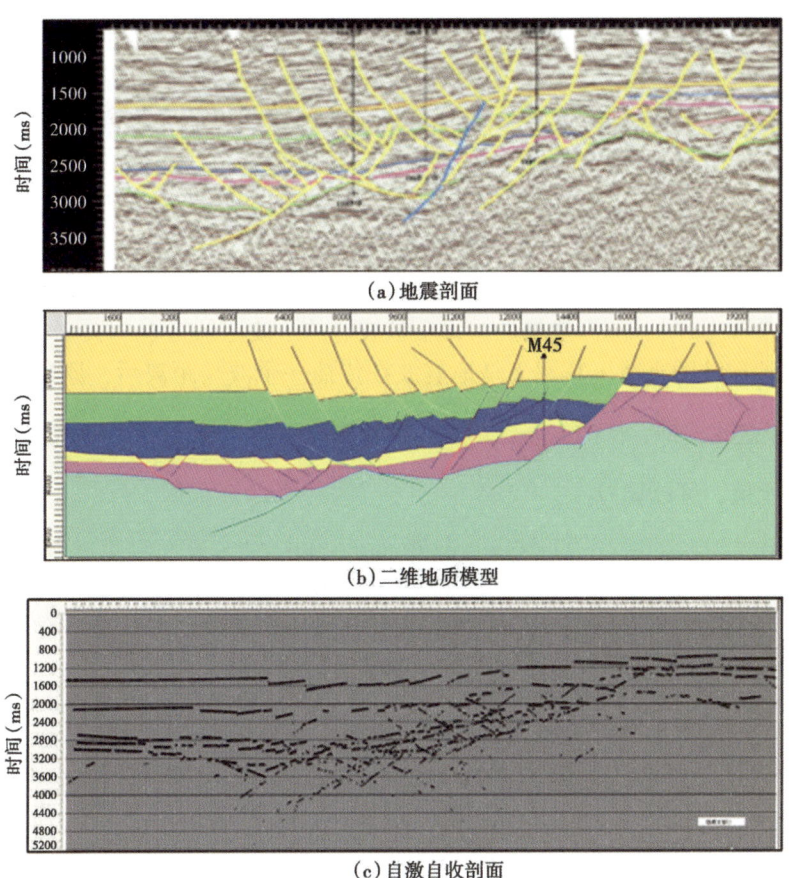

图 3-3 中国东部某探区地震剖面、二维地质模型、自激自收剖面

式中 $h_r$——横向分辨率，m；

$f_{max}$——需要保护的目的层的最高频率，Hz。

当确定了最大频率范围以后，所有参数论证和分析都在这个框架之下进行。

表 3-2 东部某探区不同纵向分辨率对资料频率的要求

| 序号 | 地震层位 | 纵向分辨率（m） | | | | 要求保护的频率（Hz） | |
|---|---|---|---|---|---|---|---|
| | | 工区北部（R91#） | 工区中西部（X37#） | 工区中东部（M87#） | 工区南部（M45#） | 最高频率 | 主频 |
| 1 | $T_2$ | 17.7 | 17.0 | 17.2 | 17.5 | 80 | 56 |
| 2 | $T_3$ | 20.1 | 21.8 | 19.7 | 20.0 | 70 | 49 |
| 3 | $T_4$ | 23.9 | 25.4 | 25.2 | 23.1 | 60 | 42 |
| 4 | $T_5$ | 28.6 | 28.5 | 27.4 | 25.3 | 55 | 39 |
| 5 | $T_6$ | 31.8 | 31.8 | 31.2 | 30.2 | 50 | 35 |
| 6 | $T_g$ | 43.3 | 44.6 | 44.3 | 42.9 | 50 | 35 |

## 3.1.2 估算从地表到目的层之间的平均地层品质因子 $Q$

由于近地表风化程度的不同和岩石特性的差异、潜水面深度的变化、沉积岩石物性的差异、储层物性及埋深的差异等客观因素,使得反射地震波存在较强的球面扩散和吸收衰减,造成了地震反射波的极大畸变,振幅属性、相位属性、频率属性均发生变化。传统的球面发散与衰减补偿、反褶积、反 $Q$ 滤波等处理方法,基本采用了时窗统计平均的补偿,中深层吸收衰减随时间具有相对稳定的关系,但浅层近地表疏松层,非完全弹性的性质更为突出,横向和纵向变化更加剧烈,其吸收衰减是影响资料品质的关键,近地表因素带来了地震资料静校正、振幅衰减、频率吸收、浅层绕射、面波及散射干扰等一系列问题,做好近地表的校正,是提高岩性油气藏勘探精度、提高油气预测精度的关键。

在野外,建议打穿低降速带,进行浅层微测井调查。浅层 VSP 记录上的初至波代表了下行子波 [图 3-4 (a)],随深度增加,每个检波器的子波记录与 $Q$ 相关(实际资料处理中常用 $Q$ 来描述地震波的衰减,其意义是地震波在传播一个波长距离后,原来储存能量 $E$ 与所消耗能量 $\Delta E$ 之比,即:$Q = 2\pi \dfrac{E}{\Delta E}$),其频率随深度衰减 [图 3-4 (b)]。取零偏 VSP 下行子波频谱的比值,可计算 $Q$:

$$\mathrm{At}_2(f) = \mathrm{At}_1(f)\exp(-\pi ft/Q) \tag{3-3}$$

式中 $f$——下行子波频率;

$t$——下行子波传播时间;

$\mathrm{At}_1(f)$ ——$t_1$ 时刻下行子波振幅;

$\mathrm{At}_2(f)$ ——$t_2$ 时刻下行子波振幅。

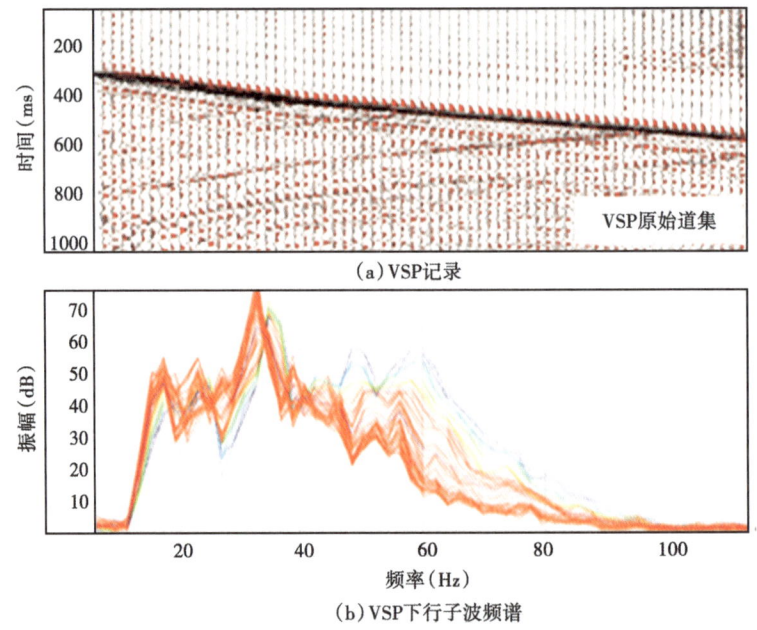

(a) VSP 记录

(b) VSP 下行子波频谱

图 3-4 VSP 记录及下行初至波频谱

$1/Q$ 是线性的,使得与测井谱对应的衰减在选定的低频与高频之间是线性的,衰减的斜率与 $1/Q$ 成正比,当 $Q$ 越小时,地震波衰减越明显。

一般情况下,当高频信号振幅跌到 110dB 左右或跌到接近地表噪声时,认为此信号要丢失了。如图3-5所示，是东部某地区的吸收衰减$Q$，表层$Q$高达200左右。计算出110dB幅值对应的频率，即为能够得到的目的层有效地震信号频率。根据估算的$Q$，构建频率随时间或深度的变化关系，如图3-6所示，代表该地区频率随时间的变化关系，据此，对不同深度目的层可获得的最大频率有一个客观的判断，进一步修正对最高频率的判别。

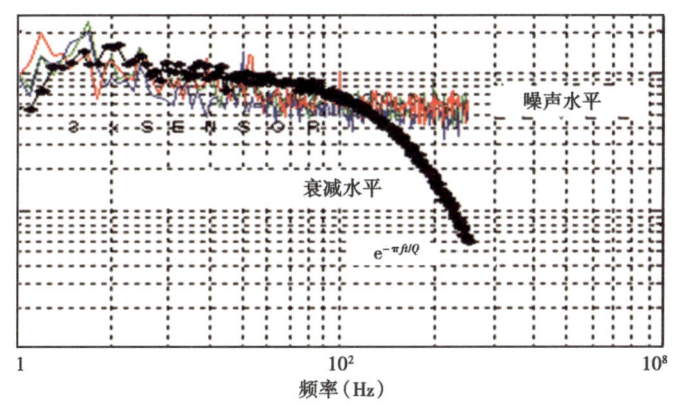

图3-5 东部某地区噪声水平与衰减水平

红色、绿色、蓝色曲线代表三分量检波器的噪声背景；黑色曲线代表本区地层的信号衰减水平

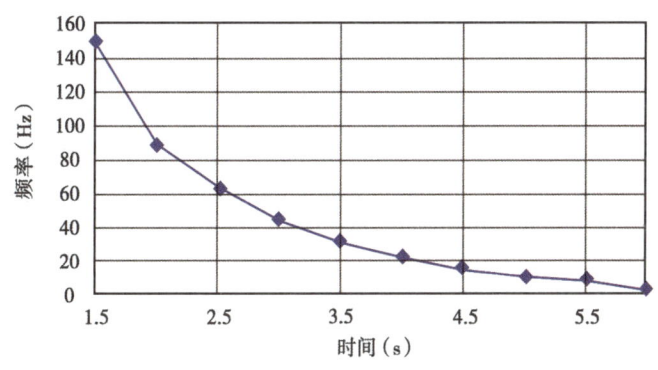

图3-6 东部某地区频率随时间的变化关系（$Q=200$）

### 3.1.3 用岩石物理信息确定覆盖次数

根据成像和储层预测需求，对于构造成像，要求地震资料的信噪比$S/N \geqslant 4$；对于岩性预测来说，是求取岩石密度和波阻抗的变化，地震数据的振幅与岩石密度和波阻抗值成正比（如图3-7所示，表示波阻抗随密度的变化关系），据统计，5%的密度变化带来地震道8%的声阻抗变化，为了检测8%的声阻抗变化，期望地震资料的信噪比$S/N$为$100/8=12.5$。

因此，对于信噪比的选择，需要考虑：(1) 高覆盖次数能充分压制干扰，突出层间弱反射能量，提高资料的信噪比；(2) 考虑不同方位角道集叠加的覆盖次数，需侧重增加横向覆盖次数；(3) 考虑Inline方向速度分析精度及Crossline方向自动剩余静校正的要求，必须保证纵横向覆盖次数分布比较合理；除此三个因素以外，还要考虑弱波阻抗界面叠前反演的需求。一般从测井数据获得目的层段的岩石物理信息，求取目的层密度与波阻抗变化规律，从而求取所需的信噪比（$S/N$），确定最佳覆盖次数。

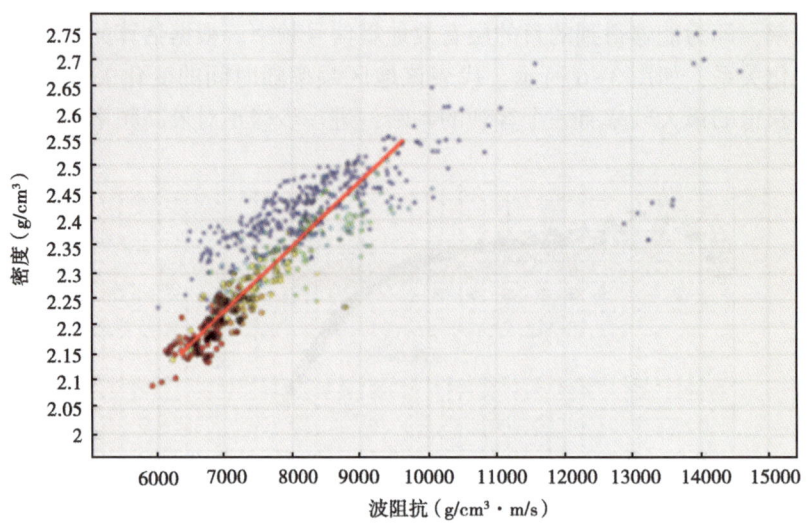

图 3-7 波阻抗随密度的变化关系

$$覆盖次数 Fold = (期望的 S/N / 原始的 S/N)^2 \quad (3-4)$$

设原始数据的信噪比为 1，期望的波阻抗探测能力为 8%，则期望的信噪比为 100/8=12.5，那么，根据式（3-4），需要的覆盖次数就是 156 次。

$S/N \geq 4$ 原则适用于构造成像，是叠加信噪比原则，为了计算 AVO 的截距，$S/N$ 还要提高 3.5dB；岩性勘探要求观测系统适合叠前反演分析，例如叠前 AVO 分析，要想获得准确的 AVO 梯度，信噪比至少还要提高 15dB。当信噪比提高 6dB（两倍的 $S/N$），根据式（3-4），覆盖次数就要提高 4 倍。如果信噪比需要提高 18.5dB，则覆盖次数需要提高 12 倍，这一般显然超出了野外成本所能承受的范围。因此，需要野外和室内联合，达到提高信噪比的目的，以满足叠前地震成像和储层预测的需要。

为了保证不同方位角道集的叠加效果和 Crossline 方向剩余静校正的精度，在横向上必须保证有足够的覆盖次数。一般要在理论计算的基础上，根据野外噪声环境、低降速带的吸收衰减情况、构造复杂程度、波场复杂程度等分析，在试验基础上确定。如东部某探区，根据地质模型模拟正演记录可以看出（图3-8），由于地层破碎，中深层"盲区"较多，波场复杂，单炮合成纪录上反射杂乱，同相轴不连续，侧面反射发育，针对中深层的反射系数小而且能量弱的特点，必须有足够高的覆盖次数来提高整体资料的能量和信噪比。

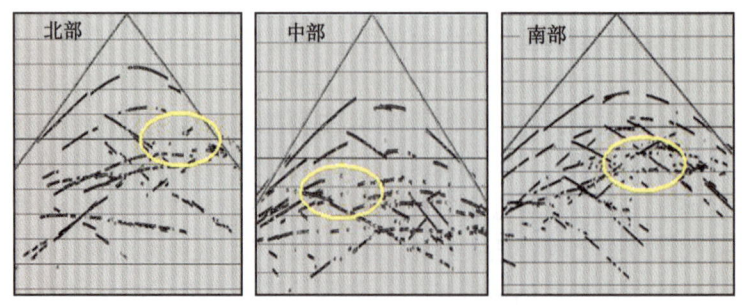

图 3-8 东部某探区不同位置地质模型模拟正演记录

### 3.1.4 观测系统参数选择

#### 3.1.4.1 面元的选择

面元大小要满足具有较好横向分辨率的要求和最高无混叠频率的要求。并尽量选择方形面元，以确保空间属性的连续。根据空间采样间隔原理，只有当地震信号每个优势频率的波长内有两个以上的采样点时，才能保证地震资料在空间上具有良好的横向分辨率，其表达公式为：

$$b = v_{\text{int}} / (2f_p) \tag{3-5}$$

满足最高无假频频率 $f_{\max}$ 的面元表达为：

$$b = v_{\text{int}} / (4f_{\max} \sin\theta) \tag{3-6}$$

式中 $b$——面元边长，m；

$v_{\text{int}}$——目的层上覆地层层速度，m/s；

$f_{\max}$——最高无混叠频率，Hz；

$\theta$——地层最大倾角，(°)。

为了保证地质体成像效果和解释分辨率的需要，要求穿过要分辨的最小地质体不少于4个地震道。信噪比大于1时，穿过要分辨的最小地质体不少于4个地震道，即面元边长需满足公式：

$$b \leq \frac{D_{\text{横}}}{4} \tag{3-7}$$

式中 $D_{\text{横}}$——横向分辨率，m；

$b$——面元边长，m。

根据地质任务指标要求的各目的层段的频率，利用式（3-5）至式（3-7），就可以计算出主要目的层对应的面元边长。从东部某探区的模型显示结果看，面元大小从18m到30m（图3-9），为了满足分辨主要目的层的要求，该探区面元边长应小于20m。

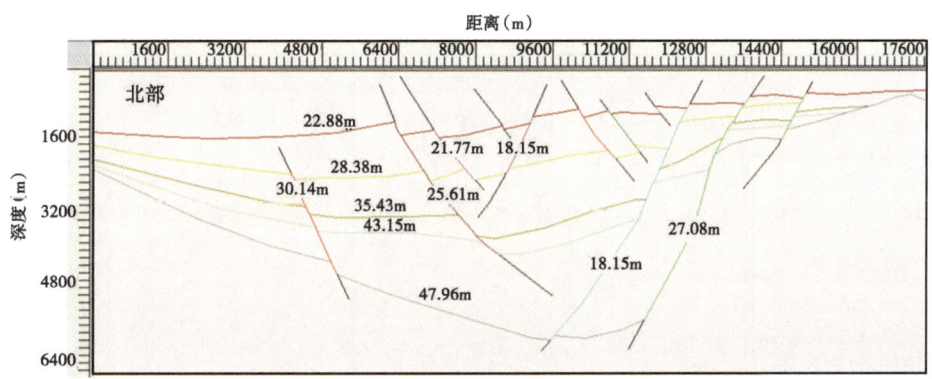

图3-9 东部某探区不同位置二维地质模型论证面元边长结果

在第2章提高地震分辨率中已经讨论过，由于大地吸收衰减、仪器频响范围、野外组合等客观因素影响，使得地震勘探主频不可能大幅度提升，在每个探区的地球物理参数（特别是地震速度）给定情况下，其最高主频是固定的，期望通过小面元提高主频是有限度的。

因此，面元的选择以经济有效为原则，确保能满足最大主频记录的需要就可以。

### 3.1.4.2 最大炮检距

地震勘探施工中，最大炮检距的确定首先要考虑地震波成像的最深的层位以及确定达到该层的最大时间，然后换算到该时间的最大深度。在三维地震勘探中，还要尽可能选取炮线距的整数倍作为最大炮检距。

近几年，石油天然气地震勘探正从中浅层转向深层，构造勘探转向岩性地层勘探，地表和地下地震地质条件日趋复杂。各大油气公司根据勘探目的需求，大力借鉴墨西哥湾盐丘勘探成功的技术和经验，在地震数据采集、处理和解释技术等方面都有了长足的进步，其中尤以采集处理技术方法及装备改进较大，较大幅度地提高了地震剖面效果。

"十五"以来，中国石油探区复杂区地震勘探都普遍采用了长排列大炮检距接收地震波，各向异性、叠前偏移成像和叠前AVO反演处理等研究，也在如火如荼地进行，其中长排列观测是数据采集中应用的主要方法和手段之一，高次项及各向异性处理是保证长排列采集资料有效应用的处理关键技术。中国石油塔里木盆地克拉2山地勘探、海拉尔盆地贝尔凹陷的深层勘探不乏为成功之例。

众所周知，常规地震观测系统最大炮检距确定主要有以下5点：（1）动校正拉伸不超过12.5%；（2）速度分析精度误差不高于6%；（3）常规处理中不受干扰波切除的影响；（4）反射系数要稳定；（5）能压制多次波。这是传统多次覆盖技术对最大炮检距的边界条件要求，按常规的设计一般会导致勘探目的层在中浅层成像好，剖面深层成像不好，降低了地震勘探的效率和效果。

图3-10是某工区的单炮纪录和速度谱，在采集观测系统设计中借用邻区的速度谱资料，并根据速度分析精度、动校正拉伸要求、地层倾角大小、反射系数大小、速度谱变化特征定义炮检距，分析认为3200m时中浅层能量团已经收敛，设计采用的最大炮检距为4000m，但从最后一张速度谱图上可以看到当炮检距为4500m时深层的能量团也收敛，也就是说数据采集中炮检距的增加获得了更多的深层信息，最大炮检距增加对于中浅层的速度分析影响较小，但对于深层速度谱能量收敛有明显的效果。

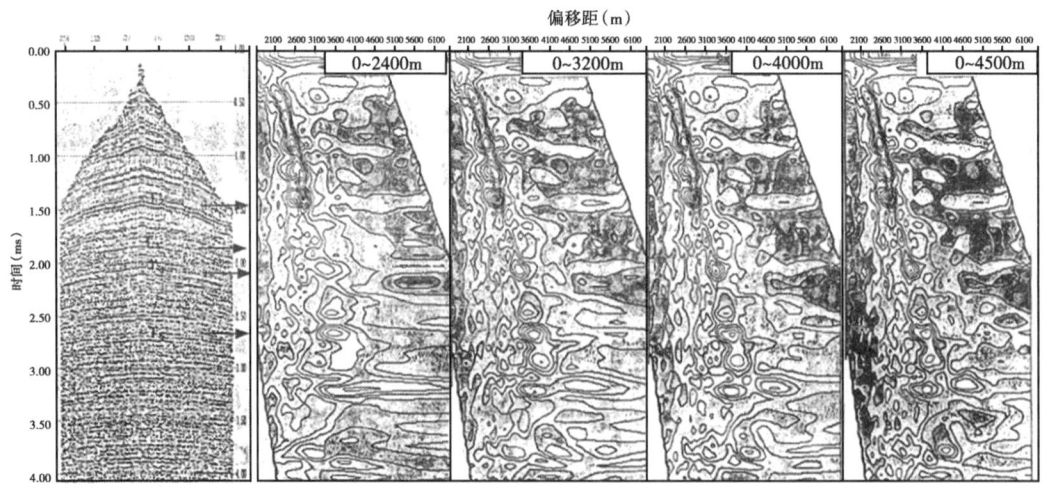

图3-10 最大炮检距分析（速度谱）

可以做一简单计算，假设 $v_0 = 1000$m/s，$t_0 = 2$s，$h_0 = 1000$m，按传统的动校正方法计算不同偏移距时差，见表 3-3。

表 3-3 不同偏移距动校正时差

| 时差 | 偏移距（m） | | | |
| --- | --- | --- | --- | --- |
| | 500 | 1000 | 1500 | 2000 |
| $\Delta t$（二次） | 0.03125 | 0.125 | 0.28125 | 0.5 |
| $\Delta t$（四次） | 0.0307617 | 0.1171875 | 0.2416992 | 0.375 |
| $\Delta t$（六次） | 0.0307770 | 0.1181640625 | 0.24171447 | 0.4375 |

从表 3-3 可以看出，如果排列长度小于目的层深度，则二次项时差动校正可以满足观测精度的需要，如果是 1:1 的关系，时差不是很大，但如果是 1:1.5 则基本不能保证同相叠加，这就是以往传统地震勘探要求野外观测时，排列长度最好不要大于目的层深度的原因。

但随着地震勘探向深层及岩性方面的转变，对长排列采集提出了需求，近几年地震技术进步也为长排列观测提供了条件，国内外已开展了大量的小面元万道施工，单边排列长度最长接近 10km，在处理上四次、六次项甚至各向异性动校正确保了大偏移距信息能得到很好处理。在具体实施中，使用模型正演技术分析地震成像区域，优化射线路径，确定观测系统和覆盖次数，采用较宽方位角、大道数、大炮检距和高覆盖次数等方法技术接收深层信号，应用小波变换、拉东变换、波动方程压制干扰波，使用共反射面元处理提高目的层照明度等系列技术配套使用，保证大炮检距信号参与叠加并保持其运动学及动力学特征，这样使得在采集中能针对浅、中、深目的层进行更好观测。如塔里木盆地克拉 2 气田、塔中地区沙漠、大庆油田深层地震勘探中针对目的层埋藏深、有效信号频带窄、深层波场复杂的实际情况就采用了大炮检距、较宽方位角、大药量、高覆盖次数等进行数据采集，取得很好效果。在当前技术条件下长排列采集主要技术已较成熟，主要表现在最大炮检距可以大于目的层埋深至 1.5~2.0 倍，基本上可以满足叠前反演对道集的需求，同时也不违反动校拉伸 12.5% 的限制。

另外，长排列大炮检距采集可以有效提高深部资料信噪比，对高速屏蔽下的隐蔽油气藏地震勘探也有很好的应用前景。运用 Zoeppritz 方程对单一界面 P 波入射的反射与透射特性及其能量分配关系，可以进行更好地说明。

图 3-11 是某地区 P 波入射到上低下高速度界面上各种波及能量对应关系，大偏移距的广角入射地震反射纵波以折射波的形式出现，同时反射和透过 S 波能量均较强，因此可以采用大偏移距折射波求取高速层（或基底）的顶面形态及速度，并对高速层之下的构造界面进行成像，充分利用地震广角反射波，虽增加了地震波场分析的难度，但同时可以为岩性地层油气勘探提供新的思路。

从图 3-11 中可以发现，当入射角大于临界角（炮检距不小于目的层深度的两倍）时，P 波的能量大部分发生反射，此时只有小部分能量会以 S 波形式向下传播，反射波能量很强。界面速度差越小，临界角越大，在这种情况下，增加炮检距使地震波以大角度入射，透过高阻层达到下伏低阻层，即使能量比较弱，在发生广角反射时，在地面也能接收到较强的信号。因此，需要通过增加炮检距（即增加入射角）对深部构造进行有效的成像。主要包括有高速层覆盖的储层成像和常规深层低信噪比资料的成像，前者对地震波有屏蔽作用。同时在大炮检距资料处理过程中会遇到时距曲线高阶校正问题，并且进入临界角以后，波场分离以及波型特征处理更复杂，下面通过一些理论计算加以阐述。

常规动校正采用二次项描述，而大炮检距则用到高次项来表达地震记录的时距曲线。水平层状地层的动校正计算公式如下：

$$t^2(x) = C_0 + C_1 x^2 + C_2 x^4 + C_3 x^6 + \cdots \quad (3-8)$$

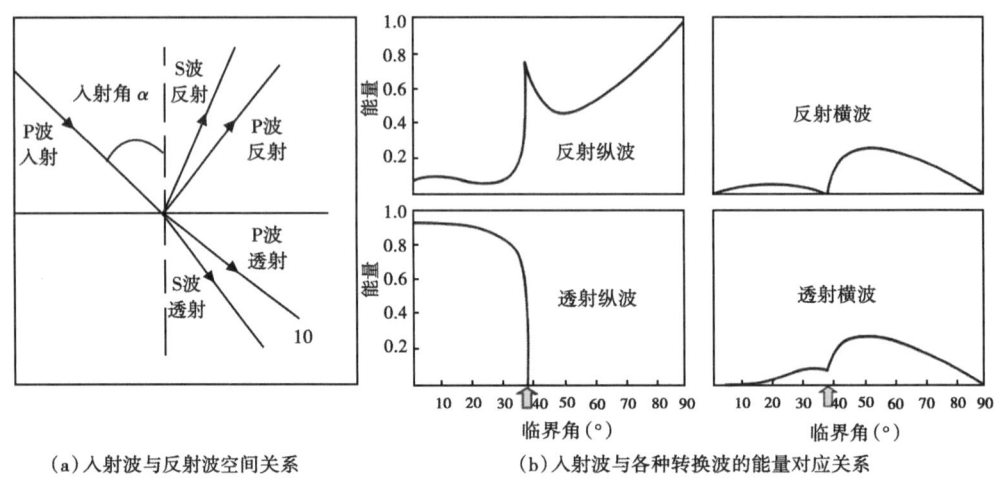

（a）入射波与反射波空间关系　　　　　（b）入射波与各种转换波的能量对应关系

图 3-11　P 波入射到界面上的各种波的转换关系及能量对应关系

式中，$C_0=t(0)$，$C_1=1/v_{\rm rms}^2$，$C_2$，$C_3$，…是与地层厚度和层速度有关的复杂函数。其中水平层状地层的均方根速度：

$$v_{\rm rms}^2 = \frac{1}{t(0)} \sum v_i^2 \Delta t_i(0) \quad (3-9)$$

$$v_{\rm rms}^2 = \sum v_i^2 \Delta t_{i(0)} / t_{(0)} \quad (3-10)$$

对于小排列采用 $t^2(x) = t^2(0) + x^2/v_{\rm rms}^2$，$v_{\rm nmo} = v_{\rm rms}$。

图 3-12 展示了二层层状介质的时距曲线，表 3-4 展示了其旅行时，从中可以看出，当排列长度不大于目的层深度，即 1000m 时，两者时距曲线基本吻合，2475m 处 P 波时差达 32ms，相当 30Hz 有效波周期，而转换波相差则达到 49ms，这时大炮检距地震反射波根本不满足双曲线规律，需引入高阶方程进行动校正和高阶多项式拟合降低时差。

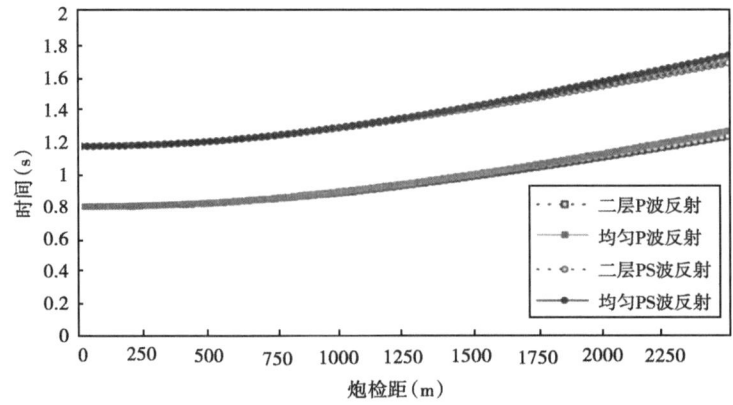

图 3-12　均匀二层层状介质 P 波和 PS 波的时距曲线（$h_0 = 1000$m）

表 3-4 均匀二层层状介质不同炮检距的 P 波和 PS 波反射旅行时表

| 炮检距（m） | 均匀 P 波反射 | 二层 P 波反射 | 均匀 PS 波反射 | 二层 PS 波反射 |
|---|---|---|---|---|
| 1000 | 0.894425 | 0.89007 | 1.291322 | 1.284803 |
| 2000 | 1.131368 | 1.111726 | 1.581033 | 1.550838 |
| 2475 | 1.272829 | 1241262 | 1.745375 | 1.696924 |

纵波向下传播遇到高速层时，随着偏移距增大，入射角会很快进入临界状态，地震波会发生波型转换，此时时距曲线会发生较大变化，高次项特征更加明显。Tsvankin 和 Thomsen （1994）、Thomsen 和 Tsvankin （1995）利用四阶三次、三阶四次泰勒展开式研究了 P 波和 SV 波的非双曲公式，并发展了适用于长排列的反射时差近似表达式。

显而易见，排列长度越大，地震的各向异性效应越明显，时距曲线的高次项特征更加清晰。Alkhalifah 和 Tsvankh （1995）给出了各向异性速度分析和动校正公式。图 3-13 所示为常规动校正（NMO）、高阶 NMO 和视各向异性 NMO 的对比。

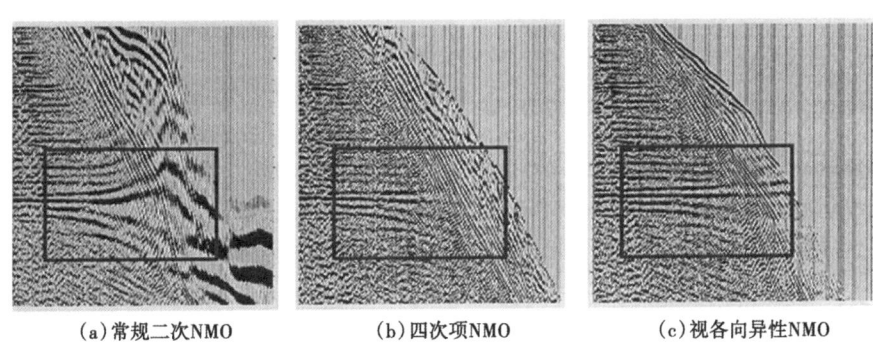

(a) 常规二次 NMO　　(b) 四次项 NMO　　(c) 视各向异性 NMO

图 3-13　常规、四次项、视各向异性动校正对比

从图 3-13 可以看出，高次和各向异性 NMO 大大改善了大偏移距同相轴动校正效果，基本解决了长排列动校拉伸问题，相对保持了大偏移距振幅，可以提供更多深层岩性信息。

对于倾斜的目的层，同一排列中转换波偏移距相对小，理论上应该更有利于深层勘探。在图 3-14 中，当 P 波入射角一定时（入射角 30°，深度 1000m），偏移距随着地层倾角增大而非线性增加。当地层倾角为 30°时，反射 P 波的偏移距与地层深度的比为 1.732，转换波为 1:1，当地层倾角为 55°时，反射 P 波的偏移距与地层的深度比为 1:11，转换波为 1:2.3。

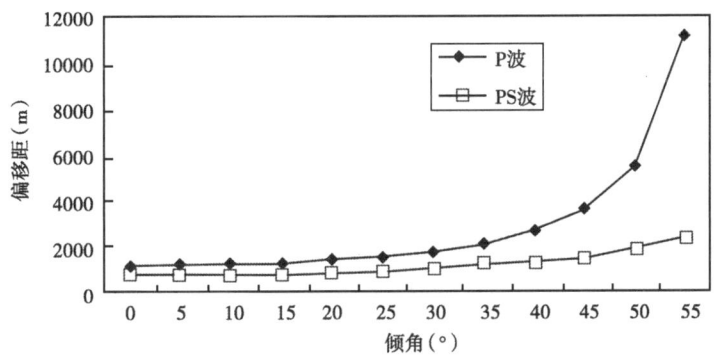

图 3-14　偏移距随地层倾角的变化（反射点深度为 1000m）

研究表明地层各向异性参数提取及 AVO 反演都需要大偏移距地震信息。

Hilterman 将 AVO 公式进行了简化，采用如下公式来说明炮检距大小与反射系数的关系。

$$R_p \approx R_0 \cos^2\theta + 2.25\Delta\sigma\sin^2\theta \qquad (3-11)$$

其中：
$$R_0 \approx (\Delta\alpha/\alpha + \Delta\rho/\rho)/2$$

式中 $R_0$——入射角为零度时的反射系数；
$\rho$——密度；
$\alpha$——速度。

式（3-11）中右侧第二项的系数 2.25 因各地区情况不同会有差别，暂且用 2.25 对某探区含气砂岩的反射系数与炮检距的关系进行计算。

运用某工区实际资料的数据：泥岩速度 $\alpha$ = 4000~4500m/s，泥岩密度 $\rho$ = 2.5~2.6 g/cm³；含气砂岩速度 $\alpha$ = 3800~4000m/s，含气砂岩密度 $\rho$ = 2.2~2.4g/cm³；$\Delta\sigma$ = 0.15，$\Delta\alpha$ = 500~700m/s，$\Delta\rho$ = 0.1~0.4g/cm³；$H$ = 3000m。取泥岩速度 $\alpha$ = 4500m/s，含气砂岩速度 $\alpha$ = 3900m/s，则 $\Delta\alpha$ = 600m/s；泥岩密度 $\rho$ = 2.5g/cm³，含气砂岩密度 $\rho$ = 2.2g/cm³，则 $\Delta\rho$ = 0.3g/cm³；经计算 $R_0$ ≈ (600/4500+0.3/2.5) = 0.1267，则：

$$R_p \approx 0.1267\cos^2\theta + 0.3375\sin^2\theta \qquad (3-12)$$

表 3-5 不同入射角下反射系数的变化

| 系数值 | 入射角度（°） | | | | | | | | |
|---|---|---|---|---|---|---|---|---|---|
| | 0 | 5 | 10 | 15 | 20 | 25 | 30 | 35 | 40 |
| $0.1267\cos^2\theta$ | 0.1267 | 0.1257 | 0.1229 | 0.1182 | 0.1119 | 0.1041 | 0.0950 | 0.0850 | 0.0743 |
| $0.3375\sin^2\theta$ | 0 | 0.0009 | 0.0102 | 0.0226 | 0.0395 | 0.0603 | 0.0844 | 0.1110 | 0.1394 |
| $R_p$ | 0.1267 | 0.1266 | 0.1331 | 0.1408 | 0.1514 | 0.1644 | 0.1794 | 0.196 | 0.2137 |
| 炮检距 | 0 | 524 | 1058 | 1608 | 2184 | 2798 | 3464 | 4201 | 5034 |
| 系数值 | 入射角度（°） | | | | | | | | |
| | 45 | 50 | 55 | 60 | 65 | 70 | 75 | 80 | 85 |
| $0.1267\cos^2\theta$ | 0.0634 | 0.0524 | 0.0417 | 0.0317 | 0.0226 | 0.0148 | 0.0085 | 0.0038 | 0.0009 |
| $0.3375\sin^2\theta$ | 0.1688 | 0.1980 | 0.2265 | 0.2531 | 0.2772 | 0.2980 | 0.3149 | 0.3273 | 0.3349 |
| $R_p$ | 0.2322 | 0.2504 | 0.2682 | 0.2848 | 0.2998 | 0.3128 | 0.3234 | 0.3311 | 0.3358 |
| 炮检距 | 6000 | 7150 | 8569 | 10392 | 12867 | 16485 | 22392 | 34028 | 68580 |

根据式（3-12），计算出反射系数随入射角的变化，见表 3-5，从表 3-5 和图 3-15（a）中可以看出，反射系数随入射角即炮检距的增大而增加的，但是在 40°~50°内是较简单的线性关系，这时最大炮检距是深度的 2.38 倍。但是考虑到野外单炮的实际情况，在此区采用 1.68 倍的关系，则道集最大角度为 40°左右，对应最大炮检距 3600m，图 3-15（b）是炮检距 3600m 的单炮，仍有有效反射。综合各项因素，认为采用与深度 1.5 倍关系更好，以满足地层岩性勘探的需要。

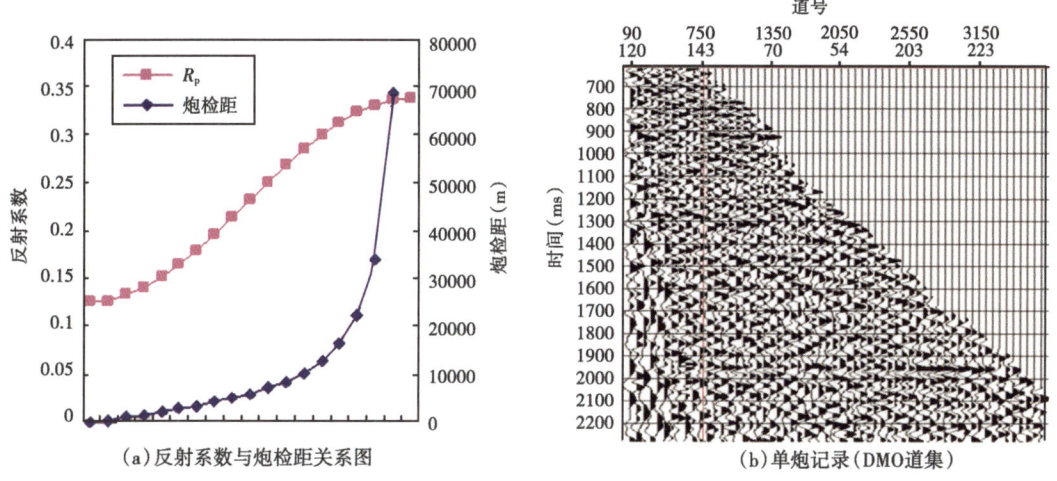

图 3-15 某区反射系数与炮检距的关系以及单炮记录图

可以通过模型正演来验证，图 3-16 为一深层地震勘探目标数学模型及理论合成记录。模型剖面为 1000m×500m，网格大小为 10m，采集参数为单边放炮，200 道接收，道间距 50m，单边排列长度为 10000m，目的层深度为 3000m，目的层上部为高速层覆盖。从图中可以看出，深层反射波在中小炮间距范围内弱，而在大炮检距较强。这说明了广角反射有利于提高深层反射波信噪比，但由于广角反射的时空范围十分有限，因此必须在正演模拟的基础上分析广角反射波场特征，确定最佳排列长度。

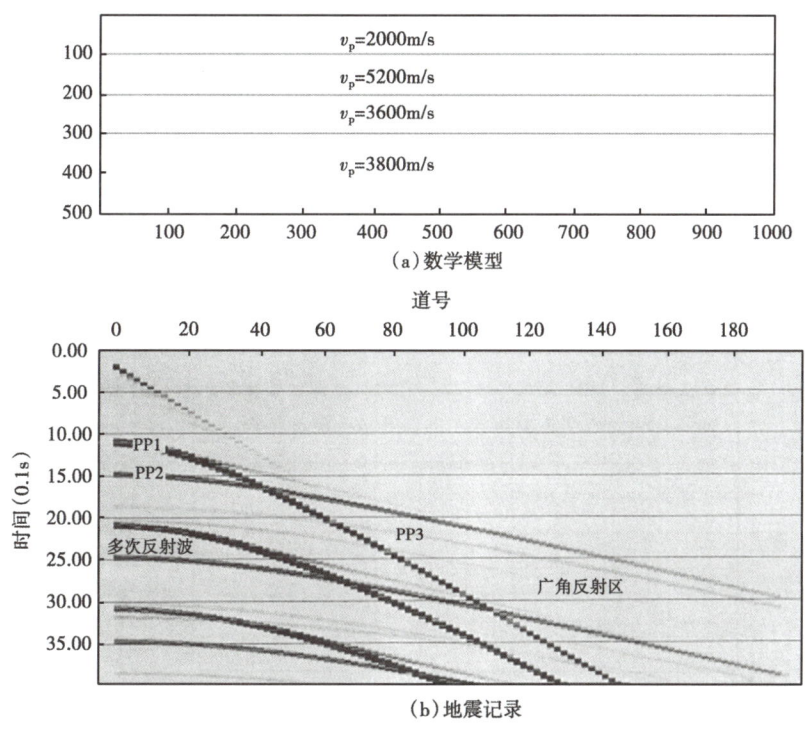

图 3-16 深层地震勘探目标数学模型及理论合成记录

从图 3-16 中可以发现，在广角区域，广角地震反射、初至折射、多次波在空间分布和形态上接近。但由于广角反射的时距曲线方程与初至折射、多次波的不同，通过广角动校正可以加以区别。因此在复杂地区，长排列或广角地震可以解决深部的构造、岩性问题。当排列增大，超临界角反射在山地地震勘探中获得了较好的效果，它也为提高山地地震资料信噪比提供了一种有效的方法。

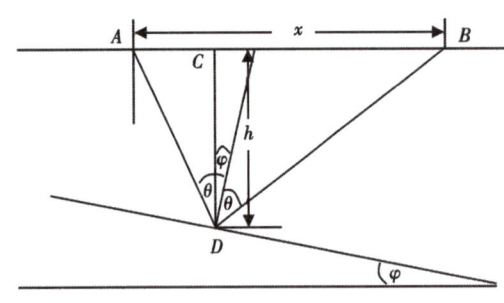

图 3-17 地震射线几何关系图

再来分析一下满足 AVO 分析的炮检距与地层深度、地层倾角之间的关系。图 3-17 是地震射线几何关系。

在图 3-17 上，根据简单几何关系，得到炮检距：

$x = AC + CB = h\tan(\theta-\varphi) + h\tan(\theta+\varphi) = h[\tan(\theta-\varphi) + h\tan(\theta+\varphi)] \neq 2h(\tan\theta + \tan\varphi)$

式中，$x$ 是炮检距，$h$ 是深度，$\theta$ 是入射角，$\varphi$ 是地层倾角。

根据 Hilterman（2001）文献介绍，远道炮检距不小于深度的 1.5 倍，AVO 效果较理想。入射角为 0°~30°，AVO 效应很小，入射角为 30°~50°，AVO 效应最明显（图 3-18）。

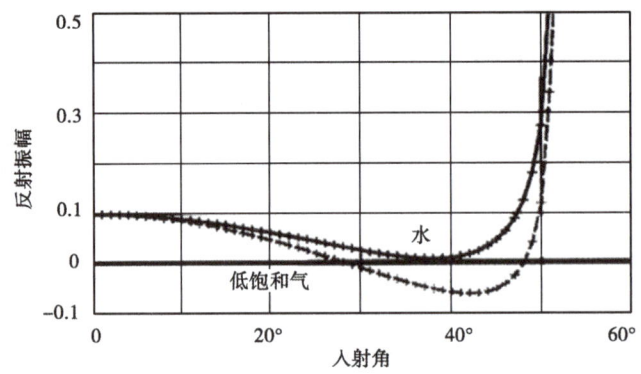

图 3-18 根据 Elf-A 井的测井曲线导出两条 Zoeppritz 曲线（据 Hilterman，2001）

为此制作以下量板，观察在 30°~50°的入射角情况下，最大炮检距与地层深度和倾角的定量关系（图 3-19）。

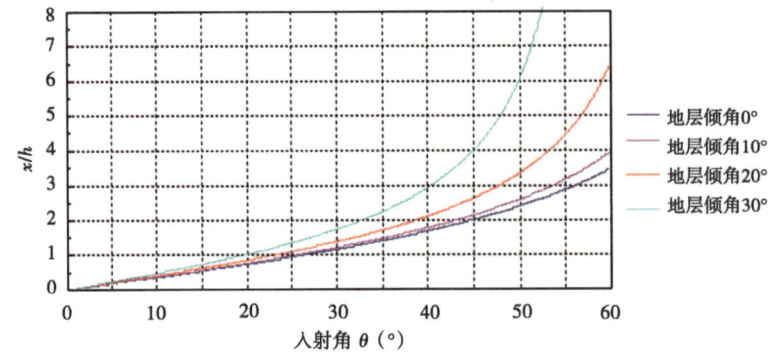

图 3-19 最大炮检距（$x$）和深度（$h$）的比值与入射角、地层倾角的关系图

从图3-19可知，当地层水平时，对应地层倾角为0°，为了突出AVO效应，在入射角为30°~50°区间，最大炮检距应该是深度的1.15~2.38倍。当地层倾角在10°时，最大炮检距应该是深度的1.2~2.56倍。当地层倾角在20°时，最大炮检距应该是深度的1.36~3.31倍。当地层倾角在30°时，最大炮检距应该是深度的1.72~5.98倍。总之，为了适应岩性勘探的需要，地震勘探的观测系统中最大炮检距应该要大于深度的1.5倍以上。

#### 3.1.4.3 最大非纵距

为保证三维资料同一面元内不同非纵距及方位角在整个道集内能同相叠加，最大非纵距计算按以下公式：

$$Y_{\max} \leqslant \frac{\bar{v}}{\sin\varphi}\sqrt{2t_0\delta_t} \tag{3-13}$$

式中 $\bar{v}$——平均速度；

$\varphi$——入射角；

$t_0$——垂直双程旅行时；

$\delta_t$——有效波视周期的1/4。

目前，为了适应叠前储层预测和分方位处理需求，一般要求采用宽方位采集，针对主要目的层（和$T_{2-2}$和$T_3$）的最大非纵距与埋深基本相当。东部某探区的计算结果（表3-6）充分说明了这一点。

表3-6 东部某探区最大非纵距理论计算结果

| 层位 | 双程时（s） | 叠加速度（m/s） | 埋深（m） | 地层倾角（°） | 主频（Hz） | 最大非纵距（m） |
|---|---|---|---|---|---|---|
| $T_2$ | 0.56 | 2036 | 570 | 6 | 50 | 1457 |
| $T_{2-2}$ | 1.30 | 2620 | 1550 | 10 | 45 | 1813 |
| $T_3$ | 1.45 | 2731 | 1980 | 15 | 35 | 1519 |
| T5 | 1.65 | 2909 | 2400 | 19 | 30 | 1482 |

非纵距比纵向距的值一般叫着横纵比，横纵比较小的（<0.4）则称为窄模板，横纵比较大的（>0.6）则称之为宽模板。图3-20为宽模板和窄模板的覆盖次数及道密度分布图，图中"$n$"为窄模板（横纵比为0.2），"$w$"为宽模板（横纵比为1）。从图中显示可以看出：

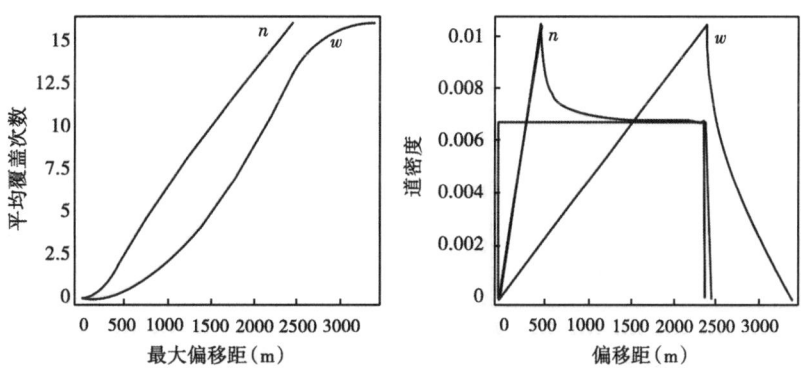

图3-20 宽模板和窄模板的覆盖次数及道密度分布

（1）窄模板随纵向炮检距的增大覆盖次数上升得比宽模板快得多，有利于垂直构造（纵向）地震成像。

（2）窄模板的道密度集中在小炮检距而宽模板的道密度集中在大炮检距，宽模板有利于 AVO 等叠前反演技术的应用。

在三维观测系统设计中，应根据地质目的和投入成本，确定横纵比的大小。

#### 3.1.4.4 线距

接收线距大小与工区地质结构（Crossline 方向地层倾角）有关。采用合适的接收线距，有利于精确的速度分析、AVO 分析及 DMO 分析。接收线距一般不大于垂直入射时的菲涅尔带半径：

$$R = \left[\frac{v_{\text{int}} v_{\text{rms}} t_0}{4f_{\text{p}}} + \left(\frac{v_{\text{int}}}{4f_{\text{p}}}\right)^2\right]^{\frac{1}{2}} \cos\theta \tag{3-14}$$

式中　$f_{\text{p}}$——目的层主频，Hz；

　　　$v_{\text{int}}$——层速度，m/s；

　　　$v_{\text{rms}}$——均方根速度，m/s；

　　　$t_0$——双程反射时间，s；

　　　$\theta$——横向地层倾角，(°)。

根据理论计算结果，选择的接收线距要兼顾好浅、中、深各个目的层资料段的资料。

炮线距决定于最大的最小炮检距 $x_{\min}$、目的层有效覆盖次数。为了消除采集脚印，目前倡导采用对称采样，即接收道距等于激发点距，接收线距等于炮线距。所以炮线距尽量接近或等于接收线距是最佳选择。

#### 3.1.4.5 最小炮检距的最大值

根据最浅目的层的射线轨迹，回到地面的反射大多在最大偏移距范围之内。当偏移距太小时，存在一定的多次反射，深层反射被较多干扰，但浅层反射较好。当偏移距太大时，多次反射依然存在，幅度相对减小，但浅层反射损失太大，深层反射处理时也往往被首波较多的切割掉了。

如图 3-21 所示，最小炮检距的最大值（LMOS）等于相邻炮检线对所形成的平行四边形的对角线，小于此距离所对应的时间将是覆盖空白区。

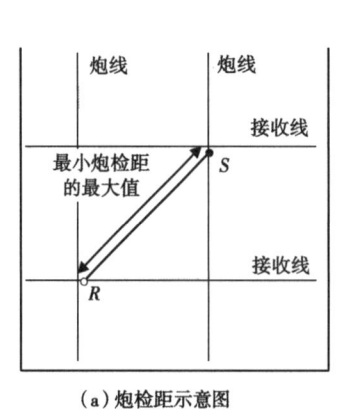
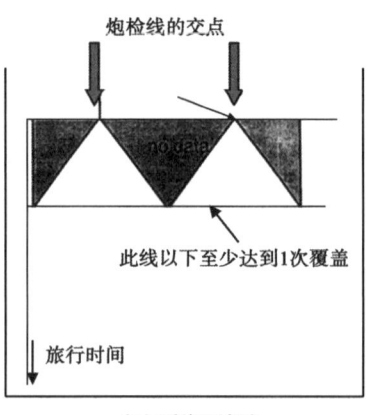

(a) 炮检距示意图　　　　(b) 覆盖区域图

图 3-21　炮检距及覆盖区域图

## 3.1.5 照明度分析

从地层照明度的角度来考虑地面排列参数对目的层的覆盖情况,用以分析接收点的密度、炮点的密度、排列长度等参数是否能够满足成像要求。东部某探区通过照明度分析(图3-22、图3-23)显示,为增强深部地层的照明度,提高深层成像效果,必须加大炮点密度,也就是要有较高的覆盖次数,且小角度照明效果更好。因此要注重近偏移距的炮检距分布密度以便进一步加强对深部地层的照明强度。

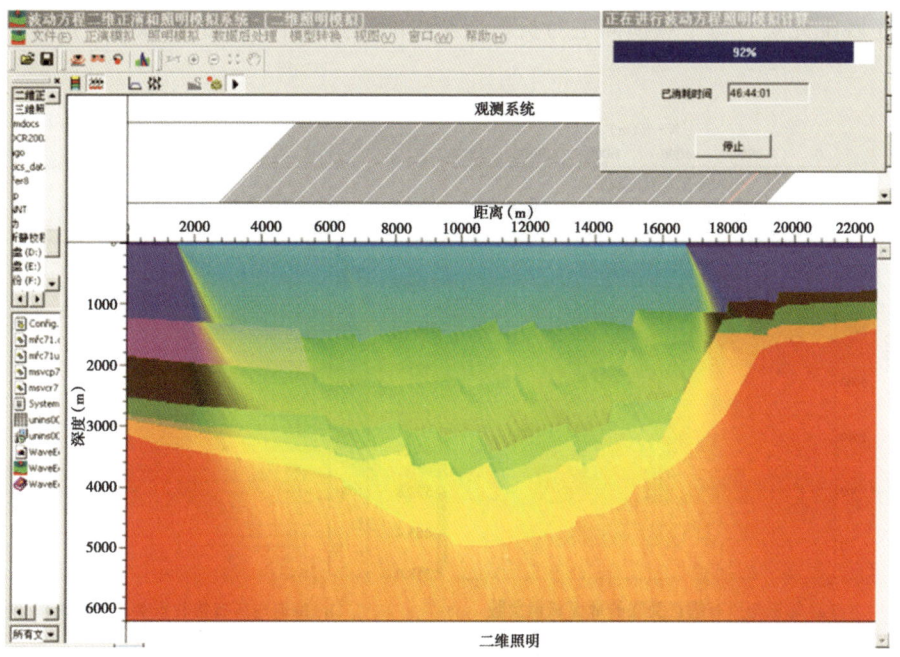

图3-22 中国东部某区地质模型照明度分析

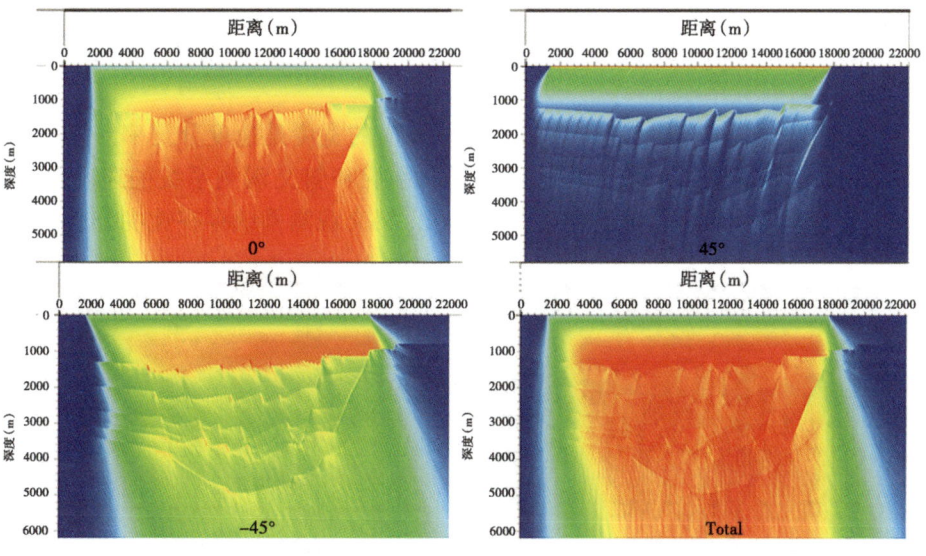

图3-23 不同角度的照明程度

## 3.1.6 系统面元属性分析

一般情况下，设计者推荐几种观测系统给甲方，并对每种观测系统的关键点进行分析，以便向甲方提供选择施工参数的取舍依据。

第一，观测系统是否适合静校正的计算。对于静校正计算，引入一个地面覆盖次数的概念，即地面的炮检点对，每一个地震道与所有炮点的关联和与所有接收点的关联，该参数表达了是否有足够的横向道数以较高的密度拾取各折射层的数据。

从图3-24可知，该观测系统对于折射层而言，炮点和接收点地面覆盖次数是很高的，横向静校正匹配充足，每个点横向上对折射层至少能达到3个以上的拾取量，适合于好的静校正计算。

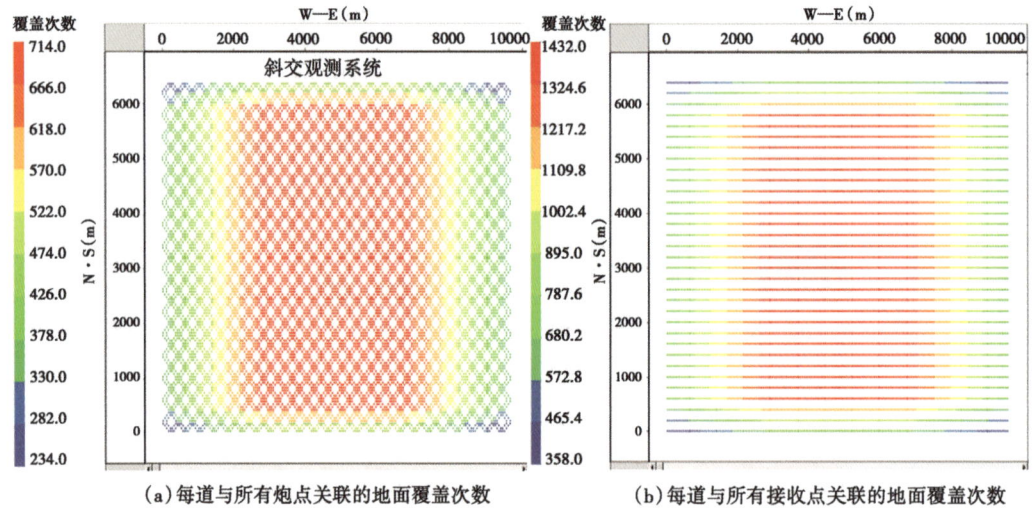

(a) 每道与所有炮点关联的地面覆盖次数　　(b) 每道与所有接收点关联的地面覆盖次数

图3-24　观测系统地面覆盖次数图（据 Mike Galbraith）

所有的地表一致性处理都等于或者好于以上描述的折射静校正的地面覆盖次数，横向地面匹配对于炮点和接收点都很足够，静校正量计算信息充足，说明该观测系统适合于好的地表一致性处理。

第二，是速度分辨率，速度能量谱的97%所对应的宽度是速度分辨率，三维观测系统每个面元的速度分辨率应当一致，对比正交观测系统和斜交观测系统的速度分辨率分析（图3-25），正交观测系统平均速度精度为80m/s，斜交观测系统存在速度分辨率差异，为

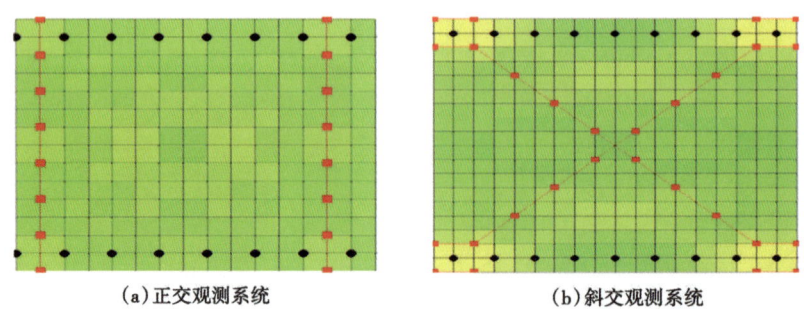

(a) 正交观测系统　　(b) 斜交观测系统

图3-25　正交和斜交观测系统速度分辨率属性图（据 Mike Galbraith）

80~100m/s，即每个面元的速度属性有差异，相比较，正交观测系统属性更均匀。

第三，多次波和线性噪声衰减。合适的三维观测系统具有衰减多次波和线性噪声的作用，分别用常速度对多次波进行叠加，对线性噪声进行动校正（NMO），然后叠加，将叠加振幅绘制在每个面元中，表示多次波和线性噪声的衰减属性，如图3-26所示，图3-26（a）（b）为多次波衰减属性图，正交观测系统平均振幅为0.3，斜交观测系统存在振幅差异，为0.3~0.4；图3-26（c）（d）为线性噪声压制属性图，正交观测系统平均振幅为0~0.04，斜交观测系统存在振幅差异，为0~0.07。

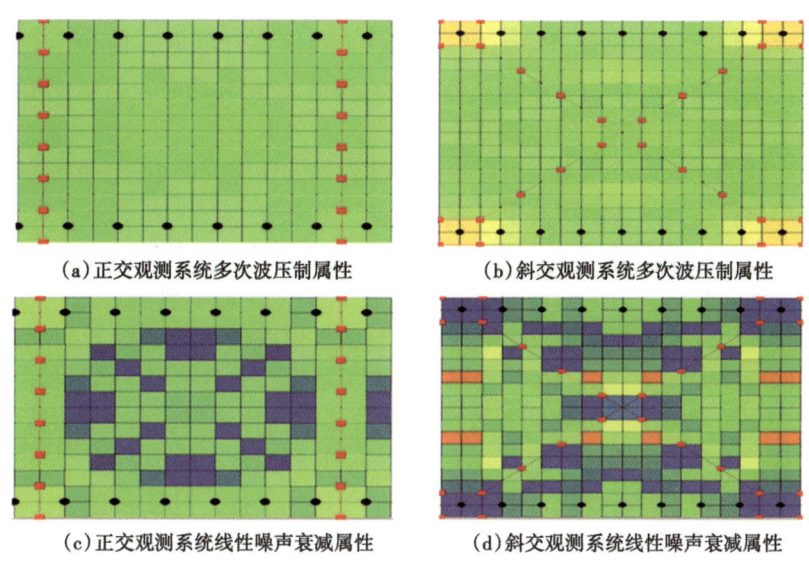

图3-26 正交和斜交观测系统多次波和线性噪声衰减属性图（据 Mike Galbraith）

第四，是叠加振幅和偏移振幅响应。好的三维观测系统叠加响应和偏移响应在满覆盖区每个面元上的属性是一致的，如果空间存在突变，则反映在面元属性上出现振幅差异，如图3-27所示，造成叠加或偏移的剖面出现振幅差异。这实际上是另一种形式的采集脚印，值得注意。

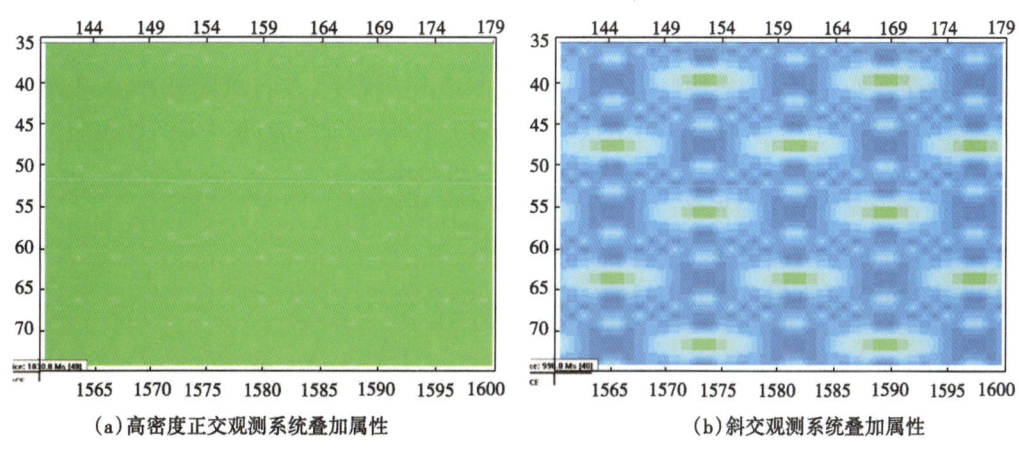

图3-27 正交和斜交观测系统叠加属性图（据 Mike Galbraith）

最后，根据地质任务，如果以构造成像为主，可适当放宽采集脚印的要求，如果是要求AVO反演和地层层序解释，则要求平面振幅属性均匀，需严格控制偏移距分布、速度分辨率、多次波衰减、叠加和偏移响应等平面属性均匀。结合施工成本分析，确定最佳的观测系统。

## 3.1.7 检波器组合的去噪设计

### 3.1.7.1 检波器的串联与并联组合

检波器串内组合（串并联）原理如下：当 $n$ 个检波器组合时，无论它是怎样排列，它的同相位信号电压与非关联的噪声比值总是以 $\sqrt{n}$ 增加；$n_s$ 个检波器串联时，信号提高 $n_s$ 倍，噪声提高 $\sqrt{n_s}$ 倍，信噪比提高 $\sqrt{n_s}$ 倍；当 $n_p$ 个检波器并联时，信号不变，噪声降低 $\sqrt{n_p}$ 倍，信噪比也提高 $\sqrt{n_p}$ 倍；$n_s$ 个检波器串联，然后 $n_p$ 组并联时，信噪比提高 $\sqrt{n_p n_s}$ 倍；整个检波器串的灵敏度只与串联的检波器个数有关，与并联无关，即检波器串的灵敏度为单只检波器乘以串联的个数。虽然组合可以提高检波器串的性能，但更重要的还是单只检波器的性能，只有单只检波器的性能提高了，组合才能更有意义。

检波器串内部的连接方式（串并联）是一个折中的方案，并不是检波器个数越多越好。因此确定了检波器个数后，为了获得与阻尼系数在 0.5~0.7 的临界阻尼相一致的最大灵敏度，便不宜简单地串并联。如果通过串联过多的检波器以获得高灵敏度，结果会造成阻尼太大；如果并联的检波器太多，则不可能获得最佳的灵敏度，并且阻尼也会过低。为了使检波器串的性能（主要是阻尼、阻抗和相频特性）等效于一只检波器，应该先串后并，尽量做到串并数量相等，即每串检波器的组合效果趋同于一只检波器为最佳。

检波器串在野外使用时还要进行串间组合，以便压制干扰，但每一道内串间组合的等效电路也应趋近于一只检波器为最佳。具体如何组合，组合基距和组内距的大小应根据干扰波的视波长而定。

虽然检波器的组合能够有效地抑制干扰波，但是相对单只检波器言，组合后的检波器串也能会带来更多的噪声和失真，而且相位和幅度的一致性会降低，中心频率摆幅也会变宽等。

基于当今物探技术和资料处理技术的发展进步，不主张在野外采用检波器组合来压制干扰，而主张单点单检波器采集，在室内处理时进行"组合"，以便达到既压制干扰信号又不牺牲有效信号的目的。这应该是今后地震勘探的方向，一来最大限度地保持了地震信号的原始面貌，二来也简化了野外工作。

### 3.1.7.2 检波器个数对检波器组合压噪能力的影响

地震勘探野外采集中的检波器组合既可以压制规则干扰波，又可以压制随机干扰波。其中，"规则干扰波"（比如面波、折射波、声波等）主要通过组合的"方向性效应"来压制，"随机干扰波"则通过组合的"统计性效应"进行压制。

（1）检波器组合的方向性效应随检波器个数变化的规律。

现讨论简谐波、等灵敏度线性组合的方向特性。

对于直线等灵敏度组合的方向特性（简谐波），有公式：

$$\Phi(n, \Delta x, \lambda^*) = \frac{\sin\left(\pi \dfrac{n\Delta x}{\lambda^*}\right)}{n\sin\left(\pi \dfrac{\dfrac{n\Delta x}{\lambda^*}}{n}\right)} \tag{3-15}$$

式中　$n$——检波器个数；

　　　$\Delta x$——组内距；

　　　$\lambda^*$——视波长。

在检波器组合中，真正对组合效应起作用的是"有效组合基距"$L$，即检波器个数 $n\times$ 组内距 $\Delta x$，而不是平常所说的"组合基距"（或组合跨距），即 $(n-1)\Delta x$。

令 $\gamma=\dfrac{n\Delta x}{\lambda^*}$，即有效组合基距（$L=n\Delta x$）与干扰波视波长（$\lambda^*$）之比。当 $\gamma=1$ 时，代表有效组合基距等于视波长。

根据式（3-15），得到：

$$\Phi(n,\gamma)=\dfrac{\sin(\pi\gamma)}{n\sin(\dfrac{\pi\gamma}{n})} \tag{3-16}$$

因为对绝大多数地区来说，沿地面传播干扰波的视波长一般在 10~200m，如果用最大干扰波视波长作为有效组合基距的话，可知 $\gamma$ 在 1~20。根据式（3-16），可以计算出不同检波器个数对应的方向特性曲线，如图 3-28 所示，以 12 个、100 个检波器为例。

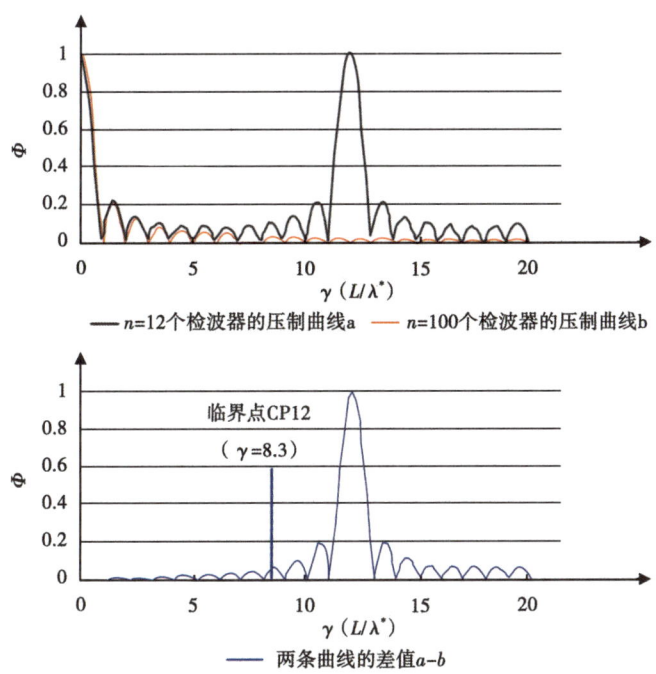

图 3-28　$n=12$ 与 $n=100$ 个检波器的压制曲线比较

$\gamma=$有效组合基距（$L=n\Delta x$）/干扰波视波长（$\lambda^*$）

为了方便问题的讨论，提出几个概念。

①理想压制效果：单纯从检波器个数对组合的方向特性影响的角度来考虑，当处在某个范围（$\gamma_{\min}\sim\gamma_{\max}$）内时，采用多于 $n$ 个（包括 $n$ 个）检波器时，与 100 个检波器的方向特性比较，相差不超过一定数值（比如 0.05），就认为采用 $n$ 个检波器达到了理想压制效果，

也就是与100个检波器相当的衰减干扰波的效果。

②临界点CP：不同个数检波器的压制曲线与100个检波器的压制曲线比较，差距超过一定数值（比如0.05）时的第一个点对应的$\gamma$（如图3-28所示，CP12=8.3，每隔0.01计算一个点）。

③最经济检波器个数$n$：在$\gamma_{min}\sim\gamma_{max}$范围内，与100个检波器的压制曲线误差不超过一定范围（比如5%）的最少检波器个数。（如图3-28所示，如果$\gamma$的范围是0~8.3，则达到理想压制效果的最经济检波器个数$n$=12）。

从图3-28看出，如果仅从压制规则干扰波的需要而言，只要$\gamma$不超过8.3，12个检波器与100个检波器对干扰波的压制效果的差距不会超过5%，也就是说，差别很小；根据同样的方法，计算了不同检波器个数（1~20）对应的临界点数（表3-7）。

表3-7 不同检波器个数（$n$）对应的临界值（CP）

| 检波器个数 | 1 | 2 | 3 | 4 | 5 | 6 | 7 | 8 | 9 | 10 | 11 | 12 | 13 | 14 | 15 | 16 | 17 | 18 | 19 | 20 |
|---|---|---|---|---|---|---|---|---|---|---|---|---|---|---|---|---|---|---|---|---|
| 临界点数 | 0.18 | 0.39 | 1.2 | 1.4 | 2.3 | 3.26 | 3.46 | 4.39 | 5.35 | 6.33 | 7.31 | 8.3 | 9.29 | 9.49 | 10.45 | 11.43 | 12.41 | 13.4 | 14.39 | 15.38 |

从表3-7可知，单纯就压制规则干扰波的需要而言，只要$\gamma$不超过临界点CP，那么最多采用$\gamma_{max}$对应的最经济检波器个数$n$，就会达到与100个检波器几乎相同的压制效果（相差不超过5%）。同理，计算了不同$\gamma$对应的最经济检波器个数（$n$）（图3-29）。从图3-29中可以看出，如果某个工区$\gamma_{max}$=8，那么采用12个检波器，就可以达到几乎与100个检波器相同的规则干扰波压制效果。

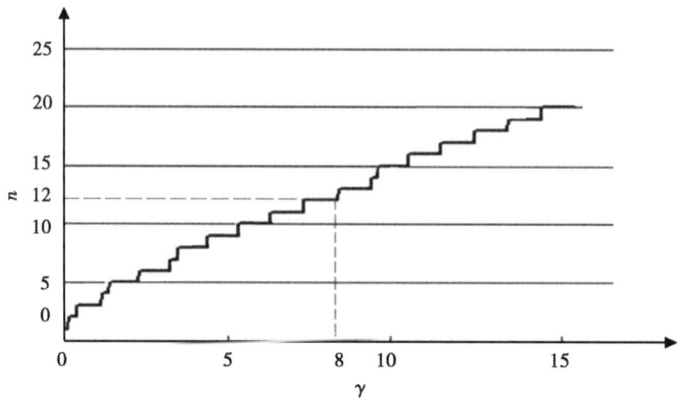

图3-29 不同临界点对应的最经济检波器个数

（2）脉冲波、等灵敏度线性组合的方向特性。

以上计算了在简谐波情况下检波器个数对组合方向特性的影响。但是，地震勘探中的各种干扰波都是以脉冲波而不是简谐波的形式出现的，所以现采用余弦阻尼子波代表干扰波，分析线性等灵敏度检波器组合对规则干扰波的压制能力。

①首先假设组合前的干扰波［图3-30（a）曲线1］为10Hz阻尼余弦子波，经过检波器组合（检波器个数$m$=10个，组合基距为120m，组内距为10m）后，干扰波（视速度$v$=1000m/s，视波长$\lambda^*$=100m）的波形变为图3-30（a）中的曲线2。经过计算可知，组合后的方向特性$\varPhi$（组合后的最大振幅max_a/组合前的最大振幅max_b）=0.1245。

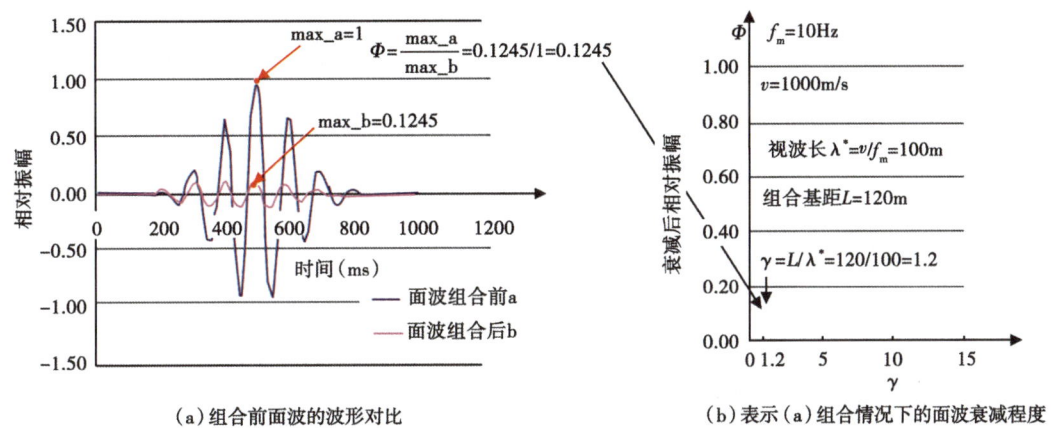

(a)组合前面波的波形对比　　　　　(b)表示(a)组合情况下的面波衰减程度

图 3-30　用组合后最大振幅除以组合前最大振幅表示干扰波的压制程度

②根据同样的方法，计算了 12 个检波器，干扰波的视波长在 10～200m、有效组合基距在 10～200m 时的检波器组合方向特性曲线（图 3-31）。

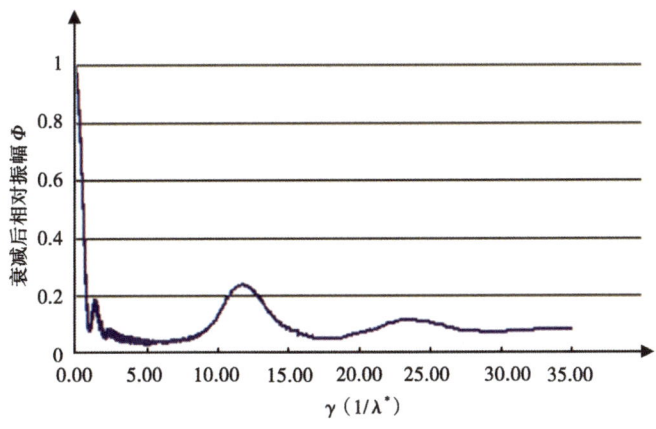

图 3-31　12 个检波器时的组合压制曲线

从图 3-31 可以看出，在检波器个数固定为 12 个时，组合的压制曲线是一条接近于"单值函数"的曲线，其大小取决于 $\gamma$，即有效组合基距与视波长之比。

③同样地，做出了 2 个、4 个、8 个、12 个和 24 个检波器对应的 $\Phi$—$\gamma$ 方向特性的曲线（图 3-32），对图 3-32 的曲线进行分段分析。

a. 当 $\gamma$ 在 0～1 时，检波器个数无论是 2 个还是 24 个甚至更多，其对于规则干扰波的压制效果基本上差别不大；在这种情况下，增加检波器个数对压制规则干扰波没有太大的帮助。

b. $\gamma$ 超过 1 时，随着检波器个数的增加，组合的压制能力看似有明显的提高，这使得我们很容易地认为，在生产中采用的检波器个数越多，越有利于压制沿地面传播的规则干扰。但是，经过仔细分析会发现，这种看法非常片面。下面做具体的分析。

假设某个工区的最大干扰波视波长是 150m，另外 3 组比较强的干扰波的视波长分别为 100m、60m 和 20m。如果此时将有效组合基距设定为 $L=150$m（$ndL$），那么上述 4 种干扰

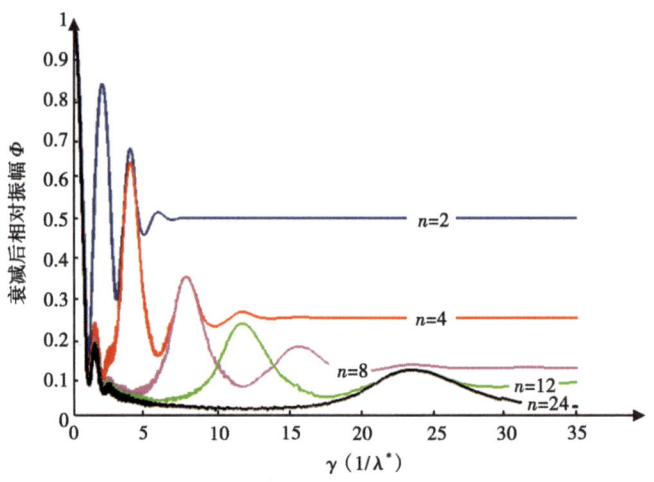

图 3-32 不同检波器个数对应的压制曲线

波对应的 γ 分别为 γ=1、1.5、2.5 和 7.5。根据这 4 个数据，可以分别绘出不同检波器个数对应的方向特性曲线（图 3-33）。

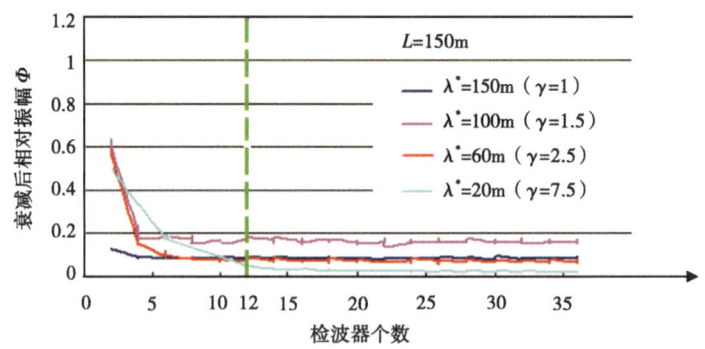

图 3-33 检波器组合拉开 150m 时不同视波长干扰波的压制量随检波器个数变化的曲线

从图 3-33 可以看出，如果将检波器拉开到一个最大干扰波视波长 150m 的距离，对于该地区 4 组干扰波而言，只要检波器个数达到 12 个，就可以达到与更多检波器几乎相同的压制效果。

同样，如果在这个工区，采用一个最小干扰波视波长作为组合基距（图 3-34）就可以看到，随着视波长的增加，组合对于干扰波的压制效果变差；同时，对于 4 种不同视波长的干扰波而言，在组合基距 20m 的情况下，采用 2 个检波器与采用 36 个检波器对于压制 4 种规则干扰波几乎没有区别。这也是在生产中应该努力避免的情况。否则，即使采用了很多检波器，但是由于没有拉开足够的距离，所以并没有对规则干扰波产生期望的衰减作用。

(3) 脉冲波、面积组合的方向特性。

一种比较完整的表示面积组合对干扰波压制能力的一个方法是"玫瑰图"。

玫瑰图的具体做法是假设某一个确定视频率、视速度的干扰波从不同角度（0°~360°）传播到检波器组合，计算检波器组合对不同角度干扰波的压制量并将其放到对应的干扰波角度上，这些就可以得到一个以极坐标形式表示的"玫瑰图"。玫瑰图中的角度代表干扰波入

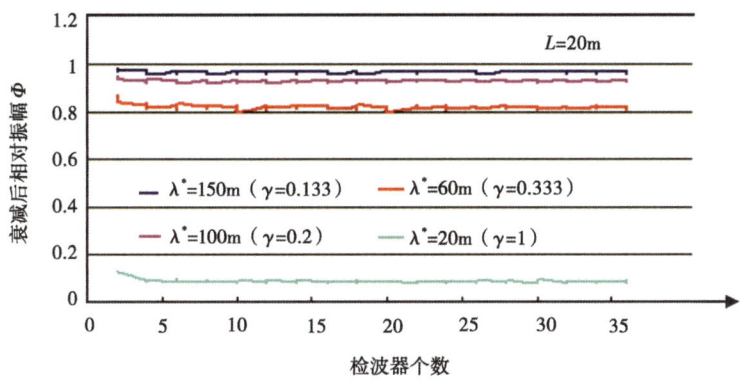

图 3-34 检波器组合拉开 20m 时不同视波长干扰波的压制量随检波器个数的变化曲线

射的角度,半径代表检波器组合对于干扰波的压制程度。从"玫瑰图"上可以直观地看到检波器组合对不同方向传播过来的干扰波的压制能力,进而看这个检波器是否具有"全方位"的压噪能力,也就是能够抵御来自各个方向的原生干扰波以及次生干扰波的能力。

假设采用如图 3-35 中所示的面积组合,干扰波视波长在 10~200m。用不同视波长对应的玫瑰图的面积除以圆形的面积,可以表示某一面积组合在某一视波长时的压制效果。

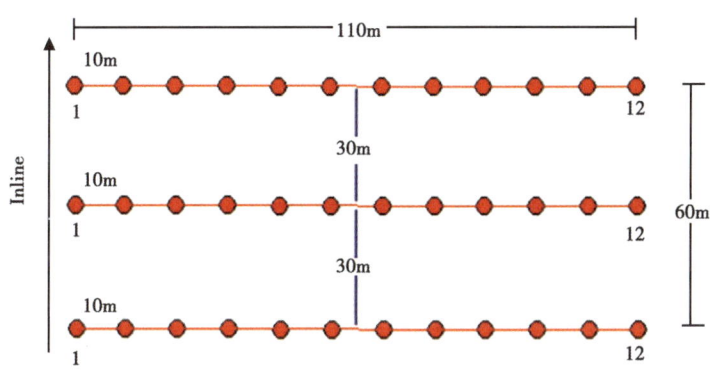

图 3-35 一个接收道的检波器面积组合图形示意图

①当干扰波的视速度为无穷大时,其玫瑰图为一个圆形 [图 3-36 (a),半径为 1,面积 3.14,也就是没有压制]。

②当 $\lambda^* = 200m$ 时,检波器组合对各个方向干扰波的压制程度的玫瑰图如图 3-36 (b) 中的绿色部分所示。然后用 $\lambda^* = 200m$ 时玫瑰图的面积(图中绿色部分)/视波长为无限大时的玫瑰图的面积(图中黄色部分)(半径为 1,面积 3.14),就可以表示该组合对视波长为 200m 的干扰波的压制能力。

经过计算,绿色部分的面积与黄色部分的面积之比为 0.62,也就是面积组合的方向特性 $\varPhi$ (200) = 0.62。同理,当 $\lambda^* = 100m$ 时,$\varPhi$ (100) = 0.118 [图 3-36 (c)]。

根据同样的方法,计算了该组合对视波长在 10~200m 的干扰波的压制量,绘制了图 3-37。

从图 3-37 可以看到,对于图 3-35 的检波器组合而言,随着干扰波视波长的增加,其对于干扰波的衰减能力逐渐变差。

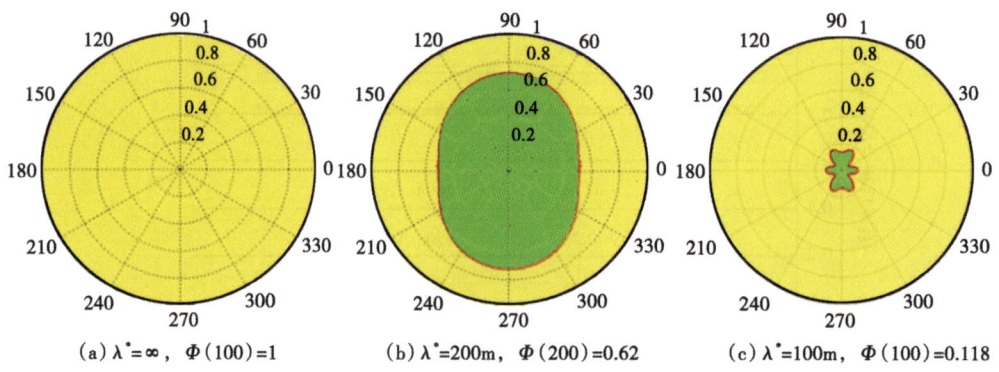

图 3-36 用玫瑰图的面积比表示组合的"全方位压制能力"

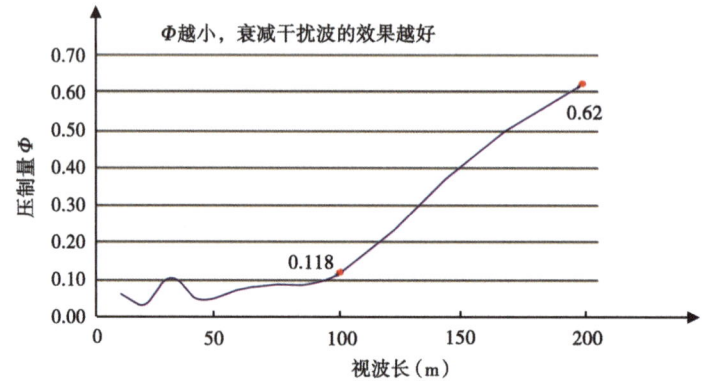

图 3-37 不同视波长的干扰波经过检波器组合后的"全方位"方向特性曲线

为了考察面积组合中检波器个数对组合压噪能力的影响，假设某工区有视波长分别为 50m（可以代表慢速面波）、70m（可以代表慢速面波）、140m（可以代表折射波）的干扰波。仍然采用图 3-35 所示的检波器组合。因为面积组合的方向特性可以分解为垂直的 Inline 和 Crossline 两个方向，所以分别从 Inline 方向和 Crossline 方向变动检波器的个数，来观察检波器个数变动对组合方向特性曲线的影响。

首先在保证 Inline 方向 3 个检波器、组合基距 90m 不变的前提下，将 Crossline 方向的检波器由两个逐渐增加到 36 个（保持有效组合基距不变），得到组合的压噪能力随 Crossline 方向检波器个数变化的曲线［图 3-38（a）］；采用同样的方法，变动 Inline 方向的检波器个数，得到图 3-38（b）。

从图 3-38 可以看出，Crossline 方向的检波器在保证有效组合基距不变的前提下，检波器增加到 6 个（包括 6 个）以上时，再增加检波器个数，组合的压噪能力不再有很大的提高；同样，Inline 方向的检波器增加到 4 个（包括 4 个）以上时，压噪能力不再随着检波器个数的增加发生显著的变化。

为了更具有一般性，在保证纵向组合基距 $L_x = 90m$，横向组合基距 $L_y = 120m$ 的前提下，对图 3-39 所示的 3×3、6×4、8×8、10×10 四种组合方式的压噪能力随干扰波视波长（10～200m）变化做比较，形成曲线如图 3-40 所示。

从图 3-40 中可以看到，如果采用图 3-39 中 3×3 的面积组合，视波长只有超过 100m 的

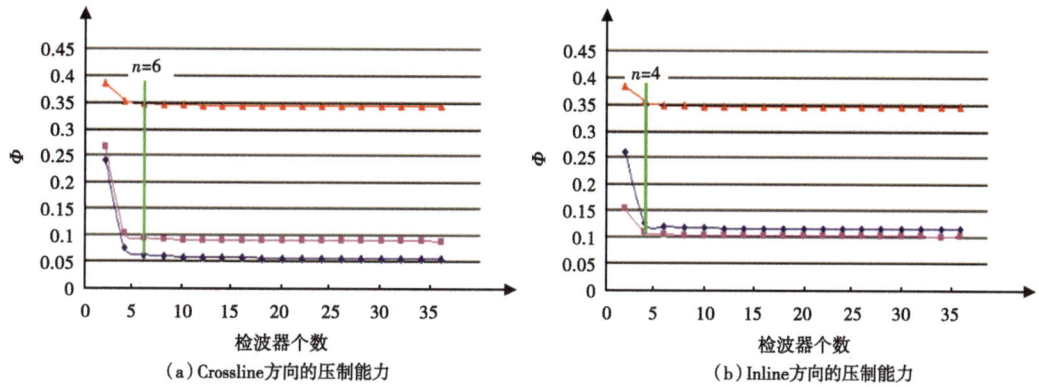

图 3-38 组合的压制能力随检波器个数的变化
曲线由上到下依次对应的视波长分别为 140m、70m、50m

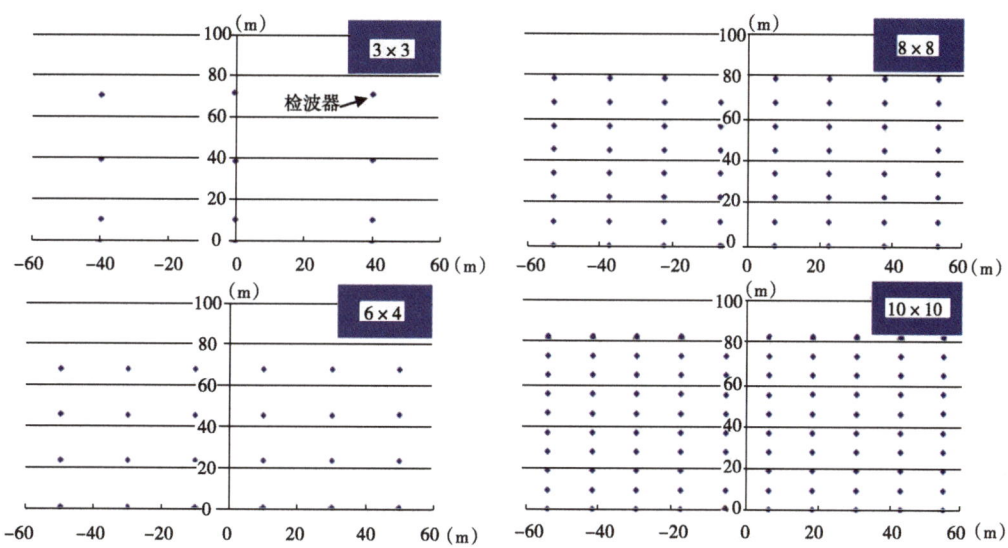

图 3-39 有效组合基距相等、检波器个数不同的 4 种检波器组合

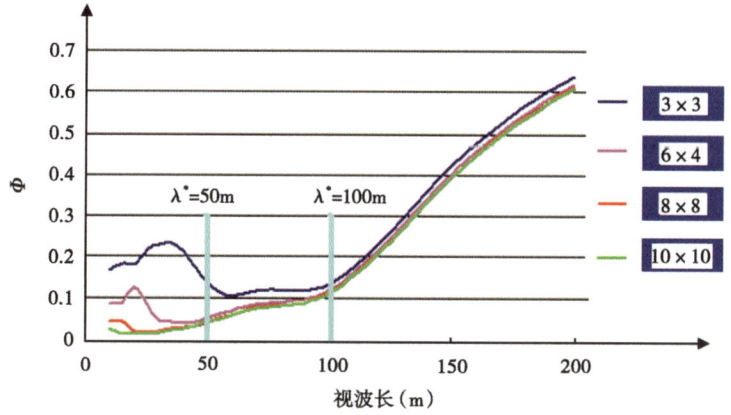

图 3-40 不同检波器个数检波器组合对应的不同视波长的方向特性曲线

干扰波压制效果能够达到与 10×10 检波器组合基本相当，视波长小于 100m 的干扰波压制效果均不如 10×10 检波器组合的压制效果理想。但是如果在该工区采用 6×4 的检波器组合，所有大于 50m 的视波长的干扰波压制效果几乎与 10×10 检波器组合的压制效果相当；换句话说，要想很好地压制这个工区视波长分别为 50m、70m 和 140m 的 3 组干扰波，只要采用 6×4 的检波器组合，就可以取得几乎与 10×10 检波器组合几乎相同的压制效果，而不必要采用更多的检波器。

用同样的方法论证了不同的视波长以及不同检波器组合形式，结论都是：对于某一个确定的工区而言，在通过干扰波调查充分掌握工区干扰波的数据后，借助玫瑰图等进行合理论证，就可以用较少的检波器个数，实现与更多检波器个数几乎相同的压制规则干扰波的目的。

在最有利的情况下，组合的方向性效应与组合内检波器的个数相等，检波器个数 $n$ 越多，信噪比的改善程度就越大。如果从地震勘探的角度来看，这种说法容易形成误导。因为所谓最有利的情况，实际上指的就是组内距大于干扰波视波长的情况，也就是组内距与视波长之比大于 1 时。在这种情况下，从检波器的方向特性曲线（图 3-32）可以看到，干扰波被衰减后的最大振幅是组合前最大振幅的 $1/n$（$n$ 为检波器个数）。但是，应该认识到，目前这个范围内的干扰波并不是影响信噪比的主要因素。

（4）检波器个数对随机干扰压制能力的影响（统计性效应）。

对于风吹草动等产生的"随机干扰"，从微观层面上，也就是道间距为厘米而不是米时，这种干扰也是"有规律"的。只不过因为存在数量众多的来自不同方向、不同强度、不同速度的干扰波相互叠加，才导致了这种干扰在组内距多为数米的普通检波器组合中表现为"随机性"。

关于组合压制随机干扰的一个重要结论是：当组内各检波器之间的距离大于该地区随机干扰的相干半径时，用 $m$ 个检波器组合后，对垂直入射到地面的有效波，其振幅增加了 $\sqrt{m}$ 倍；对于随机干扰，其振幅只增加了 $\sqrt{m}$ 倍。因此组合后，有效波相对增强了 $\sqrt{m}$ 倍。

上述论述给人的印象是，在设计检波器组合的时候，应该使组内距大于随机干扰的相干半径，并使用尽量多的检波器个数，以便最大限度地提高信噪比。但是，很多野外采集中，组内距并没有小于随机干扰的相干半径，这种情况下检波器组合对随机干扰的压制能力会是什么情况呢？下面以东部某平原地区的干扰波调查资料（图 3-41，道距为 1m 的环境噪声调查记录）为基础进行了计算。

随机干扰的归一化的相关函数可以用下式计算：

$$\text{RR} = \frac{R_{nn}(l\Delta x)}{R_{nn}(0)} = \frac{\frac{1}{m-l}\sum_{i=l}^{m-l}(n_i - \overline{n})(n_{i+l} - \overline{n})}{\frac{1}{m}\sum_{i=l}^{m}(n_i - \overline{n})^2}, \quad l = 0, 1, 2, 3, \cdots \quad (3\text{-}17)$$

式中　$m$——检波器个数；
　　　$\Delta x$——组内距，m；
　　　$n$——随机干扰的波剖面函数。

一般把自相关函数第一个零值点所对应的（$l\Delta x$）称为相干半径。据式（3-17）该地区随机干扰的相干半径为 5m（图 3-42，图中第一个零点对应的距离），那么采用大于 5m 的

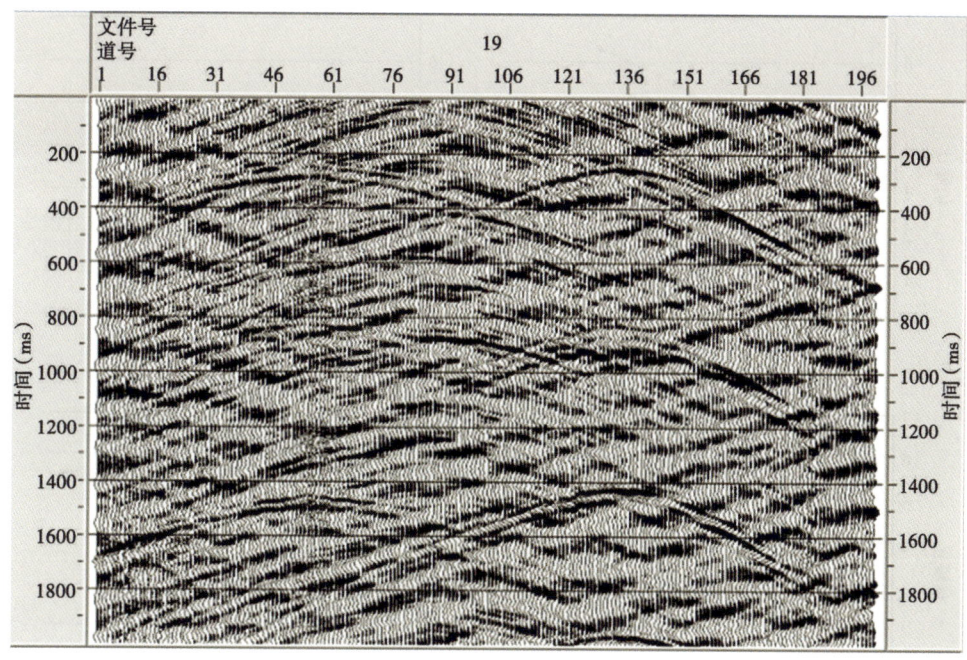

图 3-41　某地区干扰波调查记录（1m 道距）

组内距是符合"组内距超过相干半径"这一要求的。此时如果采用 5m 组内距，逐渐增加检波器个数（也就是逐渐增加组合基距），得到图 3-43（a）；同理，当组内距分别为 8m、10m 和 15m 时，得到图 3-43（b）（c）（d）。从图 3-43 中可见，组合对随机干扰信噪比的改善是符合 $\sqrt{m}$ 这一规律的。

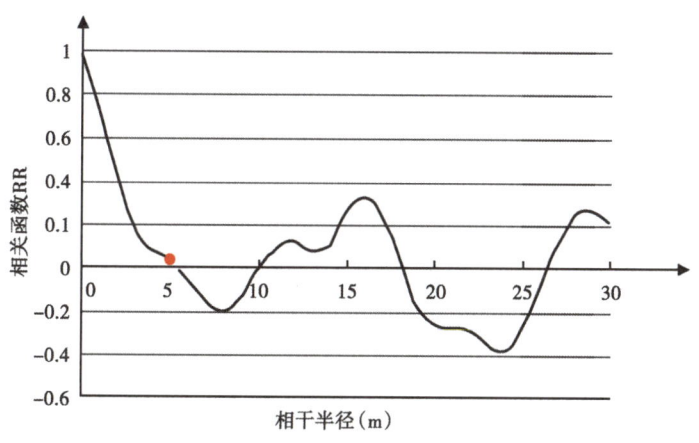

图 3-42　随机干扰的相关函数曲线

实际生产中设计组合基距时，无论 Inline 方向还是 Crossline 方向都是有一定限制的。所以，在固定组合基距的前提下，看检波器个数变化对组合压噪能力的影响。

在图 3-41 所示干扰波调查记录的基础上，首先保证有效组合基距 50m，然后将检波器个数由 5 个逐渐增加到 50 个（组内距距依次为 10m，9m，8m，…，1m），得到不同检波器

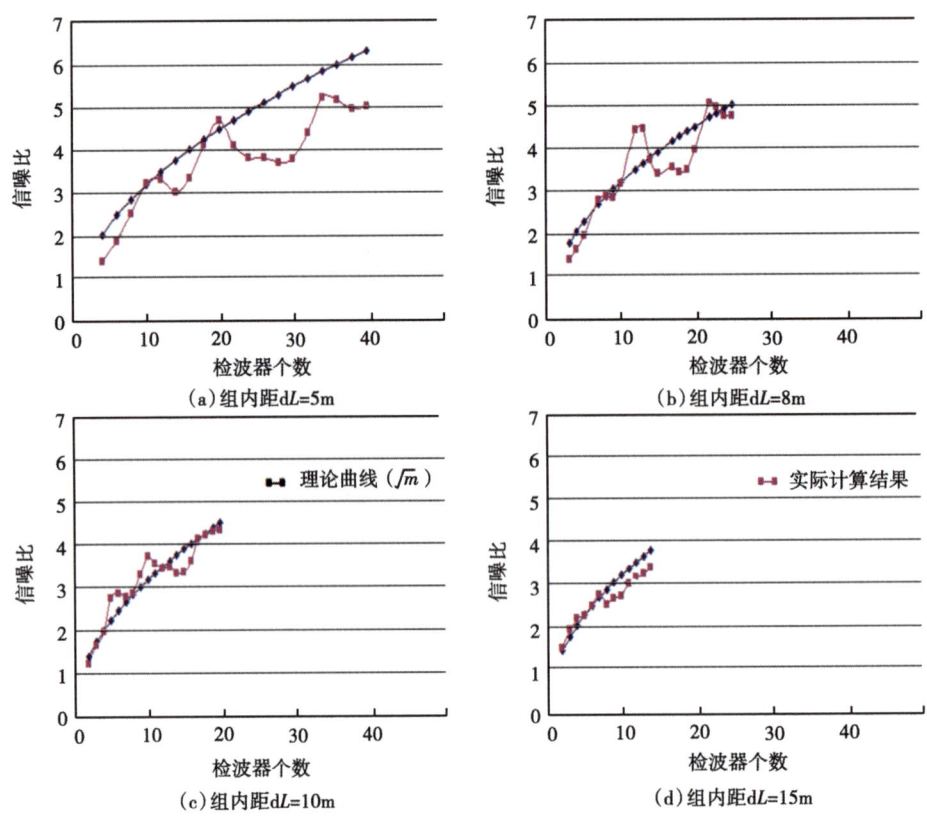

图 3-43 不同组内距下的信噪比改善情况

个数所对应的组合后的随机干扰波的记录（图 3-44），并计算出不同检波器个数对应的信噪比的提高倍数（图 3-45）。由图 3-45 可知，尽管随着检波器个数的增加、组内距的减小，使得不同检波器之间的环境噪声彼此"相干"，但信噪比有了一定的提高；不过在增加到 10 个以上时，信噪比不再显著地增加；也就是说，此时再增加检波器个数，不会对随机噪声产生明显的压制效果。

（5）确定组合中检波器个数要与组合的摆放形式相结合。

如何确定一个工区的检波器组合参数，相关文献提出了两个公式。

检波器个数：

$$n = 1 + \frac{\lambda_{max}}{\lambda_{min}} \tag{3-18}$$

有效组合基距：

$$L = \frac{\lambda_{max} \lambda_{min}}{\lambda_{max} + \lambda_{min}} \tag{3-19}$$

式中　$\lambda_{max}$——干扰波最大视波长，m；

　　　$\lambda_{min}$——干扰波最小视波长，m。

如果假定某个工区的最大干扰波视波长 $\lambda_{max} = 150m$；最小干扰波视波长 $\lambda_{min} = 50m$，根

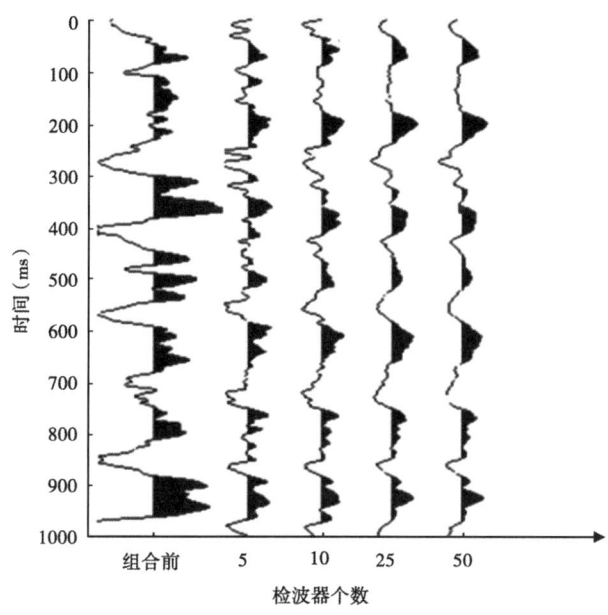

图 3-44　不同检波器个数（不同组内距）组合后的随机干扰波的波形

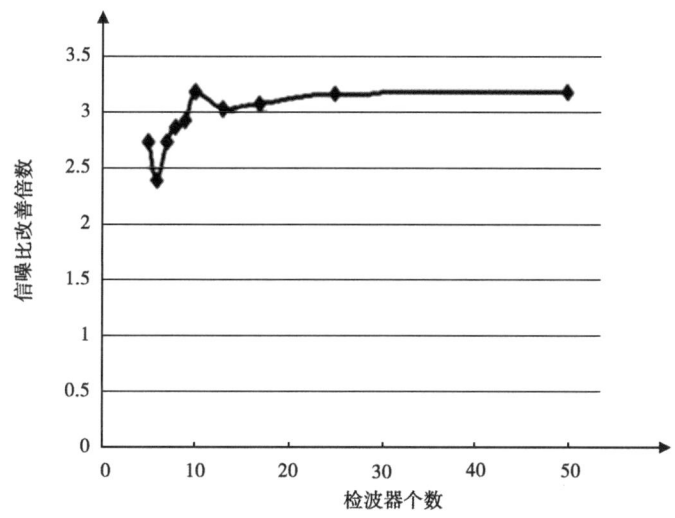

图 3-45　不同检波器个数信噪比改善程度的关系曲线

据式（3-18）、式（3-19）可得，检波器个数 $n=4$ 个，有效组合基距 $L=37.5$m。将其与检波器 12 个、有效组合基距 150m 的检波器组合进行比较，并分析这两组检波器组合参数下的干扰波振幅相对衰减变化情况，见表 3-8。

表 3-8　两种组合参数对干扰波衰减程度的比较

| 组合参数 | 干扰波衰减后振幅 ($\lambda_{min}=50$m) | 干扰波衰减后振幅 ($\lambda_{max}=150$m) |
|---|---|---|
| $n=4$，$L=37.5$m | 0.31 | 0.9 |
| $n=12$，$L=150$m | 0.06 | 0.084 |

从表 3-8 可以看到，如果按照式（3-18）和式（3-19），设计的检波器组合是不合理的，并没有实现对干扰波的有效衰减。

正确的方法应该是：

①选择合理的 Inline 方向和 Crossline 方向的组合基距以及参与混波的道数，使得 $\gamma_{\min}$ 接近 1，也就是使得有效组合基距接近最大干扰波的视波长。否则，如果 $\gamma$ 非常小时，即组合基距相对于视波长非常小，那么即使检波器个数非常多，也不会达到理想的压制效果。这一点对于次生干扰波发育的复杂地表地区更有意义。

②在盒式干扰波调查的基础上，根据干扰波视波长的范围，采用玫瑰图进行室内论证，就可以确定可以采用的"最经济检波器个数"；检波器个数超过"最经济检波器个数"后，增加检波器不会显著地提高组合的压噪能力。

③在设计检波器组合图形设计的时候，不仅要考虑野外单道的组合方式，还要考虑室内混波后的组合方式，以便实现在使用较少的检波器个数的情况下，室内室外的"联合压噪"，达到最好的压噪效果。

总之，设计检波器组合的时候，一方面如果使用太少的检波器，往往会使检波器组合很难对来自各个方向的规则干扰波进行全方位压制，同时随机干扰波的强度也会大大增加；另一方面，即使采用了很多的检波器，但是组合形式不合理，那么无论从压制规则干扰波还是随机干扰波的角度来看都不会取得好的效果；同时，资金、设备以及施工难度却会大大增加。所以，应该根据工区的干扰波数据，采用玫瑰图进行论证，就可以在使用较少检波器的情况下，实现对各种干扰波的有效衰减，提高地震勘探资料的信噪比。

在设计检波器组合的时候，要摒弃"检波器个数越多，组合效果越好"的观念，在保证"最经济检波器个数"前提下，采用合理的检波器组合形式，才能达到压制干扰波、保护有效波的目的。例如，有的生产单位在施工的时候，先将两个检波器并到一起，然后进行组合。这种方式看似增加了检波器个数，实际上其衰减干扰波的效果与采用一半的检波器是一样的。

### 3.1.7.3 野外组合高（时）差对高频信号的衰减

相对高程的微小变化、埋置条件或表层速度的差异都极易产生数毫秒的时差，这就构成了一个高截滤波器（图3-46）。野外组合中的时差包括各检波器及可控震源各震点之间相对高程的不同而导致的时差。

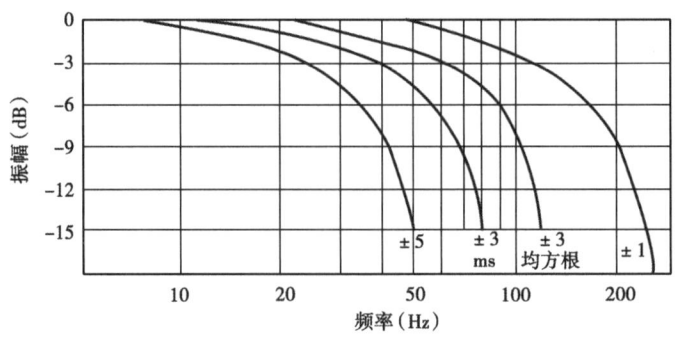

图 3-46 组合检波各检波器之间时差的滤波效应（据谢里夫）

曲线是指不同标准偏差

假设由于高差引起的组内时差大致为一个服从正态分布概率的情况，这种正态分布的概率函数有如下公式：

$$P_N(x) = \frac{1}{\sqrt{2\pi}\sigma} e^{-\frac{(x-\mu)^2}{2\sigma^2}} \qquad (3-20)$$

式中 $P_N$——误差概率；

$x$——组合高差导致的时差，ms；

$\sigma$——组内时差均方根值（$\sigma^2$ 为方差），ms；

$\mu$——组内时差的平均值。

当均值 $\mu$ 为零，且方差 $\sigma^2$ 为 1 时，称为标准正态分布，有公式：

$$P_N(x) = \frac{1}{\sqrt{2\pi}} e^{-\frac{x^2}{2}} \qquad (3-21)$$

其形态如图 3-47（b）所示。当 $x=0$ 时，概率的峰值为 $1/\sqrt{2\pi}$，即 0.3989，$x=\pm 1$ 就是代表典型均方根误差大小的地方。

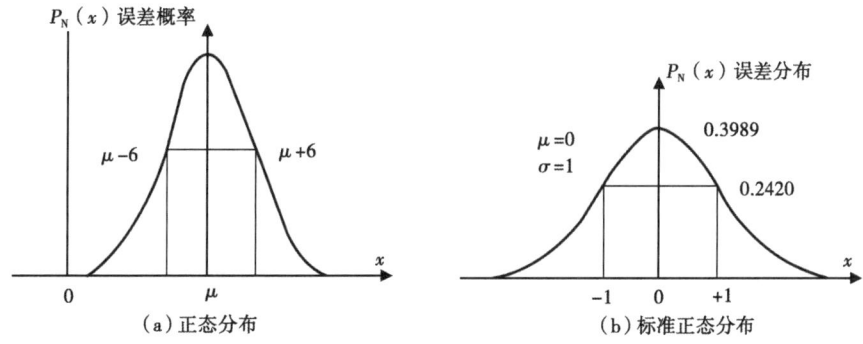

图 3-47 正态分部与标准正态分布（据李庆忠）

由图 3-47 可知：如果静校正均方根误差趋近于零，其正态分布曲线将压缩成一个尖锐的冲激函数 $\delta(t)$，那么，对于接收到的反射波就没有滤波作用。而图 3-47（a）或图 3-47（b）相当于时间域的一种滤波算子，它具有高频的压制作用。标准正态分布的公式（3-21）的振幅谱可以表达为：

$$A(f) = e^{-2(\pi f \sigma)^2} \qquad (3-22)$$

对静校正误差为 1ms 的情况做频谱分析，其结果如图 3-48 所示。显然，高频受到了压制，即 142Hz 的振幅下降了 3dB，而 186Hz 下降了 6dB（即其振幅为最大振幅的一半）。如果将振幅降低 6dB 的地方定为截频点，为了统计分析高截频的变化，可以将不同静校正误差的高截频值进行列表，见表 3-9。

表 3-9 静校正误差与高截频值之间的关系

| 静校正误差均方根值 $\sigma$（ms） | ±1 | ±2 | ±3 | ±4 | ±5 | ±6 | ±8 | ±10 |
|---|---|---|---|---|---|---|---|---|
| 高截频值 $f_{hc}$（Hz） | 186 | 93 | 62 | 46.5 | 37.2 | 31 | 23.2 | 18.6 |

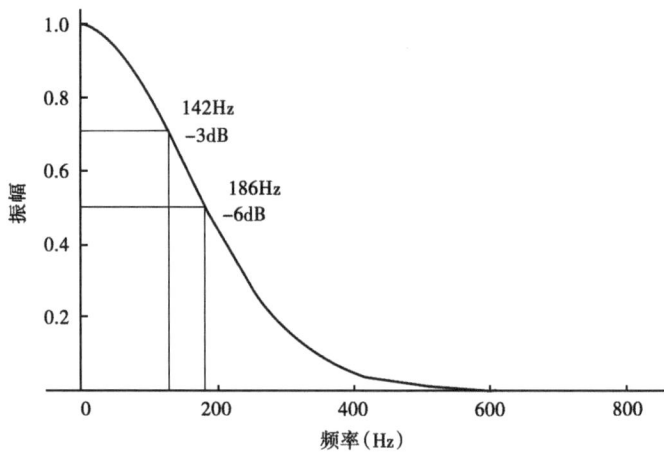

图 3-48 正态分布 $P_N(x)$ 的频谱分析曲线（静校正误差为±1ms 的情况，据李庆忠）

因此，也可以用以下经验公式表达高截频值：

$$f_{hc} = \frac{186(\text{Hz})}{\sigma(\text{ms})} \quad (3-23)$$

式中 $\sigma$——静校正误差均方根值。

根据这个经验公式，可以看到以下结果：

当野外井口 $\tau$ 值不准，有±3ms 的均方差时，62Hz 有效波的振幅就要下降一半；野外组合道内时差为±2ms 时，93Hz 的有效波振幅下降的幅度就非常大。高频信号振幅下降会使高频端的信噪比相对下降。更为严重的是，静校正误差实际上造成了一种滤波作用，这种滤波算子是非零相位的，它会造成各叠加道的相位特性的不一致，即子波的波形不一致，使水平叠加后不能实现"同相叠加"。采用不同的子波，同时在微机上由机器产生一系列均值为 0 的高斯分布的、随机的静校正时差量，将其作为静校正值，并据其移动子波后叠加，可以用来研究其波形变化以及振幅变化。结果如图 3-49 所示。

图 3-49 为一个衰减余弦子波与一个雷克子波在不同均方根静校时差比值情况下的波形图（每个波形叠加 100 次）。将这 100 个随机的时差的均方根值与子波视周期求一个比值，成为静校时差比值 RS。图中 RS 由上向下逐渐增加，最上面是子波原始波形。在下半部时差比值大于 0.25 的情况下，可以看出明显的畸变，零相位子波变得左右不对称。此时，主峰的相对振幅已衰减 50% 以下（对于脉冲子波叠加振幅永远不会等于零）。

从图 3-49 可以判断：静校正误差如果使振幅下降 50% 以上，则其波形也已经发生畸变。

可以采用两种方法对组内高差进行统计：（1）用每个检波点的高程与低速带的速度 $v_0$ 进行理论推算；（2）近似地用静校正量作为组内时差。经过计算，两种方法的计算结果基本一致；华北平原地区的均方根组内时差在 0.4~1ms，新疆沙漠地区中则可以达到 5ms 甚至更大。

因为式（3-23）的振幅谱可以表达组内时差对高频信息的压制作用，所以可以做出华北平原地区组内时差（以均方根值为 0.6ms 为例）以及新疆沙漠地区组内时差（以均方根

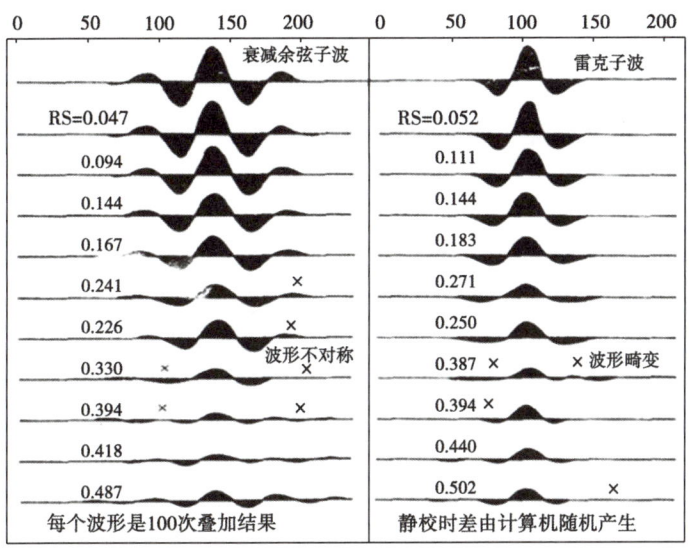

图 3-49 静校正引起的波形畸变（据李庆忠）

值为 5ms 为例）对高频信息的压制曲线（图 3-50）。由图 3-50 可见，如果把振幅的 0.5（-6dB）作为截频点的话，组内时差就构成了截频分别为 312Hz（±0.6ms）和 37Hz（±5ms）的高截滤波器。

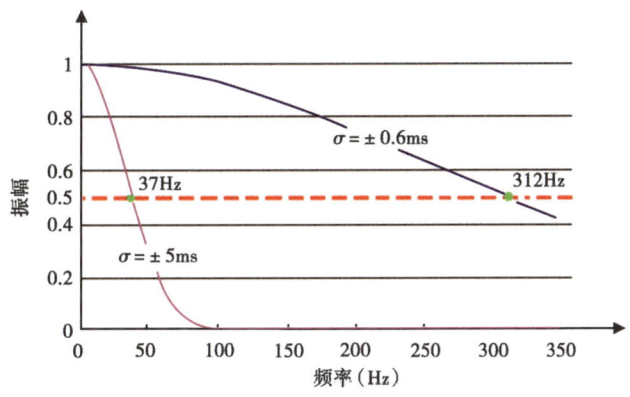

图 3-50 组内时差对高频信息的压制作用

### 3.1.7.4 大地吸收、组合效应及组内时差三者对可记录高频截止频率的影响

把华北平原地区组合基距为 15m 时对反射波的压制曲线（图 3-51 中的 A）以及组内时差压制曲线（图 3-51 中的 B）与目的层 $T_2$（1s）的大地吸收曲线（图 3-51 中的 C）同时绘制到图 3-51 中，可以看出，对于 100Hz 反射波而言，大地吸收、检波器组合效应以及组内时差三者使得反射波总计衰减了-55.8dB，而其中因为组合效应衰减了-2dB。所以，以上三因素比较而言，对有效波衰减起最主要作用的无疑是强烈的大地吸收作用，而与道距有关的组合效应并不是主要因素。

如果假设地震信号可以记录的最大动态范围为-60dB，综合大地吸收、组合效应及组内时差三因素对可记录高频截止频率的影响后（图 3-59 中的压制曲线 D），得到 $T_2$ 目的层、

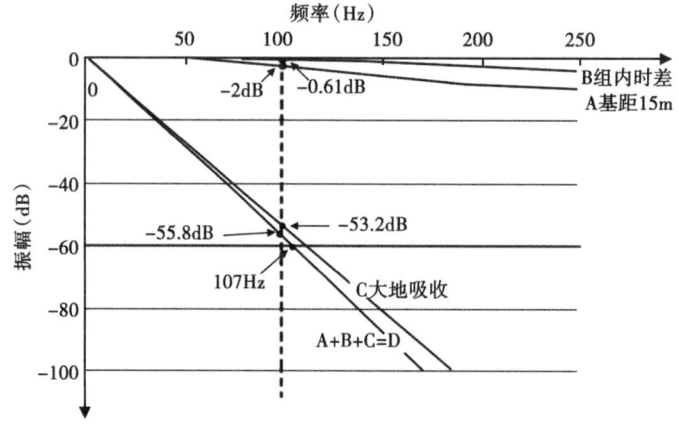

图 3-51 检波器组合、组内时差、大地吸收对反射波的压制

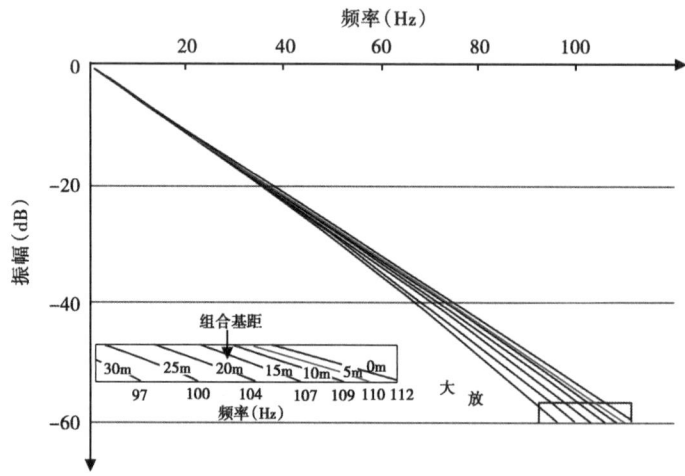

图 3-52 组合基距 0~30m、$T_2$ 目的层对应的"死亡频率"

15m 组合基距对应的"死亡频率"为 107Hz。同理，可以计算出 0m、5m、10m、20m、25m、30m 等其他组合基距对应的"死亡频率"分别为 112Hz、110Hz、109Hz、104Hz、100Hz、97Hz（图 3-60）。这种记录参数情况下，"死亡频率"以上的频段是得不到的。

从这里可得到以下启示：

（1）为了获得高频信息，应尽量减少组内距，最好采用单点接收，以提高"死亡频率"点的值；

（2）大地吸收是降低信号高频成分、影响地震资料信噪比和分辨率的主要因素，虽然能够通过补偿技术提升高频信号的振幅，但是，"死亡频点"以上的频率并不能通过补偿得到；

（3）地震拓频处理应该是将记录到的低频信息和高频信息的振幅能量提起来增加这些成分在剖面上的幅度，而在记录到的频率信息之外提高频率显然不符合地球物理的常识。

## 3.2 地震采集装备的发展

### 3.2.1 地震检波器的应用

在地球物理勘探中，地震信号的激发和接收是直接影响地震数据采集质量的两个重要环节。当激发环节固定时地震信号的接收就是影响地震数据采集质量的重要环节，选择合适的检波器和数据记录仪器，是提高信号动态范围、记录宽频带地震数据的重要保障。正因为如此，地球物理工作者一直在努力改善接收系统的接收能力来提高地震信号的采集质量。接收系统主要由检波器和地震仪组成。

目前，投入使用的地震检波器有模拟检波器和数字检波器两大类，模拟检波器又可分为速度型和加速度型。在数字检波器诞生之际，有些厂家同时推出了高精度（超级）地震检波器，超级检波器不是一种新型的检波器，实际上是常规速度型模拟检波器的改进型，且主要是工艺和材料方面的改进。改进的措施或方法主要有 5 点：（1）改进磁路，通过加长磁靴、改变线圈缠绕方式、增强磁体的磁性以及采用高品质合金材料（稀土钐钴磁体）等，来降低失真。（2）改进弹簧片，包括改善刚性、固定方式来提高假频点等。（3）改进生产工艺，缩小容差范围，随着科学技术的发展，能够以小公差（2.5%）制造出一致性高的检波器。（4）改进设计方案，提高设计标准，减少设计偏差。因为小的偏差才能保证在较高的带宽内有较大的动态范围和较低的失真。（5）改进检波器串组合的相位相似性、幅度相似性及一致性，可得到更高的噪声"抑制"和更好的信号"聚焦"效果等。和常规检波器相比，超级检波器具有较高的技术指标、较好的一致性和较大的动态范围。但是，它们的自然频率、灵敏度、阻尼等主要技术指标参数的偏差与数字检波器相比还是明显要低。

目前，我国大部分油气探区仍然使用模拟检波器，其瞬时动态范围相对较小，出厂指标一般都在 60dB 左右，实际瞬时动态范围一般在 50~55dB，而多年来使用的无线遥测和有线遥测数字地震仪器动态范围可达 110~120dB。由于数字地震仪器的采集能力与模拟检波器对地震信号的响应能力不匹配，在一定程度上也就降低了地震仪器对最小信号的分辨能力和大信号背景下拾取弱小信号的能力。同时，设备的搭配状况也严重地制约了数字地震仪器的采集能力，成为目前地震勘探提高分辨率的瓶颈。

#### 3.2.1.1 模拟检波器原理

地震检波器是一种将地面振动信号转换为电信号的传感器，或者是将机械振动信号转换成电信号的机械装置。目前使用的常规地震检波器和超级检波器，根据其传感物理量可以分为速度型和加速度型两种，速度型与加速度型检波器采用的机电转换原理基本相同，都是通过线圈切割磁力线从而产生感生电动势，不同的是速度检波器记录的电信号大小与振动激励信号的速度成正比，而加速度检波器记录的电信号大小与振动激励信号的加速度成正比。它们的幅度频率关系曲线如图 3-53 所示。

从图 3-53 中可看出，速度型检波器的特点是：当振动频率低于传感器的固有频率时，传感器的灵敏度因频率的减小而明显下降（幅频特性以 12dB/oct 衰减）。当振动频率高于传感器的固有频率且在弹性响应范围之内时，传感器的灵敏度接近为常数，在这一频率段传感器的输出电压与振动速度成正比。当振动频率超出弹性响应范围时由于线圈阻抗的增加，灵敏度将随着频率的增加而下降。

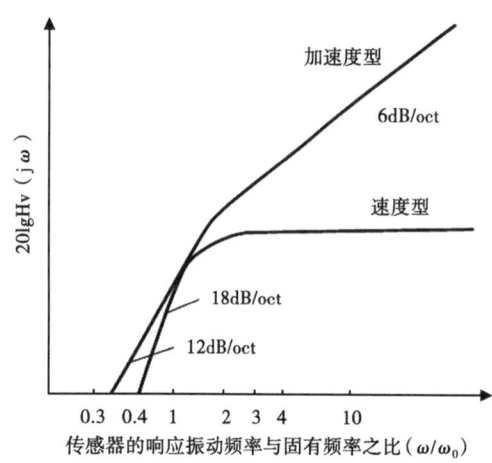

图 3-53 加速度型检波器与速度型检波器频率响应对比

加速度型检波器的特点是当振动频率低于传感器的固有频率时,传感器的灵敏度因频率的减小而迅速下降(幅频特性以 18dB/oct 衰减)。当振动频率高于传感器的固有频率时,传感器的灵敏度随频率增加以 6dB/oct 上升,因而随着振动频率的加快其输出信号幅度也随着增高,这就可以补偿因大地对高频地震信号的衰减作用。

超级检波器相比常规检波器具有精度高、失真低、一致性强等优势,一般各项参数允差范围均在 ±2.5% 以内,失真度不大于 0.1%,检波器的动态范围比常规检波器提高 10% 左右,提高了检波器的假频点,从常规检波器的 160Hz 提高到 250Hz 以上。

表 3-10 列出了某种常规检波器与超级检波器的指标参数允许误差。从表 3-10 中可以看出,除了假频从 180 Hz 上升到 250Hz 外,超级检波器的其他各项指标参数的允许误差都较常规检波器减小了 1 倍,因此超级检波器也称为高精度检波器。实际上,随着新工艺、新材料的不断问世,超级检波器也一直在不断完善,目前最好的失真度已能达到万分之一。

表 3-10 某种常规检波器与超级检波器的指标参数允许误差

| 参数 | (常规检波器)允许误差 | (超级检波器)允许误差 |
| --- | --- | --- |
| 频率 | <5% | <2.5% |
| 阻尼 | <10% | <2.5% |
| 灵敏度 | <10V/(m·s$^{-1}$) | <2.5% |
| 电阻 | <5% | <2.5% |
| 失真度 | <0.2% | <0.1% |
| 假频 | >180Hz | >250Hz |

速度型检波器(动圈式),其典型代表是目前最常用的 20DX 和 SN 两种系列。其外观结构基本相同,如图 3-54(a)所示。虽然在具体结构上有所区别,但两种系列的机电转换原理还是相同的,其基本原理可简化为图 3-54(b)所示。

图 3-54(b)表明,动圈式检波器芯体由磁钢、线圈、弹簧片和外壳组成。磁钢为永久磁铁,固定在检波器的壳体上,构成不动部分,同时磁钢具有很强的磁性,用来产生磁场,线圈及线圈架由上下弹簧片支撑,可以上下移动,成为惯性体(也称质量体或悬体),线圈处在磁钢与外壳之间的缝隙磁场中。

当检波器工作时,检波器芯体外壳通过尾锥与大地耦合,并随大地一起振动,而惯性体由于弹簧的弹性及惯性体的惯性有保持不动的趋势而落后于外壳的运动,因而产生了惯性体与壳体之间的相对运动,即线圈在磁场中产生了相对运动,在线圈两端产生感生电动势,从而有电压输出。该感生电动势表示为:

$$E = W\frac{\mathrm{d}\phi}{\mathrm{d}t} = W\frac{\mathrm{d}\phi}{\mathrm{d}x}\frac{\mathrm{d}x}{\mathrm{d}t} = G\frac{\mathrm{d}x}{\mathrm{d}t} \quad (3\text{-}24)$$

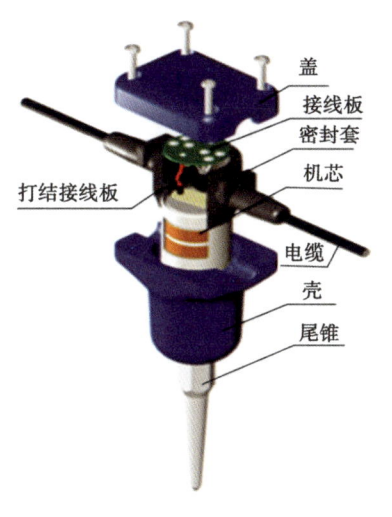
（a）外部结构图

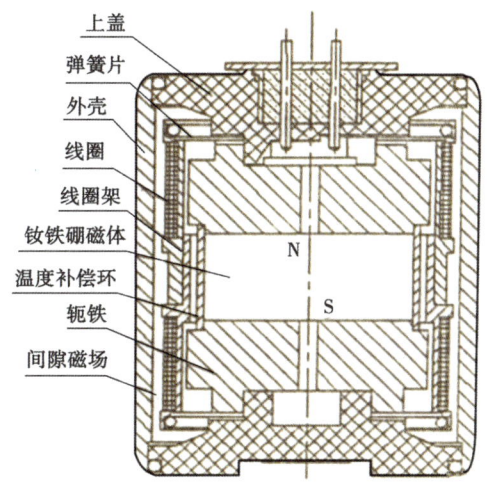
（b）速度型检波器机电转换原理图

图 3-54 地震检波器结构示意图

式中 $W$——线圈的圈数；
$\phi$——通过线圈的磁通量；
$x$——惯性体的相对位移量；
$G$——检波器的机电耦合系数：

$$G = W \frac{\mathrm{d}\phi}{\mathrm{d}x} \tag{3-25}$$

式（3-24）表明的是感生电动势与弹簧的形变量之间的关系，通过对惯性体的受力进行分析，可以得出惯性体的相对位移 $x_m$ 与大地位移量 $x_t$ 之间的关系：

$$M \frac{\mathrm{d}^2 x_m}{\mathrm{d}t^2} + c \frac{\mathrm{d}x_m}{\mathrm{d}t} + k x_m = -M \frac{\mathrm{d}x_t}{\mathrm{d}t} \tag{3-26}$$

最后可以得出感生电动势（输出电压）与大地运动量之间的关系。通过对它们之间的关系方程进行求解，可以得出检波器的如下基础参数决定了检波器的性能，即阻尼系数、灵敏度、自然频率、失真度、直流电阻、相位频率特性及幅度频率特性等。主要原理公式如下。

自然频率：

$$f = \frac{1}{2\pi} \sqrt{\frac{K}{m}} \tag{3-27}$$

式中 $K$——弹簧振子的刚度；
$m$——弹簧振子（线圈）的质量。

自然频率完全由运动体本身的性质决定，因此也成为固有频率。

阻尼系数（可视为单位时间内振幅的衰减量）：

$$h = \frac{\ln \frac{A_k}{A_{k+1}}}{T_1} \tag{3-28}$$

现在常说的阻尼指的是相对阻尼：

$$Dt = \frac{h}{\omega_0} = \frac{\ln \frac{A_k}{A_{k+1}}}{\sqrt{\pi^2 + (\ln \frac{A_k}{A_{k+1}})^2}} \tag{3-29}$$

式中 $\omega_0$——系统的固有角频率。

灵敏度（表征检波器对激励的敏感程度）：

$$s_0 = BLN \tag{3-30}$$

式中 $B$——磁钢的磁感应强度；
$L$——每匝线圈的平均长度；
$N$——线圈的匝数。

并联阻尼电阻后的灵敏度为：

$$s = \frac{R_p}{R_c + R_p} s_0 \tag{3-31}$$

式中 $R_c$——线圈电阻；
$R_p$——并联电阻。

失真度：

$$d = \frac{\sqrt{\sum_{i=1}^{N} E_{i\text{rms}}^2}}{E_{0\text{rms}}} \times 100\% \tag{3-32}$$

式中 $E_{i\text{rms}}$——$i$ 次谐波分量的有效值；
$E_{0\text{rms}}$——基波分量的有效值；
$N$——谐波分量的总次数。

直流电阻：

$$R = R_c / R_p \tag{3-33}$$

幅度特性和相位特性表示输出电压信号的振幅、相位与频率的关系，是以检波器外壳运动的速度来计算的。目前动圈式检波器的幅度特性和相位特性曲线如图 3-55 所示。

从图 3-55 中可以看出以下 4 点特征。

（1）当振动物体的振动频率低于传感器的固有频率时，传感器的灵敏度与频率关系密切且频率减少灵敏度明显下降。

（2）当振动物体的振动频率高于传感器的固有频率时，传感器的灵敏度接近为常数。在这一频段，传感器的输出电压与振动速度成正比。

（3）当振动物体的振动频率过高时，由于线圈阻抗增加，灵敏度将随着频率的增加而

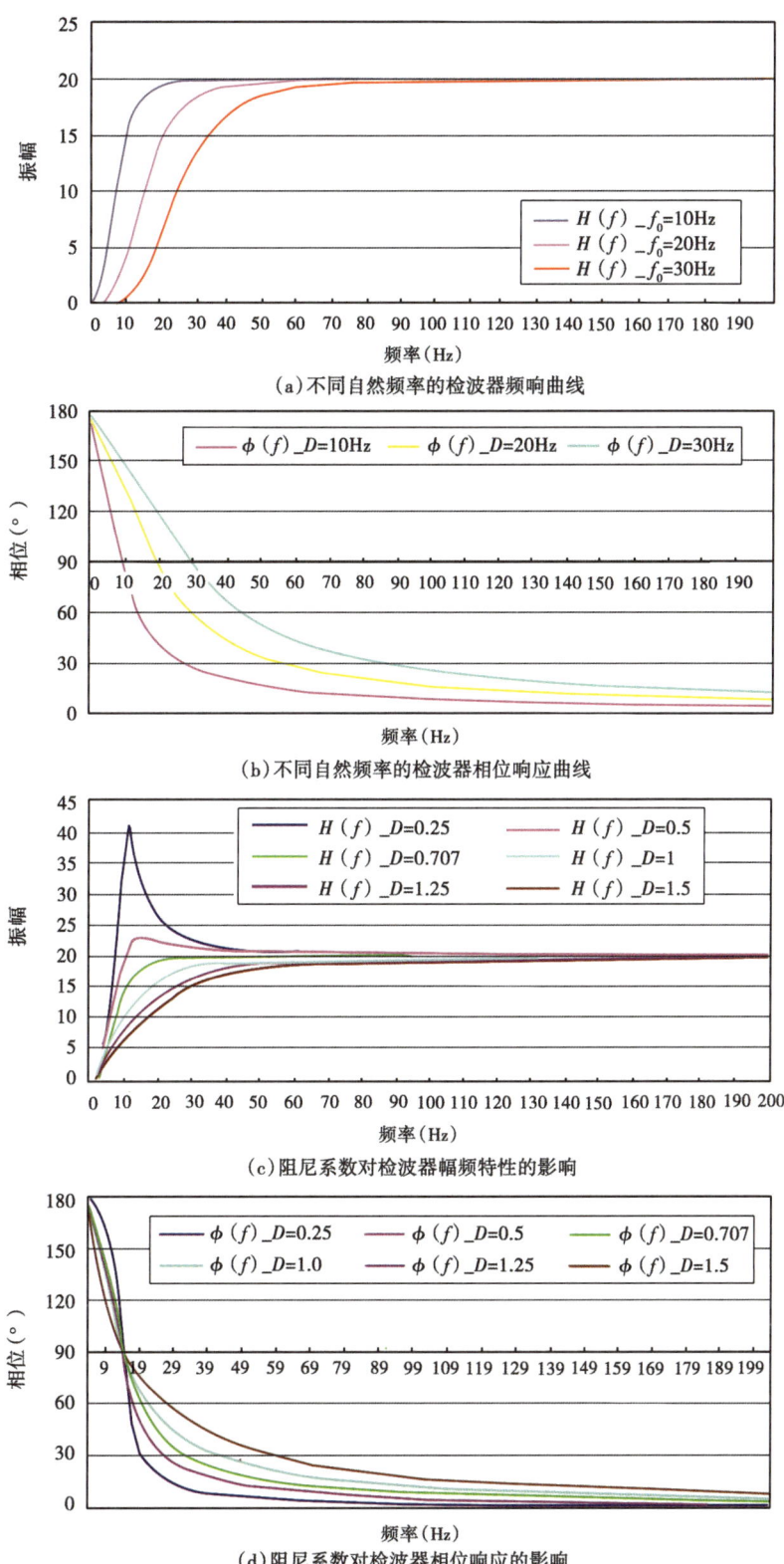

图 3-55 动圈式检波器的幅度特性和相位特性曲线及阻尼对检波器性能的影响

下降。

（4）相位频率特性总体上呈 S 形；围绕频率比值为 1，阻尼增加时曲线的陡度下降。在任意给定的阻尼系数范围内，时差（相移）与检波器的自然频率成反比。

对检波器的要求是振幅频率响应在有意义的频段内是线性的，相位的响应也是线性的。检波器的相频特性和幅频特性是检波器性能的综合体现。

加速度型检波器的传感量物理量是物体运动的加速度，加速度检波器有不同的实现方法，现在常用的常规加速度检波器为涡流检波器，与常规速度检波器的差别是在磁路中增加了一个高电导率的导电套筒。当检波器受到垂向振动时，悬挂在检波器内磁场中的铜质套筒相对于外壳在恒定的磁场中发生上下振动，产生交变的电涡流。涡流具有双重功能，一是对惯性体的运动提供阻尼，二是产生磁场使磁钢第二次切割磁力线在固定线圈中产生感生电动势，感生电动势的大小与振动激励信号的加速度成正比。研制涡流检波器的动机是想对大地深层的高频弱小反射信号进行补偿，以便提高地震勘探的分辨率。但是早期的产品由于灵敏度低，实际应用的效果并不理想。目前的改进型涡流检波器技术指标有较大的提高，它的灵敏度随着频率的增加而提高，因而可以弥补其他检波器因大地对高频信号的衰减而无法检测微弱信号的不足，另外它的结构中增加了涡流阻尼环，使得阻尼系数可以在任何频段都大于 1，解决了高频欠阻尼的缺陷，可以比较好地满足野外使用。其灵敏度与频率关系见表 3-11。

表 3-11 灵敏度与频率关系

| 频率（Hz） | 标准值（cm/s） | 电压灵敏度 [mV/(m·s$^{-1}$)] |
|---|---|---|
| 6 | 1.00 | 129.9 |
| 8 | 1.00 | 194.5 |
| 10 | 1.00 | 254.5 |
| 20 | 1.00 | 473.4 |
| 40 | 1.00 | 636.5 |
| 80 | 1.00 | 705.2 |
| 160 | 1.00 | 742.8 |
| 315 | 1.00 | 769.9 |

涡流检波器原理新颖，结构简单，导电可靠性好，阻尼系数大于 1。具有独特的频率响应曲线。它在谐振频率前的频段以 18dB/oct 衰减，而谐振频率后的频段以 6dB/oct 提升。因而随着振动频率的升高其输出也随着增大，可以补偿大地对高频信号的衰减作用。

加速度检波器与速度检波器的比较：

（1）在 $\omega>\omega_0$ 频段。

①速度型检波器幅频特性呈水平直线。

②加速度型检波器的输出幅度是以 6dB/oct 增加。

（2）在 $\omega<\omega_0$ 频段。

①速度型检波器特性按 12dB/oct 衰减。

②加速度型检波器按 18dB/oct 衰减。

速度检波器与加速度检波器的相频曲线两者相位相差 90°，所以在资料处理时，如果速度检波器与加速度检波器混用,则需要进行相移处理(如果以常规检波器资料处理软件可能会有较大误差)。

**3.2.1.2 检波器工作参数的选择和匹配**

检波器的技术指标参数不仅体现了检波器的性能,在一定意义上也决定了地震数据的采集质量。为获取高保真全信息的地震勘探资料,石油地球物理勘探总希望检波器有最大的频率响应范围、最大的动态范围、最高的灵敏度,以及尽量大的阻尼,但现行的常规检波器和超级检波器受结构原理限制不可能做到如此好的特性。因此,如何在现行检波器的基础上针对特定的勘探目标和环境,合理科学地选择和匹配检波器的工作参数就显得十分重要和必要。下面以目前广泛应用的速度型检波器为例,来分析探讨检波器工作参数的选择与匹配。

(1) 自然频率。

自然频率的高低决定了地震数据采集资料的有效频带。从检波器的幅度频率特性考虑,检波器的自然频率低时可以提高可接收地震信号的频率范围,但不利于压制低频干扰;从相位频率特性考虑,选择较高的自然频率可以提高采集资料的高频组分,但可能会损失许多低频有效信号。因此在保证足够灵敏度的情况下,建议石油地震勘探数据采集应尽量采用低自然频率检波器。因为低频检波器的有效频带包含高频检波器的有效频带,其有效带宽也与石油勘探的数据带宽相吻合。当今石油地震勘探的目的层都比较深,各个地层之间的反射信号频率相差也比较大,可能从十几赫兹到几十赫兹,且深层反射信号的频率都比较低,因而采用较低自然频率检波器更有利于中深层勘探。虽然采用低频检波器不利于压制低频干扰,会降低野外采集资料的信噪比,但这些可以通过后期的资料处理得到改善,而且这些处理过程是可逆的,即选择的参数不合理,达不到要求,可以重新选择,重新处理,直到达到满意效果。如果使用高频检波器进行勘探,虽然可以提高采集资料的信噪比,但会损失有效的低频信号,而且这些损失是不可逆的,对深层造成严重影响,甚至会造成深层信号的空白。因此高频检波器更适用于特殊的勘探项目,如主频高、目的层较浅、分辨率要求高、对低频信号要求不高的项目,因为这样的勘探要求正好体现了高频检波器相对于低频检波器的优势。

地震勘探广泛应用的检波器按自然频率分,有8Hz、10Hz、12Hz、14Hz、28Hz、30Hz、35Hz、40Hz、60Hz和100Hz不等,表3-12列出了几种不同自然频率检波器的特性参数。

表3-12 不同自然频率检波器的特性参数

| 产品型号 | 20DX-8Hz | 20DX-10Hz | 20DX-14Hz | 20DX-28Hz | 20DX-35Hz | 20DX-40Hz |
|---|---|---|---|---|---|---|
| 自然频率(Hz) | 8%±5% | 10%±5% | 14%±5% | 28%±5% | 35%±5% | 40%±5% |
| 开路阻尼系数 | 0.38 | 0.30 | 0.22 | 0.27 | 0.39 | 0.37 |
| 闭路阻尼系数 | 0.71%±5% | 0.70%±5% | 0.51%±5% | 0.552%±5% | 0.612%±5% | 0.576%±5% |
| 开路灵敏度[V/(m·s$^{-1}$)] | 28.0 | 28.0 | 28.0 | 39.0 | 41.0 | 42.0 |
| 闭路灵敏度[V/(m·s$^{-1}$)] | 23.0%±5% | 20.0%±5% | 20.0%±5% | 28%±5% | 29.6%±5% | 30.4%±5% |
| 线圈电阻(Ω) | 395%±5% | 395%±5% | 395%±5% | 395%±5% | 575%±5% | 575%±5% |
| 谐波失真(%) | ≤0.2 | | | | | |
| 假频(Hz) | ≥180 | ≥200 | ≥250 | ≥350 | ≥350 | ≥380 |

从表3-12中不难看出,28Hz以下的检波器各项技术指标相差不大,28Hz以上检波器的各项技术指标也相差不大。

(2) 失真度。

失真度决定了检波器的瞬时动态范围，即检波器在低频大信号背景下能同时识别弱小较高频信号的能力。该项指标对浅层信号的接收作用明显，低失真度有利于在强信号的背景下，提高弱小信号的接收能力；但对于来自深层的弱小信号的接收作用不是十分明显，因为此时有用信号已经十分弱小了，谐波失真已不再影响弱小信号的接收，但这也并不是认为失真度不重要，失真度小的检波器总是优于失真度大的检波器。现在高精度检波器的失真度约为 0.1%，瞬时动态范围约为 60dB，远远低于地震仪的动态范围（约 120dB）。地震勘探对该项指标的要求是越低越好，因此在其他参数相当的前提下，应该选择失真度最小的检波器。

(3) 灵敏度和阻尼。

这两项技术指标是相互紧密联系的，同时灵敏度和阻尼也影响自然频率，因此选择时应该三者一并综合考虑。灵敏度反映检波器对地震信号能量的响应能力，在不超过调节范围的情况下越大越好，但也必须意识到灵敏度对于有用信号和干扰信号的作用是同等的，即在提高有用信号的响应能力的同时也提高了干扰信号的响应能力。阻尼系数过大对低频信号采集不利，过小对高频信号采集不利。式（3-31）表明可以通过减少线圈内阻、增加线圈匝数和提高磁场强度来增加检波器的灵敏度，但减少线圈内阻和增加线圈匝数都会影响阻尼系数。减少线圈内阻可以从减少线圈匝数和增大导线直径着手，前者将引起机电耦合系数减少，阻尼系数下降很快，灵敏度也下降；增加导线的直径，灵敏度略有增加，但阻尼系数减得很快。增加线圈匝数，灵敏度和阻尼系数都将增大，但会使固有频率发生变化（下降），而且匝数增加到一定的程度，电磁阻尼将不能满足勘探的要求。使用新型磁性材料提高磁场强度将是提高灵敏度一个比较好的方法。因此分析一种检波器的灵敏度时，一定要结合阻尼系数，离开了阻尼系数片面追求灵敏度是毫无意义的。自然频率和阻尼系数都影响检波器对地震信号的无畸变响应能力，实际应用时主要应通过幅频响应特性和相位响应特性来考虑自然频率和阻尼系数的作用。从幅频响应特性考虑，阻尼系数选择在 0.707 最佳；从相频响应特性考虑，要有较大的自然频率和阻尼系数；从保证对薄层的分辨能力来考虑，应有较小的固有振动延续时间，即要有较大阻尼系数。综合分析，用于石油地震勘探的检波器自然频率应选 10Hz、阻尼系数（并阻）0.707 比较合理，但应使用新型磁性材料来增加检波器的灵敏度。

(4) 容差。

容差表示同种型号的检波器之间技术指标的差异。虽然不是检波器本身的技术参数，但它对地震资料质量的影响却相当大。因为随着地震采集技术的发展，地震道所使用的地震检波器的数量越来越多，如果检波器之间的一致性不强，不同检波器接收同一信号的结果就会有不同的输出，进行叠加就会产生严重失真，这将大大降低地震采集质量，也影响资料的真实程度。因此这一指标也越来越受到物探技术人员的重视。这也是超级检波器在技术参数上的一致性要比常规检波器好一倍的原因。

### 3.2.1.3 数字检波器与模拟检波器对比

随着检波器制造技术和工艺的发展，国内外许多地球物理勘探装备专家和厂家竞相研制数字地震检波器来保护低频、相对提高高频能量的频带，这是一种低失真、抗干扰能力强的地震检波器。其中法国 CGG 公司旗下的 Sercel 公司和英诺瓦公司生产的数字检波器就是佼佼者，数字检波器与模拟检波器相比主要有以下优点。

（1）数字检波器具有瞬时动态范围大、振幅和相位响应好、信号畸变小的特征，对高频、低频信息均具有较强的录制能力；试验结果表明，数字检波器还具有较强的抗电磁干扰能力。

（2）数字检波器单点高密度采集是高分辨率勘探发展的方向，野外宽频接收、室内组合压噪是保护有效信号和提高分辨率的有效途径。

（3）大多数探区数字检波器原始单炮记录的频带宽度较模拟检波器总体可以提高5~15Hz，并且高频段能量信息丰富。

数字检波器与模拟检波器相比，具有提高分辨率的优势，具体见表3-13。

表3-13 模拟检波器与数字检波器对比

| 类型 | 优势 | 缺点 |
| --- | --- | --- |
| 模拟检波器组合 | 源至噪声受到压制；环境噪声受到压制；信噪比得到改善 | 高频信号受到压制；垂向分辨率降低；具有方位滤波特性 |
| 数字检波器单点接收 | 高频信号得到保护；垂向分辨率提高；克服方位滤波带来的问题 | 源至噪声没有衰减，环境噪声没有衰减，原始单炮信噪比低 |

由于数字检波器的制造和销售费用高昂，且在大检波器距情况下较难克服野外强噪声，短期还无法全面取代长期一直使用的模拟检波器。

### 3.2.1.4 数字检波器及其应用

从模拟地震检波器的技术资料可以看到，其谐波畸变只能达到0.1%，即瞬时动态范围只有60dB；而超级检波器的谐波畸变虽然能达到0.03%，其瞬时动态范围也只有70dB。这些检波器的性能指标远低于数字地震仪的技术指标，也严重影响了整个接收系统综合性能。为了突破传统检波器的瓶颈作用，美国原I/O公司（现INOVA公司）、法国Sercel公司都推出了一种全新的检波器——数字传感器（VecrorSeis、DSU），由于这种检波器采用了全新的微电子机械系统技术（Micro Electromechanical System，简写为MEMS），所以也被称为MEMS检波器。

数字检波器和传统检波器在概念上有些不同，传统意义上的地震检波器只是将地震信号进行接收，即将振动信号转换为电信号；而数字检波器不仅完成信号的采集，而且将模拟信号直接转换为数字信号，同时也要完成数据传输与通信，在结构上它就是传统检波器和采集站的有机结合体。

数字检波器的核心是传感器和专用集成电路（Application Specific Integrated Circuit，简写为ASIC），其原理图如图3-56所示。

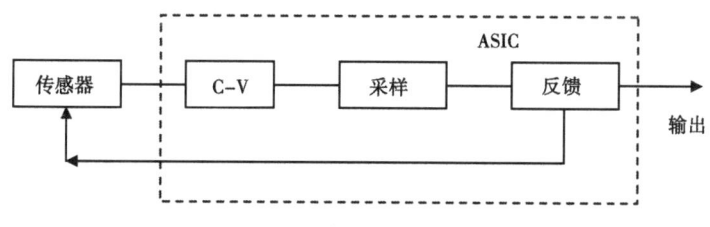

图3-56 数字检波器原理图

现在推出的数字地震检波器都采用MEMS技术，是集微型传感器、执行器以及信号处理和控制电路、接口电路、通信和电源于一体的微型机电系统。概括起来，MEMS具有微型化、智能化、多功能、高集成度和适于大批量生产等特点。

INOVA 公司和 Sercel 公司的数字检波器所使用的传感器都是电容式，即传感器电容随大地的振动而改变，ASIC 电路将根据传感器的输出进行不断调节，以阻止传感器电容的变化，在调节过程中反馈电压也就真实地反映了地震信号，即完成了地震信号的采集。

传感器主要由 5 部分组成：上端盖、下端盖、框架、弹簧和可运动的质量体。这些部件利用类似集成电路加工技术腐蚀而成，然后封装成一个整体。如图 3-57 所示。

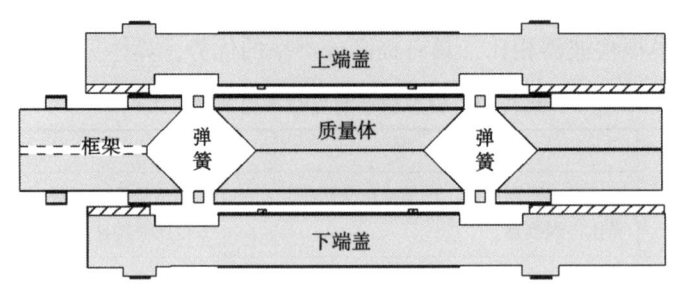

图 3-57 数字传感器结构图

传感器有三种状态：一是休眠状态，即处于未加电状态；二是启动循环状态；三是平衡状态。当检波器布设完毕后，传感器首先处于未加电状态，质量体由于受重力的作用，向下运动，则上端盖和质量体上部之间的电容 $C_1$ 与下端盖和质量体下部之间的电容 $C_2$ 不相等，$C_1>C_2$，当检波器加电后，传感器处于加电启动循环状态，反馈电路反复调节加到上端盖和下端盖上的电压 $V_1$ 和 $V_2$，使得最后 $C_1=C_2$，传感器处于平衡状态，即质量体处于上端盖和下端盖的中心位置，在这种状态下，检波器可以进行数据采集。

在进行数据采集过程中，质量体将随大地而运动，会破坏传感器的平衡状态，使得 $C_1 \neq C_2$，ASIC 电路将根据传感器的输出进行不断调节，改变 $V_1$、$V_2$ 以产生补偿，从而使得质量体处于中心位置，即 $C_1=C_2$，在调节过程中反馈电压的变化也就真实地反映了地震信号特征，即完成了地震信号的采集。同时在调节过程中也完成了信号的模—数转换，转换后的数字信号通过通讯电路传输到仪器的其他控制和传输部件，最后送到主机进行处理和记录。

由于传感器（检波器）是数字的，信号的传输过程也是全数字的，因而大大提高了整个系统的抗干扰能力。传感器部分采用最新数字技术——微电子机械系统加专用集成芯片（ASIC），具有非常低的畸变，动态范围大；在地震信号频带内的频率响应平坦、保持常相位，各项指标比常规动圈检波器都有大幅度提高。其频率特性、相位特性对比如图 3-58 所示。

从相频特性和幅频特性曲线可以看出，数字检波器的有效频带高于常规检波器，可以从 0 至 500Hz，而且在全频带范围内相位都是线性的。

数字检波器相对于常规模拟检波器而言，具有如下几个最明显的特点。

（1）有效频带宽，在有效频带内，幅频特性和相频特性都具有真正的线性。

（2）失真度低，瞬时动态范围达到 90dB 以上。

（3）抗电磁干扰能力强，由于数字检波器采用的传感器采用 MEMS，没有线圈和模拟器件，而且检波器输出的信号是数字信号，因此由它组成的整个采集系统不怕电磁干扰。

（4）能够实现智能化，可以进行倾角自动调整。这一点 INOVA 公司的 VectorSels 数字检波器上得到了充分体现。这一功能不仅可以提高采集质量，也可以提高施工效率。

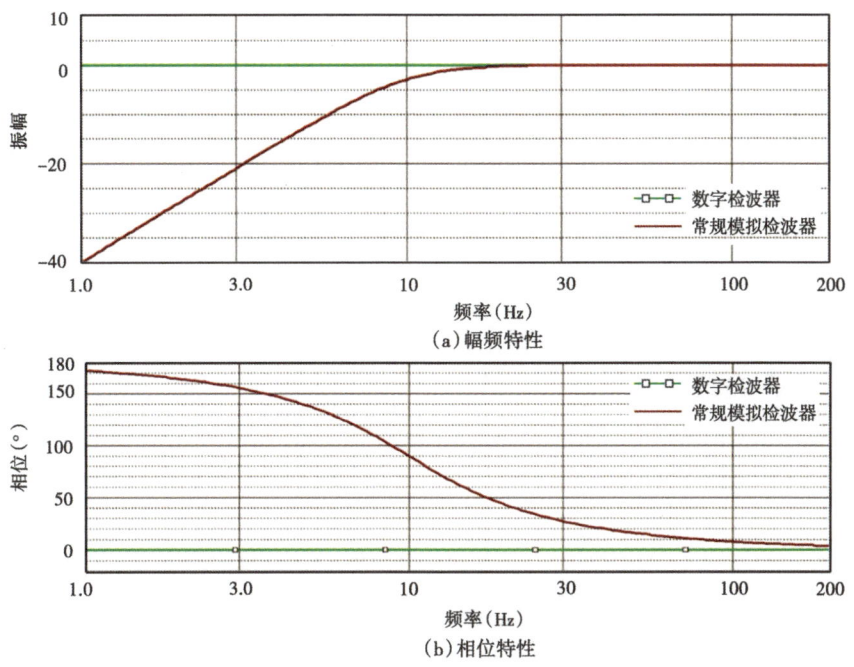

图 3-58 数字检波器与常规模拟检波器幅频特性、相位特性图

采用 5605-15-0-15-5605 的观测系统,进行数字检波器和常规模拟检波器的对比试验,来考核全数字检波器对提高数据采集质量效果,对比试验采用的数字检波器和常规模拟检波器型号分别为 PS-28D 和 DSU3。每一道上数字检波器采用单只,常规模拟检波器为 2 串并联,每串 9 只串联共 18 只。典型的原始记录如图 3-59 所示。

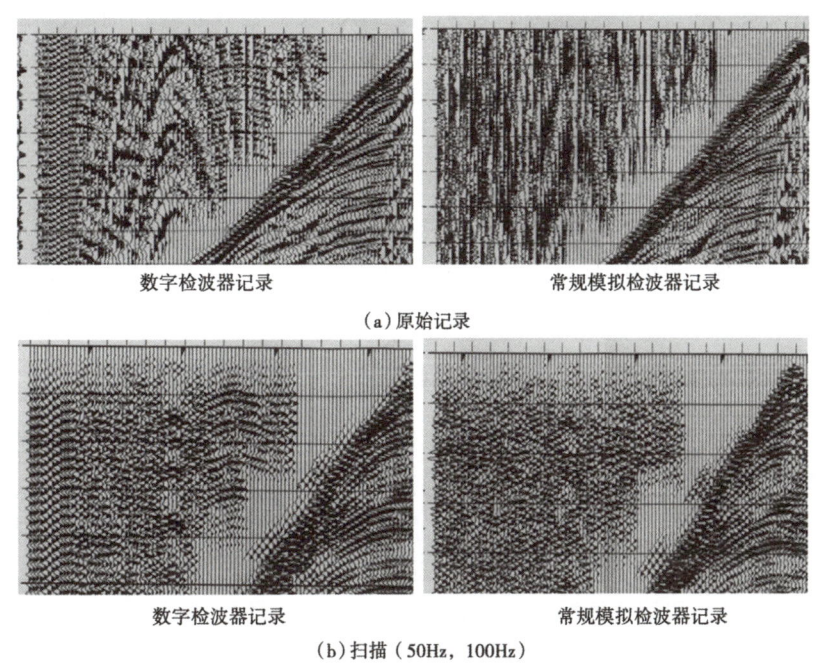

图 3-59 数字检波器和常规检波器的采集图像对比

105

试验单炮分频（BP：60Hz，70Hz，140Hz，150Hz）扫描记录如图3-60所示。

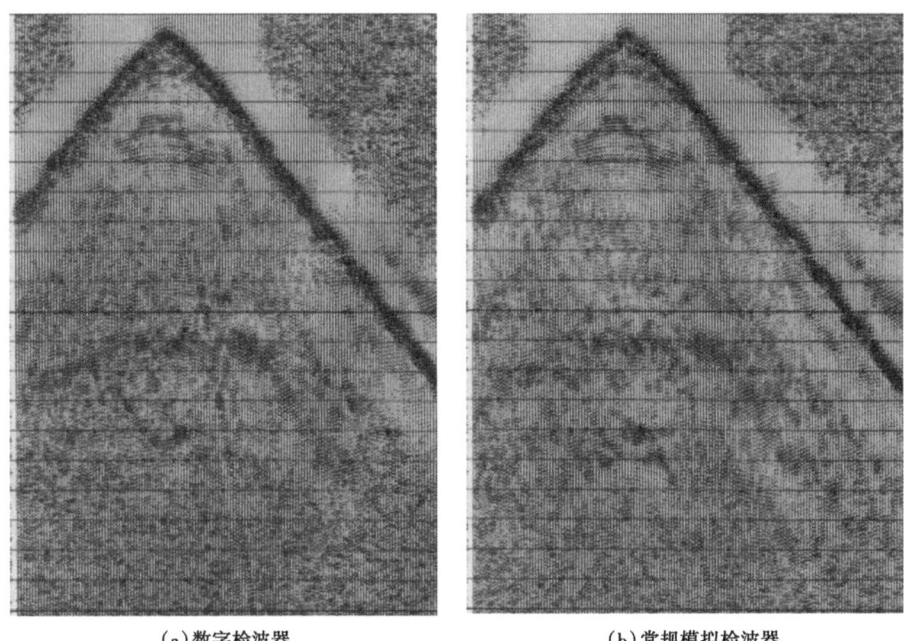

(a) 数字检波器　　　　　　(b) 常规模拟检波器

图3-60　PS-28D、DSU3单炮分频（BP：60Hz，70Hz，140Hz，150Hz）扫描记录

对数字检波器和常规模拟检波器道集内的地震信号进行了频谱分析，分析结果如图3-61所示。

从以上的定量分析结果可以得出：

（1）数字检波器和常规模拟检波器采集到的原始数据进行分频扫描后，显示的记录并没有太大的差异；

（2）定量分析结果中，数字检波器在高频和低频段的信号好于常规模拟检波器，接收频带宽度总体可以提高8~15Hz；

（3）数字检波器采集记录中的干扰波信号强于常规模拟检波器的，这主要是由于常规模拟检波器采用了组合，压制了部分源至噪声和环境噪声；

（4）数字检波器采集的信号中没有50Hz的工业干扰；

（5）常规模拟检波器具有方位滤波特性，而数字检波器能够克服方位滤波带来的问题。

### 3.2.2　多道、高采样率地震仪器的应用

随着电子技术和计算机技术的高速发展，地震仪的接收能力得到了极大的提高，记录精度和动态范围得到极大发展。装备技术的发展是地震技术发展的驱动力，海量数据接收、灵活接收方式的仪器技术发展，促进了高密度、宽方位等地震勘探技术的推广应用。地震仪器技术也是野外地震数据采集降低噪声水平，提高地震信号信噪比的关键。地震仪器是地震数据采集工程中极为复杂和重要的精密电子测量设备，从地震波的激发、接收、数字化到记录都在地震仪的控制下完成，所以，地震仪的技术水平、性能指标、质量和应用效果直接关系到地震数据品质，影响着采集方法的实施，从而影响着勘探开发成效。

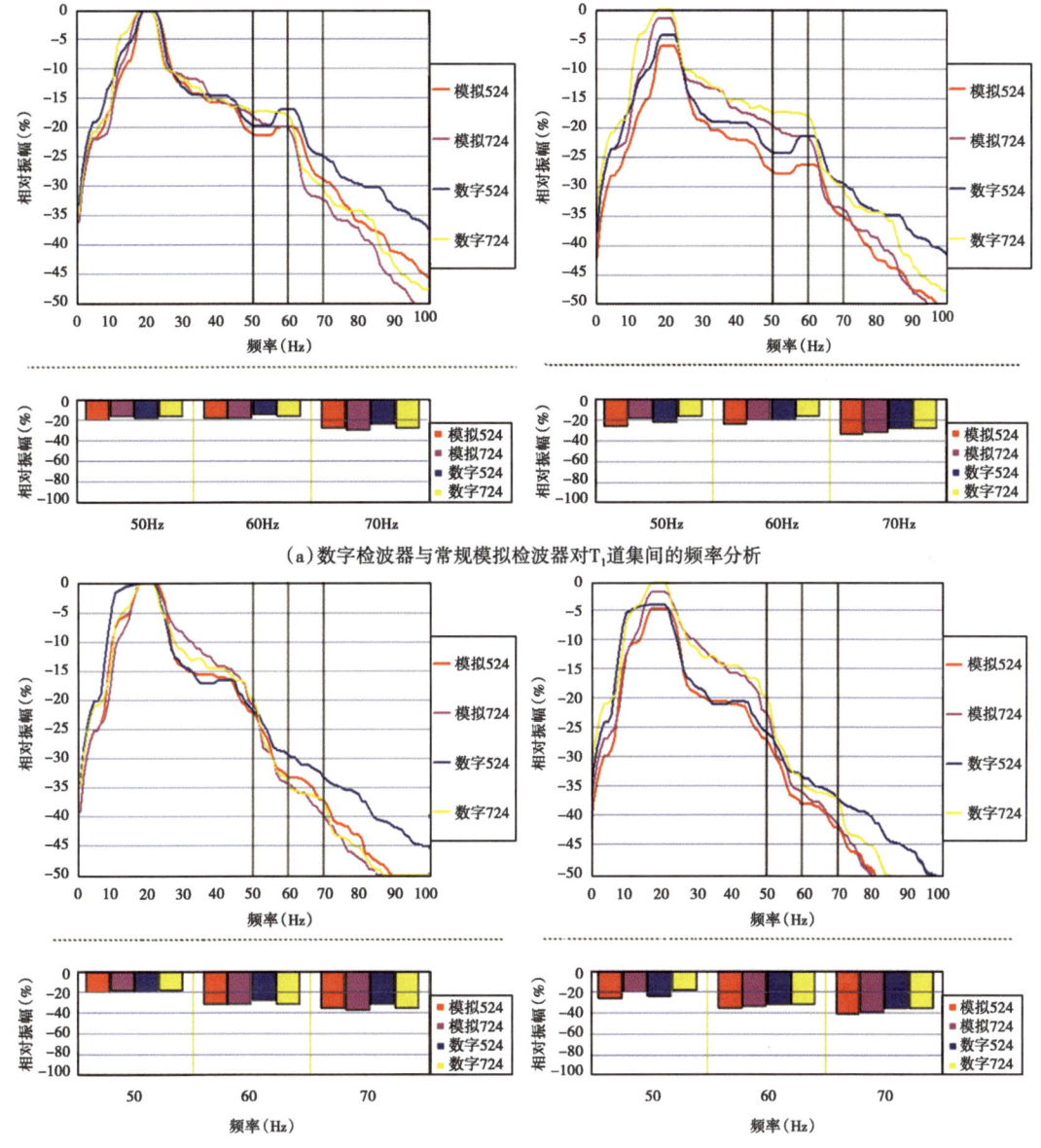

(a)数字检波器与常规模拟检波器对$T_1$道集间的频率分析

(b)数字检波器与常规模拟检波器对$T_2$道集间的频率分析

图 3-61 地震信号频谱分析

## 3.2.2.1 地震仪器的发展简史

地震勘探仪器的发展是以地震勘探的发展与需求为前提条件和动力源泉；反过来又直接制约和促进着地震勘探的发展。追根溯源，地震勘探技术和方法的进步源于地震仪器技术的进步，地震仪器的每一次技术创新和更新换代，均促进了物探技术方法的飞跃，促使地震技术经历了模拟光点时代、模拟磁带时代、数字磁带时代，到今天的全数字时代。

半个世纪以来，随着电子技术、计算机技术、数据传输及存储技术以及地震勘探技术的不断发展，地震勘探仪器也在不断发展。从地震勘探仪器的元器件组成、设计结构、技术性能、技术指标以及它在地震勘探发展的历史过程中所起到的作用等方面分析，地震勘探仪器可大致分为6个发展时代。

第一代，电子管地震仪，即模拟光点记录地震仪。从 20 世纪 30 年代初期到 50 年代末期，大约经历了 30 多年，是地震勘探的初期，也是地震勘探仪器发展经历时间最长的一代。主要标志是采用电子管器件和模拟波形感光照相纸记录。

第二代，晶体管地震仪，即模拟磁带记录地震仪。从 20 世纪 50 年代末期到 60 年代末期，在地震仪器发展历史上是时间比较短的一代。主要标志是采用分立半导体器件和模拟磁带记录。

第三代，集成电路地震仪，即数字磁带记录地震仪，也叫常规数字仪。从 20 世纪 70 年代初期至 80 年代初期，主要标志是采用中小规模集成电路、逻辑控制、模拟/数字转换和数字磁带记录。

第四代，大规模集成电路地震仪，即遥测地震仪。从 20 世纪 80 年代初期至 90 年代初期，主要标志是采用大规模集成电路、计算机控制，将采集电路部分（模拟电路和模/数转换电路）做成采集站与控制和记录系统（主机系统）分离，并把采集站分散布置到外线排列中，所以这类仪器也被称为分布式数据采集系统，是早期的遥测地震仪。

第五代，超大规模集成电路地震仪。这一代地震仪是从 20 世纪 90 年代初到现在，已经历了 10 余年。主要标志是采用超大规模集成电路、多计算机控制和 $\Delta-\Sigma 24$ 位 ADC（模数转换）技术，是 24 位遥测地震仪。

第六代，全数字遥测地震仪。从 21 世纪初（2002 年）开始。主要标志是采用微机械电子技术成功制造数字地震传感器，从而从技术上解决了多年来传统模拟地震检波器制约地震勘探发展的瓶颈问题。

#### 3.2.2.2　地震勘探对地震仪器的基本技术要求

地震勘探仪器一般都应具备三个基本部分：地面振动传感器（地震检波器）、地震信号放大和数据变换器（采集站）、中央记录系统（磁带机、记录显示设备）。地震勘探对地震仪器的基本技术要求如下。

（1）放大作用，人工激发的地震有效波在地面引起的振动位移非常微小，只有微米的量级，要求地震仪器必须具有足够的放大能力，将微弱地震信号放大。

（2）动态范围，来自浅层和深层的地震波能量相差悬殊，可以达到 10 万倍以上，即有效的地震信号动态范围可达 100dB 以上。要求地震仪器具有足够大的动态范围，能够从弱到强把全部地震信号都接收下来。

（3）多道接收，为了提高生产效率，要求在施工测线上大量的物理点同时观测地震波。就是说，地震仪器应该具有多道接收能力。

（4）地震道一致性，地震勘探是用各道地震波的到达时间和波形差异识别波的类型，进行资料和地质解释。因此，要求各地震道对同一地震波的响应应该是相同的。也就是说，要求仪器的所有地震道在信号接收时间、接收信号的幅度和相位方面具有高度的一致性。

（5）频率选择作用，地震波包含有效波和各种干扰波，一般它们的频率特性是有差别的，比如在石油地震勘探中，面波在 20Hz 以下的频率范围内，而反射波在 5~120Hz 范围内。因此，要求地震勘探仪器的记录系统和回放系统具有选频滤波作用。在有效波频率范围内没有畸变，而对干扰波频率应有最小的放大。这就涉及仪器的通频带、低切滤波器、高切滤波器、50Hz 工业交流电陷波滤波器等技术性能和指标要求。

（6）分辨能力，地下不同地层反射的地震波可能接连而来，但仪器系统（包括检波器）的固有特性决定它总是存在固有振动。当仪器的固有振动延续时间不大于相邻界面地震脉冲到达的时间差时，两个波形能够分开，否则就难于分开。因此，要求仪器具有良好的分辨能力，就是说仪器固有振动延续时间应尽可能小。这个要求除了地震仪器的主机系统外，另一个关键就是检波器的性能，特别是检波器的阻尼特性。

（7）其他性能要求，地震仪器是一种十分复杂的电子系统，除上述性能指标外，还有很多其他重要技术指标要求。例如记录长度、时标精度、谐波畸变、系统噪声、增益精度、丢码率（对数字仪器）等。这些技术要求有些存在内在关系，不是完全独立的，有时候是从不同角度提出的，有时候是为了强调某一方面提出的。地震勘探对地震仪器的技术要求，是随着科学技术的发展而不断刷新和提高的，因此技术性能和技术指标的要求都是相对的。

### 3.2.2.3　24位遥测地震仪的性能特点

为了适应三维地震勘探、高分辨率勘探、多波勘探、超多道、超高次叠加等新方法和新发展起来的地震地层学的需要，并且随着数字通讯、遥控遥测、计算机控制处理、磁记录等方面新技术的发展，使得采用大规模集成电路制造的新一代地震勘探仪器——遥测地震仪应运而生且迅猛发展。采用大规模集成电路技术和微型计算机技术，并因此使地震仪器在总体结构上发生了重大改变。

20世纪90年代初，美国原I/O公司异军突起闯入了大型地震勘探仪器设计制造领域。该公司使用超大规模集成电路技术和基于这种技术的Δ-Σ24位ADC专利技术，在世界上首先推出了新型遥测地震仪I/O SYSTEM Ⅱ，宣告了以传统IFP+14位ADC为核心的早期遥测地震仪时代的结束和第五代24位遥测地震仪时代的开始。国外陆续推出各种型号的24位遥测地震仪，其中具有代表性的有线传输仪器有：美国原I/O公司生产的SYSTEM Ⅱ，法国Sercel公司生产的SN388、408UL、428XL，加拿大原Geo-X公司生产的ARAM 24等。后来美国I/O公司又相继推出SYSTEM 2000、IMAGE仪器，加拿大Geo-X公司又推出ARAM·ARIES仪器。具有代表性的无线传输仪器有美国FairField公司生产的TELSEIS STAR、BOX仪器，法国Sercel公司生产的Eagle 88等。

1999年，投入了巨资经过多年研究，美国原I/O公司推出了采用微机械电子加工技术研制的数字地震传感器VectorSeis，而法国Sercel公司于当年年底推出了全数字系统应用平台408UL。2002年，美国原I/O公司又推出了自己的全数字系统应用平台SYSTEM FOUR，而法国Sercel公司也同时推出了自己的采用微机械电子加工技术研制的数字地震传感器DSU。至此，世界上最大的两家地震仪器制造公司分别完成了各自的全数字遥测地震仪系统。

遥测地震仪使用超大规模集成电路，集成度更高，体积更小，性能更强，稳定性更好。仪器使用了放在检波点上的采集站，由各采集站将检波器输出的模拟信号转变成为数字信号后，向中央控制记录系统传送。由于数字信号传输的抗干扰能力强，避免了传送模拟信号时大线所固有的道间串音、天电干扰、工频干扰等。革除了原有的笨重的大线。

遥测地震仪可用现场处理机及时处理和监控野外记录质量，能及时地选定最佳的野外方法和最佳的仪器参数，以获得高质量的地震记录。

遥测地震仪的记录道数只受数据传输速率的限制，因此地震道数可达到上千道甚至上万道以上，适于三维地震勘探。根据数据传输方式，目前，国内外主要的24位遥测地震仪可分为三类：有线遥测地震仪、无线遥测地震仪、存储式数据回收遥控地震仪（节点地震仪）。

（1）有线遥测地震仪。

代表产品有法国Sercel公司的408UL、428XL、428XL-G，美国原I/O公司的SYSTEM

TWO/2000/IMAGE，加拿大原 Geo-X 公司的 ARAM 24/ ARIES，日本 JGI 公司的 GDAPS24，中国西安石油仪器厂的 GYZ-4000，中国东方地球物理公司仪器厂的 WF-1006，INOVA 公司的 G3i 等。

有线仪器的发展主要体现在扩展实时采集能力、满足先进高效施工方法、提高系统稳定性、提高复杂环境适应性等方面。进一步完善了网络遥测技术、数据存储技术、数据压缩技术、光纤传输技术、源同步采集技术等，使得具备几十万道数据采集能力的仪器成为现实。

目前，几十万道仪器的同步采集时差可控制在 $10\mu s$ 之内，采用光纤传输、先进网络遥测和高速磁盘存储，使得系统具有管理海量数据的能力。多组移动激发源同步控制技术可适应可控震源高效采集（HPVA）、高保真数据采集（HFVS）、激发源自动驱动仪器采集等需求，满足野外几十台震源共同作业，极大地提高了生产效益和自动化程度。

现在，有线仪器的杰出代表是 428XL-G 和 G3i 系统，在海量采集、快速传输、可控源高效采集、激发源同步控制等方面代表了世界先进水平。其中 428XL-G 系统的特色在于排列管理能力、源同步控制能力、光纤交叉线数传、实时采集、连续记录等方面。光纤传输速率达到 GHz，使得交叉线的最大管理能力达到十万道（是以往系统的十倍），采用积木式结构，最多可达百万道。目前 428XL-G 的采集链的实际传输速率是 16MHz，所以 2ms 采样间隔下带数据压缩时二维实时采集能力仍为 2000 道。G3i 系统应用了 esata3.0 接口标准，使得数据存取速度达到 400MHz，可满足三维实时几万道记录。

（2）无线遥测地震仪。

代表产品有法国 Sercel 公司的 EAGLE88，美国 FairField 公司的 TELSEIS STAR、BOX，英国 Vibtech 公司的新型遥测地震仪系统 IT 系统，称为"蜂窝地震"。美国 Wireless Seismic 公司最近推出了 RT2 无线遥测系统，采用站间接力数传方式，大大提高了越障能力，成为无线仪器的一大亮点。

无线仪器的独特之处在于依靠无线电波实现信号传输和交换，其关键在于提高无线通信效率和能力。无线仪器的通信频带一般选择微波或甚高频段，核心技术是通信协议，不同协议下的信道个数和带宽不同，一般较大的带宽会有较高的数传率，而较小的带宽会有较多的信道。近几年，无线仪器在编码技术、调制技术、抗干扰技术、同步技术、授时技术等方面有较大突破，使无线仪器的地震道管理能力、通信速率得到极大提高。

根据数据实时回传方式，无线仪器分为数据回传式和状态回传式两种。数据回传式与传统的无线仪器相当（BOX、EAGLE、IT），以实时或准实时的方式将地震数据传回主机。现今，数据回传无线仪器传输方式更灵活、同步精度更高、传输速率更快、采集能力更强，因野外设备大幅度减少，可极大地减小对环境的破坏和降低劳动强度，而备受石油公司和服务公司推崇，使该类仪器研究方兴未艾。美国 Wireless Seismic 的 RT2 成为杰出代表。

RT2 系统与过去的无线仪器不一样，采用专利技术实现地震数据连续采集和实时传输，数据从采集站到采集站接力以 2.4GHz 微波段传输，由于距离短，传输损失较小，并可实现任何障碍区的数据接力，每个采集站都可作为中继站。基站（即交叉站）与基站之间采用光纤或 5.8GHz 微波段传输，并直接传输到主机。这种无线仪器，在采集方式和功效上等同于有线仪器，具有与有线仪器相近的带道能力。因其没有大线，使该仪器更适合复杂城区、山地等复杂地表。

状态回传式仪器的代表是 FIREFLY，该仪器只回传状态信息，即只实时监控地震道的工作状态，数据质量的好坏只能等放炮结束后回收数据进行检查，另外中央控制系统是控制同步采集的广播命令源,处于山地、丛林中的采集站因通信质量下降可能会造成不受控。

(3) 节点地震仪。

存储式数据回收遥控地震仪代表产品有美国原 I/O 公司的 RSR、INOVA 公司的 HAWK、Sercel 公司的 Unite、Fairfield 公司的 ZLAND 和 Geosapce 公司的 GSR 等。

无论是有线仪器还是无线仪器,因传输速率限制,能够实时采集的地震道总量有限,因此,希望开发一种道数可以随意扩展、排列方式灵活、适应各种复杂环境的仪器,这就是节点仪器。

节点仪器实质上是没有实时信息交换的、以站为单位独立工作的、按精确时序连续采集的、存储式的地震数据采集系统。采集站在内部时钟或 GPS 时钟配合下自动完成连续地震数据采集,数据存储在大容量缓存中,完成阶段采集后通过后台(营地)支持设备集中下载提取数据,并编排成炮集数据。

节点仪器不涉及通讯,野外施工简单,但是,因不能实时监控地震数据质量,而受到用户的质疑。

24 位遥测地震仪采用超大规模集成电路,多微机系统控制;采集站中使用了 Δ-Σ24 位 ADC 技术,这样可大大提高瞬时动态范围,减少畸变,减少了模拟电路带来的相位及频率畸变,简化了电路,使采集站更轻便、功耗更低;采样间隔以 4ms、2ms、1ms、0.5ms 为主,通过提高滤波器陡度扩展频带至 400Hz(1ms)或者 200Hz(2ms),截频可达 0.8Nyquist 频率;地震道接收能力很大,一般在千道(2ms)以上,甚至可以达到万道、10 万道。

这一代仪器普遍重视人机界面,软件图形能力越来越强,多窗口界面的应用日趋普遍;实时相关处理能力越来越强,噪声编辑及叠加算法不断改进,双源的相关技术使用日益广泛,具有千道实时处理能力的相关器已经出现;仪器及采集站的设计上,大量使用了各种专用集成电路。某些专门设计的集成电路可达数万门至十万门以上的规模。电路设计中采用了较多的 DSP 芯片和 FPGA 超大规模门阵列芯片,将数字信号处理功能引入到数据采集过程,完成数字滤波、抽取、FFT 及叠加等多种功能;电路工艺上普遍采用了 SMT 表面封装技术。

### 3.2.2.4 全数字遥测地震仪的性能和技术特征

目前的第五代仪器可能还要使用较长一段时间。新型地震传感器的出现使地震勘探仪器发展到第六代。

由于新型地震传感器现已投入商业阶段,地震检波器的革命性变化,将使第六代仪器系统出现一系列重大变化,是真正的全数字系统,把这一代地震仪器统称为"全数字遥测地震仪"。

首先开始研究并推出新型检波器的是美国原 I/O 公司。该公司在 2000 年推出首次应用于地震勘探领域的 VectorSeis True Digital Sensor 三分量数字传感器,并于 2002 年推出与之配套的新型全数字遥测地震仪 SYSTEM FOUR 主机系统。法国 Sercel 公司于 1999 年底推出自己的全数字遥测地震仪主机系统 408 UL,并于 2002 年宣布推出新型数字地震传感器 DSU (Digital Sensor Unit)。因此到 2002 年,美国原 I/O 公司和法国 Sercel 公司几乎同时分别完成了各自的全数字遥测地震仪的完整系统并推向世界勘探市场。应该说,从 2002 年开始世界地震勘探仪器的发展进入了一个新的时代——第六代全数字遥测地震仪时代。

如前所述,新型数字地震传感器从原理到结构完全不同于传统模拟地震检波器,它采用了硅微电子机械加工技术,其各项性能指标均非传统模拟检波器可比。由于传感器内部具有微型化的 Δ-Σ24 位 ADC 电路,所以它直接输出 24 位数字信号;动态范围可达 105dB 以上,比传统检波器的动态范围高出 30~40dB；谐波畸变指标小于 0.003%，比传统检波器谐波畸变至少低一个数量级；输出频带十分平坦，在 1~500Hz 范围内始终保持平直，而输出相位为零相位。

数字地震传感器具有超低噪声特性，极高的向量保真度；并且它不受外界电磁信号干扰的影响，如高压线或地下电缆等干扰；地震传感器的埋置不受倾斜影响，但是埋设的方位角度需要校准。

#### 3.2.2.5 数字地震仪器的应用

要解决高精度、高分辨率地震勘探的准确性，首先要解决地震数据可行性问题，要求地震数据真实、准确地反映地下地质目标的形态、产状、岩性变化与边界，提高钻探的成功率。为了保证原始地震数据的准确性与可靠性，地震检波器与数字地震仪器之间信号传输的溯源性应当提到重要议程。

目前数字地震仪只能用年、月、日自检进行功能性测试来代替校准，主要内容有：噪音、串音、共模抑制、系统延迟、计时误差、增益误差、高截滤波、谐波失真、处理及相应的结果报告文件等。严格地说，这种功能性自检不具有量值溯源性，因此各仪器之间的量值无法通过自检得到统一。数字地震仪器是地球物理勘探中广泛应用的大型精密设备，要解决地震数据的稳定和可靠性问题，要求采集到的地震数据真实、可对比，可重复；必须统一地震数据采集设备的量值，规范数字地震仪的校准。此项工作应该列为今后监控高精度地震勘探工作质量的重要工作和环节。所以建立数字地震仪的校准系统和规范标准是十分必要和迫切的。

在全数字遥测地震仪的野外施工中，以往传统地震检波器空间组合形式的概念没有了，一个地震道使用多至几十个检波器的组合方式没有了。对于新型仪器系统来说，一个地震道只能接收地面上一个物理点的地震信号。但是，新型数字地震传感器一般是设计成正交的 $X$、$Y$、$Z$ 三个分量，这意味着一个地震传感器在同一个物理点可同时接收来自 $X$、$Y$、$Z$ 三个方向的地震信号。上述情况给野外数据采集、施工方法、资料处理以至资料解释等都提出了新的课题。

由于地震勘探施工的地表条件越来越复杂，根据地表类型，同一厂家或不同厂家的不同类型仪器系统混合使用，需要克服复杂地表数据传输问题，如有线传输与无线传输相结合，以适应陆地、山区、沙漠、湖泊、沼泽等不同复杂环境条件。

由于新型地震传感器的原理结构与传统地震检波器完全不同，因此测试项目、技术指标要求和测试方式将完全改变。原来被称为采集站的地面电子单元现在因为内部没有模拟电路部分，所以通常的测试方法和技术指标都没有了，对它最多是进行工作状态和功能的检查。以后，仪器系统将完全改变当前地震仪器在质量控制方面的检测方法和技术标准，例如仪器的日、月和年检验的项目、方法和技术标准将完全不同。如等效输入噪声测试，由于新型地震传感器内没有模拟前置放大器电路，所以由地震传感器输出的三分量信号总是周围环境的微震背景噪声信号，因而该项目测试已失去原来的意义。再如共模抑制比测试，由于传感器内没有模拟前置放大器（包括高精度模拟正弦测试信号发生器和模拟脉冲信号发生器）电路，并且不能从内部或外部施加任何电模拟正弦测试信号，故这项指标不能测试。其他如道间串音测试、谐波畸变测试、瞬时动态范围测试、道脉冲和检波器脉冲测试、检波器漏电测试等等传统检测项目都将无法进行。

因此，针对全数字遥测地震仪，建立起一套全新的、科学的、基于新型数字地震传感器和系统平台的检验测试方法、项目和技术指标体系，以保证整个仪器系统的各项性能指标，保证地震采集施工作业的效率和数据质量十分重要。因此定期进行仪器室内状态检测是监控设备是否正常的一个重要环节。

### 3.2.3 地震震源的发展

#### 3.2.3.1 地震震源的分类

地震震源是采用人工激发的方法产生振动源激发能量。地震震源在地表或者地表层激发释放能量，形成向下传播的地震波，地震波经反射、折射等被检波器接收传送到地震仪器形成地震记录。

地震震源有多种类型：重锤、枪击、气枪、电火花、炸药、可控震源。目前在陆地油气地震勘探中最常用的是炸药震源和可控震源。气枪和炸药震源都属于脉冲震源（图3-62）。激发高能量团瞬间释放，含有的频率从低到高都有，频率成分非常丰富，并能在极短时间内到达最大（时域），频带内振幅相等（频域）。

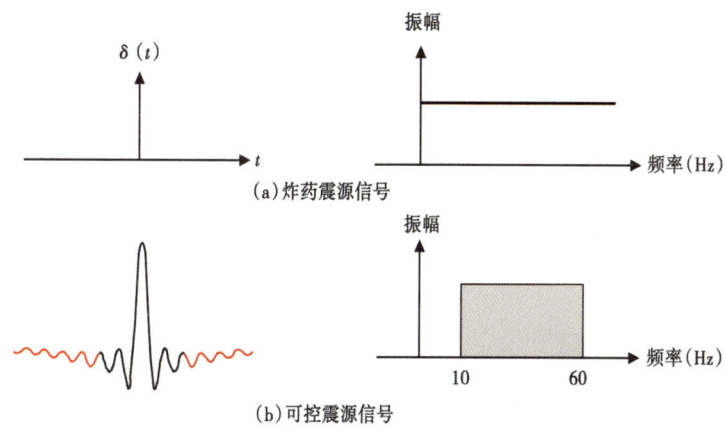

图3-62　可控震源信号与炸药震源信号的比较

可控震源属于低振幅，长时间作业累积能量，频率成分可控。可控震源信号为变频扫描信号，任一个非周期振动可以分解为若干不同频率的简谐振动或者是有若干不同频率的简谐振动合成。图3-63为扫描信号的合成过程，各种不同频率成分、具有相同相位的正弦信号叠加后成为图3-63（a）中的信号，经过不同的延迟算子叠加后，成为图3-63（b）中的扫描信号。扫描结束后通过相关把延续时间很长的扫描信号压缩成有限带宽信号，如图3-64所示。

图3-65为可控震源生产相关记录示意图。图3-65（a）为地质模型，图3-65（b）的第1道表示传入大地的可控震源信号，第2至第4道分别表示几个地层反射信号。这些反射信号在时间上相互重叠、干涉后形成第5道可控震源原始记录，第6道为相关后的记录。

#### 3.2.3.2 可控震源的发展

由于炸药震源存在安全隐患，以及对地下水的污染，环境的破坏。目前大多数国家都限制使用炸药震源。可控震源作为低公害、安全、高效的激发源，成为地震勘探活动中首选的激发工具。炸药震源的施工效率低很难实现大排列、多道数、高密度采集，因此高精度三维地震勘探更难以实现。可控震源施工效率高，成本低，安全环保，以及随之发展的各种各样

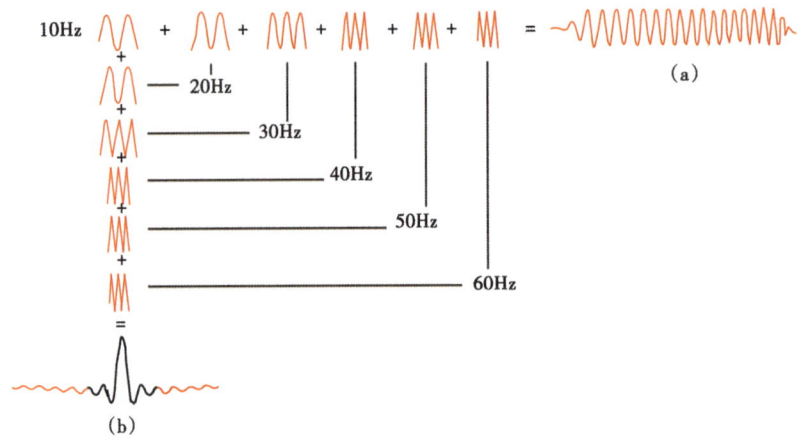

图 3-63　可控震源不同频率的信号

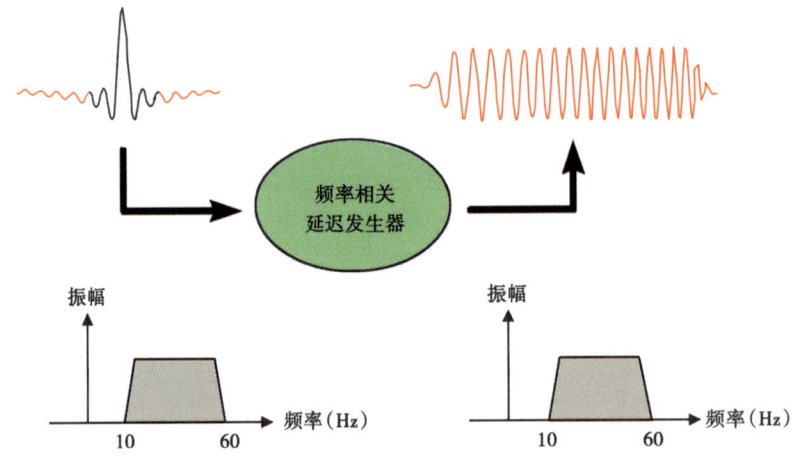

图 3-64　短脉冲生产长扫描信号

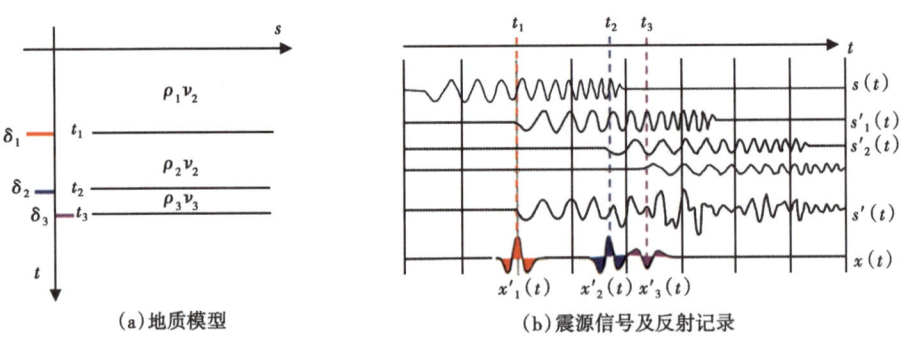

(a) 地质模型　　　　(b) 震源信号及反射记录

图 3-65　可控震源生产相关记录示意图

高效采集方法和高保真去噪方法使高精度三维地震勘探得以实现。

1952 年 8 月 2 日，Bill Doty［Continental Oil Company（Conoco 公司）］地球物理学家，提出用长信号代替脉冲信号作为地震勘探的载体，在最深目的层的反射时间内信号不能重复。

1952 年 8 月 3 日，John Crawford（Conoco 公司）提出用正弦曲线作为扫描信号，震源施工理论的雏形。

1953年1月，John Crawford、Bill Doty、Bill Miller形成专利。

1960年，Conoco公司决定推出这项技术，并授权进行工业化生产。

第一家被授权的公司是Seismograph Service Corporation（SSC），150美元/（每个可控震源队·每天），并且有保密协议。

1961年，Conoco公司释放了这项技术，SSL公司（Seismograph Service Limited）发展了电磁"correlator"。

自从1956年首次出现可控震源以来，经历了半个世纪的不断改进、完善，可控震源硬件技术日趋成熟。随着对地震信号信噪比改善的要求不断提高，可控震源的激发能级也不断提高，可控震源的动力、底盘、液压伺服控制等则都随之变化。经过20世纪的公司兼并后，目前国际物探装备市场上能够提供可控震源的只有少数几个公司：法国Sercel公司、美国ION公司和中国东方地球物理公司。

虽然多台震源的图形组合和多振次组合可以提高信噪比，但是由于涉及震源组合带来的激发源非一致性问题与远近场信号的振幅与相位拉伸问题而影响地震信号的分辨率与振幅保真，因此，新的可控震源激发理论认为：在地震信号的激发过程中应该更侧重于恢复点源激发和补偿由于各激发源的机械与液压非线性带来的非一致性问题。

为了消除震源激发的个性差异，改善地震采集数据最终叠加的信噪比与分辨率。提出了高保真可控震源方法（HFVS- High Fidelity Vibrator Seismic）。传统震源理论认为控制信号（平板和重锤加速度的加权）与实际输出信号是一致的，而实际测试标明，在频率50Hz以上，两者并不一致，当频率为140Hz时，输出信号只有控制信号的20%，而且相位滞后了60°。其原因在于地面力的估算值与实际地面力会随着负荷的不同而变化，即使一组内不同震源的地面估算值是一致的，但每台震源的实际信号在相位上并不能保持一致，当用固定的参考信号进行相关时，就会导致相关结果有不同畸变，进而影响分辨率。通过检测到的振动信号对震源数据进行相关而不是用参考信号进行相关来提高分辨率。

（1）原理上单点只能使用一台震源，但为了提高施工效率，HFVS可允许几组震源同时启震（但是相位不同），这样在一个记录上就有几个初至。

（2）要记录未相关的原始数据，还要记录每次扫描每台震源的驱动信号，数据量要比常规方法大10~20倍。

（3）利用记录的驱动信号来分离记录数据（变相位）。

### 3.2.3.3 可控震源激发高效采集技术

可控震源采集大致有几种方法：常规采集、交替扫描、滑动扫描、ISS（Independent Simultaneous Sources，独立同步扫描技术）、DSSS（Distance Separated Slip Sweep，滑加+距离分开扫描）、HFVS。其中滑动扫描、ISS、DSSS、HFVS为目前的主要高效采集技术。

常规采集：一组震源、相应效率的地面设备；适用工区为工作量不大，施工期不长；主要噪声干扰为一般相邻震次无相互干扰或干扰较小。

交替扫描：两组或两组以上震源，相应效率的地面设备；适用于工作量较大，震源搬点时间较长的工区；主要噪声干扰为一般相邻震次无相互干扰或干扰较小。

滑动扫描：至少三组以上震源，超级排列；适用于工作量较大，地表条件较好的工区；主要噪声干扰为相邻震次间干扰较大（谐波和机械噪声）。

ISS：至少8组（单台）以上震源同时施工，超级排列单台震源对最深目的层有足够的能量；适用于工作量较大的工区；主要噪声干扰为炮点密度较高震源间相互扰，谐波和邻炮噪声干扰较大。

DSSS：至少4组（至少2台/组）以上震源施工，超级排列，适用于工作量较大、炮点密度较高，地表条件较好的工区；主要噪声干扰为相邻震次间干扰较大（谐波和机械噪声）。

HFVS：占用震源与常规或交替扫描差不多，超级排列，适用工区为接收一般与高密度、高精度结合在一起，重点考虑地下地质条件和经济投入来确定是否做HFVS。主要的噪声干扰为震源间的机械噪声干扰。

### 3.2.3.4 可控震源激发技术的发展趋势

可控震源输出信号的畸变控制与评价一直是可控震源应用过程中的难题。基于可控震源信号控制理论的未来新一代可控震源控制系统支持了对震源输出信号的畸变控制，降低了激发信号的畸变水平，提高了激发信噪比。使得今后可控震源输出信号的畸变也可以像目前的相位与输出力一样受控，更便于对可控震源输出性能的评价，同时也可以提高震源在激发过程中的有效下传信号的能量水平，改善地震采集信号的信噪比与分辨率。

兼顾分辨率和采集效率的可控震源勘探技术已经被大多数公司列入研究日程。少台数（保证最深目的层有足够的能量）、少震次（单次）、增加激发点密度的施工方式是可控震源采集的发展方向；点激发或相当于点激发（保障最深目的层有足够的能量）。

高保真采集要求能记录震源的震动性能信号（参考、力、重锤、平板）；为了后续处理压制谐波干扰，记录震源力信号是技术发展的需要。

采集设计时要考虑分离出记录的质量，如HFVS震源扫描初始相位编码、震源间距离。

特殊的处理方法、完善的去噪手段；同步激发最关键的是数据分离过程中的噪声压制问题。滑动扫描去谐波干扰技术，矢量中值滤波鉴于多源同步激发数据分离去噪等技术的发展，保障了高效同步激发技术的成功实施，应用可控震源力信号参与去谐波干扰是目前去谐波干扰的最佳方法。物探技术的发展需要可控震源采集能够记录下可控震源扫描的力信号，同时对力信号在传播过程中的变化也是下一步的研究重点。

可控震源应拓展高频有效频率，降低可用低频成分；可控震源低频是可控震源勘探技术的发展方向。扩展低频可以提高高透射能量；提高深层地质目标的成像能力；同时由于扩展低频是倍频程得到了较大的提高，分辨率得到了提高。

扩展低频信号技术可以用于常规震源和低频震源，但它绝对不能够替代低频震源。常规震源用于低频勘探难以克服的低频能量过低，有效低频信号下传难的问题，并且低频畸变偏大；常规可控震源从信号设计出发实现低频是现阶段比较现实的采集方法，但扩展低频扫描参数设置不当会对震源造成一定损害，减少震源某些部件的使用寿命；可控震源扩展低频采集技术发展分三步走。

第一步：常规震源、扩展低频设计信号、常规检波器和常规地震仪器。

第二步：低频震源、扩展低频设计信号、常规检波器和常规地震仪器。

第三步：低频震源、扩展低频设计信号、低频检波器（数字检波器）和低频能力地震仪器。

随着低频地震资料处理技术的发展也会推动低频采集技术的进步。目前东方地球物理公司的低频震源已经取得很不错的应用效果。

## 3.3 高精度三维地震采集的实施

在观测系统确立以后，取好地震资料的关键是野外施工参数的选取、施工组织及质量控制。选择先进、动态范围大、模数转换精度高的地震仪，针对影响资料品质的主要录制因素，如前放增益进行针对性的考核试验，选择合适的前放增益，尽可能减少环境噪声影响，提高对弱小信号的接收能力，提高资料的分辨率；根据不同区块地质任务的需要，通过试验选择合适的检波器和合适的组合图形，提高接收效果；对障碍物密集区块，运用恢复性放炮、特观设计等观测系统的实施技术，根据卫星照片和实地踏勘，制订施工预案，合理布设激发点、接收点，使得炮检距分布尽可能均匀，避免采集脚印的产生；利用小折射、微测井、岩性录井等多种方式联合进行表层调查，通过试验确定最佳激发药量，以井深试验资料为依据，以表层调查数据为基础，以相邻线束单炮记录为参考，逐点设计激发井深，确定最佳的激发、接收参数。在采集过程中，做好质量控制，确保得到好资料。

### 3.3.1 观测系统参数试验

为了进一步验证观测系统是否合理，需要进行观测系统参数试验。采用设计好的观测系统，进行有限线束采集。一般要做好以下三个方面：（1）做好点上试验，选择最适合本工区的野外采集参数和方法，包括地震地质条件调查、激发接收参数优选、观测系统优选等；（2）做好段上考核，根据试验点和试验段的资料分析，确定参数和方法的适应性与正确性，完善工区的技术设计；（3）试验线束试生产，根据试生产线束的处理分析，利用现场剖面的成像效果和对构造的描述情况，证实其所选参数的有效性和正确性，完善修改设计和野外参数。

### 3.3.2 近地表结构调查

复杂的表层结构，不仅影响激发参数的科学确定，同时导致较为严重的静校正问题，影响最终处理的资料成像和分辨率。开展精细地表层结构调查，针对各个地区的表层结构特征，采用相应的调查方式，包括岩性调查、小折射、微测井、深井微测井和双向微测井等。在精细的表层调查基础上，综合各种调查信息，建立精确的表层结构模型。根据表层结构设计激发参数，并进行静校正。该部分内容将在第4章进行详细阐述。

### 3.3.3 激发参数优选

在不同探区，为了适应表层结构横向变化剧烈、激发环境差异大、单炮能量、子波差异严重的问题，分区选择合理的激发参数，已成为近几年的常规做法。

激发深度以获得较宽优势频带、目的层能量较强为原则。如在东部某探区开展了13.5m、16.5m、19.5m、21.5、23.5m、25.5m、28.5m、31.5m等不同激发深度的试验，从固定增益单炮记录来看[图3-66（a）]，随着井深的增加，能量也逐渐增强；从不同激发深度的能量、频谱和信噪比估算的量化分析来看[图3-66（b）（c）]，随着激发深度的增加，子波能量逐渐增强；除了16.5m激发深度的信噪比特别低以外，其他因素的信噪比变化不是很剧烈；31.5m激发的中深层反射高频端能量较强，优势频带较宽。综合以上分析认为表层调查的高速顶（第一层虚反射界面）以下10m激发效果较好。在东部其他探区试验也得出了在第一虚反射界面以下3~5m激发效果好，在西部某些地区试验得出了在第一虚

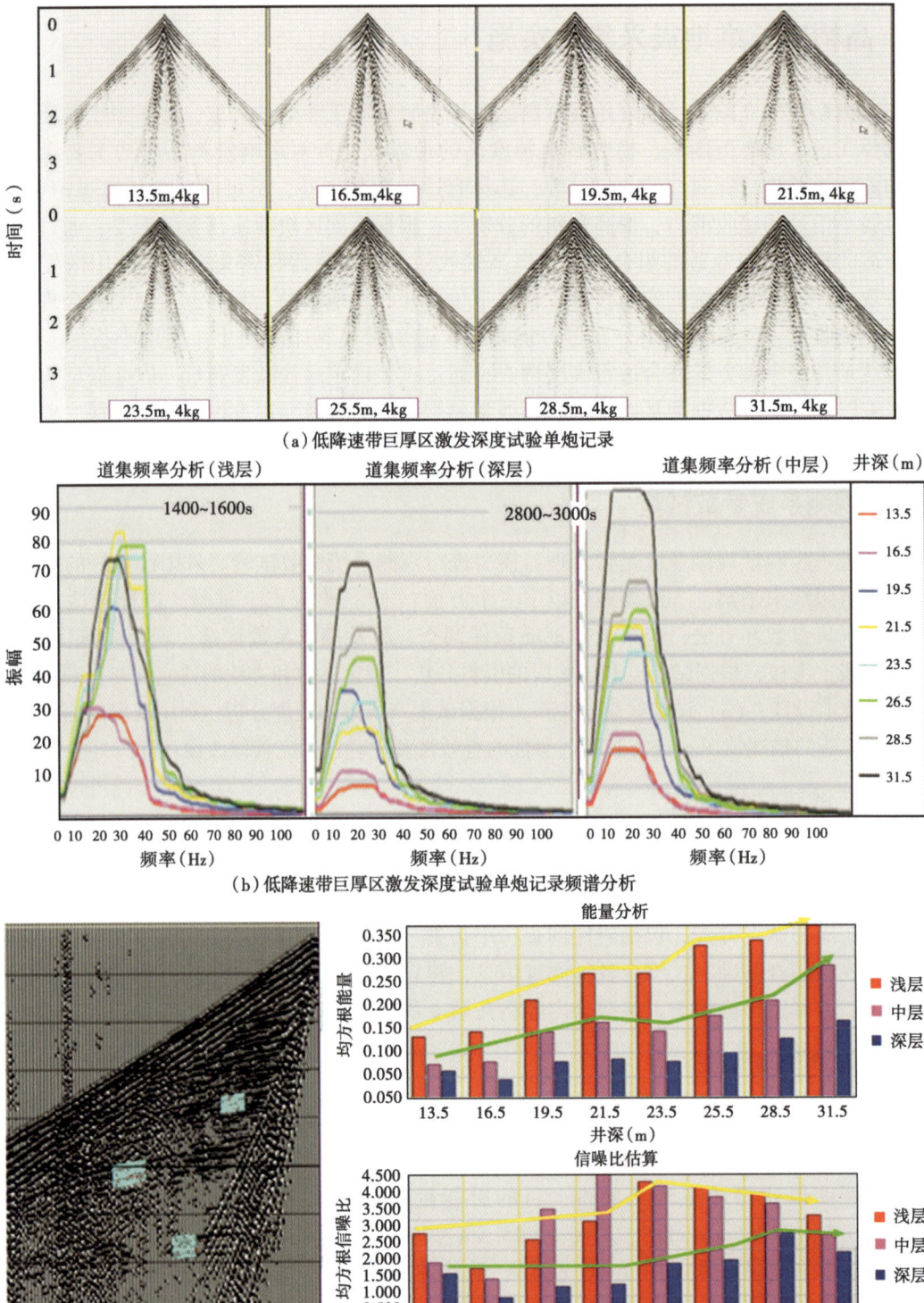

图 3-66 激发深度试验分析

反射界面以下5~7m激发效果好的结论，可见，在高速层下多少深度激发，要根据野外试验来确定。有些探区，没有潜水面，通过野外试验，选择在最佳激发岩性当中激发，如柴达木某探区，选择井深8~11m的潮湿砂层激发，效果好于30m左右的深井激发效果。

采用最佳激发深度，进行不等药量的试验。通过定量分析图件比较（图3-67）。随着药量的增加，能量逐渐增强；但大药量的信噪比反而较低。因此，实际工作中需根据能量、信噪比、频带宽度等的综合分析来选择激发药量。

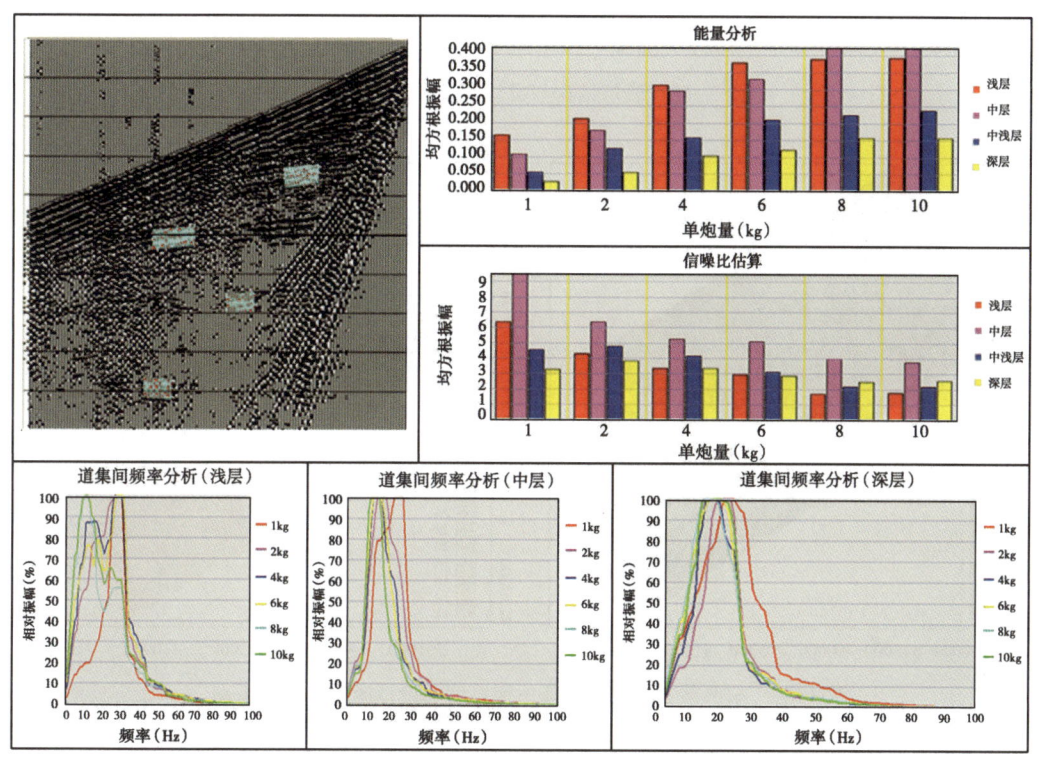

图3-67 低降速带巨厚区激发深度试验单炮量化分析

在没有稳定激发岩性的地区，不同低降速带激发深度与高速顶的关系存在一定的差异，首先要根据表层动力学特征进行激发深度与高速顶关系分区，再根据高速顶逐点设计激发深度，确保每个点的激发效果最佳。原则是以井深试验资料为依据，以表层动力学特征和表层模型数据为基础，以相邻线束单炮记录为参考，对每一束线炮点的井深进行逐点、逐线设计如图3-68、图3-69所示（东部某探区的激发点位设计），这样就能保证全区原始资料品质的平稳过渡。

在复杂地表地区，如我国中东部某探区，三维工区分布有沼泽区和山地山前带，因此必须采用井炮和可控震源联合激发。由于激发方式不同，如果激发参数选择不合理必然导致激发子波差异明显，影响最终叠加效果。通过野外试验，分析井炮、震源激发频谱和子波，选择可控震源与井炮子波形态差异小，频谱差别不大的激发参数（图3-70）。从现场处理的叠加剖面分析（图3-71），井炮和震源激发资料能够很好地衔接。

随着环保意识的提高、提高覆盖次数等需求不断增加，以及复杂城区采集任务日益增多，可控震源作为环保震源成为首选激发设备。目前，发展了交替扫描、滑动扫描等技术，

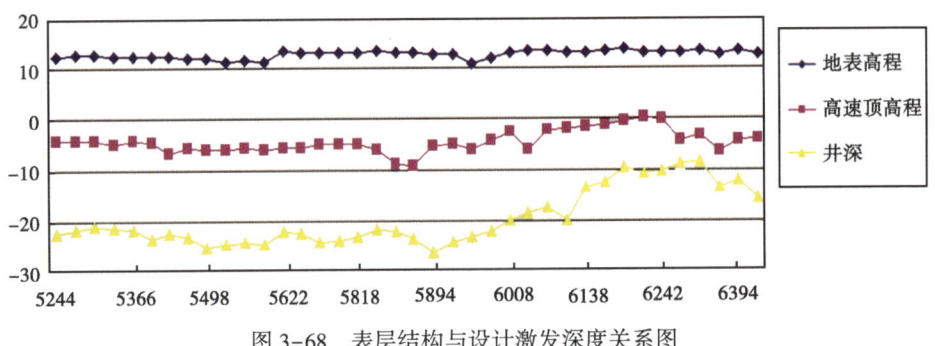

图 3-68 表层结构与设计激发深度关系图

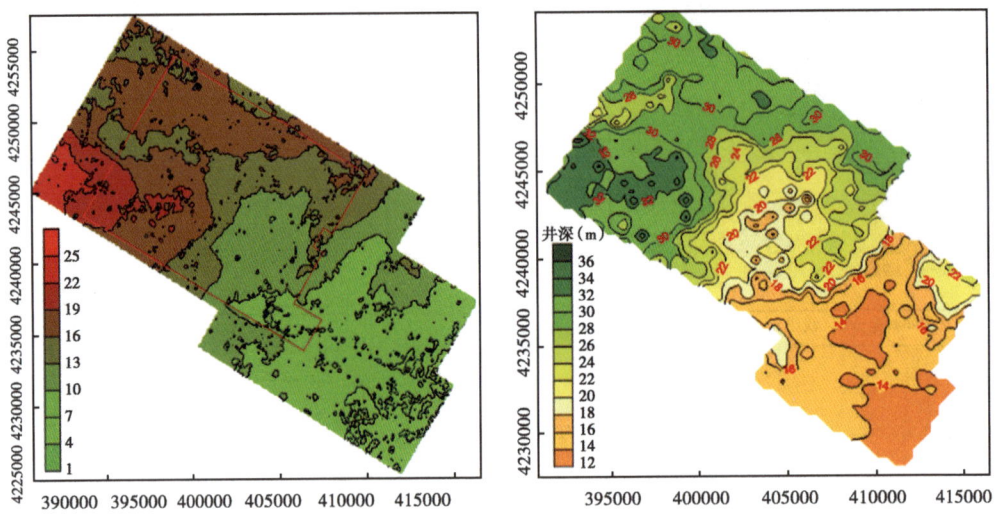

图 3-69 东部某三维工区低降速带厚度和设计激发深度关系图

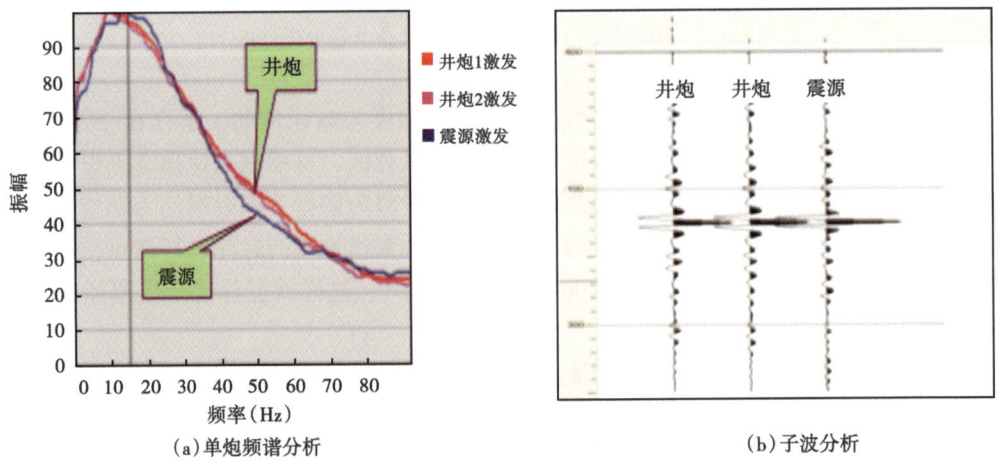

(a)单炮频谱分析　　　　　　　　　　(b)子波分析

图 3-70 不同激发方式的单炮频谱分析和子波分析

在野外,以拓展中深层优势频带范围为目标,开展宽频扫描、幂指数扫描和模拟变频扫描等试验,确定扫描可控震源激发参数。

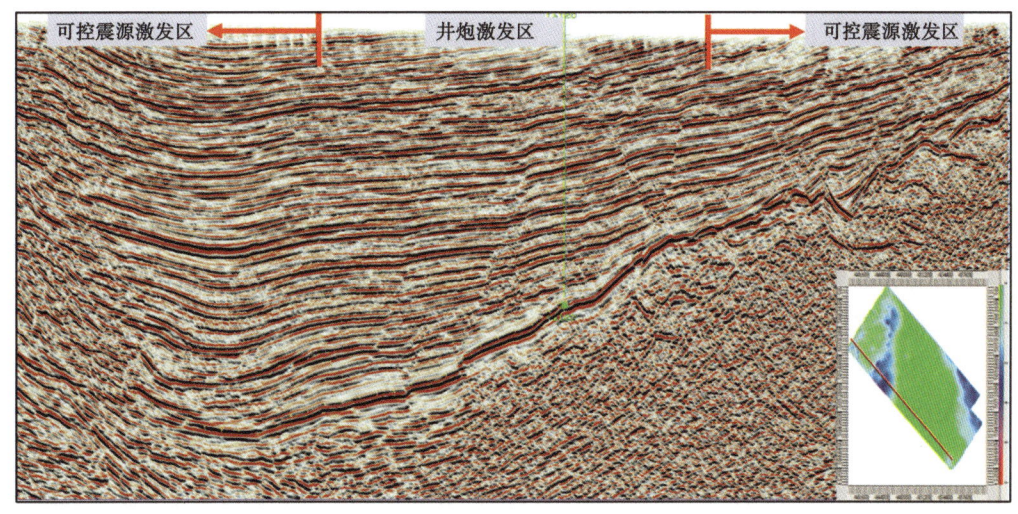

图 3-71 东部某三维现场处理剖面（不同激发方式联合实施）

可控震源的推广使用，极大地降低了野外施工成本，使炮点拆分、高覆盖成为可能，在西部某地刚完成的三维采集，采取滑动扫描技术，使覆盖次数达到几百次，日效达到上千炮，极大地提高了资料品质和施工效率。

## 3.3.4 采集质量控制

原始单炮品质分析是野外质量控制的关键，是把好资料第一关的主要手段。通过原始记录的品质分析，判断野外是否得到了期望的信噪比和分辨率，在各探区采集中，使用现场处理技术显示单炮记录品质，为后续施工参数决策提供依据。

在野外，一般做法是，对原始单炮记录进行分频扫描分析，并对单炮记录进行定量分析，以判别资料是否满足要求。如，在东部某探区，频扫发现资料品质横向差异明显，整体品质相对较差，信噪比低。从定量的频谱分析看［图 3-72（a）］，单炮间能量变化剧烈，

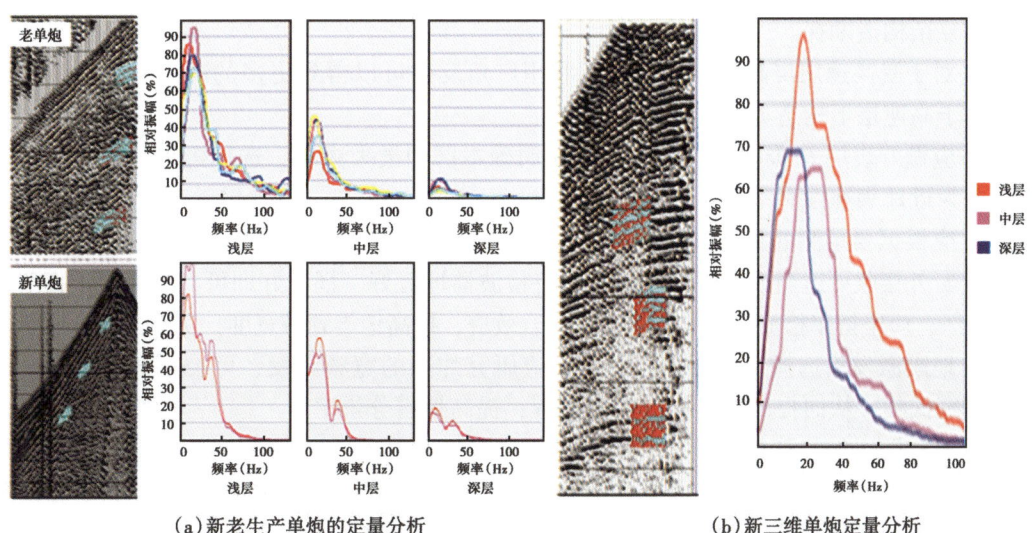

（a）新老生产单炮的定量分析　　　　　（b）新三维单炮定量分析

图 3-72 不同深度的新老单炮记录频谱分析对比图

原始资料频宽较窄，浅层在 10~50Hz，中深层在 10~40Hz；单炮资料的信噪比较低，尤其是中高频段资料信噪比更低。单炮间能量差异明显，纵深能量衰减严重，中深层频带较窄，主频较低；高频段信噪比低。通过强化野外措施，逐点优化激发参数，新采集的单炮资料通过分频分析和定量分析，发现从浅到深各套目的层都可以看到较为连续的同相轴，用 BP：30~60Hz 扫描时，在中浅层还可以看到较为连续的同相轴，新采集的单炮记录的频宽较以往采集的单炮记录拓宽 10~15Hz［图 3-72（b）］。

现场资料处理及其剖面品质分析，是把好野外质量关的另一个重要手段。一般在野外采用常规处理流程进行叠加处理，较少施加去噪等模块，同时对剖面进行频率、能量等分析。根据现场不同种类处理剖面，从固定增益、初叠、分频、去噪等剖面整体评价资料品质。

## 3.4 认识与建议

以老资料品质分析和部署评价为基础，以基于地质模型的观测系统设计和参数优选为理论指导，以基于动力学特征的综合表层调查和激发参数优化为手段，通过现场试验修改观测系统参数、重点区带和弱信号区提高覆盖次数、改善激发因素等手段，是提高资料的信噪比和分辨率的有效手段。在野外实施中强化质量控制，是确保全区质量一致，确保勘探成效的关键。

由于当前地震勘探区普遍具有地表条件复杂、目的层埋深差别大，油藏隐蔽性强的特点，因此必须针对实际情况，并结合当前采集、处理、解释先进适用技术应用要求，选择好地震采集参数。

（1）针对地质情况复杂地区采用模型正演技术分析地震成像，优化射线路径，确定合理的观测系统，正交观测系统优于斜交、砖墙等形式的观测系统，应作为首选。

（2）最大炮检距选择应为勘探目的层埋深的 1.5 倍左右，这既有利于成像、也有利于地震反演等技术的应用。

（3）处理中的 4 次项甚至 6 次项及各向异性动校正等技术，确保了动校拉伸不超过 12.5% 的限制，淡化了大炮检距地震波运动学和动力学特性的影响，要坚持大排列接收，以利于深层复杂构造勘探。

（4）对于受高速层屏蔽影响的地区，利用广角反射可以得到更多的高速层下的地质信息，有利于高速层下构造成像。

（5）应做好表层 $Q$ 吸收系数调查，以便明确本区的最大频率，选择野外最佳观测系统参数，并为近地表补偿和一致性处理奠定基础。

（6）应根据要预测的目的层的波阻抗变化率确定覆盖次数，以满足叠前反演需求。

（7）野外接收可适当放宽组合要求，坚持检波器埋置好、耦合好即可，在次生干扰相对较弱的地区，应坚持单检波器接收，以减小组合效应，提高地震频带宽度，从而提高分辨率。

（8）地震激发除选择最佳激发岩性外，应研究炸药的宽频激发、可控震源低频激发等技术，拓宽低频，从而提高地震资料的倍频程，提高地震分辨率。

（9）对观测系统好坏的评价，要根据地质任务，根据经济技术适应性原则，如果以构造成像为主，可适当放宽线距、面元大小等要求，在地层岩性勘探中如果要求 AVO 反演和地层层序解释，则要求平面振幅属性均匀。

# 4 静 校 正

什么是静校正？静校正是研究由于地形起伏，地表的降速横向变化对地震波传播的影响，并对其进行校正，使地震反射波时距曲线能够满足于动校正的曲线方程的一种技术方法。最佳静校正量的求取与消除，将会使相关地震道具有最大的相关性，同一道集或同一面元具有最大的同相性和相关性，叠加成像后的地震剖面具有最强的振幅能量值。

在以往常规构造勘探中，静校正被认为是可有可无的，并不重视静校正的作用。但是，在高精度三维地震勘探中，静校正尤为重要，不仅仅是在地表结构复杂的中西部地区，即便是东部平坦地区，也存在静校正问题。静校正问题严重影响地震勘探的精度，因此，在本书中作为一章内容进行着重论述。

## 4.1 静校正概述

地震资料数据的处理，从水平叠加、叠后偏移、叠前时间偏移乃至进行地形起伏的叠前深度偏移几个处理发展阶段，都是假设每一个数据道，或叠前偏移输入道，只有一个静校正和剩余静校正量。这是一个既不符合实际情况，又非常不合理的假设，这个假设往往造成成像结果不准。因为对于同一输入道，由于它到达不同成像点经过不同的射线路径，因此由速度等误差所引起的剩余静校正量必然不同。另外，不同的成像点，相对于炮检点有不同的出射、入射角，因此静校正量也不同。

剩余静校正，顾名思义是进行剩余的静校正量消除的工作。剩余静校正是做完了一次静校正之后，还有部分残留校正量。这个校正量应该为随机的，而且数值较小。它的起因是在静校正和偏移一体化过程中，速度分析还不够精细，另外，野外观测所带有的人为误差，例如炮检点实际位置与班报不符等所致。它的消除应该在共成像点进行，因为共成像点在做了速度分析几次循环后，主要反射同相轴已被拉平，若有个别道在做了偏移之后，未叠加之前还有不平现象，应该为剩余静校正。

常规三维地震勘探阶段，大部分工区在我国东部平原地区及西部地形相对平坦、地表起伏小地区，一般不重视静校正问题。但是近几年的高精度三维地震表明，随着精细勘探的开展，由于第四系沉积地表风化层厚度变化以及河道，漫滩三角洲等部位的速度变化，形成了较明显的低速层、降速层、高速层之分，甚至出现了第一降速层和第二降速层。如图4-1和图4-2所示，辽河油田清水地区和华北油田冀中地区地表结构，地表高程、岩性、低降速带厚度均有变化。因而，采用多种方法综合确定激发参数，使三逐（逐点、逐线、逐束）设计井深得以准确实施。图4-3显示华北油田冀中地区近几年地下水大量开采，形成了潜水面"漏斗"。这些足以造成地震波反射同相轴的扭曲，使得地震波成像精度显著下降，甚而导致中浅层微幅度构造和储层砂体展布发生变化。东部平原地区采用的技术方案一般是首先应用野外静校正量，解决较大的静校正量，然后根据存在的问题采用相应的初至波静校正技术解决剩余的静校正问题，这种方法对提高东部地区地震资料的品质起了一定的作用。

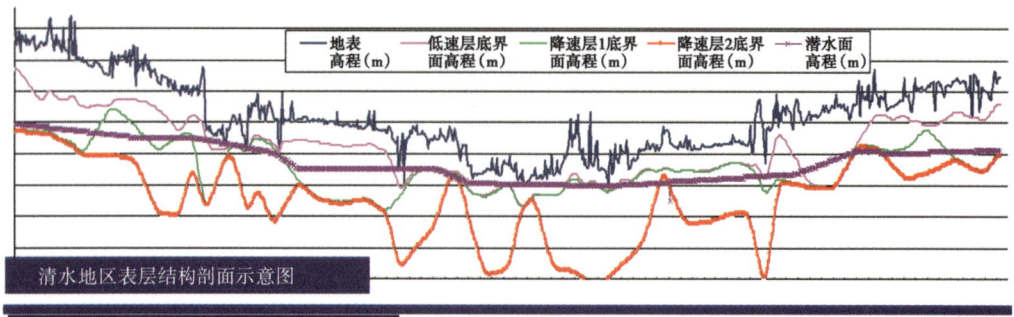
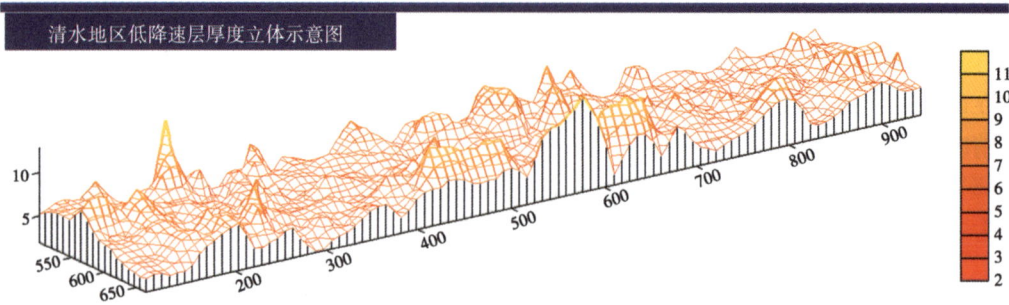

图 4-1 辽河油田清水地区地表结构图（据杨文军）

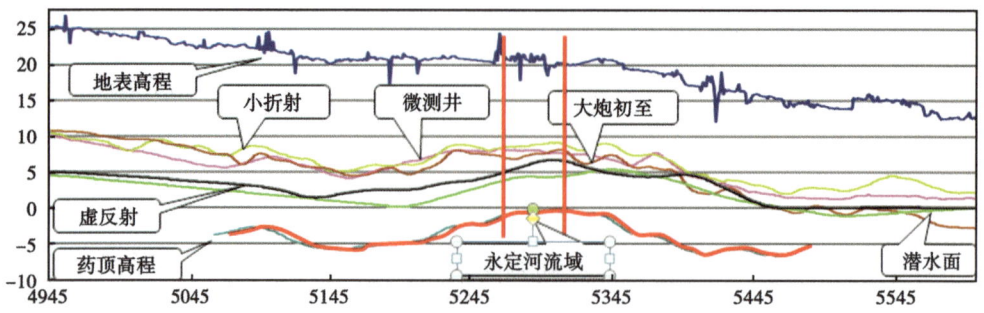

图 4-2 华北油田旧州—琥珀营逐点设计井深图（据邱毅）

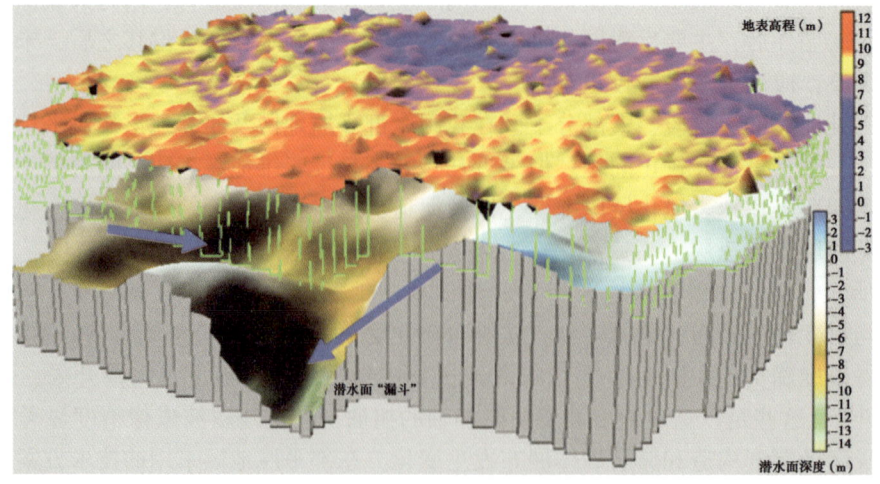

图 4-3 华北油田某地区地表结构图（据邱毅）

中西部地区地形和地表结构复杂，存在严重的长波长和短波长静校正问题。即使在地形地貌相对平坦的地区，表层结构也比较复杂，如图 4-4 所示，西部地势较平坦，相对高差为 10m 左右，低降速带厚度变化在 2~15m，局部达到 40m，存在一定的静校正问题。

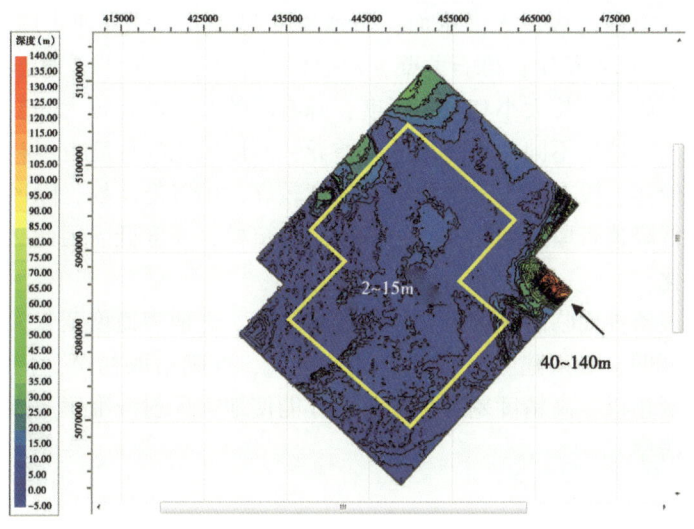

图 4-4 中国西部新疆某地区地表结构图

我国中西部和南方地区地表地质条件恶劣，地下构造复杂。复杂地表的典型地貌正像东方地球物理公司提供的图 4-5 一样，除复杂的低降速带厚度变化外，还面临复杂的地形起

图 4-5 中国中西部复杂地区典型的地貌

伏，存在各种类型的静校正问题。21 世纪以来，静校正已经成为中西部地区和南方地区地震资料处理中最主要的环节之一。

黄土塬地形有起伏，冲沟发育，表层覆盖着巨厚的黄土或红土，速度变化大，折射面相对稳定；塔里木沙漠地表起伏剧烈，但它有一个简单的潜水面，表层速度较低，准噶尔、柴达木、鄂尔多斯等沙漠厚度大，无潜水面；山地地形起伏大，低降速带厚度和速度变化大（巨厚或缺失）折射界面不稳定；砾石戈壁，地形相对平坦，常见平缓的斜坡和平坦的开豁地，但潜水面深度、砾石颗粒大小和胶结程度、砾石层的厚度都有较大的变化。

因为复杂山地出露地层不同，岩石组分有差异，所以风化的程度也不相同，一般在山顶和斜坡部位风化层较薄，没有砾石等堆积物，速度较高，山谷低洼处，除风化以外，存在大量的冲积堆积物，低降速带厚度变化大，结构复杂且疏松，速度低。因此必须重视山地静校正的横向差异和变化。

总之，复杂地表条件面临的问题主要是地表起伏大，近地表速度变化大，折射面极不稳定。大量实践已经证明，必须建立合理的浮动基准面，准确拾取初至，精确反演近地表速度，正确进行波场延拓以及高精度剩余静校正，才能使地震反射波准确成像，从而提高地震资料的信噪比和分辨率。

## 4.2 方法技术研究及应用

静校正方法按地质情况一般分为三大类：其一是均匀介质中的一次静校正，其二是层状介质的折射静校正，其三是复杂介质中的层析静校正。

三种静校正方法各自都适用于一定的边界条件。其中，层状介质折射静校正的条件是在模型的假设中，折射面平缓，地表起伏不大，速度横向变化小。显而易见，对于速度反转地层结构，这种方法是无法适应的。层析静校正方法可以弥补折射静校正技术的不足，因为层析静校正方法无模型假设条件限制，可以更符合实际地质情况。

地震资料处理中的剩余静校正方法也可分为三大类，其一为统计剩余静校正，其二为地表一致性剩余静校正，其三为地表非一致性剩余静校正。常规的剩余静校正方法都依赖于互相关拾取，对于相关性比较差的尤其是剩余校正量大于 1/2 地震波长的情况下不具有针对性。

### 4.2.1 浮动基准面研究

浮动基准面是对地表高程进行平滑的一个曲面，也就是在资料处理时建立最小静校正误差浮动基准面，可以最大限度消除由静校正产生的动校时差，从而进行正确的速度分析，提高静校正精度。

一般来说，理想的浮动基准面位于地表面和低速带底板之间。静校正包括低速带剥离和低速层替换，而低速带剥离和低速层替换造成的误差方向刚好相反，因此必须找到一个合适的基准面位置，使两者的误差相互抵消，必须确定最小静校正误差浮动基准面。如图 4-6 所示，常规的浮动基准面比水平基准面更接近于地表形态，对地表进行小平滑得到的平滑浮动基准面，更接近地表真实情况，是目前基于地表的静校正解决方案中应用较多的基准面。

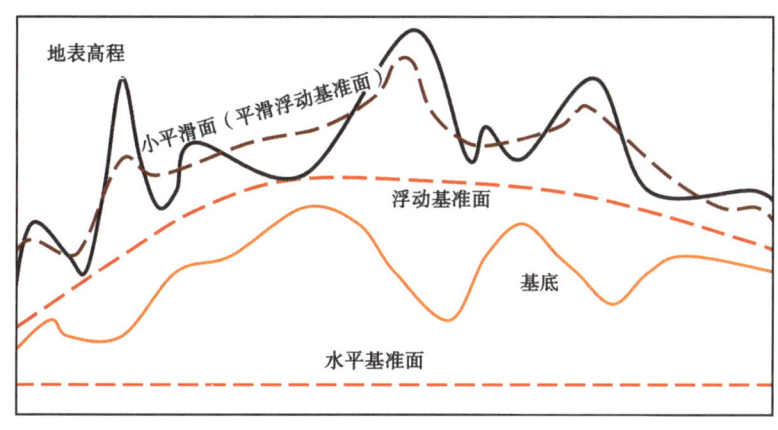

图 4-6 浮动基准面示意图

### 4.2.2 地震记录初至波的自适应拾取

为了提高初至起跳点的分辨率、去噪以及增强复杂地表条件下初至拾取的自适应能力，目前采用的方法主要有以下 4 种。

小波变换：根据小波理论，通过选择适当的小波函数及参数，可以用信号的高频成分精确估计信号的起跳时刻，提高分辨率。

波形检测：消除信号幅度对小波变换的影响，又利用信号在起始点附近高频成分比较丰富的特征，使起始点的位置更加明显。如图 4-7 所示的自适应初至拾取。

能量判别：根据最大能量比确定出该道的初至时间，进行初至拾取。

多项式拟合：剔除大偏差所对应的道，反复迭代，直至初至时间均匀地分布在拟合值附近。

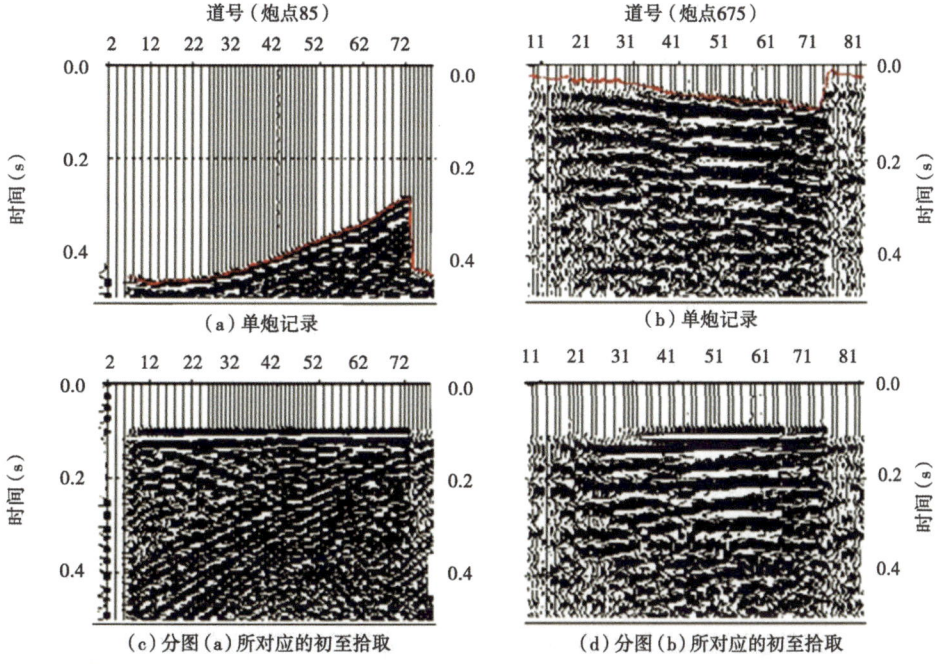

图 4-7 自适应初至拾取

### 4.2.3 近地表速度分析

近地表速度分析是静校正的基础和关键。常规近地表速度分析方法有折射法和层析成像法。近年来，层析成像近地表速度分析成为复杂地表条件下近地表速度分析的关键技术。该技术又分为基于波场运动学特征的走时层析成像和基于波场动力学特征的波动方程层析成像。提出波动方程层析成像是基于波动方程有限差分技术，可有效去除基于射线走时由于射线密度不均匀所造成的误差，精确反演出近地表速度结构。

近两年，也出现了回转波近地表速度分析技术，用来计算和建立复杂近地表的速度模型。

### 4.2.4 波动方程延拓基准校正

层析成像速度反演也存在一定的缺陷，特别是应用射线追踪技术模拟地震波走时，近、远道射线密集成度有差异。同时在高速区出现能量屏蔽，影响速度反演精度。

波动方程速度反演的方法原理是基于回转波原理，采用波动方程有限差分方法应用网格化层析成像构造近地表速度模型，并用误差反馈反演方法修正速度模型。采用波动方程延拓基准面校正可以消除由于假设波在地表附近垂直传播而引起的校正误差——静校正不静。

### 4.2.5 高精度剩余静校正

剩余静校正方法主要有以下 3 种。

（1）多域统计方法，去除随机误差。在长波长静校正之后，有效去除中、短波长静校正量。做法是：在共炮点域、共接收点域和共偏移距域，对初至进行拟合统计，用交互、迭代的方法提取中短波长静校正量。

（2）全局寻优方法，解决非线性优化问题。解决剩余静校正非线性优化问题，提取大于 1/2 波长剩余静校正量。做法是：将最大能量法和模拟退火遗传算法相结合，利用模拟退火根据概率指导进行双向搜索的技术，利用遗传算法的全局收敛能力和最大能量法的局部收敛能力强的特点，构成综合全局快速寻优法。其特点是能消除大的剩余静校正问题，解决速度反转现象。

（3）时变剩余方法，解决地表非一致问题。按时变方式进行时差计算，从而消除非地表一致性剩余静校正。

以上三种方法组合运用，基本上能够实现高精度剩余静校正。

## 4.3 三维静校正量计算

对于大面积高精度三维地震，特别是多块数据组成的三维连片区，近地表速度变化较大，如果依靠单一的数据，无论是野外表层调查实测数据（小折射和微测井），还是大炮初至，都很难得到高精度的近地表速度模型，在连片工区内，涉及多种近地表类型，速度分布复杂，既存在中、低频静校正问题，也存在高频问题，几乎没有一种方法可以解决所有的静校正问题。因此，必须进行多种数据的综合应用和相互补充，才能奏效。

高精度三维地表建模和静校正主要有以下 6 项校正技术，每种技术的特点如下。

（1）野外静校正，应用效果取决于野外小折射、微测井和微 VSP 的采集密度、探测深度和解释精度。

（2）折射波层析静校正，能够较好地求取高频静校正量，折射层不稳定时，中、低频误差大，在三维连片处理中会引起闭合问题。

（3）初至波剩余静校正，只能求取高频、大静校正量。

（4）初至波层析反演静校正，可以较好地解决中、低频静校正量。应用野外大炮数据的初至信息，如果缺少足够的近道初至，极浅层精度低。

（5）反射波剩余静校正，只能求取高频、小静校正量。

（6）初至波层析反演，全局约束近地表建模静校正，主要依靠初至波层析反演技术，借鉴各种近地表建模技术的特点，使得数据之间，算法之间，相互约束，相互补充，避免了依靠单一数据或算法的局限性，多种信息综合应用。中、低频静校正量由全局约束近地表模型计算，对于局部成像信噪比低的部分，其高频静校正量取自折射波静校正量，只有多种静校正算法综合应用，才能最终获得较高精度的近地表速度模型。

### 4.3.1 野外静校正

采用小折射、微测井和微 VSP 方法得到近地表速度模型的基础数据，通过整理野外低降速带调查资料，进行大量烦琐的小折射、微测井和微 VSP 的旅行时间计算和解释，建立相对合理的表层结构模型，然后进行静校正量的计算。特别是，在三维连片工区近地表速度变化大，涉及的近地表类型多；观测系统复杂多样；工区面积大，计算量大；野外低降速带调查结果不足以控制近地表速度变化的情况下，可以依靠初至波层析反演算法，利用全局约束近地表建模技术，建立近地表速度模型，使得数据之间，算法之间，相互约束，相互补充，避免依靠单一数据或算法的局限性，可以获得高精度近地表速度模型。在此基础上，利用初至波剩余静校正求取部分剩余高频大静校正量，在满足构造形态成像正确的基础上，提高成像信噪比，为后续反射波剩余静校正打下基础，进一步解决连片探区的静校正问题。

#### 4.3.1.1 避免常规解释方法存在的人为主观因素的影响

目前，生产中的小折射解释算法是基于折射波传播理论的延迟时方法，该算法受解释人员的主观因素影响较大，图 4-8 是某临近域范围内（2km 半径），常规小折射解释结果的叠合显示图，横轴表示速度，纵轴表示厚度，可以发现离散度大，随机误差较大。将这些小折射资料，用层析反演的算法进行重新处理，得到了基于层析反演的速度结果，如图 4-9 所示，可以发现，层析反演结果速度的离散度小，精度高，可靠性强。

#### 4.3.1.2 定量确定小折射的探测深度

常规解释方法只能确定最后一层的速度，而不能确定其厚度，在计算静校正量或井深设计时，最后一层不能利用；而采用层析反演，可以得到射线的分布范围，射线所穿过的最大深度处，即小折射资料的探测深度，进而，对探测深度有一个明确的量化，从而，更加充分和合理地应用小折射资料所得到的近地表速度信息。图 4-10 和图 4-11 分别是某小折射点的射线路经分布和速度信息。

#### 4.3.1.3 提高在速度横向变化或地下界面倾斜情况下的精度

我们知道，小折射解释延迟时算法的假设前提是地表水平、横向速度稳定和地下界面水平。尽管在实际野外施工时，排列片内地形水平，但是，很难保证排列片内的近地表和地下

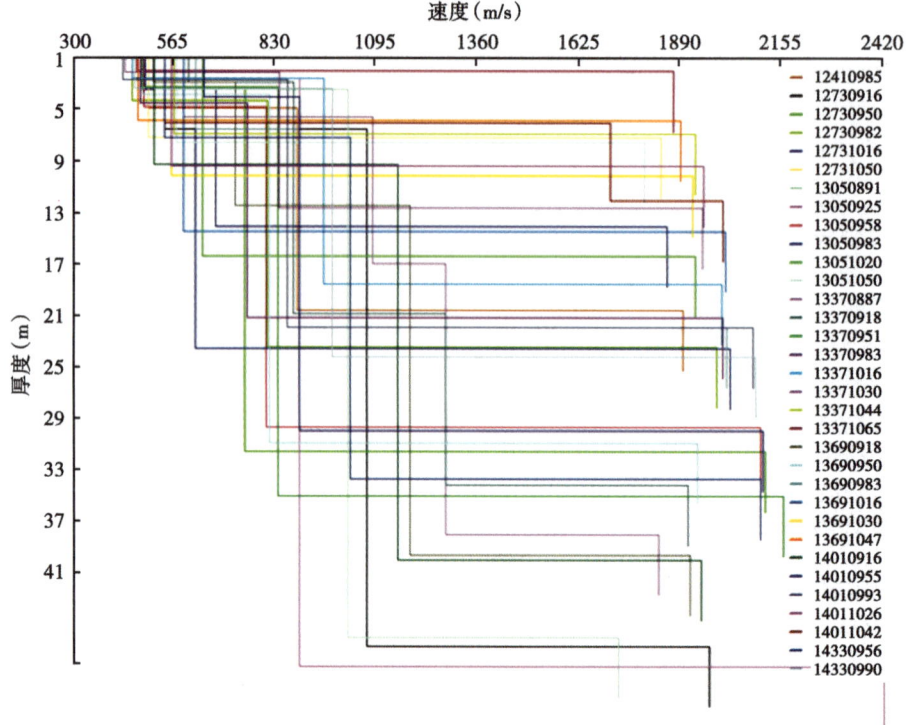

图 4-8 某小折射点一定临域范围内常规解释结果的叠合图

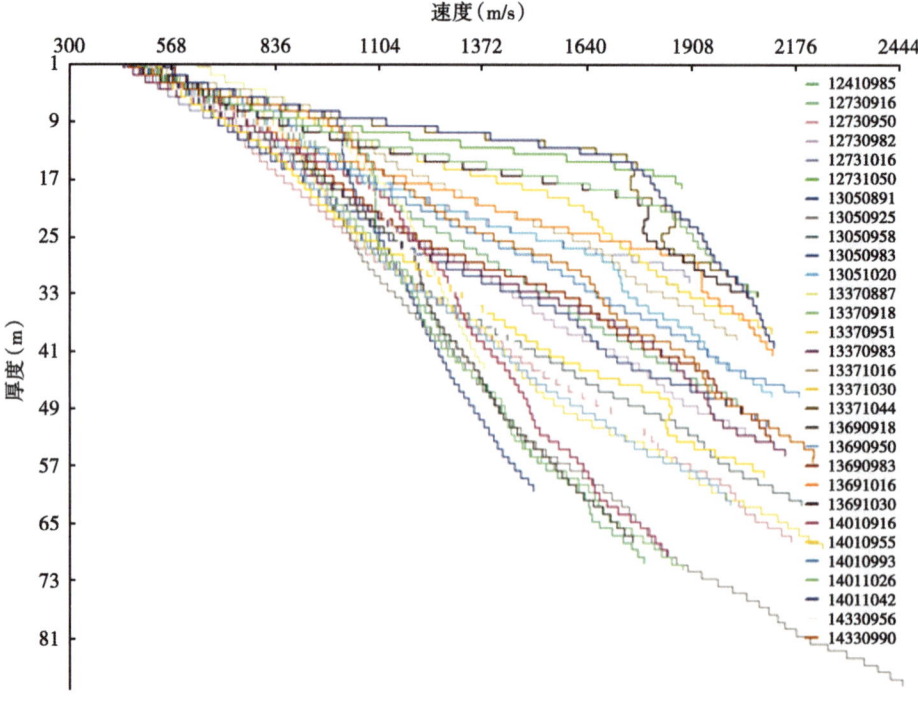

图 4-9 某小折射点一定临域范围内层析反演结果的叠合图

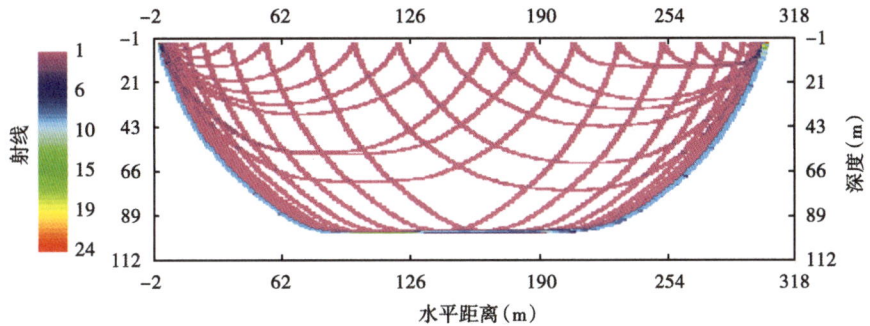

图 4-10 某小折射点的射线路经分布

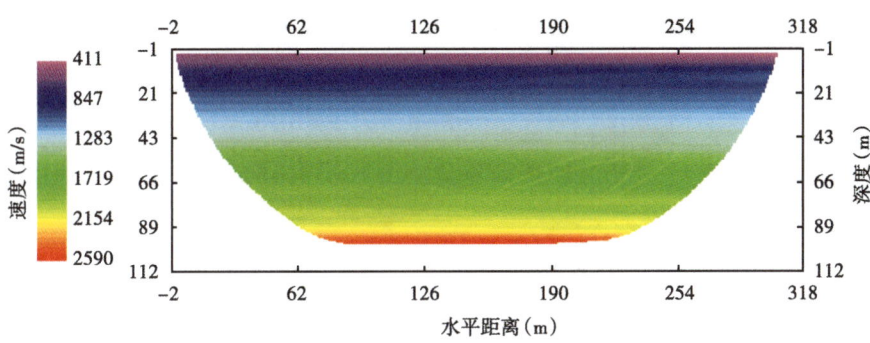

图 4-11 某小折射点的速度信息

速度没有横向变化和地下界面的倾斜,此时,采用延迟时算法,其结果必然存在误差,而采用层析反演可以较好地解决这个问题。图 4-12 是旅行时间,可以发现,左右两只并不对称,说明排列片内速度不均匀,如果用延迟时方法解释,会存在误差;图 4-13 是射线路径,可以发现,射线分布不均匀,说明速度存在横向变化,图 4-14 是层析反演的结果,速度和厚度均存在明显的变化。

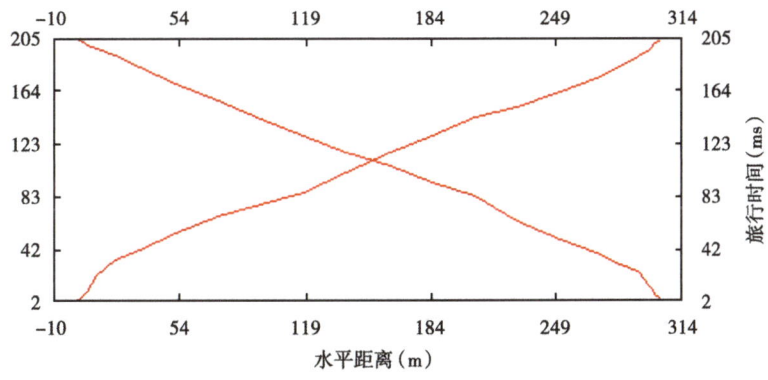

图 4-12 初至旅行时曲线

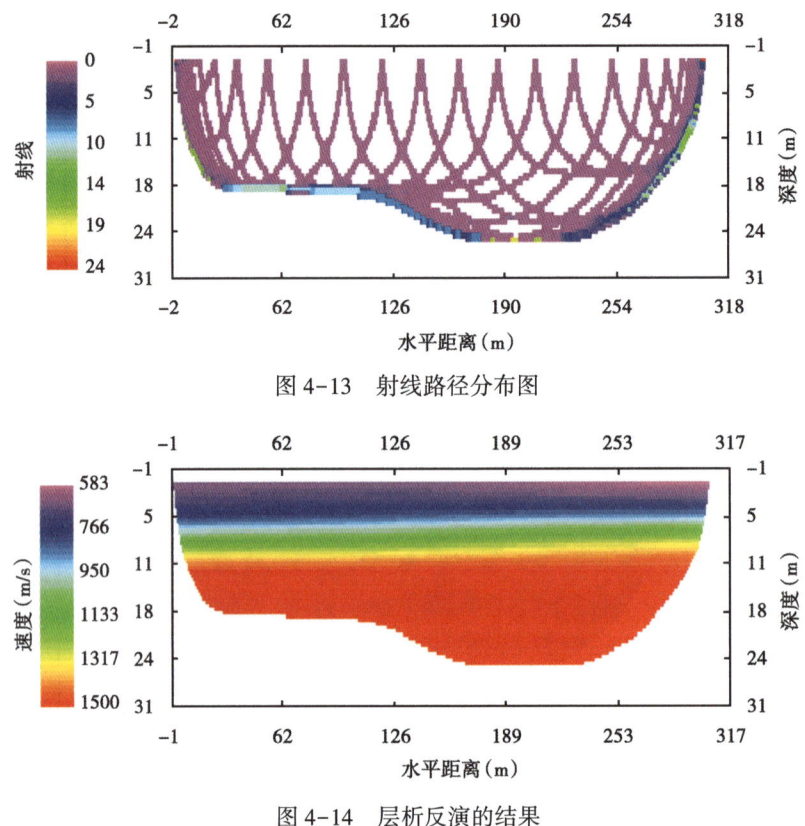

图 4-13 射线路径分布图

图 4-14 层析反演的结果

## 4.3.2 初至波层析反演，全局约束近地表建模静校正

全局约束近地表建模主要依靠初至波层析反演技术，同时考虑到连片工区内、卫片、小折射和微测井等数据的特点，使得数据之间相互约束、相互补充，避免了依靠单一数据或算法的局限性。对于特定工区，保证得到基于当前数据状况和技术水平下的高精度近地表速度模型。

静校正量高频和低频分量产生的机理不同，影响不同，因而，解决方法也不同，针对连片探区的地质情况，没有一种方法，可以解决所有的静校正问题，这里以全局约束近地表模型计算基准面静校正量，控制中低频分量，在局部结合了折射波静校正量的高频优势，使得高低频的静校正问题得到了较好的解决。

### 4.3.2.1 全局约束近地表建模的理论基础

初至波层析反演是目前根据地震资料反演近地表速度分布的比较有效的方法之一，近几年来利用地震初至波层析成像方法重构近地表速度模型已经成为人们的研究热点。此种方法可以同时利用直达波、回折波、折射波等不同类型的初至时间，对由于不均匀速度造成的近地表进行成像。目前，国内外对这个问题研究的焦点在解程函方程与提高计算速度上，有了较大的进展，研究出了一些行之有效的方法。目前计算初至旅行时的方法有基于有限差分方法和基于惠更斯原理的波前方法两类。

基于有限差分的方法能适应速度剧烈变化，有较强速度适应能力，但这种方法计算出的旅行时误差随差分网格增大而增加。减小差分网格的尺寸，不仅成几何级数地增加计算量，而且也增加了反演未知数的个数,从而增加了反演的不确定性。

基于惠更斯波前的方法一般有较小的旅行时误差,但计算量较大,对速度的非均匀适应性也较差。

为了能适应大区域的应用,在选择层析的各种方法时,效率是必须要考虑的问题,层析成像主要耗时步骤在于计算旅行时和收敛速度,好的射线追踪方法既可节约时间,又可以把计算误差控制在一定的范围内。

收敛速度与反演方法等因素有关,层析成像是一个非线性反演问题,一般是通过迭代逐渐逼近真实解,迭代的收敛速度是影响成像速度的另一个主要因素。常见的层析反演方法有代数重建技术(ART)、联合迭代重建技术(SIRT)、共轭梯度最小二乘法(CGLS)、正交分解最小二乘法(LSQR)、非线性反演以及随机逆等方法。在实际应用中,一般采用能快速稳定地收敛到给定精度的方法。

(1)旅行时计算的基本算法。

20世纪80年代末以来,随着Kirchhoff积分叠前深度偏移在解决复杂构造成像中获得的一系列成功,作为其算法基础之一的射线追踪方法也得到了很大的促进和发展,出现了大量不同于传统方法的新型算法。这些方法的主要特点在于不再局限于地震波的射线路径描述,而是直接从惠更斯原理或费马原理出发,采用等价的波前描述地震波场的特征。现在将对其中应用较广且具有代表性的方法进行简单描述。射线追踪的理论基础是,在高频近似条件下,地震波场的主能量沿射线轨迹传播。传统的射线追踪方法,通常意义上包括初值问题的试射法和边值问题的弯曲法。试射法根据由源发出的一束射线到达接收点的情况对射线出射角及其密度进行调整,最后由最靠近接收点的两条射线走时内插求出接收点处走时。弯曲法则是从源与接收点之间的一条假想初始路径开始,根据最小走时准则对路径进行扰动,从而求出接收点处的走时及射线路径。

在地震初至波层析反演时,仅仅考虑了地震波的最小走时,目前的主要研究是提高最小走时算法的效率和计算精度。然而从反射层析和射线偏移的角度来看,只考虑地震波走时中的最小走时是远远不够的。因而最近几年,关于射线追踪方法的研究也集中在多值走时计算方面。

①Vidale方法。

与传统试射法与弯曲法不同,Vidale方法(Vidale,1988)计算的是波阵面而不是射线路径。Vidale首先采用正方形离散网格对介质进行划分,如图4-15(a)所示。Vidale方法最主要的思想就是通过有限差分方法求解程函方程,以此来计算网格的等效波前面代替真实

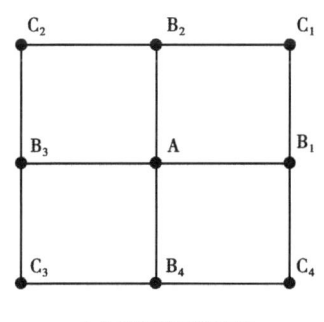 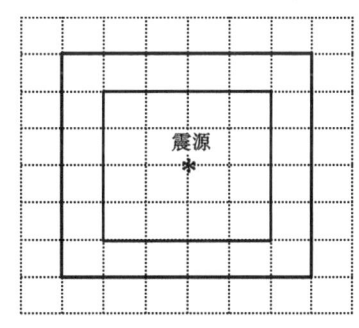

(a)正方形离散网格　　　　　　(b)Vidale走时外推示意图

图4-15　离散化后网格及Vidale走时外推

波前面。从震源节点开始，按照方阵的形式逐步向外扩展到介质上的所有网格点，从而求得每个网格节点的最小走时，最后通过计算走时的梯度便能确定射线路径。

为使走时计算满足地震波传播过程中的因果律和保持计算过程的稳定性，Vidale 方法采用一种"扩展方阵"的形式进行走时外推，以图 4-15（b）为例，即：

a. 首先从已知走时的、围绕震源的正方形上的结点开始，根据该正方形上结点的已知走时计算其外侧相邻另一正方形上结点的未知走时，即外推方向是由震源逐步向外的。

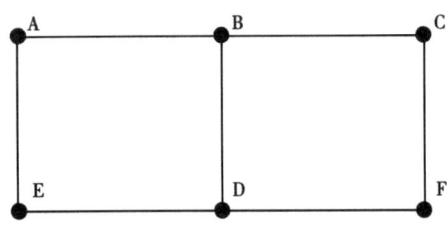

图 4-16 相对时间极小点走时外推示意图

b. 在每次外推过程中，计算顺序为，从待求正方形的任意一边开始，在完成四边的计算后，最后完成 4 个顶点的计算。在每一边的计算中，还需要先找出其内侧相邻正方形上走时为极小值的结点，设其为 $t_B$，如图 4-16 所示，其两边结点上的时间为 $t_B$ 和 $t_C$，则与 $t_B$ 对应的外侧相邻正方形上结点的走时 $t_D$ 由下式确定：

$$t_D = t_B + \sqrt{(hs)^2 - 0.25(t_C - t_A)^2} \tag{4-1}$$

式中 $h$——离散网格单元的边长；

$s$——介质中的慢度分布。

c. 从 $t_D$ 开始，根据式（4-1）分别计算同一条边上其他点的走时，直到遇到正方形顶点或其对应的内侧相邻正方形上结点走时为相对极大值时停止。

d. 重复以上步骤，即可求出整个计算区域内网格点上地震波的最小走时。Vidale（1990）又将上述方法推广到三维情况，但基本思路未变。

②改进的 Vidale 方法。

当介质中存在较大的速度间断时，Vidale 方法会出现不稳定。因此，在 Vidale 之后，相当一部分关于程函方程有限差分法的研究主要是针对上述问题的。其中 Qin（1992）在 Vidale 扩展方阵的基础上实现了扩展波前的递推方法，但计算量增加很大；Podvin（1991）也是按扩展方阵的方式求取走时，对每一个网格节点，系统地比较来自各个方向的透射波、衍射波和首波。例如，对图 4-16 中的 D 点而言，要求比较的走时可能来自 E、B、F 三点的首波，可能来自 A、C 两点的衍射波，及可能来自 EA、AB、BC、CF 的透射波。如果还考虑回转波，则有 4 个首波、4 个衍射波及 8 个透射波需要考虑。Podvin 采用的扩展方阵方式与 Vidale 方法相同，即从上一方阵面的走时相对极小点开始到走时相对极大点结束，考虑这种情况，则只需比较 2 个可能的透射波、2 个可能的首波与 1 个衍射波。与 Vidale 方法相比，Podvin 方法同样增加了很多计算量，但其稳定性相当好。

③VanTrier 法。

VanTrier（1991）首先将程函方程式化为守恒型程函方程，然后用有限差分法（上风法）直接求解变换后的方程，进而求出地震波场的最小走时。二维极坐标系中程函方程可表示为：

$$\left(\frac{\partial \tau}{\partial r}\right)^2 + \left(\frac{1}{r}\frac{\partial \tau}{\partial \theta}\right)^2 = S^2(r, \theta) \tag{4-2}$$

令 $u = \frac{\partial \tau}{\partial \theta}$，定义：

$$F(u) = \sqrt{S^2 - \frac{u^2}{r^2}} \tag{4-3}$$

$u$ 与 $F(u)$ 满足：

$$\frac{\partial u}{\partial r} = \frac{\partial F(u)}{\partial \theta} \tag{4-4}$$

式（4-4）满足双曲守恒方程的形式，$F(u)$ 称为守恒通量函数。VanTrier 采用上风法（Upwind method）求解式（4-4），可得：

$$u_j^{n+1} = u_j^n + \frac{\Delta r}{\Delta \theta}[\Delta_+ F_-(u_j^n) + \Delta_- F_+(u_j^n)] \tag{4-5}$$

式中，$n$ 和 $j$ 分别为 $r$ 方向和 $\theta$ 方向的离散样点数。

$$\Delta_- u = u_j - u_{j-1} \tag{4-6}$$

$$\Delta_+ u = u_{j+1} - u_j \tag{4-7}$$

分别为向后、向前差分算子，且：

$$F_-(u) = F(\min(u, \hat{u})) \tag{4-8}$$

$$F_+(u) = F(\max(u, \hat{u})) \tag{4-9}$$

$\hat{u}$ 为函数 $F(u)$ 的驻点（即 $F'\hat{u}=0$）。在极坐标系下，由初始条件及式（4-5）即可求出所求网格点上的慢度分量 $u$ 及 $F(u)$，对 $u$ 及 $F(u)$ 积分即可求出网格点上的走时。

上述算法的主要局限性在于守恒通量函数 $F(u)$ 的计算，当介质速度梯度较大时，$F(u)$ 可能变为虚数，从而导致计算终止；另外，在实际应用中，常常需要频繁地进行极坐标网格到直角坐标网格的走时转换，这在一定程度上也增加了计算量。上述直接求解守恒型程函方程的思路也可直接在直角坐标系中实现，这样虽不需要进行不同坐标系下走时的转换，但为保证差分格式的稳定性、相容性等又需对源点及计算网格做特殊处理，所以并没有太大的优越性。

④WFRT 法。

WFRT 法的基本出发点为惠更斯原理。根据介质的非均匀程度，将所要研究的介质分割成大小相等的矩形网格，每个矩形网格单元内的速度可视为均匀的，称为第一次分割；然后再根据计算精度的要求将每一矩形网格进一步分成均匀等份的小矩形网格，称为第二次分割。以图 4-17 为例，假定原点位于介质模型左边界，根据惠更斯原理，每个网格点均可相继作为次级源。对于每个次级源，选取其右上角（右下角）的一个含有 (5×5) 个小网格矩形方块，称为计算方块。当计算方块里不包含速度分界面时，波在 90°范围内，从次级源点向计算方块里的网格点传播时，在同一方向上，可能会遇到若干网格点，但只需计算其中与次级源直线距离最小的一点，称这些网格点为计算网格点。从源点出发，按上述方法选

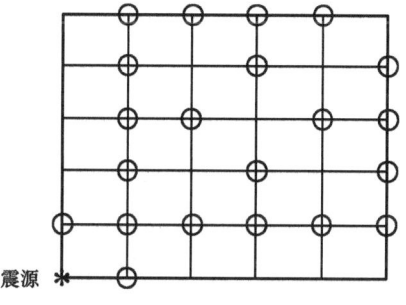

图 4-17 计算方块与计算网格

取一计算方块，计算波从源点到计算网格点的透射走时，然后把除源点外的所有计算网格相继当作次级源，计算其相应计算方块中计算网格上的走时，对于同一网格点可能存在的不同透射走时，选取其中最小值作为该点的走时。WFRT 方法的特色在于，在射线追踪过程中，系统地考虑了计算方块内速度界面可能存在的组合形式，并根据 Snell 定律对此做了细致的处理，较大地提高了计算速度。对透射波而言，共有三种涉及界面的传播路径，即直线、平界面的一次透射及直角界面的二次透射，如图 4-18 所示。

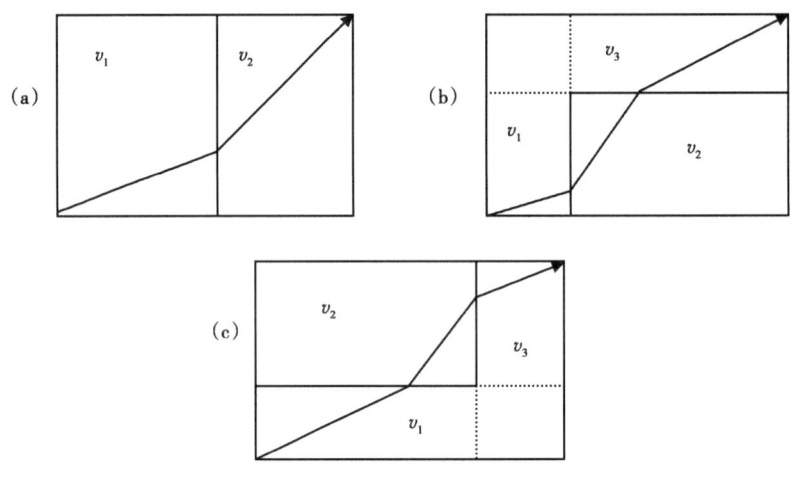

图 4-18　平界面的一次透射及直角界面的二次透射

⑤最短路径法。

最短路径法（Moser，1991；刘洪、孟凡林、李幼铭，1995）的基础是费马原理。利用最短路径的思路求解程函方程，Moser（1991）和刘洪等（1995）都做了大量工作。这些方法的基本思路相同，只不过具体实现步骤上存在差异。以刘洪等的方法为例，首先将波阵面看成由有限个离散点次级源组成，由一个已知走时点（如源点）出发，根据费马原理逐步计算最小走时及射线方向。设 $Q$ 为已知走时点 $q$ 的集合，$p$ 为与其相邻的未知走时点，$t_q$ 和 $t_p$ 分别为 $q$ 和 $p$ 点的最小走时，$t_{qp}$ 为 $q$ 至 $p$ 的最小走时，$r$ 为 $p$ 的次级源位置，则：

$$\{r = q : t_p = \min_{q \in Q}(t_q + t_{qp})\} \quad (4-10)$$

根据惠更斯原理只需遍历 $Q$ 的边界（即波前点），当所有波前邻点的最小走时都求出时，这些点又成为新的波前点。

在实际计算中，通常将速度模型离散成分块均匀的正方形单元，则每一单元内射线为直线段。设源点的走时为零，除源点外其他结点的走时为无穷大。先选定一个扫描中心，如果源点位于某一正方形单元的一个顶点上，则源点就是所选的扫描中心。如果源位于其他位置，则选择该源邻域的左上顶点作为扫描中心。如图 4-19（a）所示，在选定扫描中心 $O$ 后，将以 $O$ 为中心，$r$ 为半边长的正方形称为扫描正方形，现让 $r$ 以单位步长逐步增加，对应的扫描正方形就以 $O$ 为对称中心，逐渐扩大，扫过整个计算区域。在此过程中，把每一扫描正方形的上下左右四条边界上的结点作为波前点按图 4-19（a）中箭头所示顺序进行邻域点最小走时及次级源修正。在向外扫描过程结束后，让 $r$ 以单位步长逐渐减小，则相应的扫描正方形从模型边界向扫描中心收缩。在此过程中，也对每一个扫描正方形上的波前结点按图 4-19（b）中箭头方向所示顺序进行邻域点最小走时及次级源修正。将这种扫描正方形依次扩展、收缩的计算过程依次进行下去，直到所有结点上的走时不再减少时，就完成了所有结点上的全局最小走时计算。

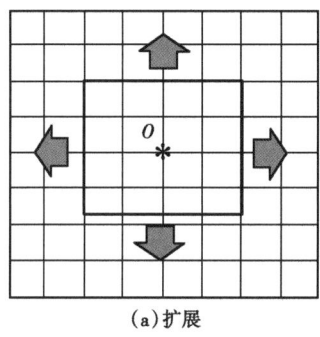
(a) 扩展

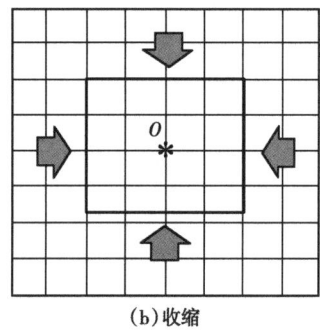
(b) 收缩

图 4-19 最短路径扫描正方形示意图

⑥HWT（Huygens Wave Front Tracing）法。

Sava 和 Fomel（1998）认为，传统求解射线方程的射线追踪方法虽能求出多值走时，但缺乏稳健性。程函方程的有限差分法虽然具有稳健性，但只能计算最小走时。因此，Sava 和 Fomel 将两者结合起来，提出了一种新方法。由源点开始，在扩展波前上逐点外推，就可完成整个计算区域内的射线追踪。该方法在稳健性、对阴影区的覆盖以及计算速度都具有一定优越性，但由于该方法采用的离散方式为一阶精度，因而最终计算结果的精度如何仍需进一步研究。

⑦慢度匹配法（Slowness Matching Method）。

慢度匹配法的目的仍是求解多值走时问题。假设地震波的射线都是下行的，即满足 $\dfrac{d\tau}{dz} > 0$。如图 4-20 所示，考虑达某一深度 $z_f$ 的射线，定义：

$$\tau^{up}(x) = \tau(x, z_d, x_s, z_s) \qquad (4\text{-}11a)$$

$$\tau^{dn}(x) = \tau(x, z_d, x_f, z_f) \qquad (4\text{-}11b)$$

根据费马原理，水平坐标 $x_d$ 应使函数

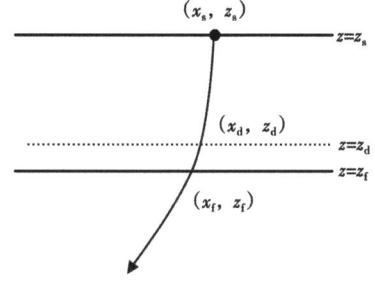

图 4-20 慢度匹配法示意图

$$F(x) = \tau^{up}(x) + \tau^{dn}(\tau) \qquad (4\text{-}12)$$

取极值，即满足：

$$\frac{\partial \tau^{up}}{\partial x} + \frac{\partial \tau^{dn}}{\partial x} = 0 \qquad (4\text{-}13)$$

式（4-13）中的偏导数即为射线慢度，所以该方法称为慢度匹配法。用有限差分对式（4-13）中的偏导数进行近似，在 $z=z_d$ 的平面上对离散点进行扫描，若发现式（4-13）左端的偏导数之和变号，则可通过内插求出式（4-13）的根。在求出所有满足式（4-13）的根后，即可得出所有离散网格点上的多值走时。显而易见，该算法的计算量很大，因此在目前还不是一种可实用化的方法。

⑧快速步进算法（Fast Marching Methods）。

差分方程快速步进算法由 Sethian（1996a，1996b）提出，用于静态 Hamilton 方程的求解中，以后又应用到 3D 旅行时计算中（Sethian，1999）。

其主要思想是通过建立一个环绕波前的窄带区域，使算法加快。算法基本思路如下：把模型的所有格点划分为三个点集，首先把具有初始值的格点标记为公认值格点，这些格点的旅行时在计算中不再改变，所以把它划分在一个集合内；然后把与公认值格点相邻一个格点的点标记为近点，在近点集合中，格点虽计算出了一个旅行时值，但它不一定是最小旅行时，是可改变的；其他格点标记为远点（图 4-21）。远点集合中，格点的旅行时还没有计算。

计算格点最小旅行时的过程如下：a. 在近点集合中搜索旅行时最小的格点；b. 把这个格点从近点集合中去除，加入公认值格点集合；c. 把这个格点的所有非公认值的临近格点归入近点集合，如果临近点属于远点集合，则从中去除；d. 重新计算该格点临近格点的旅行时值，如果比原值大，则保留原值，如果小，则取而代之；e. 重复过程 a 至 d，直到公认值格点集合包含整个模型。

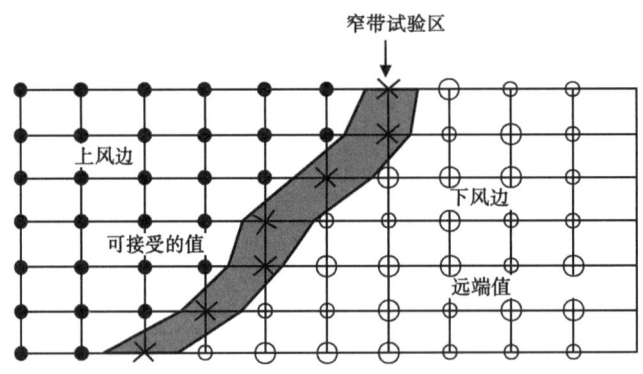

图 4-21　公认值格点的上风结构

这个算法由于总是在上风的邻域点计算旅行时值，不可能产生比任何一个公认值格点旅行时还小的值。因此，总可以选择窄带网格中旅行时最小的格点，重新调节邻近点的值，使解不断向外递推。利用堆排序技术，可有效地在近点集合中搜索最小元素，使算法加快速度。如果模型的总的网格数为 $N$，$N_B$ 为波前窄带中的最大网格数，那么该算法总共需要解方程次数为 $O(N\lg N_B)$，由于 $N_B$ 一般是未知的，那么上限为 $O(N\lg N)$ 次。

（2）算法的选取。

算法选取的目标是实现在复杂地表构造及大数据量情况下，对初至波进行层析成像。因此必须寻找一种快速、稳定和准确地计算初至旅行时且易于获得射线路径的方法。对于初至波层析成像，因为只考虑初至走时，不考虑多值走时。因此，有限差分法、最短路径法和惠更斯波前射线追踪法等方法都可以考虑。

以上几种方法，快速步进算法不失为是一种好的选择，计算速度快，算法也较稳定。

#### 4.3.2.2　高阶快速步进射线追踪及误差分析

快速步进算法（Fast Marching Method）由 Sethian（1996a，1996b）提出，用于静态 Hamilton 方程的求解中，以后又应用到三维旅行时计算中（Sethian，1999）。这个算法是无条件稳定的,可以适应于复杂的地质模型,在模型速度有任意大的梯度跳跃的情况下,该算法也会获得较准确的解,它是目前最快的计算初至旅行时的方法之一。然而该算法的一阶差分格式精度较差,在本节中,把二阶和三阶的差分格式应用于这个算法中,分析研究高阶差分格式的计算精度和特点。

用快速步进算法计算旅行时,计算精度与差分格式的阶数有关,一般情况下,一阶差分精度较差,二阶或三阶差分格式精度较高。

模型试算表明,采用一阶差分格式时,误差是随着接收点距离的增加而逐渐变大,而二阶和三阶格式,最大误差分布在源的附近,随着接收距离的增加,旅行时的误差没有增大的趋势。

影响误差的另一个因素是网格大小。模型试算表明,当差分阶数确定后,随着网格大小的增大,旅行时误差也增大,二者近似呈线性变化的关系。同时,当观测距离超过某个范围时,随着距离的增加,旅行时误差也不再增大。这就意味着实际层析成像更适用于大偏移距数据。

### 4.3.3 近地表初至波层析静校正

地震勘探主要分为人工地震测深(包括反射法和折射法)和天然地震层析成像(包括体波及面波)。一般来说,人工地震测深主要目标在于解决局部区域浅部地质结构问题。层析成像方法可按输入资料的不同分为三大类:

(1) 输入直达波走时资料的成像方法,对介质波速或波慢成像;

(2) 输入某种波的最大振幅或某个波组的平均振幅,对介质视吸收系数或散射系数成像;

(3) 输入一定时窗内的接收地震波场和背景波速,对介质波速扰动进行的逆散射成像。

这三类方法可分别简称为走时反演成像、振幅反演成像及波场反演成像。从算法上来说,振幅反演和走时反演都属于求解积分方程的问题,可以化为相似的代数方程组求解,所用的算法是基本相同的。波场成像属于偏微分方程反问题,主要有衍射CT和逆散射CT两大类方法。初至波旅行时层析成像就是利用速度分布和初至波走时之间的线积分关系,根据走时残差或差分走时来反演近地表的速度结构。这个反演过程一般包括以下4个部分,如框图4-22所示。

(1) 数据预处理。

数据处理目的在于对原始数据的误差和分布进行分析和挑选,尽可能地去掉系统误差,源点和接收点位置的误差,把影响走时的非速度因素去掉。数据预处理包括地震资料走时的拾取、初始模型的建立以及对通过测井和其他信息获得的已知地层的约束。实际资料中,由于误差的存在是不可避免的,且受到源和观测位置的限制及不均匀分布。旅行时拾取的误差直接关系到成像范围、精度、分辨率和反演解

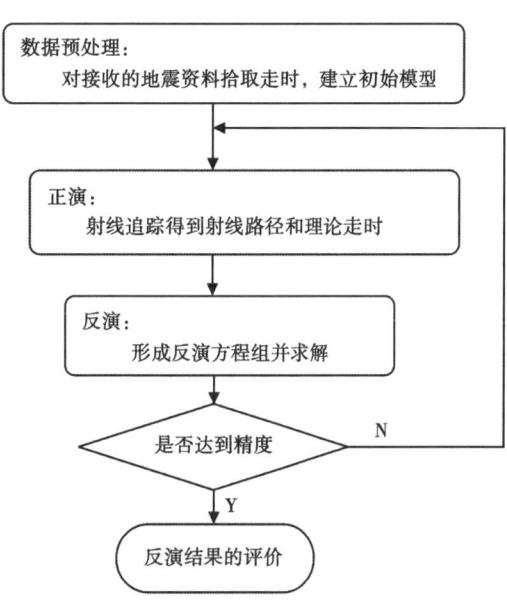

图 4-22 旅行时层析成像的基本原理框图

的收敛性等问题。

（2）正演。

广义地讲，正演的目的在于找到模型和数据之间的关系，对于初至波层析成像来说，正演目的在于计算出从震源到接收点的地震波传播路径及走时，即射线追踪。这是层析成像最关键和最耗时的一个环节，射线追踪方法的优劣直接影响成像的精度、实用化程度以及对速度剧烈变化区域的适应能力。

（3）反演。

广义地讲，反演的目的在于根据模型和数据之间的关系，利用观测数据反推模型。对于地震初至波层析成像来说，反演即是根据实际记录走时同初始模型中的计算走时之差得到新的速度模型，使在新模型里射线走时和实际观测走时残差减小并达到给定精度，实际计算中当这种差异小到一给定程度时，则可近似地认为最后得到的新模型体现了实际的速度分布图像。包括从射线路径计算走时及震源相关信息形成反演方程组和解方程组两个步骤。

（4）对反演结果的评价。

反演结果评价主要包括对反演的收敛性分析，走时数据拟合情况分析以及把成像结果用于实际地震资料处理中（如静校正等）检验结果的正确性。

当然，根据对反演结果的要求，一般正演和反演需要多次重复进行。成像技术的实现一般包括以下几个部分：数据预处理、正演、反演、反演解的评价。每一部分既是相互独立的，也是互相关联的。

#### 4.3.3.1 数学模型

假设地震波从任意一个源点 $S$ 到任意一个接收点 $R$ 的旅行时为 $t(S, R)$，介质的慢度分布为 $s(x, y, z)$，传播路径为 $L$，那么旅行时可写为如下公式：

$$t(S, R) = \int_L s(x, y, z) \mathrm{d}l \tag{4-14}$$

由于传播路径 $L$ 随介质的速度分布变化而变化，因此路径 $L$ 是一曲线，式（4-14）是一曲线积分，$\mathrm{d}l$ 是弧长微元。层析反演时，仅知道旅行时 $t(S, R)$，式（4-14）中的 $s(x, y, z)$ 和 $L$ 都是未知的。这实际上为一个非线性反演问题。

现把反演区域的慢度离散化，假如离散化后的单元个数目为 $N$。每个单元的慢度为一对应常数，记为 $s_1, s_2, \cdots, s_N$。这样，根据式（4-14）第 $i$ 条射线的旅行时表示为：

$$t_i = \sum_{j=1}^{N} a_{ij} s_j \tag{4-15}$$

式中 $a_{ij}$——第 $i$ 条射线穿过第 $j$ 个网格单元的长度。

当有大量射线（如 $M$ 条射线）穿过反演区域时，根据式（4-15）就可以得到关于未知量 $s_j$（$j=1, 2\cdots, N$）的 $M$ 个方程（$i=1, 2, \cdots, M$），$M$ 个方程组合成一线性方程组为：

$$AS = T \tag{4-16}$$

式中 $A$——距离矩阵，$A = (a_{ij})_{M \times N}$；

$T$——旅行时列向量，即接收器得到的初至旅行时，$T = (t_1 \quad t_2 \quad \cdots \quad t_M)^{\mathrm{T}}$；

$S$——慢度列向量，$S = (s_1 \quad s_2 \quad \cdots \quad s_N)^{\mathrm{T}}$。

从形式上看，通过求解式（4-16）就可以得到离散慢度分布，从而实现射线覆盖区域的速度场反演成像。但实际上，矩阵 $A$ 是由 $S$ 确定的，$S$ 是未知的，因此 $S$ 不可能从式（4-16）直接获得。解决的方法是通过不断迭代，逐渐逼近正确的慢度值，迭代过程步骤如下：

（1）$n=0$，假设一个初始的慢度分布为 $S(n)$ 的模型；

（2）对 $S(n)$ 模型射线追踪，获得 $S(n)$ 模型的旅行时 $T(n)$ 和 Jacobian 矩阵 $A(n)$；

（3）求解，获得慢度修正量 $\Delta S^{(n)}$；

$$A^{(n)} \Delta S^{(n)} = \Delta T^{(n)} \qquad (4-17)$$

其中，$\Delta T^{(n)} = T - T^{(n)}$，$T$ 为实际拾取的旅行时列向量。

（4）$S^{(n+1)} = S^{(n)} + \Delta S^{(n)}$，$n = n + 1$； $\qquad (4-18)$

（5）重复（2）~（4），直到 $\|\Delta T^{(n)}\| < \varepsilon$ 停止迭代，其中 $\varepsilon$ 为定义的一个小的正数；这时，认为 $S(n)$ 已非常逼近真实慢度 $S$，因此把 $S(n)$ 作为成像结果。

需要值得注意的是，在地震层析成像过程中矩阵 $A$ 往往为大型无规则的稀疏矩阵（$A$ 每行都有 $N$ 个元素，而射线只通过所有 $N$ 个像元中一小部分），而且常是病态的。

近地表初至波层析成像是一个非线性反演问题，应用中应注意以下三点。

（1）利用常规的反射地震资料的原始单炮记录，准确拾取每道地震波的初至时刻以及每个炮点和检波点的坐标作为基本信息。建立一个简单的初始速度模型，初始速度分布可任意给定。

（2）对已给的速度模型计算每道的初至时刻和射线路径，建立一个用速度修改值作为未知数和用实际拾取时间与模型计算旅行时间之差作为常数项的大型稀疏奇异方程组。解这个方程，获得速度模型的修改值，修正速度模型。

（3）重复上面过程，直到旅行时的均方误差达到最小时停止迭代。这时获得的速度最逼近实际速度，作为最后成像结果。

#### 4.3.3.2 影响旅行时层析成像结果的因素

（1）反演方法不同。

层析反演方法的差异，影响着计算速度，收敛速度和结果的可靠性。由前所述可知，层析成像反演一般转化为求解一个线性方程组，这个方程组是大型的、稀疏的和病态的。与求解一般方程的方法稍有差别，必须要考虑以下三个方面的问题。

速度要快，占储存空间要小：由于方程组的维数很高，常规求解方法比较耗时，且占用较大的储存空间，一般计算机不能满足要求。

收敛速度要快：层析成像反演是通过迭代不断逼近真实值的过程，好的方法迭代几次就可收敛到最小误差，差的方法则需几十次。

合适的优化方法：由于层析反演的方程组都是病态的，没有准确解，只能求它的最优解，优化方法的不同，解的结果也有较大差异。常见的优化方法有最小范数，最小二乘和最大熵等方法。

常见的层析反演方法有代数重建技术（ART）、联合迭代重建技术（SIRT）、共轭梯度最小二乘法（CGLS）、正交分解最小二乘法（LSQR）、非线性反演以及随机逆等方法。ART 方法虽然速度快、占内存小，但解的精度差、收敛慢，不适合用于弯曲射线层析成像中。SIRT 较稳定，但总的收敛速度不是很理想。CGLS 和 LSQR 获得的是方程的最小二乘解，可以使旅行时残差的均方误差最小。当选择比较合适的参数时，采用 LSQR 算法，迭代几次就可以获得稳定的最小均方误差解。该算法占用内存较小、速度适中、收敛快且结果稳定，是一种比较好的算法。本书在层析反演时，采用该种算法。

（2）参数化方法。

震源和接收点的分布不均匀会导致地震数据覆盖率空间变化相当大，一般采用均匀网格划分时，不能灵活地对成像模型进行划分。从反演的角度考虑，较理想化的方法是可以根据射线覆盖率对网格划分进行随机调整。在射线覆盖率高、采样密的区域网格划分得细，从理想情况来说，这种不规则网格划分反映了分辨率的空间变化，但是很难保证这种划分是基于采样密度进行的，因为有时研究者对感兴趣的研究区域才进行网格细分。从正演的角度考虑，这种变网格划分方法增加了射线追踪的难度和运算时间，有时还增加计算误差。正演计算时较理想的方法是应根据速度变化的剧烈程度来划分网格。从正演和反演综合考虑，本书使用小波变换，可使正反演采用不同的网格大小来成像，既考虑了正演计算时的精度，又考虑了反演时成像的分辨率。

（3）数据的质量和覆盖率。

层析成像反演结果的成功与否与资料质量如何息息相关，大多数用初至波层析成像是采用多次覆盖的大偏移距的波形数据，初至波中不仅要有直达波，还要有充足的折射波或回折波，初至波走时拾取的准确程度与地震资料信噪比有关。信噪比较高的数据可提高走时数据的精确度，从而可提高成像结果的准确度。若工区全部地震数据采用可控震源施工，初至波拾取十分困难，特别是近道初至，相关后初至起跳不清，信噪比较差，拾取十分困难。初至波拾取方法的优劣直接影响到走时数据的准确性。对于具有大背景噪声的地震资料，分形算法是一种较有效的自动拾取走时方法。由于原始地震记录有随机噪声干扰，在波的起跳时刻由于噪声干扰而变得模糊，从而给自动拾取带来了一定难度。分维数大小反映了波形几何形状的复杂程度，随机噪声的波形由于没有规律较复杂，因而它的分维数比地震波形的分维数大，对地震记录的每个样点计算它的分维数，波的起跳时刻，正是波形由噪声变为信号的转折点，分维数也由大变小，检测分维数由大变小的时刻，可自动检测出波的起跳时刻，这个时间就是地震波的初至时刻。

资料的覆盖率影响解的不确定性程度，虽然采用不规则网格化方法可以减少一些资料覆盖率不均的影响，但是资料覆盖率不均仍然是走时层析成像反演中一个难以解决的问题。对于一个给定的观测系统，网格内的射线密度和射线方位决定了该网格反演结果的可靠程度，观测点的间距决定了层析成像分辨率的大小。分辨率的大小与结果的可靠性二者是相互矛盾的，如果反演时网格尺寸越大，则分辨率越小，但同时，网格的射线密度就越大，结果就更可靠，因此，二者是矛盾的。如何兼顾分辨率与可靠性是层析反演的一个难题。在保证一定分辨率的前提下，资料覆盖率决定了网格的射线密度，也确定了每个网格反演结果的可靠程度。如果把反射波考虑在内，则可增加网格的射线密度，提高反演的可靠性，因此，初至波和反射波联合层析应可以提高反演结果可靠性，在一定程度上可减少资料覆盖不足的影响。另外，还可附加约束条件提高反演结果的可靠性。

考虑到以上矛盾和问题，本书所采用的全局约束可以有效地解决近道初至拾取时间精度不够、个别区域资料覆盖不足的问题，使得反演结果的可靠性得到保障。

### 4.3.4 小波变换层析反演静校正

在初至波层析成像中，地震资料的总道数决定了大型稀疏奇异方程组的数目，模型网格的数目决定了方程组未知数的个数，如果未知数过多，增加了解的不确定性，影响反演结果。虽然增大网格尺寸可减少未知数个数，但会带来降低成像分辨率和增大计算误差的副作用。无法对成像结果的分辨率和反演的可靠性二者兼顾。将小波变换用于速度模型的分解和重构中，把每次迭代反演后的速度值作为近似信息来重构速度场，每重构一次，分辨率提高一倍，网格尺寸变小，把重构后的速度场用于射线追踪时，可提高旅行时计算精度，既满足了成像分辨率的要求，又兼顾了反演的可靠性。

在层析反演实现过程中，一个网格点是一个未知数，一条射线是一个方程。由于不能保证每个网格都有射线穿过，对于没有射线穿过的网格，就不能得到速度的更新量。一种权衡的措施是在反演过程中把网格进行平滑，那么在平滑范围内，只要有一个网格穿过了射线进而得到了速度修正量，那么，该平滑范围内所有的网格都得到了相同的速度修正量，这样做的问题是降低了反演的精度。

把速度作为一个三维图像，用小波变换对该速度图像进行多尺度分解，每分解一次，近似信息的速度值数目是原来的1/8，而细节信息反映的可能是走时拾取误差和其他不确定等因素对速度产生的影响，是不可靠的，可去除，近似信息比较可靠，它反映的是速度变化的总趋势。如果我们只对近似信息进行反演，则反演时未知数个数极大减少，增加了反演结果的可靠性。在正演时，由于只用近似信息重构速度场，从而减少了由于走时拾取误差和其他不确定等因素对旅行时与射线路径计算过程中的影响，使反演结果能够快速稳定地收敛到最优解。用小波变换对速度解决了两个问题，一个是在重构时实现了光滑插值，二是减少了未知数，保持了方程解的稳定可靠性，使反演结果能够快速稳定地收敛到最优解。

下面是应用小波变换前后层析反演结果的对比。图4-23和图4-24是初至时间的对比，红色是实际初至时间，蓝色是层析反演后的初至时间。图4-25和图4-26是各炮实际初至时间和层析反演后初至时间的均方差，图4-25是未应用小波变换的均方差，大多在8ms左右，图4-26是应用小波变换的均方差，大多在3ms，说明基于小波变换的层析反演，总体上更好地拟合了实际初至时间。图4-27和图4-28是把实际初至时间和层析反演后初至时间的差按炮检距显示后的结果，可以发现，未应用小波变换，近道的拟合差比远道大；应用小波变换后，近道和远道的拟合差基本一致。图4-29和图4-30是层析反演结果后的速度模型，图4-29是未应用小波变换后反演结果，浅层的马赛克现象很严重，精度较差，最低的速度在2000m/s左右；图4-30是应用小波变换后反演结果，浅层的精度得到一定的提高，最低的速度在1200m/s左右，应用小波变换后，得到了更高精度的反演结果。

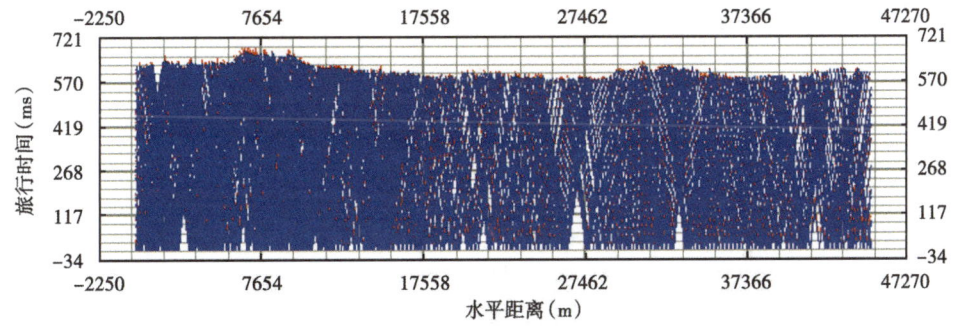

图4-23 未用小波变换的初至时间曲线对比

红色：实际初至时间；蓝色：未用小波变换反演后的初至时间

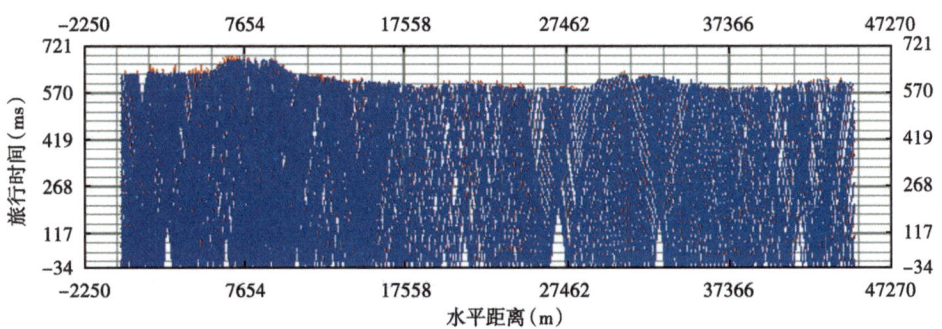

图 4-24 应用小波变换的初至时间曲线对比
(红色：实际初至时间；蓝色：应用小波变换反演后的初至时间)

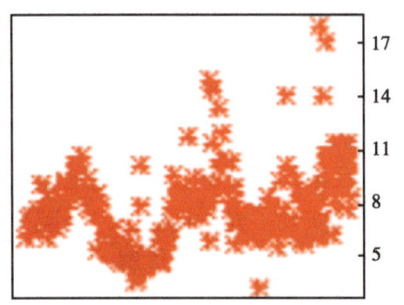 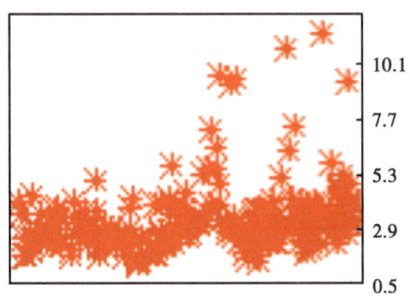

图 4-25 各炮点实际和层析反演后初至时间的均方差（未应用小波变换） 　　图 4-26 各炮点实际和层析反演后初至时间的均方差（应用小波变换）

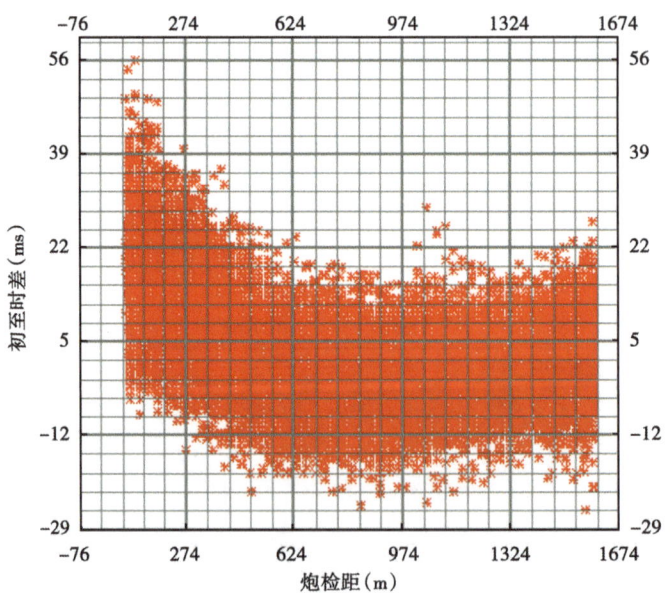

图 4-27 实际和层析反演后初至时间的差，按炮检距显示（未应用小波变换）

通过以上分析，小波变换层析成像比一般的层析反演可得到更高精度的反演结果，能快速稳定地收敛到更小的旅行时残差。

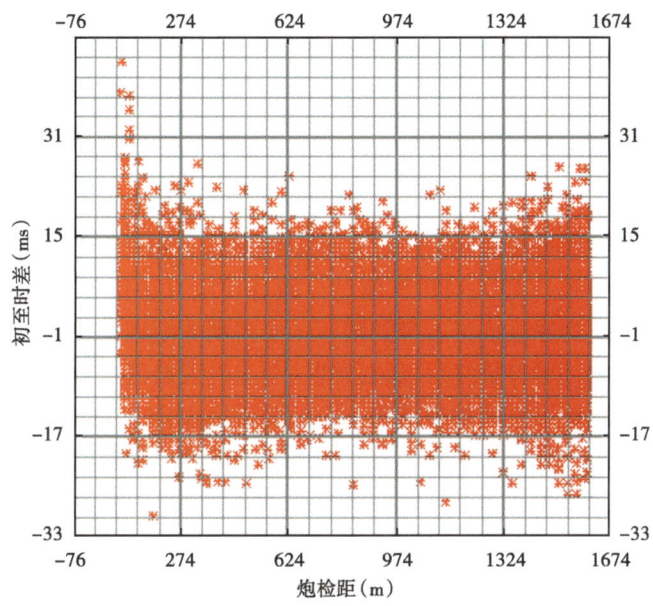

图 4-28 实际和层析反演后初至时间的差,按炮检距显示(应用小波变换)

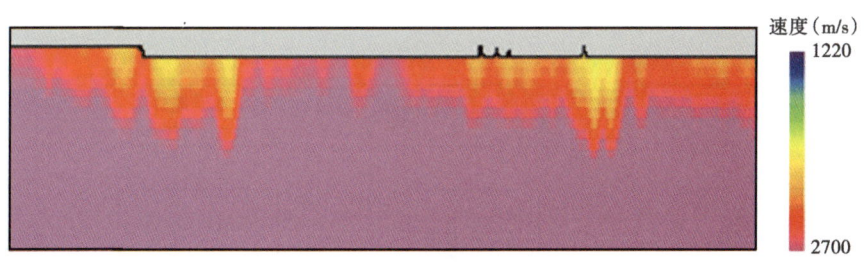

图 4-29 未应用小波变换层析反演得到的速度模型

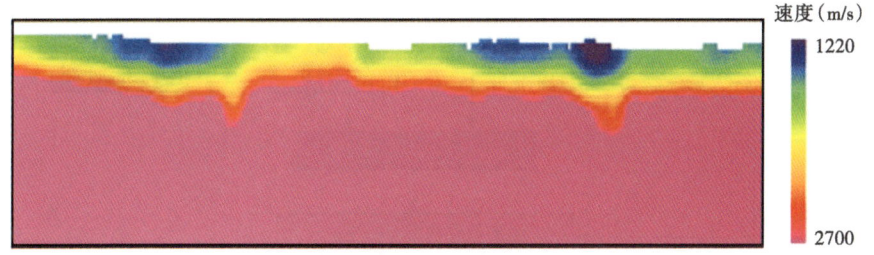

图 4-30 应用小波变换层析反演得到的速度模型

### 4.3.5 高精度三维连片地表建模和静校正

如前所述,近地表建模研究中有很多的方法技术,如基于低速带调查(包括微测井、小折射法)的野外静校正,也有应用比较广泛的折射法、层析反演法等,这些方法在针对特定目标的应用时都有很好的效果,但是从严格意义上讲,每一种方法都有着其自身无法克服的局限性。

对于野外静校正来说，虽然由微测井等得到的近地表单点处的模型是对测量点近地表介质比较准确的描述，由此可以得到该点比较准确的近地表模型，但要得到比较准确的三维空间模型却要受制于测量点的密度、深度等实际数据采样情况。实际情况是，由于勘探投资、勘探周期以及工区地表复杂程度等因素的制约，野外针对低降速带测量数据的采样（率）往往远远不够，三维空间的近地表模型不得不借助于数学内插得到，使得模型的空间分辨率及精度受到制约，如果采样点密度过稀，所得到的模型可能基本不可靠。

同样，对于折射法或层析法来说，也存在类似的问题。相比于野外低降速带测量数据，其空间采样（率）往往很高，如大炮初至信息，通过相应方法得到的模型，其空间的分辨率一般足够高，但由于受到方法理论本身的限制，所得到的模型往往与实际的近地表结构相差甚远，如初至层析反演，尽管最终可以收敛到一个走时误差很小的模型，但最终它也仅仅是一个等效模型，模型的地质地球物理结构与实际的近地表介质结构往往相差甚远。

近年来，很多研究人员开始转向更具有实用价值的综合建模与静校正的研究。例如，针对柴西南三维连片探区内复杂地表的具体地质与地球物理条件，综合利用工区内现有的各种地质、地球物理资料，在充分了解、研究工区复杂近地表模型的地质与地球物理结构及特点的前提下，以大炮初至为基础，结合工区地质地貌图、微测井和小折射等，进行先验信息约束的初至波层析反演，使得数据之间相互补充，得到基于连片探区内精度最高的速度模型，在此基础上研究确定合适的静校正处理流程，计算静校正量。如图 4-31 是全局约束近地表建模流程图。

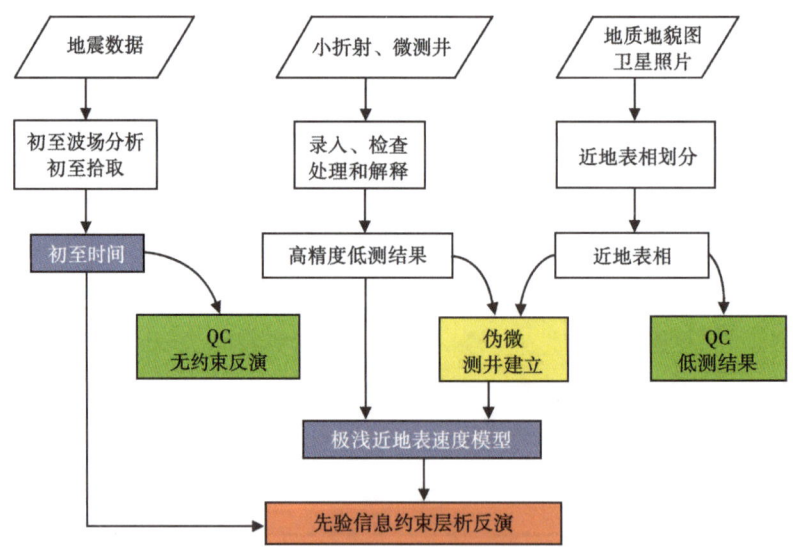

图 4-31 全局约束近地表建模流程图

图 4-32 至图 4-34 分别是在柴西南三维连片区计算的野外低测速度模型、无约束反演速度模型和全局约束速度模型对应的基准面静校正量。

图 4-35 是全局约束建模与无约束层析反演后计算的基准面静校正量的差，可以发现，在乌南和东柴山北部低速比较厚的沙丘相带，低频变化较大，这是因为进行约束反演的初始速度模型，包含了更多的低测资料所得到的低速信息。

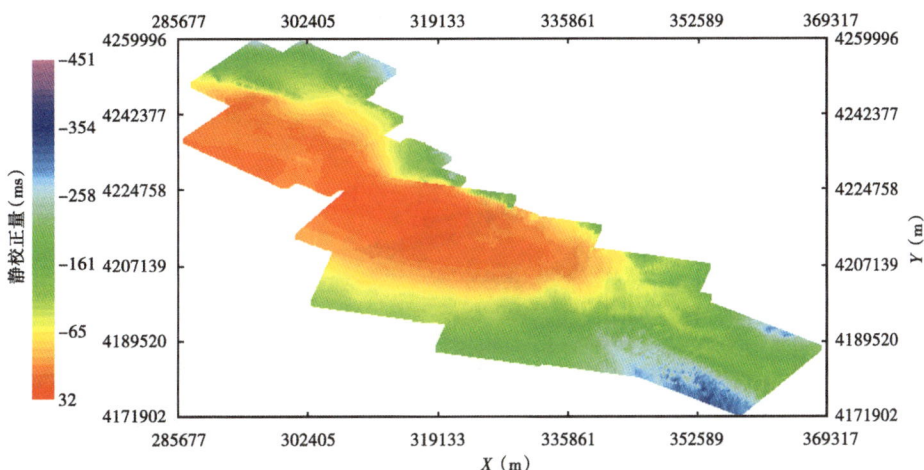

图 4-32 基于野外低测资料速度模型的基准面静校正量

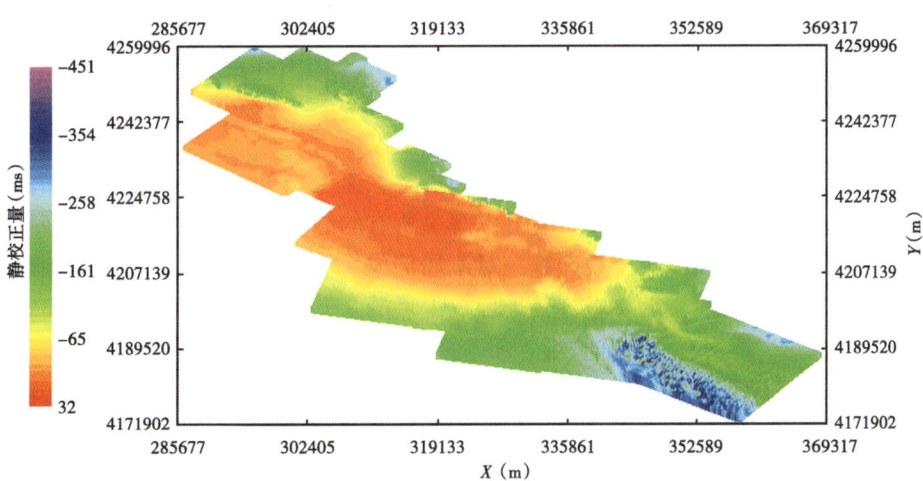

图 4-33 无约束初至波层析反演速度模型的基准面静校正量

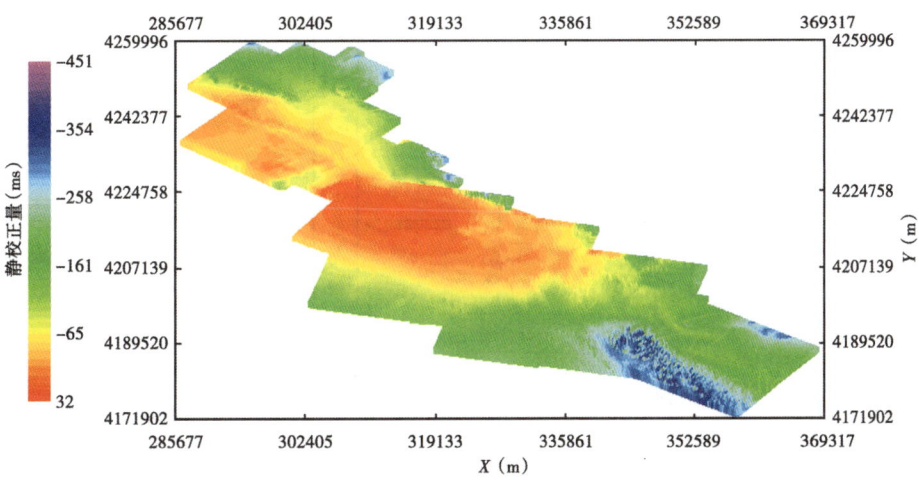

图 4-34 全局约束近地表模型的基准面静校正量

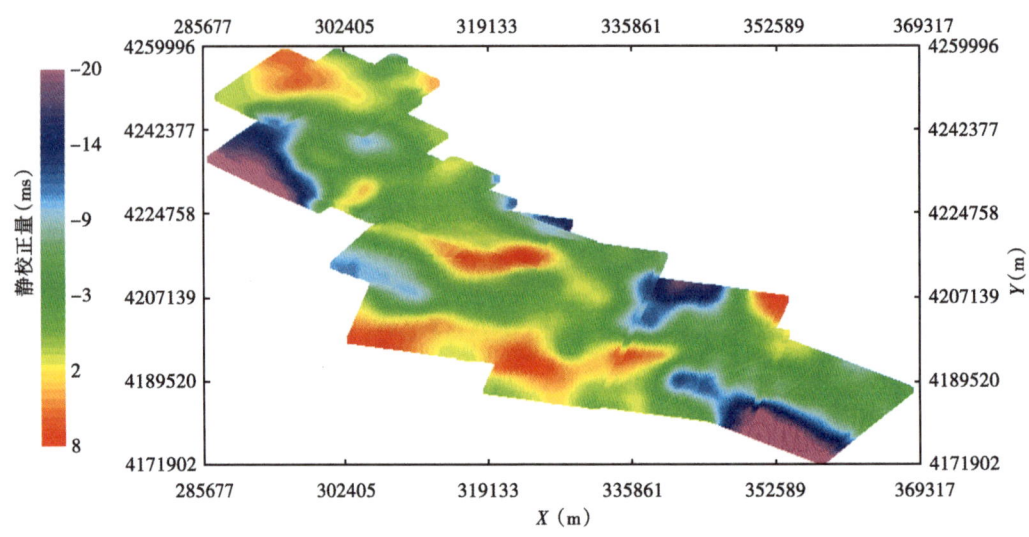

图 4-35 全局约束与无约束反演基准面静校正量差的低频分量

## 4.4 静校正配套技术应用

三维连片处理工区内，往往涉及多种近地表类型，速度分布复杂，既存在中、低频静校正问题，也存在高频问题，没有一种方法可以解决所有的静校正问题。中、低频静校正量由全局约束的层析反演近地表速度模型计算，对于局部成像信噪比低的部分，其高频静校正量取自折射波静校正量，一般，需要进行三维静校正量的高低频分离与合并模块，实现思路如图 4-36 所示。首先，根据有效排列长度，将全局约束基准面静校正量和折射波静校正量分解为中低频分量和高频分量，在叠加数据体上，选出折射波静校正量叠加信噪比较好的区域，在区域内，将全局约束基准面静校正量的中低频分量和折射波静校正量的高频分量进行合并，这样，既保证了该区域内的构造形态的准确，又提高了叠加成像的信噪比。

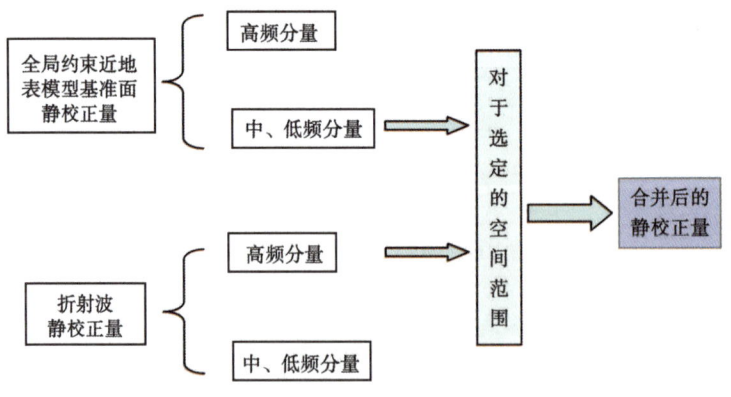

图 4-36 静校正量的高低频分离与合并

分别用 $ST_A$、$ST_C$ 和 $ST_R$ 表示合并后的静校正量、全局约束静校正量和折射波静校正量，首先根据给定的排列长度将全局约束静校正量和折射波静校正量分解为各自的高频分量和低频分量：

$$ST_C = ST_C^L + ST_C^H \tag{4-19}$$

$$ST_R = ST_R^L + ST_R^H \tag{4-20}$$

式中 $ST_C^L$ 和 $ST_C^H$——分别是全局约束静校正量分解出的低频和高频静校正量分量；

$ST_R^L$ 和 $ST_R^H$——分别是折射波静校正量分解出的低频和高频静校正量分量。

如图 4-37 所示，假如 $B$ 是根据叠加剖面确定出的边界，在 $B$ 的里面，全局约束静校正量的叠加信噪比低于折射波静校正量，为了保证中低频分量的可靠和叠加信噪比，全区的中低频分量取自全局约束静校正量 $ST_C^L$，在 $B$ 的外面，高频分量 $ST_A^H$ 取全局约束的高频分量 $ST_C^H$，图中虚线至 $B$ 是过渡区，在虚线的里面，高频分量 $ST_A^H$ 取折射波静校正量的高频分量 $ST_R^H$，$P$ 是过渡区内的某点，其高频静校正量则按下式计算。

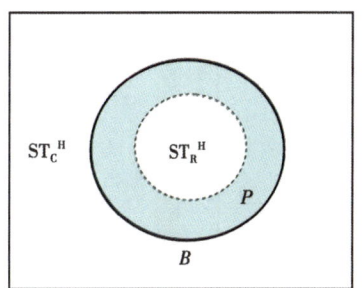

图 4-37 高低频分离与合并示意图

$$ST_A^H = (ST_R^H D_1 + ST_C^H D_2) / (D_1 + D_2) \tag{4-21}$$

式中 $D_1$——$P$ 点到边界线 $B$ 的距离；

$D_2$——$P$ 点到虚线的距离。

这样，就使得在过渡区，高频静校正量是渐变的，不会降低叠加剖面的质量。

那么，经过高低频分离与合并后的静校正量则为：

$$ST_A = ST_C^L + ST_A^H \tag{4-22}$$

图 4-38、图 4-39 和图 4-40 分别是全局约束静校正量、折射波静校正量和合并后的静校正量，图 4-41、图 4-42 和图 4-43 分别是对应以上三套静校正量的叠加剖面。可以看到，相对于全局约束层析静校正量，合并后的静校正量对应的叠加剖面，构造形态没有变化，成像质量得到提高。

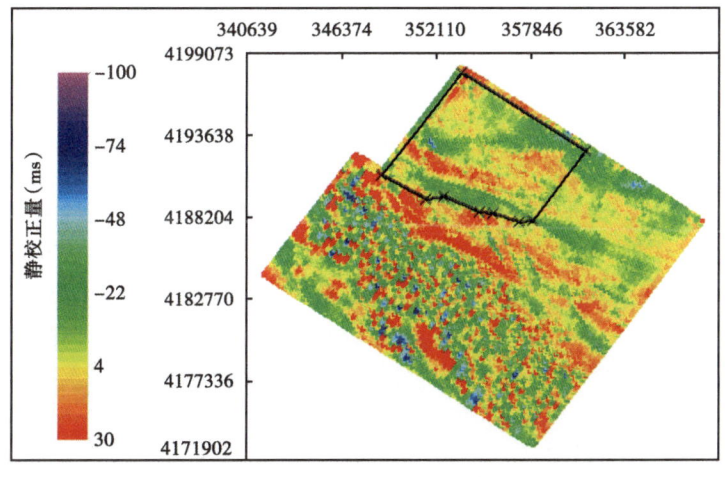

图 4-38 全局约束近地表模型基准面静校正量

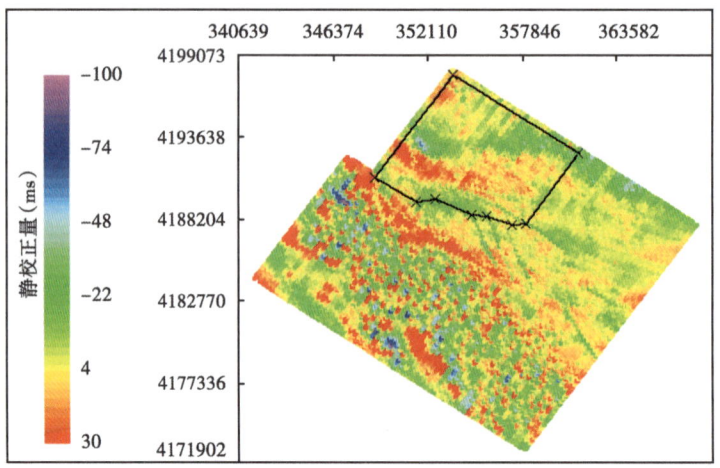

图 4-39 折射波静校正量

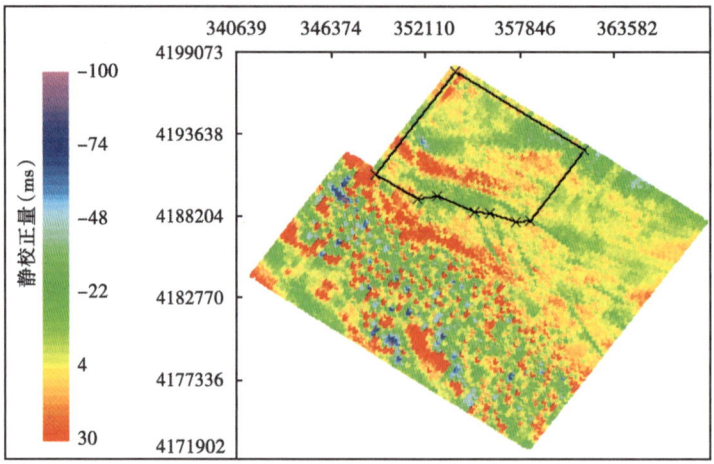

图 4-40 合并后的静校正量

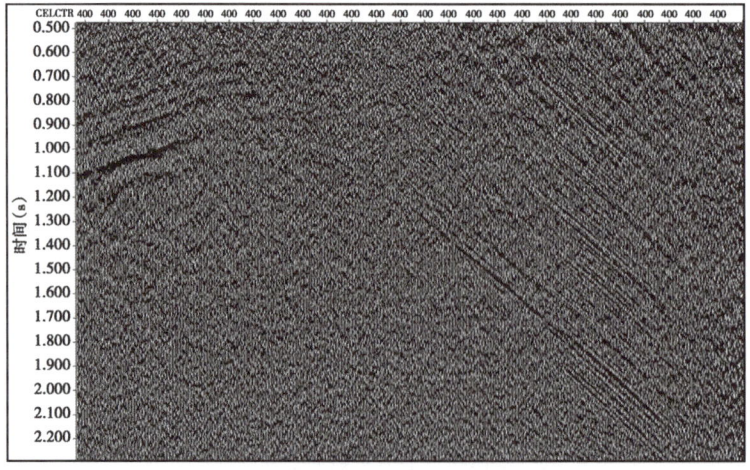

图 4-41 全局约束基准面静校正量的叠加剖面

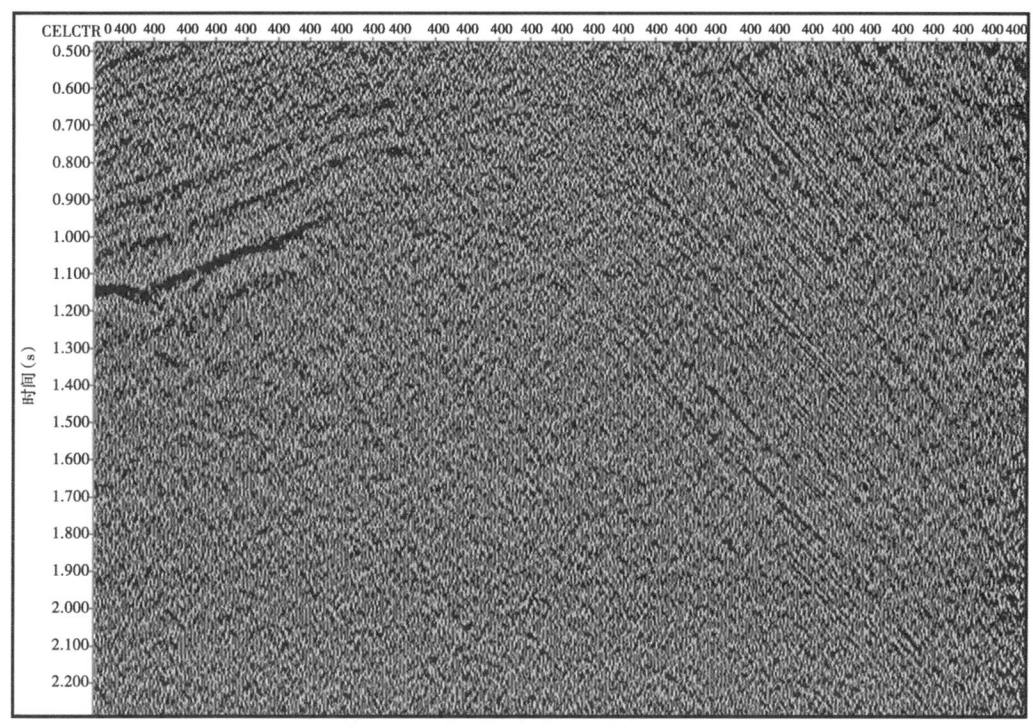

图 4-42　折射波静校正量的叠加剖面

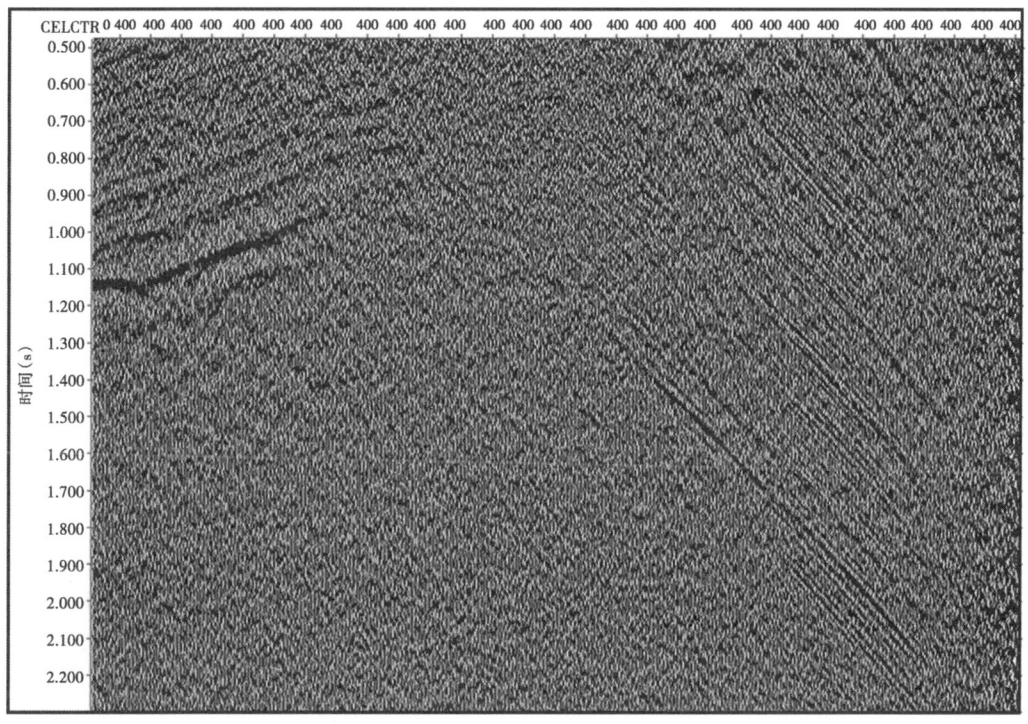

图 4-43　合并后静校正量的叠加剖面

图 4-44 至图 4-46 展示了柴达木盆地红柳泉单炮各种静校正量的效果对比。

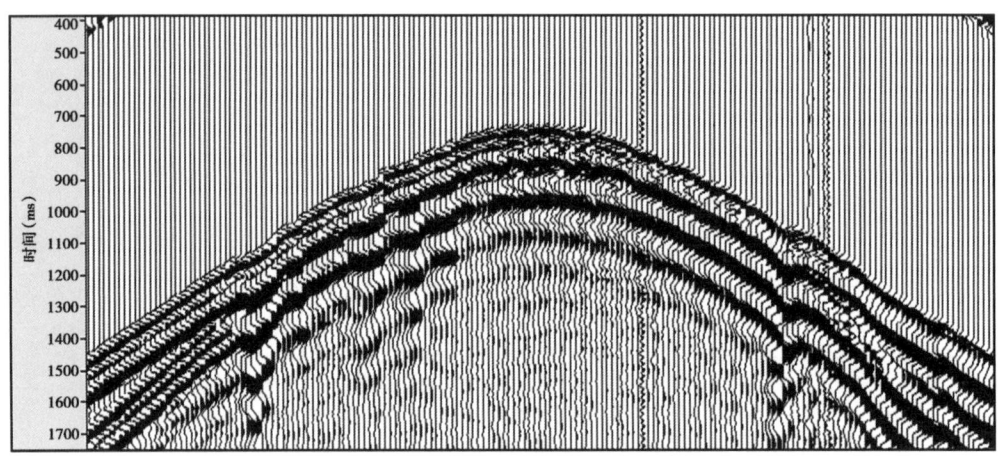

图 4-44　红柳泉某原始单炮

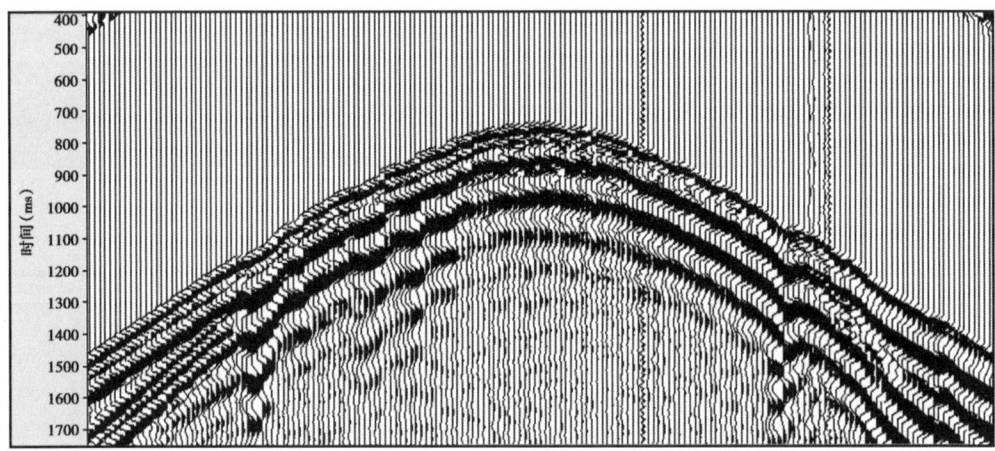

图 4-45　红柳泉应用野外静校正量的单炮

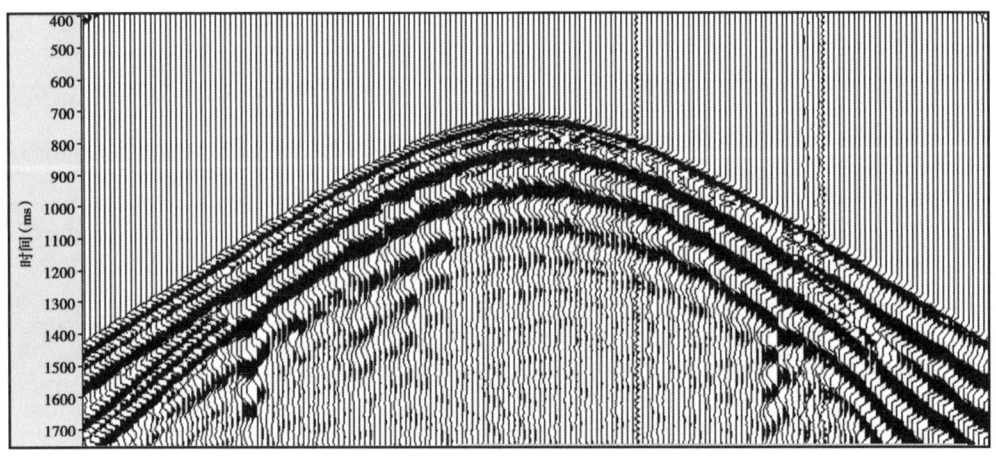

图 4-46　红柳泉应用合并静校正量的单炮

从单炮效果对比可以发现，在不同的区块，静校正问题得到了较好的解决。

图 4-47 是折射波静校正量同合并静校正量在叠加剖面上的对比，应用合并静校正量后的叠加剖面在 2.2s 处的同相轴抖动现象消失了，信噪比得到提高[图 4-47（b）]。深、浅层的连续性和信噪比都得到加强。

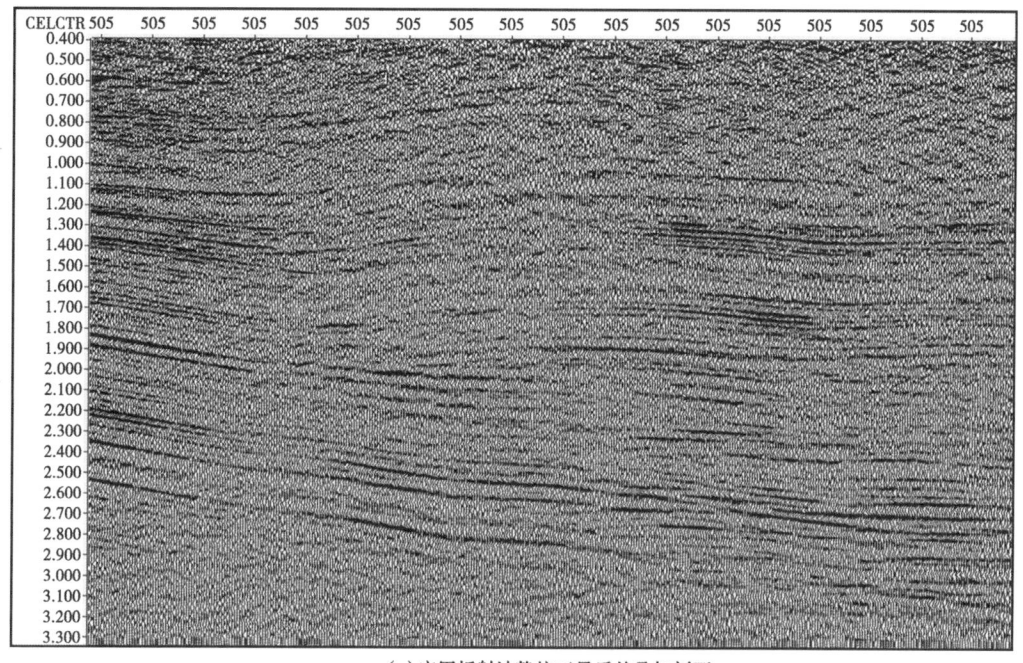

(a)应用折射波静校正量后的叠加剖面

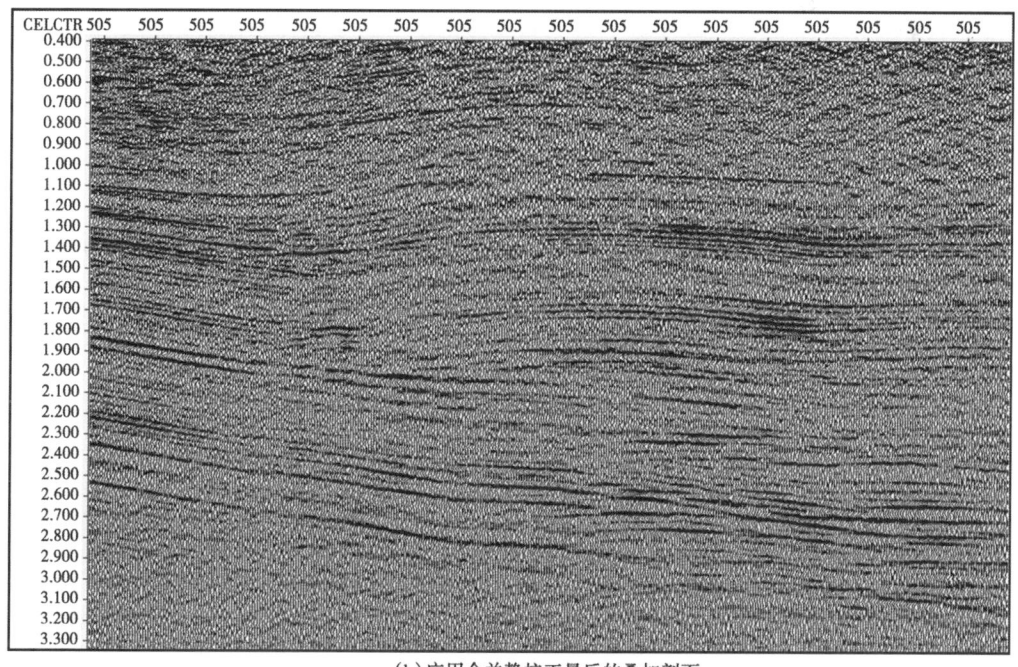

(b)应用合并静校正量后的叠加剖面

图 4-47 应用折射波静校正量和合并静校量后的叠加剖面对比

## 4.5 认识与建议

做好静校正工作的基础是得到近地表速度模型,而得到准确的近地表模型的关键是做好野外表层结构调查,在此基础上,用新的方法反演出近地表速度模型,提高模型与实际情况的吻合程度。复杂地区静校正是一项难度很大的关键技术,只有通过室外和室内相结合,才能做好这项工作。对于静校正技术的应用,有以下几点建议。

(1) 综合运用多种静校正方法,取长补短,互为补充,步步逼近,以取得最佳静校正效果:
①建立最小静校正误差浮动基准面;
②自适应法拾取初至;
③层析成像建立精确的表层速度;
④波动方程延拓解决波在近地表非垂直传播问题;
⑤多域迭代静校正提取中短波长静校正量;
⑥全局寻优静校正提取大于1/2波长剩余静校正量;
⑦地表非一致性法提取剩余静校正量。

(2) 解决复杂地表条件的静校正问题的技术流程是:
①基于起伏地表的基准面的建立——消除"雁式"动校异常;
②初至智能拾取——解决低信噪比资料的初至自动拾取问题;
③表层速度反演——准确反演复杂地表条件浅层速度模型、解决大起伏、层速度横向变化大、折射面变化大等条件下的静校正问题;
④波动方程延拓——充分考虑近地表波非直垂传播特征;
⑤高精度剩余静校正——合理解决小的剩余静校正量问题和地表极复杂地区大于1/2波长剩余静校正。

(3) 不同地表条件下的技术适用性建议。
①沙漠地区以折射、统计、层析静校正为主。
②黄土塬地区以层析速度分析、多域统计静校正为主。
③山地山前带以起伏地表基准面、折射波初至自适应拾取表层速度反演、波场延拓、全局寻优静校正为主。
④砾石戈壁地区以时变剩余静校正为主。
⑤东部简单地表以折射、统计、层析静校正为主。

(4) 复杂地区地表条件多变、类型复杂,必须分区建立静校正分析处理流程,同时要注意静校正量空间上的闭合与衔接,一般采用表层空间先闭合的方法。

(5) 静校正量的计算与应用应先做低频分量,再做高频分量。

(6) 做好静校正的关键是做好表层结构调查,要小折射、微测井、打穿低降速带的深井微测井相结合,取全取准表层资料,在表层结构突变的条带要适当加密表层调查点密度。

(7) 在表层结构复杂的地区,要保持近道数据丰富,以便于利用大炮初至反演近地表模型。

(8) 做好地表一致性是做好静校正的前提,处理中应注意两者的关系。

(9) 层析反演是解决复杂近地表问题的有效方法,但要注意近地表数据空间采样密度要足够。

（10）我国中西部复杂山地区，没有明显的低降速带分界面，很多地方老地层直接出露，造成野外没有稳定能追踪的折射界面，表层速度横向变化快，常规静校正技术不能解决问题，必须从真地表开始，采用叠前深度偏移技术，静校正与深度偏移一体化考虑。

（11）静校正好坏的评价标准，不应以叠加剖面的好坏来判断，要以偏移成像效果好坏和近地表模型与实际情况的吻合程度作为判别标准。

# 5 高精度地震资料处理技术

地震资料处理就是利用数字计算机对野外地震采集所获得的原始资料进行加工、改造，以期得到高质量的、可靠的代表地质含义的数据体。在早期的多次覆盖地震技术中，水平叠加处理技术具有划时代的意义，但是，当地下界面倾斜时，水平叠加剖面上显示的反射点位置沿着地层的倾斜方向就偏离了反射点的真实位置，随之，使反射波或绕射波回返到产生它的地下位置上去，使地下界面真实地归位，提高地震记录的横向分辨率的偏移成像技术得到快速发展并成为当前的主流处理技术。

为了适应不断发展的勘探开发需求，探索复杂的地质情况，不断修改理论模型，发展了一系列的改进办法，如 DMO（叠前部分偏移）技术、叠前（或叠后）时间（或深度）偏移以及其他各种改进的偏移成像技术，以便得到更好的地下成像，直至不断逼近地下真实情况。

中国石油历来重视地震资料的处理技术，自 20 世纪 90 年代初期引进美国帕拉代姆公司的叠前深度偏移软件和技术开始，各个油田和勘探院所对地震资料的处理都不同程度地进行了攻关，推广先进适用新技术，并逐年取得了较好的成绩。

从 1997 年中国石油天然气总公司北京勘探会议将胜利油田的一条地震剖面资料为目标进行 30 余家的处理技术交流和评比，到 2002 年中国石油天然气集团公司大连处理技术交流和用辽河油田的一条地震剖面资料为目标进行 10 余家的处理技术交流和评比，后者着力评比叠后时间偏移和叠前深度偏移剖面，大力推广先进的地震资料处理技术，为中国石油降本增效做贡献。极大地推动了地震资料处理技术的发展。尽管 2002 年中国石油的年常规二维处理能力有 $15.5 \times 10^4 \text{km}$，叠前深度偏移 2000 余千米；常规三维处理能力有 $1.8 \times 10^4 \text{km}^2$，叠前深度偏移 800 余平方千米；就精度和数量而言，还不能完全满足勘探与生产的需求。但在此后还是陆续开展了冀东油田、辽河油田大民屯、大港油田歧口、华北油田饶阳和二连、塔里木油田塔北等区块的大连片处理，使过去多年贴邮票式的老三维地震资料和新采集的三维连片有效拼接上。因而，不但在新区有发现，而且在拼接处也有了较多的发现，有效地解决了老区挖潜问题，整体提高了地质认识，增加了储量和产量，不同程度地适应了当时勘探与生产的需要。

地震资料处理是一项涉及面很广的学科，为了能够得到好的成像效果，要对原始资料进行预处理，包括数据整理、静校正、压噪、一致性、能量均衡、振幅补偿、频率补偿、反褶积等一系列工作，本章不对上述环节做精细的讨论。而是针对复杂小断块、复杂构造、岩性—地层油气藏勘探开发的高精度三维地震准确成像进行讨论。

在高精度三维地震数据采集之后，高精度三维地震资料处理技术的核心环节包括有效的静校正处理，有效的信噪比处理，提高资料分辨率，波形保真，精确地建立速度场，提高精确度的偏移成像等。本章重点讨论地质家期望的地震剖面具有高的分辨率、准确成像、地质特点清楚的叠前时间偏移处理和叠前深度偏移处理的技术方法和应用效果。

根据地质任务的要求和地质目标特征，处理技术人员和解释技术人员要协同作战，也就是常说的处理解释一体化，确定目标处理解释流程，主要流程包括：快速动态显示地震数据的时频分析及相应的人机联作解释，地震频率数据体分析，目标调谐频率加强，等时面地震属性分析及切片技术，多频率成分合成的成像技术等。

## 5.1 室内处理提高地震资料信噪比

地震资料野外采集，由于施工成本较高，以及组合等野外压制噪声的同时也压制了高频信号和弱信号。因此，近几年来，除特殊地形地区外，在野外不再使用大组合提高资料信噪比，把压制噪声、提高信噪比的任务逐步由野外转向室内，通过室内资料处理达到：(1) 压制噪声，突出有效信号；(2) 力求做到同相叠加；(3) 处理好分辨率与信噪比的关系。

对于室内处理来说，面临的噪声也分为随机噪声和规则噪声两大类：（1）随机噪声，主要指在地震记录上表现为没有固定频率和固定传播方向、在地震数据中形成杂乱无章背景的波，具有很宽的频带、无一定视速度的特点，因而很难用其同有效波之间在频带上的差异或传播方向上的差异进行压制；（2）规则噪声，主要指具有一定主频和一定视速度的噪声，如面波、交流电干扰、声波、浅层折射波等。

噪声的产生原因和种类复杂多样，因此压制噪声的方法也要根据有效反射波与噪声的特点而有所不同，以尽量减少有效反射信号在压制噪声过程中的损害。有些噪声能够通过处理得到压制，有些噪声只能通过处理得到衰减，而不能100%压制。

### 5.1.1 噪声的压制

(1) 声波的压制。

切除法：一般原始单炮记录上包含有多种类型的声波，个别地区声波干扰相当严重（如我国西部地区）。在一般地震资料处理流程中，主要通过反褶积技术对声波进行压制。在声波主频较高时，此法压制效果常常很不理想。目前，大多采用内切法彻底将其剔除。此法虽能从根本上消除声波对地震数据的影响，从而可以更好地提高资料的信噪比，但是湮没在强噪声干扰中的有效信号也损失掉了。

分频自适应检测与压制：声波相对有效波来说，能量较强、频率较低。因此在有些地区也可以采用分频自适应检测的方法对声波进行压制，此法不仅可以有效地压制声波干扰，而且可以保留有效信号不受太多的畸变。因此，该方法不失为压制声波干扰比较有效的方法。

(2) 不正常地震道。

原始单炮记录上常含有许多不正常地震道，其上地震波的能量一般都很强。除了人工道编辑之外，可以利用单道能量之间的对比关系，选取合适的门槛值，最后形成一个编辑库，可将其自动剔除。

(3) 面波的压制。

面波是地震记录上最常见的也是最强的规则干扰波，传统的压制方法是高通滤波。但这并不是一种最佳的方法。因为在滤除面波的同时，有效信号的低频成分也受到了一定程度的伤害，而这种低频成分对提高分辨率和波阻抗反演都非常重要。目前压制面波较为有效的方法包括自适应面波压制方法等，适应性较强，效果也明显。

## 5.1.2 噪声的衰减

（1）随机噪声衰减。

由于地表条件的复杂性，地震资料中常含有多种随机噪声，如微震、背景干扰等。这些噪声分布很广，严重影响了资料的信噪比。同时，其频率范围广、振幅范围广、视速度不确定，只能通过 $f-x$ 域随机噪声衰减、相干加强、多项式拟合等处理技术进行最大限度的衰减。

$f-x$ 域随机噪声衰减：对叠后地震剖面上的线性同相轴（包括有效信号和线性噪声）进行预测，分离信号与噪声，压制剖面上的随机噪声，以增强有效信号，可以对叠前共炮检距道集进行随机噪声衰减，使不同炮检距中的随机噪声得到明显衰减。需要注意的是，在 $f-x$ 域进行随机噪声衰减时，选择去噪参数应注意计算时窗和混波比两个关键参数，如果混波比给得太大，去噪效果不明显，混波比给得太小，会使资料太呆板。

相干加强：在地震数据处理中，利用地震反射同相轴的相干性压噪，已成为提高信噪比和压制噪声的有力手段。对要做相干加强的某一地震道的若干相邻道，沿不同倾角做叠加构成模型道，然后计算该地震道与各倾角模型道之间的相干系数，再用相干系数构成加权因子，对各模型道进行加权，将加权后的各模型道相加以组成输出道。这样就达到了提高信噪比的目的。

多项式拟合：根据有效信号在空间上的相似性，用多道相关的方法确定时窗内有效波同相轴的时空位置，然后求出有效波在这一时窗内的标准波形，并根据各道的相关系数对各道进行能量分配，从而完成有效波时间、振幅两方面的拟合。拟合后的地震剖面的信噪比得到显著提高，且剖面数据的高频成分不受损失，能保持原有信号的分辨率，同时也能保持原始各道的相对振幅。值得注意的是，由于多项式拟合对复杂地层产状的适应性较强，因此最好在消除掉规则干扰后再使用该法，否则规则干扰波有可能被作为信号得到加强。

（2）规则干扰波衰减。

除了随机噪声外，地震剖面上还常含有多种线性相干噪声，如次声干扰、多次波、虚反射等。这些规则干扰波常常和有效反射波相互干涉，给解释人员带来错觉。目前采用的压制规则干扰的方法主要有 $f-k$ 滤波、倾角滤波等技术。

$f-k$ 滤波：$f-k$ 滤波利用有效波和干扰波在 $f-k$ 域中的视速度差异设计一个扇形滤波器，从而将干扰波滤掉。一般处理系统中拥有单阻、带阻、单通、带通、对称等多个滤波器，可以滤掉任意方向上具有任意视速度的干扰波，且时窗可任意给出。利用该法压制线性相干噪声的缺点是滤波参数不能空变，因此要在剖面上同时去掉视速度和方向角都变化的几种干扰波时，需要用到拼接技术。

倾角滤波：由于倾角滤波器（二维滤波因子）可以从 $f-k$ 域换算到 $f-x$ 域，然后与 $f-x$ 域预测算子合并，因而可把具有多组斜率同相轴的剖面进行分解，使每个输出的同相轴斜率尽可能地单一，并在每一个输出上进行 $f-x$ 域线性预测，然后将所有预测结果相加，从而得到最终的期望输出。倾角滤波与 $f-x$ 域线性预测联合使用，能较好地适应地震剖面上存在多组斜率同相轴数据的处理。

## 5.1.3 处理过程本身产生的噪声衰减

地震资料的信噪比和分辨率是一对相互依托又互相制约的因素。提高分辨率的处理

（即频带的拓宽）过程会带来高频噪声。因此在资料信噪比较低的情况下要恰当拓宽频谱，同时提高分辨率手段要和提高信噪比的方法搭配使用，达到相辅相成的效果；在资料分辨率提高后，随着频带的拓宽，高频噪声的能量也得到了加强，因此还要进行提高信噪比处理，如同相叠加等。

所谓同相叠加是指为保证属于地下同一反射点的资料达到最佳成像效果所采用的处理技术，如叠加、动校正、静校正，当地下反射层倾角较大时，还要进行倾角动校正（DMO）。在构造复杂的地区，地震数据信噪比较低，Bancroft 和 Geiger（1994）基于叠前基尔霍夫积分偏移原理，提出了等效炮检距偏移（EOM）方法，不断调整速度参数，并重新进行剩余静校正量的求取，直到剖面效果满意为止。

噪声压制的方法还很多，比如 Radon 变换、四维去噪、多域联合去噪等技术，近几年也取得了良好效果，成为高精度三维地震勘探的重要环节。

## 5.2 提高分辨率处理技术

由于地层的吸收衰减作用，地震波从地面激发、经过大地滤波作用后反射回地面被检波器接收，而不同的地层对地震波不同频率成分的吸收作用不同，造成地震记录上相对高频成分及能量的损耗，尤其对深层反射影响更大。反射波的频率成分丰富与否，直接影响其对地层的分辨能力。因此，资料处理中在如何保持一定信噪比的基础上，适当提高反射波中高频成分的能量，即提高地震资料的频率，是提高地震资料分辨能力的重要环节。这不仅仅是提高地震资料主频的问题，更重要的是需要考虑多个方面的因素。如，频率与信噪比的关系、频带宽度的问题、相位问题等。没有足够信噪比的分辨率是没有意义的，窄频带的高分辨率是假分辨率（缺少低频部分），相位特征不好更是一个非常隐蔽而且危险的问题（产生续至波等）。总之，提高分辨率处理表面看上去简单，其实牵扯到在理论和具体应用中非常复杂而困难的技术问题，需要我们在深入细致的分析和充分把握资料的基础上，应用适当的反褶积方法才能实现。

### 5.2.1 反褶积基础理论

由于地震道褶积模型本质的非线时（地震子波和反射序列都是待定的，表现为双线形）和地震子波实际的时变和空变，加之噪声的存在，采用反褶积方法从地震资料中反演反射序列难度很大。

需要强调的是反褶积的基本假设条件如下。

假设 1，地层由常速水平层状介质组成。

假设 2，震源产生一个压缩的平面波，它以正入射角撞击层状界面。在这种情况下不会产生切变波。

假设 3，震源波形在地下旅行过程中不改变，即它是稳定的。

假设 4，噪声分量 $n(t)$ 是 0。

假设 5，震源波形是已知的。

假设 6，反射系数序列是随机过程。这意味着地震记录有地震子波的特征，它们的自相关和振幅谱是相似的。

假设 7，地震子波是最小相位的，因此它有一个最小相位的逆。

假设1、2、3是地震记录褶积模型的基础。假设1在复杂构造区及有巨大侧向相变的区域不成立。假设2隐含着必须用零偏移距数据,可是零偏移数据永远记录不到。

在假设1、2及3条件下,众所周知的褶积模型是:

$$x(t) = w(t) * r(t) + n(t) \tag{5-1}$$

式中  $x(t)$ ——实际地震记录;

　　　$w(t)$ ——基本地震子波;

　　　$r(t)$ ——地层反射系数;

　　　$n(t)$ ——随机环境噪声。

褶积模型的物理意义:对于地下的每一个反射界面,从它们所对应的时刻开始[这个时刻便是界面反射系数 $r(t_i)$ ($i=0,1,2,3,\cdots$) 在反射系数序列 $r(t)$ 上所对应的时间],地面检波器都记录了一个完整的反射子波信号,这个反射子波与震源发出的子波波形完全一致,它的幅值是相应反射系数值与震源子波幅值的褶积,即 $r(t_i) * w(t)$。由于地震子波是有一定延续长度的信号,因此来自若干个不同界面的反射会重叠在一起,地震记录 $x(t)$ 就是所有这些反射子波的叠加结果,即同一时刻上 $x(t)$ 的幅值是来自不同界面的反射子波上的相应振幅之和。

反褶积概念的前提是假设条件1、2及3成立,在没有噪声的情况下,式(5-1)中震源波形对地层脉冲响应影响的消除过程正好是用来得到反射系数序列对基本子波响应的褶积过程的反转,这种反转过程即称作反褶积。

在地震数据处理中,反褶积通常有两重含义:一般来说,反褶积是指试图消除实际地震子波效应的子波压缩性反褶积处理,其物理基础就是上述的褶积模型;但是,反褶积有时也指预测反褶积。

在式(5-1)中通常已知的是地震记录 $x(t)$。震源波形 $w(t)$ 通常也是未知的。但在某些情况下,震源波形部分已知,例如气枪组合信号是可以测得的。但所测得的仅仅是震源组合激发刹那的波形,而不是在接收器中被记录到的子波。最后对周围的噪声 $n(t)$ 没有先验知识。式(5-1)中有三个未知数。

如果假设4和假设5成立,式(5-1)就由三个未知数变成只有一个未知数,可是实际上假设4和假设5常常是无法满足的。如果震源波形已知,则对反褶积问题的解是确定性的;如果震源波形未知(一般的情况),则对反褶积问题的解是统计性的。

假设6是对反射系数序列作的假设,目的是消除假设5。这就允许将已知的地震记录的自相关来替代未知的地震子波的自相关,可以直接由地震记录的自相关估计反滤波器。对于这类反褶积就不需要假设5。假设7是尖脉冲反褶积需要的,而且只有最小相位才能唯一地确定其振幅谱值。

### 5.2.2 反褶积方法原理

子波压缩性反褶积处理有数十种方法,其典型的算法是脉冲反褶积方法。如果将其压缩子波的功能延伸一步,扩增其子波整形的功能,反褶积处理就成为一项子波处理技术。

#### 5.2.2.1 尖脉冲反褶积

尖脉冲反褶积是一种最基本的反褶积方法,它试图将地震子波压缩成一个尖脉冲信号。

脉冲反褶积的核心是反褶积算子，可以有基于单道、多道、时变、空变的多种求取方法。单道反褶积是这些方法的基础。

尖脉冲反褶积除了假设5外，其他假设条件都要求满足，其中假设6是较好地实现脉冲反褶积的关键。如果子波不是最小相位的，则尖脉冲反褶积不能将它转化为完全的零延迟尖脉冲。

实际地震观测结果表明，地震子波在传播过程中，其能量会随着传播距离的增大而逐渐减小，高频能量也会逐渐被衰减和吸收，它们连同色散现象（即地震波中不同频率成分的传播速度不同）都会使得后面的子波波形发生改变，因此用不同层位的数据求得的反褶积因子并不彼此相互适用，而用所有层位数据求出的反褶积因子也难以兼顾所有层系。

时变反褶积是解决这个矛盾的一种近似方法。它的原理和以上介绍的单道反褶积、多道反褶积并无二样，既可以在单道反褶积，也可以在多道反褶积的基础上进行。它的基本思路是假定在某一套地层中，地震子波波形基本保持不变，这样就可以用同一个因子对这套地层进行反褶积处理。因此在时变反褶积处理中，通常根据地震反射的波形特征，将地震反射层划分为若干个层段，比如浅、中、深三个层段，用三个层段的数据计算出三个反褶积算子，分别用于三个层段上。相邻两个层段中心点间的反褶积输出，用这两个层段各自的反褶积因子对数据的两套反褶积结果，按距离反比例加权内插值来求得。

虽然时变反褶积并不是真正意义上的时变反褶积，但由于它部分反映了子波的时变特性，因而较非时变反褶积效果要好得多。现在地震资料处理一般都采用时变反褶积方法。

### 5.2.2.2 预测反褶积（或称作间隙反褶积）

在地震资料处理中，预测反褶积常被用来替代脉冲反褶积进行子波的脉冲化处理和用于多次反射波能量的压制，特别是在海上资料处理中，预测反褶积更是压制海底鸣震干扰的主要手段。

除了假设5，其他假设条件都是预测反褶积需要的，其中假设6是实现预测反褶积的关键。

预测反褶积通过预测滤波来实现。预测滤波的基本思想是，设计一个滤波器，使得该滤波器具有某种预测功能，通过它对信号的当前值和过去值的滤波，预测未来某个时刻将要出现的信号成分。预测时刻和当前时刻的距离称作预测步长。预测滤波器的设计也采用最小平方准则，即要求预测结果和实际信号间误差的最小平方和最小。显然，预测滤波和前面所介绍的普通滤波并无实质性的差异，它也是采用一个滤波因子对信号进行褶积运算，只不过它滤波的结果是信号在未来某个时刻的特征。

预测反褶积主要是用来预测和压制长周期多次反射波，此时预测步长应为多次波周期。鸣震是海上勘探中常见的强多次波干扰，预测反褶积是目前生产中常用的压制鸣震干扰的手段。

当取小的预测步长时，预测反褶积企图"抹去"子波的后续延续相位，因此预测反褶积除压制周期性干扰外，还同时完成了对子波的压缩。对于短周期的层间多次反射能量，由于它们相对于一次反射子波有一个小的时间延迟，它们和前面的一次反射波重叠在一起，就好像该一次波的一个"小尾巴"一样，因此小步长预测反褶积对于层间多次也有明显的压制作用。作为一个特例，当预测步长为单位数1时（一个样点距），预测反褶积的作用就等同于上述的脉冲反褶积。因此，也可以用预测反褶积的这一特性来完成脉冲反褶积处理。

### 5.2.2.3 地表一致性反褶积

该方法的优点主要是在子波振幅的调整方面起作用，所以能对地表一致性吸收有较好的补偿作用。但由于它是分时窗计算，因而对于时变的大地吸收不能很好地补偿。

假设条件：

假设1，近地表介质对子波的影响是地表一致性的；

假设2，近地表响应是最小相位的。

近地表介质对子波有重要影响，这种影响可以看作是滤波或褶积过程。反射波在震源周围和接收点周围通过地表介质，近地表介质横向变化使道与道之间子波不同。假设近地表介质对子波的影响是地表一致性的，即不论接收点在何处，对震源的近地表影响的校正只与震源位置有关；不论震源在何处，对接收点的近地表影响的校正只与接收点位置有关。地表因素对地震记录的影响可分为炮点和检波点两个方面。

地表一致性反褶积是近年来提出的一种新的反褶积方法，它的思想来源于Taner提出的"地表一致性谱分解"。该方法的主要算法是假设地震子波是由炮点$s$、检波点$g$、共中心点$m$、共炮检距$p$等4种因素所构成的，它们是互相褶积的关系，即：

$$w(t) = s(t) * g(t) * m(t) * p(t) \tag{5-2}$$

经傅里叶变换后有：

$$W(w) = S(w) \cdot G(w) \cdot M(w) \cdot P(w) \tag{5-3}$$

振幅部分为：

$$A = A_s \cdot A_g \cdot A_m \cdot A_p \tag{5-4}$$

相位部分为：

$$\phi = \phi_s + \phi_g + \phi_m + \phi_p \tag{5-5}$$

假设相位部分都是最小相位，则对振幅部分取对数后有：

$$\text{ln}A = \text{ln}A_s + \text{ln}A_g + \text{ln}A_m + \text{ln}A_p \tag{5-6}$$

于是褶积的关系变成相加的关系。用高斯——赛德尔方法即可求解以上4个分量。反褶积时，每道用4个分量的乘积，配以最小相位，即可求得反算子用作该道的反褶积。

#### 5.2.2.4 反褶积误区

由于地层、岩性油气藏勘探和开发的需要，在高精度三维地震资料的处理过程中，常常将地震资料的频带通过各种手段进行拓宽。目前流行的提高分辨率的有效方法，通常频带可以展宽10~20Hz。但是通过压噪、反褶积以及井约束地震资料处理方法，如果其反褶积算子设计不合理，使高频端的振幅能量值高于低频端的振幅能量值，这显然是不符合地球物理规律的，这样处理的结果只能使地震资料的保真度变差，地震响应失真，剖面同相轴虽多但实际分辨率降低，很容易形成解释的陷阱，严重影响地震储层预测，尤其是流体检测的精度。比如拓频之后剖面资料的频谱如图5-1所示，就不正确了，这很可能会使45Hz之后的高频噪声变成一些横向延伸的高频同相轴，而这些造假的现象会形成严重的解释陷阱。

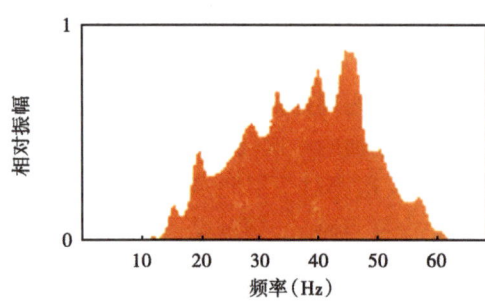

图5-1 拓频后的频谱图

对地震信号进行反褶积、压噪和反 $Q$ 滤波等处理能在一定程度上拓宽地震信号频谱，但是想要通过这些处理方法完全恢复传播介质的吸收衰减而使损失的信号的高频成分得到完全恢复是不可能的，特别是拓频后，高频端振幅能量值大于低频端振幅能量值是违反地震波传播规律的。拓频后的频率—振幅曲线从低频到高频，振幅应该是逐渐降低的。正确的拓频处理方法是根据分频扫描的叠前数据的有效频宽来进行拓频处理，成果数据体的频宽应与分频扫描的结果相吻合，最好是按照图 5-2 所示的拓频振幅曲线（蓝色线）进行拓频，才能正确反映地下地质信息的真实内涵。

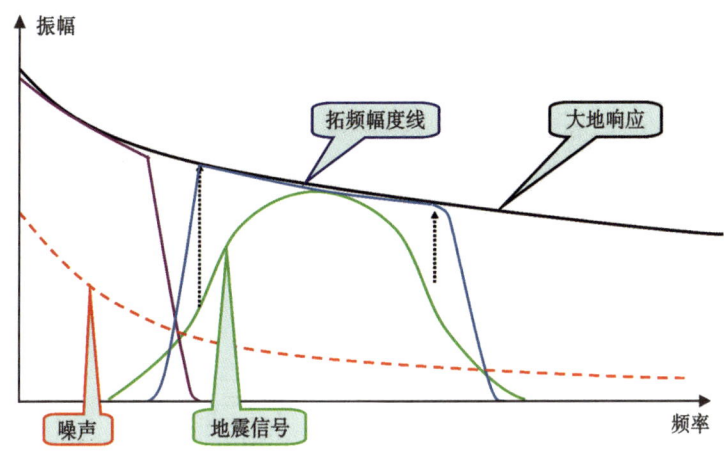

图 5-2 地震拓频振幅曲线示意图（蓝色线）

## 5.3 叠前时间偏移成像技术

随着油气勘探程度的深入，地震勘探目标更加复杂，以叠加为基础的叠后时间偏移已经不适应成像需求，叠前时间偏移把速度分析和叠加放在共反射点道集上进行，不再受绕射波和倾斜反射波的影响，避免了共中心点道集的弥散现象，成像质量与精度得到了明显提高，已经成为复杂构造准确成像的有力工具。叠前时间偏移具有对模型适应性强，计算稳定，面对目标计算等特点，是目前地震资料处理的常规流程。

自 20 世纪 70 年代起，叠前时间偏移方法有了长足的进步，先后出现了以椭圆成像法，绕射扫描叠加法，波动方程延拓法等为基础的多种方法，每种方法都是根据生产需要所产生的，又因为新技术的产生而消亡或是自身的不断完善所兴盛。例如目前生产中常用的三类：有限差分法、克希霍夫积分法和频率—波数域法，这几种方法都属于波动方程成像方法，但仍有各自的优缺点和适应范围。

有限差分法波动方程偏移是一种近似的波动方程数值解法。这种算法采用差分网格逼近微分运算，网格越细化，运算精度越高，但同时计算量也成倍增加。和其他两种偏移方法相比，有限差分法简单，理论和实际应用都较成熟，由于采用递推算法，在形式上能处理速度的纵横向变化，缺点是受反射界面倾角的限制。因此应运而生了高角度偏移方程；另外，还常常由于水平方向采样不足引起网格频散现象，需要用空间道内插技术来解决。

克希霍夫积分法偏移建立在物理地震学的基础之上，具有以下优点：能够适应不同的观测系统，对输入的地震数据没有特殊要求；若想使陡倾角成像，就可加大偏移孔径来实现，若要进行参数测试或利用偏移后的 CRP 道集重新进行速度分析，就可以按照给定的三维网格输出偏移结果，具有较高的灵活性；其计算效率较高，计算速度可以接受。缺点是难以处理横向速度变化大的复杂构造，偏移噪声也较大，划弧现象严重，确定偏移参数较困难。

频率—波数域偏移方法具有以下的优点：保幅效果较好，无倾角限制，无频散问题，精度高，计算稳定性好。缺点是速度横向变化时，会使反射界面畸变，对偏移速度误差较敏感，对地震观测系统的适应性较差，非均匀介质条件难以正确成像，陡倾角偏移还容易产生假频。

### 5.3.1 叠前时间偏移关键技术概述

在叠前时间偏移处理中，偏移参数在偏移成像中起着很重要的作用。偏移参数是否合适直接影响成像效果，最重要的叠前时间偏移参数是反假频参数和偏移孔径。

#### 5.3.1.1 反假频算子

假频的产生原因主要有两种，一种是由于偏移算法导致的空间假频，一种是由于野外采集过稀在偏移时导致的假频，为保证在偏移成像过程中不会出现假频现象，偏移过程中最大频率必须满足空间采样定理：

$$f_{\max} = \frac{1}{2\Delta\tau} = \frac{1}{2\dfrac{\Delta\tau}{\Delta x}\Delta x} = \frac{1}{2\dfrac{v\Delta\tau}{v\Delta x}\Delta x} \\ = \frac{1}{4\dfrac{\Delta r}{v\Delta x}\Delta x} = \frac{v}{4\sin\theta\Delta x} \tag{5-7}$$

式中　$f_{\max}$——最大频率，Hz；

　　　$\Delta t$——延迟时间，s；

　　　$\Delta x$——距离，m；

　　　$v$——速度，m/s；

　　　$\Delta r$——孔径，m。

无论是哪种原因导致的假频，在偏移过程中必须进行消除，消除的方法是采用滤波器。假频信号的出现会严重污染地震数据，反假频滤波器就是为了用来消除偏移过程中产生的空间假频。不同的反假频算子，效果不一样，通常有两种反假频算子，即三角滤波算子和带通滤波算子。

#### 5.3.1.2 偏移孔径

许多地球物理学家对偏移孔径效应分析表明，偏移孔径过大或过小时都不利于偏移剖面成像质量的提高，当选取较小的偏移孔径时，可保障平缓构造的成像质量，但陡倾角构造的反射波同相轴则会出现"平化"现象。

当选取较大的偏移孔径时，陡倾角构造的反射波同相轴成像有明显改善，但会带来偏移噪声。孔径过小时，不能覆盖有效范围，影响成像精度；孔径过大时，由于该成像点的所有地震道都能产生贡献，这样也会产生一定的偏移噪声，影响成像效果。根据反射波和绕射波时差大小，理论上可以确定最佳孔径的位置范围，但在实际资料处理应用时则难以确定。主要是难以精确地计算地下每一点反射波走时，对于地下任意一点的反射波走时的计算，不仅需要花费大量的机时，更为困难的是反射波走时的计算不仅取决于速度模型，而且依赖于地下每点处的构造倾角，且构造倾角较小的变化就会使反射波走时产生很大的变化。只有准确地给出构造倾角时，才能可靠地计算出反射波走时。

根据克希霍夫积分法叠前时间偏移的基本原理，偏移孔径可以定义为对成像点有贡献的所有地震数据在地面投影点的集合，可以用下面公式描述：

$$\text{Output}(x, z) = \sum_{x_0 \in R(x, z)} \text{Input}\{x_0, t = f[x_0, x, z, v(x, z)]\} \tag{5-8}$$

式中　Output $(x, z)$ ——$x$ 点 $t$ 时刻的输出；
$\quad\quad f[x_0, x, z, v(x, z)]$ ——点 $(x, z)$ 处的函数；
$\quad\quad x_0$ ——圆点处的坐标；
$\quad\quad v(x, z)$ ——点 $(x, z)$ 处的速度；
$\quad\quad R(x, z)$ ——接收点 $(x, z)$。

### 5.3.2　时间域速度建模技术

叠前时间偏移可视为一种能适应各种倾斜地层的广义 NMO 叠加，其目的是使各种绕射能量聚焦，而不是把绕射能量归位到其相应的绕射点上去，因此叠前时间偏移所要求的速度模型不必是一个真实的深度速度模型，而是一个时间域成像速度模型，这使得叠前时间偏移的速度分析过程减少了复杂程度，计算效率大大提高。因此从经济角度考虑，在横向变速不是很显著的地区可以用叠前时间偏移取代叠前深度偏移。

叠前时间偏移是对叠前道集进行成像的方法，比常规叠后时间偏移归位准确。用于叠前时间偏移的速度模型，是均方根速度。均方根速度分析是叠前时间偏移重要的一步，主要有两种均方根速度分析策略，一种是沿层均方根速度分析方法，其特点是需要进行层位解释。另一种是垂向均方根速度分析方法，其特点是不需要层位解释，可以克服由于层位解释太厚，而漏掉速度能量团拾取。CVI 速度模型建立技术是通过约束速度反演的方法，建立快速稳定的初始偏移速度场，其优点是方法快速、建模周期短，减少速度建模的迭代次数。

#### 5.3.2.1　垂向速度模型建立技术

叠前时间偏移采用的初始速度模型通常来自经过 DMO 的均方根速度。初始速度模型建立过程如下：常规叠加速度——垂直函数——编辑速度野值——平滑，初始均方根速度的垂直函数散点图，既能反映均方根速度的横向变化，又能反映纵向上的速度变化规律，均方根速度拾取的基本原则如下。

（1）如果同相轴上翘，表示校正过头，说明原来给的速度值比真值小，应该将速度增大。

（2）如果同相轴下翘，表示校正不足，说明原来给的速度值比真值大，应该将速度减少。

（3）同相轴上翘、下翘的基本原理基本与 NMO 相同。

构造倾斜和其他横向速度变化会引起 CMP 道集的共中心点同相轴发散。叠前时间偏移可以消除构造倾角和其他横向速度变化的影响，得到的时间偏移 CRP 道集反映同一反射点的信息，较 CMP 道集更真实反映地下速度信息。借助反动校技术把时间偏移 CRP 道集反动校，进行速度分析，得到较为准确的均方根速度。

#### 5.3.2.2 CVI 初始速度模型建立技术

CVI 初始速度模型建立技术是一种稳定的反演方法，它可以从粗网格的非规则拾取叠加速度和均方根速度函数中，建立一个地质约束的瞬时速度场。这种方法主要为弯曲射线时间偏移建立初始速度模型，基本流程为首先建立一个区域初始背景速度趋势，然后应用一个显式非约束反演，再执行一个约束最小平方反演，最后加密网格，完成初始速度模型建立。

该方法可用于建立新的速度场或者修改速度模型，对于新建立的速度场，速度趋势采用一个指数渐进的约束函数，在每个横向节点由三个参数确定。对于非沉积岩石（如岩丘或玄武岩）速度的拾取需要不同的趋势函数，所以对它们的处理方法不同。在修正模式中，速度趋势是背景速度场，通常用于时间或深度偏移。非约束反演方法相对于速度趋势值是分段常数的，剩余瞬时速度主要用于调整初始输入数据。约束反演方法单独处理垂向时间每个均方根速度函数，横向和垂向连续性由区域速度趋势函数控制。采用衰减技术可以压制速度场的垂向振荡和不稳定性，通过平滑或加密（内插）方法可以得到时空规则的加密网格速度场，即使是在输入含噪声均方根速度或剩余均方根速度数据情况，这种方法都能建立一个稳定的速度模型。

根据拾取的均方根速度，计层速度计算公式表示如下：

$$U_n = \sqrt{\frac{v_{2,n}^2 t_n - v_{2,n-1}^2 t_{n-1}}{t_n - t_{n-1}}} \tag{5-9}$$

式中　$U_n$——在时间间隔 $\Delta t_n = t_n - t_{n-1}$ 之间的局部均方根速度。

$U_n$ 近似于实际层速度：

$$v_n^{\text{int}} = \Delta z_n / \Delta t_n \tag{5-10}$$

式中　$\Delta z_n$——对应的深度间隔；

$v_{2,n}$，$v_{2,n-1}$——分别为时间层顶部和底部的均方根速度。

对于任意速度扰动，有 $U_n \geqslant v_n^{\text{int}}$，只有在时间层段速度为常数情况才能精确用公式计算。

式（5-10）是一个标准的、非约束的、显式的速度反演，且假设瞬时速度 $v_{0,n} = U_n$，在层界面有非连续性存在时，即使叠加速度或均方根速度有相对微小的变化情况，Dix 变换也容易产生不现实的高度振荡的速度。因此，对于传统的 Dix 反演不确定性，使用层速度项而不是上面提到的更精确的局部均方根速度。

层速度估计的不确定性表明，层速度计算的不确定性随深度的增加而增加，随层厚增加而减少，对于：

$$\frac{\delta U_n}{\delta v_2} \approx \frac{2t}{\Delta t_n} \tag{5-11}$$

式中　$\delta U_n$——层速度的不确定性；

$\delta v_2$——均方根速度的不确定性；

$\Delta t_n$——层间旅行时；

$\dfrac{2t}{\Delta t_n}$——一个误差放大因子。

由 Dix 反演获得的层速度的不确定性，基本上超过了均方根速度的不确定性，即 $\delta U_n \gg \delta v_2$。局部误差与分析速度层有关，而全局误差与覆盖层模型有关。对于给定层的层速度不确定性，主要依赖于层顶与层底叠加速度的不确定性。所以对于两个连续层之间的速度估计会产生负的对应关系，即：

$$\frac{\partial U_{n+1}}{\partial U_n} \approx -\frac{\Delta z}{\Delta z_{n+1}} \tag{5-12}$$

如果估计第 $n$ 层有很大的误差，那么第 $n+1$ 层的误差将会是相反的符号，这导致垂直速度剖面上产生速度振荡。

地震成像时基于速度场进行迭代可以使成像 CRP 道集拉平，所以要对研究区用地质规律去约束反转速度场。通常要权衡精度要求（准确地吻合数据）和稳定性要求。常用垂向均方根（叠加）速度分析方法建立速度模型，在给定层位沿时间轴拾取的均方根速度值是均方根速度函数，称为垂向均方根函数。弯曲射线叠前时间偏移是时间成像的标准手段，它需要一维射线追踪的瞬时速度，从拾取的均方根速度里经 Dix 变换得到，是一种获得稳定的、地质约束的、最小振荡的反转速度的基本方法。

### 5.3.3 叠前时间偏移技术应用流程

在叠前时间偏移处理中，速度模型非常重要，它直接影响成像效果。在实际地震资料的处理中，层速度是由均方根速度场转化而来，而深度偏移对速度的敏感性又较高，因此，应该尽量求取较为理想的均方根速度场。这就要求在初始均方根速度场及其对应的叠前时间偏移剖面结果的基础上，反复调整和层析修改均方根速度场，直至最终的均方根速度场的变化趋势同构造变化趋势总体一致、叠前时间偏移剖面成像达到理想效果为止。

与叠后时间偏移相比，叠前时间偏移能更好地解决复杂绕射、断面的偏移成像问题。处理分以下几步。

（1）高质量的 CMP 道集。用于叠前时间偏移的 CMP 道集要求有较高的信噪比，振幅能量在空间上要均衡。

（2）均方根速度分析。在速度谱上交互拾取时间速度对时，为了较好地控制速度趋势，速度控制线要达到一定的密度。

（3）沿层拾取初始均方根速度场，在叠后时间偏移剖面上，沿层拾取速度并进行平滑、内插，建立初始的均方根速度场。

（4）叠前时间偏移速度扫描。分别采用不同的速度百分比，对速度分析点和线进行叠前偏移处理，分别得到不同速度百分比的速度点的 CRP 道集和不同速度百分比的速度线的偏移叠加剖面。

（5）叠前时间偏移速度解释及质量控制。分别在不同速度百分比的速度线的偏移叠加剖面上沿层解释速度，保证绕射和断面归位，进一步通过不同速度百分比的速度点的 CRP 道集检查是否拉平。

（6）进行叠前时间偏移速度扫描迭代。通过叠前时间偏移速度扫描迭代的方法来优化均方根速度场。使得最终的速度场能最大限度地逼近地下介质的速度，从而使 CRP 道集全部拉平、绕射和断面波归位。

（7）整体数据进行叠前时间偏移处理。将整体数据进行叠前时间偏移处理，输出 CRP 道集。

后续处理中，首先针对叠前时间偏移处理输出的 CRP 道集，进行精细的切除、叠加，得到叠前时间偏移叠加数据体。而后，针对叠前时间偏移叠加数据体进行必要的去噪和提高纵向分辨率处理，得到叠前时间偏移叠加成果。

图 5-3 是中国东部地区叠后时间偏移剖面与叠前时间偏移剖面的对比,可见叠前时间偏移剖面的复杂构造成像明显改善,资料信噪比和目的层分辨率显著提高,构造特征明显,沉积现象丰富。

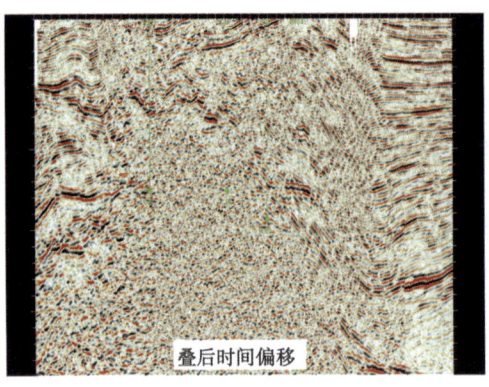
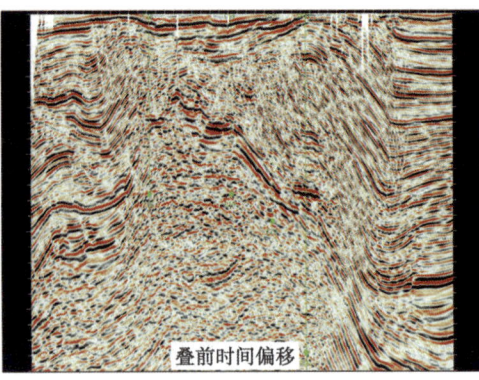

图 5-3 叠后时间偏移剖面与叠前时间偏移剖面对比

中国石油在 2006 年对 96 个新老三维地震项目全面实行了叠前时间偏移处理,总面积达 $3.5×10^4 km^2$。面积大于 $1000km^2$ 和 $500km^2$ 的各有 9 个,其中辽河油田大民屯凹陷、冀东油田南堡凹陷、塔里木油田轮南地区三块资料处理被确定为示范工程。

冀东油田大力推广叠前时间偏移技术,提出了用高精度成像地震资料整体解剖南堡凹陷,再做一次南堡凹陷的整体认识,以带动陆地老区深化勘探,实现陆上勘探持续发展,带动滩海新区勘探,实现滩海勘探突破;全面评价一次南堡凹陷斜坡带和洼陷区岩性油藏的勘探潜力,指导和开展岩性油藏勘探;挖掘老区新的开发潜力,实现对已勘探储量的更有效、更科学的开发。采用了连片叠前时间偏移处理技术,主要包括预处理、叠前去噪、地表一致性处理、振幅恢复、子波整形、面元均一化、高质量的 CMP 道集、均方根速度分析、初始速度场建立、叠前时间偏移、CRP 道集质量控制、均方根速度场优化、最终偏移速度场检验、叠后去噪处理等关键环节,使资料品质得到大幅度提升。如图 5-4 所示,断裂及潜山面貌得到改善,有力支撑了复杂断裂系统解释(图 5-5)和冀东凹陷的整体认识。

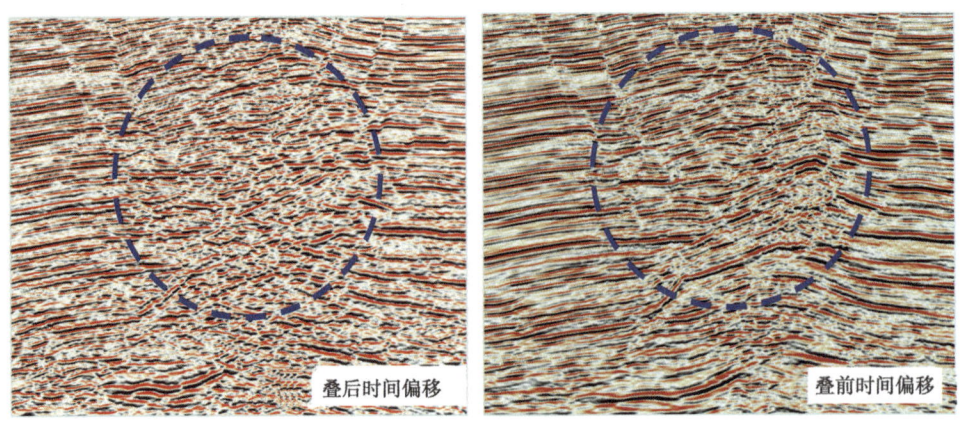

图 5-4 冀东油田叠后时间偏移剖面与叠前时间偏移剖面对比(据谢占安)

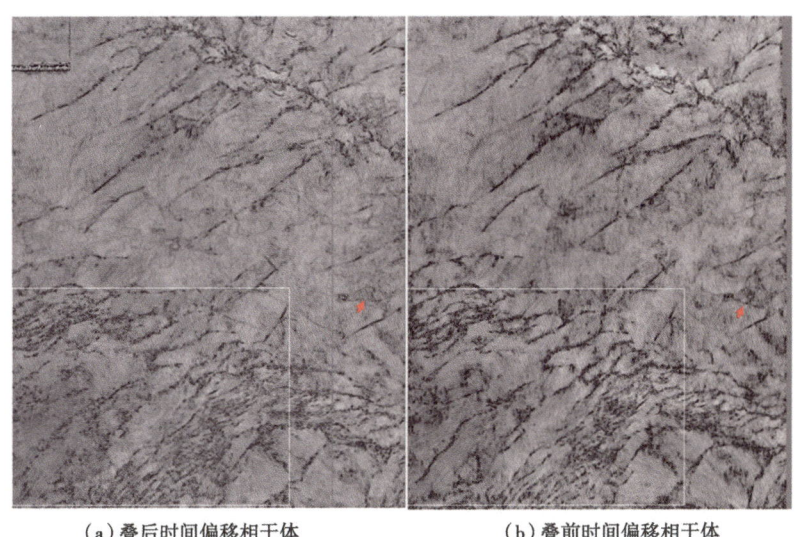

(a)叠后时间偏移相干体　　　　　　　(b)叠前时间偏移相干体

图 5-5　冀东油田叠后时间偏移相干体与叠前时间偏移相干体对比（据谢占安）

如图 5-6 所示，大港油田北大港地区通过新老地震资料处理对比可以明显看出，新资料品质好，断层清晰，波组特征明显，分辨率、信噪比均有较大提高。

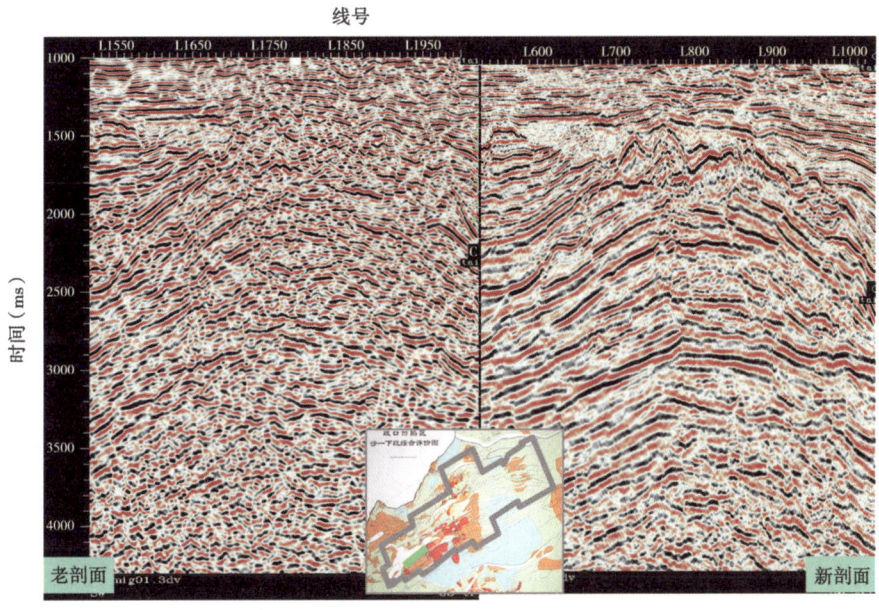

图 5-6　北大港地区叠前时间偏移处理与叠后时间偏移处理效果对比（据岳英）

叠前时间偏移解决了原共中心点道集大倾角反射点散射问题，对改善复杂构造偏移成像具有明显效果。在缝洞归位、潜山面形态、坡折带成像、多次波压制等方面，叠前时间偏移均优于叠后时间偏移。如图 5-7 和图 5-8 所示，复杂构造偏移成像有较明显的效果。近年来该技术在塔里木盆地得到了广泛推广应用，已被列为台盆区三维常规处理技术。

同样，华北油田留西—大王庄地区的叠前时间偏移剖面信噪比高，产状协调，大小断层

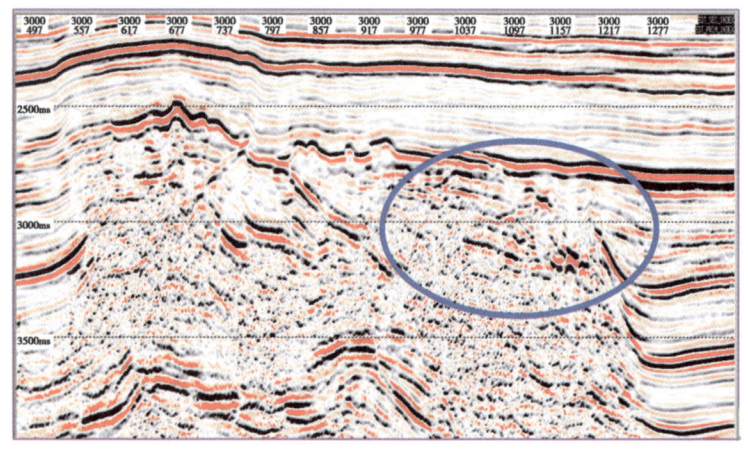

图 5-7 叠后偏移剖面

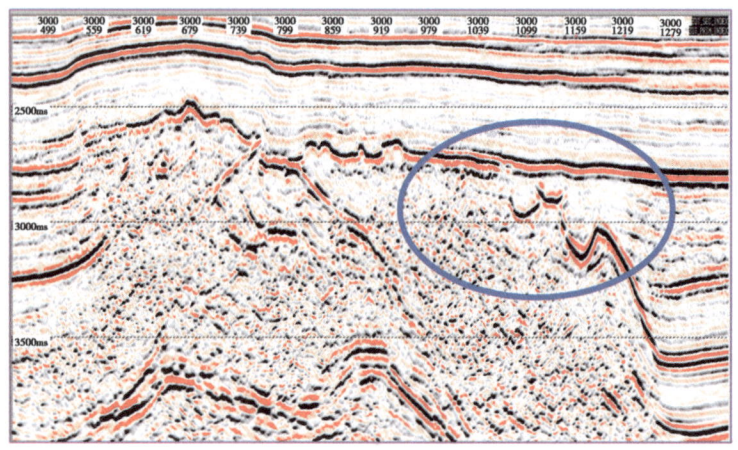

图 5-8 叠前偏移剖面

清楚，浅中层分辨率高，中深层信噪比高。较叠后时间偏移剖面，叠前时间偏移处理剖面的信噪比和分辨率明显提高，地层接触关系清楚，断层可靠，如图 5-9 所示。

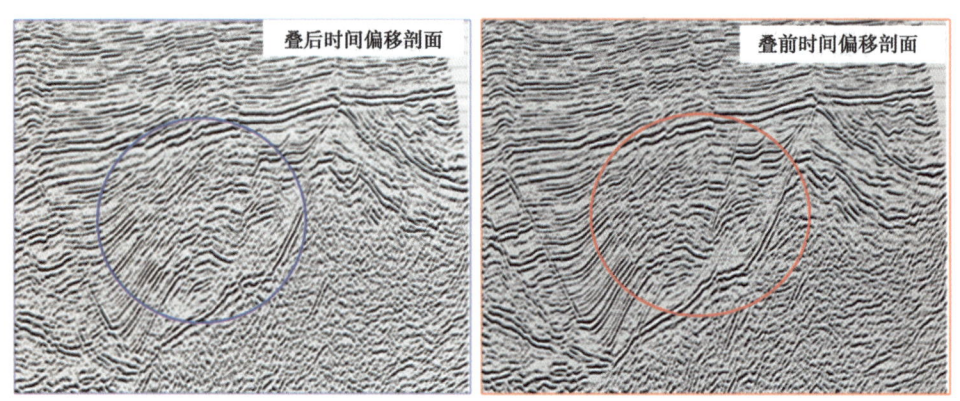

图 5-9 留西—大王庄地区叠后时间偏移剖面和叠前时间偏移剖面对比图

## 5.4 叠前深度偏移技术

### 5.4.1 叠前深度偏移关键技术概述

三维叠前深度偏移是提高构造成像精度最为有效的技术，该技术特别适用于横向速度变化比较大的地区，特别是提高高陡构造成像精度的有效技术。国际上首先在墨西哥湾地区应用叠前深度偏移取得巨大成功，而中国石油近几年来，通过引进和创新此项技术，也使这项技术得到迅速发展，处理出的剖面效果显著提高。如图 5-10 所示，叠前深度偏移比叠前时间偏移剖面更进一步改善了华北油田潜山内幕及断面成像效果，这使人们深刻认识到：深度偏移是一种更强有力的解释性处理工具。在认识地质构造和速度场方面，深度偏移结果比时间偏移结果更为可靠。叠前深度偏移方法主要有两种方法：Kirchhoff 积分法和波动方程法。Kirchhoff 积分法具有快速、灵活、目标线偏移等特点，目前仍是三维叠前深度偏移的主流方法。波动方程叠前深度偏移是复杂构造成像的最有效手段，与 Kirchhoff 积分法叠前深度偏移相比，它没有对方程做高频近似，而是用可以描述波在复杂介质中的传播过程的算子作波场外推算子，因而它更适用于复杂介质中波的成像。

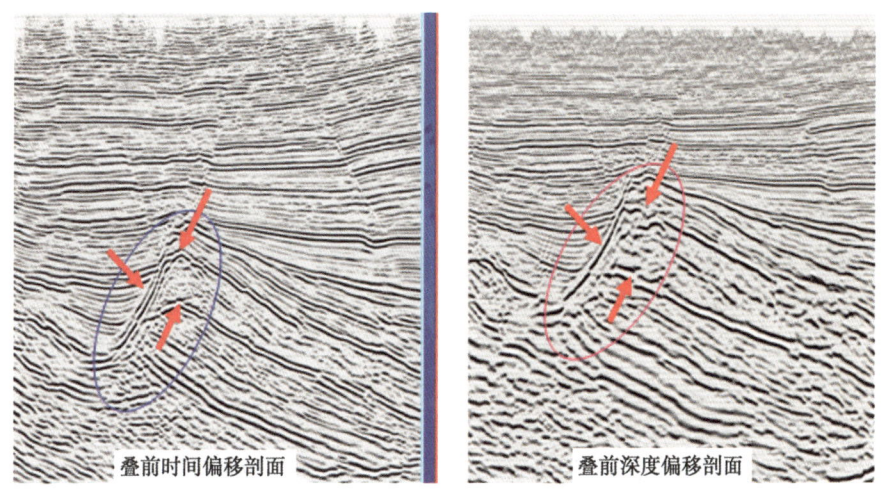

图 5-10 叠前深度偏移与叠前时间偏移剖面对比潜山内幕及断面成像效果（据邓志文）

#### 5.4.1.1 Kirchhoff 积分法

Kirchhoff 积分法叠前深度偏移公式：

$$u(r, t) = \frac{1}{2\pi} \iint_\Omega \cos\varphi \left[ \frac{1}{R(r, r_g)} + \frac{1}{vR(r, r_g)} \right] \frac{\partial}{\partial t} [u(r_g, t) + t(r, r_g) + t(r, r_s)] dxdy \quad (5-13)$$

$$\cos\varphi = \frac{z}{R};$$

式中 $r$——地下任意一点的三维坐标；
$r_g$——检波点的坐标；

$r_s$——炮点的坐标；

$R(r, r_g)$——从 $r$ 到 $r_g$ 的射线距离；

$v$——速度；

$t(r, r_g)$——从反射点至地表接收点的走时；

$t(r, r_s)$——从震源点至反射点的走时。

Kirchhoff 深度偏移一般由两部分组成：一部分是旅行时计算，另外一部分是 Kirchhoff 积分处理。深度偏移的精度主要取决于旅行时的精确计算。根据地质构造的复杂性，在计算旅行时应根据构造变化控制旅行时步长以保证精度。旅行时的计算方法有几种，如二阶程函加首波切除、三阶程函自适应网格、最大能量、波前重建等。偏移孔径的大小对偏移完成时间和剖面质量有很大影响，需要在目标线偏移过程中通过试验来确定。基于这些方法，射线追踪在大多数情况下利用所对应的体波而不是首波的射线，若没有区分首波和体波功能将引起偏移成像的畸变。

Kirchhoff 偏移相对其他偏移方法的主要优点是它的适应性及具有相对高效的处理横向速度变化的能力。对中等倾角，Kirchhoff 偏移的精度并不比波场延拓方法的精度低，采用合适的旅行时计算方法，Kirchhoff 偏移同样可以获得较好的精度。Kirchhoff 积分法是对波动方程的一种高频近似，其缺陷是无法解决在对复杂模型的射线追踪过程中出现的多路径或者出现射线无法照射的盲区等问题，但是 Kirchhoff 偏移的缺点除了其理论缺陷外，相对其他方法它还有两大应用缺陷。第一是在构造复杂的情况下它的精度无法满足实际要求，第二是它对算子假频的敏感性。在 Kirchhoff 偏移中出现算子假频问题是很自然的，因为它利用绕射面对数据成像，没有考虑数据频率成分，当经过未偏移数据的平坦段时绕射面的陡倾部分会采样不足。

#### 5.4.1.2 波动方程叠前深度偏移

波动方程叠前深度偏移成像解决的是强横向变速条件下复杂地质体的地震波成像问题。波动方程叠前偏移成像过程总体上包括两步，第一步是上、下行波的深度延拓，即将震源波场在时间的正方向向下延拓（震源激发时刻为零时刻），将震源激发产生的记录波场沿时间的反方向向下延拓；第二步应用成像条件，提取成像值。近年来一些专家学者在已有方法的基础上提出几种效果较好的叠前波动方程偏移方法。大体上讲，这些方法主要分为两类，其一类为有限差分偏移方法，另一类为傅里叶偏移方法。这些方法均是基于如下三维声波方程出发：

$$\frac{\partial^2 u}{\partial x^2} + \frac{\partial^2 u}{\partial y^2} + \frac{\partial^2 u}{\partial z^2} = \frac{1}{v^2}\frac{\partial^2 u}{\partial t^2} \tag{5-14}$$

其中，$v=v(x, y, z)$ 为介质速度。将波动算子：$\Diamond = \frac{1}{c^2}\frac{\partial^2}{\partial t^2} - \left(\frac{\partial^2}{\partial x^2}+\frac{\partial^2}{\partial y^2}+\frac{\partial^2}{\partial z^2}\right)$ 进行分解，得到：

$$\Diamond = -\left(\frac{\partial}{\partial z} - \Lambda\right)\left(\frac{\partial}{\partial z} + \Lambda\right)$$

其中，$\Lambda$ 为拟微分算子：$\Lambda = -\frac{i\omega}{c}\sqrt{1+\frac{c^2}{\omega^2}\left(\frac{\partial^2}{\partial x^2}+\frac{\partial^2}{\partial y^2}\right)}$，其在频率—波数域中的象征为 $-\frac{i\omega}{c}$

$\sqrt{1-\dfrac{c^2(k_x^2+k_y^2)}{\omega^2}}$，称为平方根算子，将式（5-14）分解为上行波方程：

$$\left(\frac{\partial}{\partial z}-\Lambda\right)U(t,\ x,\ y,\ z)=0 \tag{5-15}$$

和下行波方程：

$$\left(\frac{\partial}{\partial z}+\Lambda\right)D(t,\ x,\ y,\ z)=0 \tag{5-16}$$

其中，$U=\dfrac{1}{2}\left(\dfrac{\partial}{\partial z}+\Lambda\right)P$，$D=\dfrac{1}{2}\left(-\dfrac{\partial}{\partial z}+\Lambda\right)P$ 分别为上行波场和下行波场。在频率—空间域中，式（5-15）和式（5-16）分别对应为：

$$\frac{\partial}{\partial z}U=-\frac{i\omega}{c}\sqrt{1+\frac{c^2}{\omega^2}\left(\frac{\partial^2}{\partial x^2}+\frac{\partial^2}{\partial y^2}\right)}\,U \tag{5-17}$$

$$\frac{\partial}{\partial z}D=-\frac{i\omega}{c}\sqrt{1+\frac{c^2}{\omega^2}\left(\frac{\partial^2}{\partial x^2}+\frac{\partial^2}{\partial y^2}\right)}\,D \tag{5-18}$$

在频率—波数域中，利用对应关系：

$$i\omega\leftrightarrow-\frac{\partial}{\partial t},\ ik_x\leftrightarrow\frac{\partial}{\partial x},\ ik_y\leftrightarrow\frac{\partial}{\partial y}$$

式（5-17）和式（5-18）分别对应为：

$$\frac{\partial}{\partial z}U=-\frac{i\omega}{c}\sqrt{1-\frac{c^2}{\omega^2}(k_x^2+k_y^2)}\,U \tag{5-19}$$

$$\frac{\partial}{\partial z}D=-\frac{i\omega}{c}\sqrt{1-\frac{c^2}{\omega^2}(k_x^2+k_y^2)}\,D \tag{5-20}$$

利用积分恒等式：

$$\begin{aligned}\sqrt{1-s^2}&=1-\frac{1}{\pi}\int_{-1}^{1}\sqrt{1-\xi^2}\,\frac{s^2}{1-\xi^2 s^2}\mathrm{d}\xi\\ &=1-\frac{2}{\pi}\int_{0}^{1}\sqrt{1-\xi^2}\,\frac{s^2}{1-\xi^2 s^2}\mathrm{d}\xi\end{aligned} \tag{5-21}$$

对式（5-21）右端积分项进行离散逼近，可以得到单程波方程式（5-17）、式（5-18）和式（5-19）、式（5-20）相应的逼近方程。利用高斯积分公式，对式（5-22）进行求和逼近，得到：

$$\frac{2}{\pi}\int_0^1\sqrt{1-\xi^2}f(\xi)\mathrm{d}\xi\approx\sum_{l=1}^{m}\lambda_{m,\,l}f(\xi_{m,\,l}) \tag{5-22}$$

其中：

$$\xi_{m,l} = \cos\left(\frac{l\pi}{m+1}\right) \quad \lambda_{m,l} = \frac{l}{m+l}\sin^2\left(\frac{l\pi}{m+1}\right)$$

当 $m=1$ 时，$\xi_{1,1}=0$，$\lambda_{1,1}=\frac{1}{2}$，将此近似求积代入式（5-17）得到 Claerbout 的 15°方程：

$$\frac{\partial}{\partial z}U = -\frac{i\omega}{c}\left[1 + \frac{1}{2}\frac{c^2}{\omega^2}\left(\frac{\partial^2}{\partial x^2} + \frac{\partial^2}{\partial y^2}\right)\right]U \tag{5-23}$$

当 $m=2$ 时，$\xi_{2,1}=\frac{1}{2}$，$\xi_{2,2}=\frac{1}{2}$，$\lambda_{2,1}=\lambda_{2,2}=\frac{1}{2}$，将此近似求积代入式（5-19）得到 Claerbout 的 45°方程：

$$\frac{\partial}{\partial z}U = -\frac{i\omega}{c}\left[1 + \frac{\frac{1}{2}\frac{c^2}{\omega^2}\left(\frac{\partial^2}{\partial x^2} + \frac{\partial^2}{\partial y^2}\right)}{1 + \frac{1}{4}\frac{c^2}{\omega^2}\left(\frac{\partial^2}{\partial x^2} + \frac{\partial^2}{\partial y^2}\right)}\right]U \tag{5-24}$$

### 5.4.2 深度域速度建模技术方法

速度模型的建立是做好叠前深度偏移的关键，叠前深度偏移需要比较准确的深度域层速度模型。速度模型的建立可以大体上分为两类：层状模型和非层状模型。层状模型适合于具有明显反射界面，地质构造相对简单的沉积岩地区。非层状模型又分为块状模型和网格模型，适合于盐丘、逆掩断层发育，构造运动强烈的地质构造建模。

叠前深度偏移速度建模技术包括两个方面。一是利用偏移前的道集数据拾取速度，进行旅行时反演，以求取相对准确的偏移速度场，通过剩余层析反演技术修正速度模型的偏差。由于存在焦散和多路径问题，在复杂地质条件下，难以达到较理想的成像效果。二是利用（CRP）道集进行深度聚焦分析和剩余曲率分析，通过共成像点道集（CIG）是否拉平，来判断速度模型的合理性。若速度模型不对，如何去更新它，这需要相当多的地质知识和地下沉积规律的充分认识，对资料处理人员而言，是十分困难的。

我国特殊的地质条件造成油气勘探目标区构造复杂、地下速度场变化剧烈，地震资料品质差，叠前深度偏移技术应用存在很大困难。其中最主要的是速度建模问题，国外现成的建模方法不能照搬，必须探索出适合具体地质特点的速度建模思路。叠前深度偏移所需要的宏观层速度模型，对于基于模型的建模方法而言，主要受宏观层速度分界面和对应的层速度值两个因素影响。目前叠前深度偏移速度建立都是通过迭代方式来求取的，尽可能建立接近于实际的初始模型、减少迭代次数，是提高叠前深度偏移效率的重要环节。与此同时，高效、精确的模型优化方法也是速度建模的必备条件。

#### 5.4.2.1 初始层速度模型的建立

地震反射同相轴反映地层中上下岩层间的物性差异，也就是通常所说的波阻抗界面。当地下岩层存在较大波阻抗差异时，反射系数的绝对值较大，在地震剖面上表现为强同相轴。在实际资料处理中，建立初始模型框架所需要的正是这些强同相轴。然而，实际地震资料中存在许多同相轴，这些反射同相轴既包含了宏观速度模型信息，也反映了微小速度扰动。如何利用这些纷繁复杂的同相轴来建立宏观层速度的框架模型呢？最好的方法就是首先分析测井曲线和地质分层数据以及层序地层划分结果，确定地下岩层的大致结构和宏观速度分界面。利用声波测井和密度测井资料制作合成地震记录，对地震剖面进行分析标定。在叠后时间偏移剖面或叠前时间偏移剖面上，进行横向追踪对比，拾取大套层速度的分界面。图5-11是渤海湾地区的合成地震记录，可见明化镇组、馆陶组、奥陶系、寒武系等的分界面都对应着很强的地震反射。这些大套地层的层速度正是我们所需要的叠前深度偏移速度。

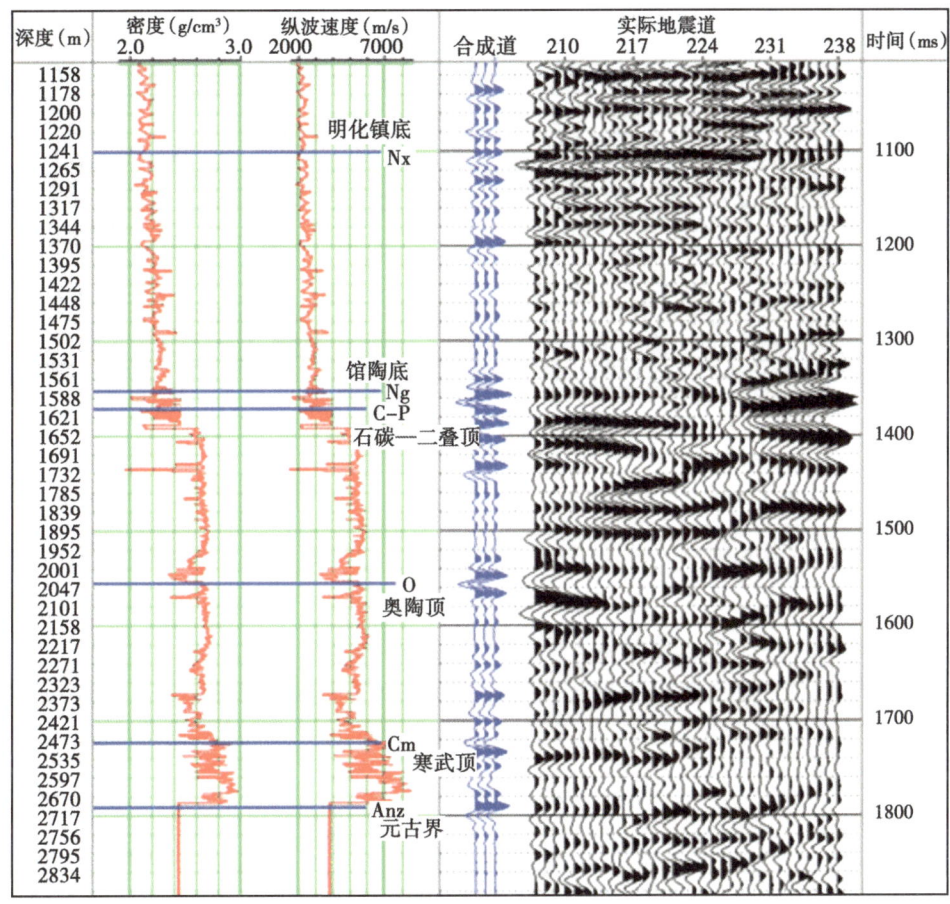

图 5-11　宏观层速度分界面标定

确定了宏观层速度分界面之后，还需要确定相应层的初始层速度值。求取层速度的主要方法有：Dix 公式转换法、相干层速度反演法和测井资料统计法。在实际处理中，大多是综合应用这几种方法来确定初始层速度值。若沉积环境相对稳定，可以借助测井资料确定初始层速度值；而对于层速度横向变化较大的地区，可以通过 Dix 公式将时间偏移速度转换得到初始速度—深度模型，并用测井速度加以约束。最后，利用初始层速度场将时间域的层位转换到深度域，并生成初始的速度—深度模型。东部地区新系多为连续沉积，在几个明显的速度变化点（平原组、明化镇组和馆陶组）之间，根据测井数据和叠加速度场建立层速度变化梯度，这样有利于改善成像结果的品质，尤其是改善小断层的成像效果。图 5-12 所示是速度模型中没有梯度（a）和有梯度（b）的成像效果对比。可见在同样层位条件下，在层速度模型中加入速度梯度变化后，成像效果得到明显改善。

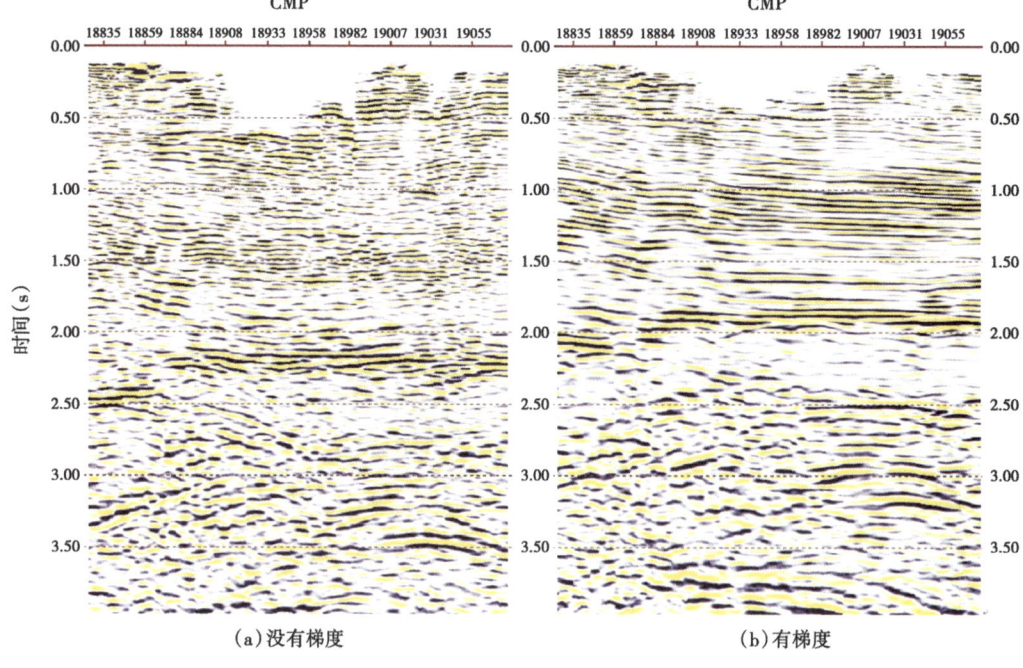

图 5-12 层速度模型加入梯度后成像效果

#### 5.4.2.2 速度模型优化

从理论上分析，速度模型的建立方法可分为两类：层状模型和非层状模型。层状模型适合于具有明显反射界面，地质构造相对简单的沉积岩地区，模型更新可以采用垂直速度分析和沿层速度分析两种方式。非层状模型又分为实体模型和网格模型，适合于盐丘、逆掩断层发育，构造运动强烈的地质构造，在这些地区层状的沉积环境已经被剧烈的构造运动复杂化，层状模型难以准确地描述速度的分布规律。因此，对于不同的地质构造情况，模型优化应该采取相应的对策。

对于层状模型，过去通常作法是在叠后时间偏移剖面上进行层位解释。近年来叠前时间偏移已成为常规处理手段，可以首先在叠前时间偏移剖面上，根据已有的地质、地震信息建立初始层位模型，通过目标测线的克希霍夫叠前深度偏移得到共成像点道集，再利用沿层剩余延迟分析修正初始模型，直到共成像点道集拉平为止，称此过程为层速度迭代。此时成像效果明显改善，地质认识也会随之更新。为了进一步优化模型，应该重新进行层位解释，构建新一轮层速度模型，这个过程叫作层速度分界面迭代。在此基础上，再次开展层速度迭代，此时剩余延迟量较小，可以进行全局层析成像处理，同时修正层速度值和层速度分界面模型。层析成像速度反演不会改善构造轮廓，但是可以成像细节部分。整体建模流程如图 5-13 所示。技术关键是双重迭代，除了判断共成像点道集是否拉平外，还要判断模型的合理性，称为双重迭代速度建模法。图 5-14（a）是给定初始模型经过剩余速度分析，优化层速度后进行叠前深度偏移的结果。图中彩色线条为初始层速度分界面模型，在复杂构造区，经过层速度优化迭代以后，出现新的与初始模型不符的构造特征。根据新的地质特征，重新解释层速度分界面［图 5-14（b）］，开始新一轮的剩余速度分析和模型精细优化处理，地质模型逐渐趋于合理，成像效果逐步改善。

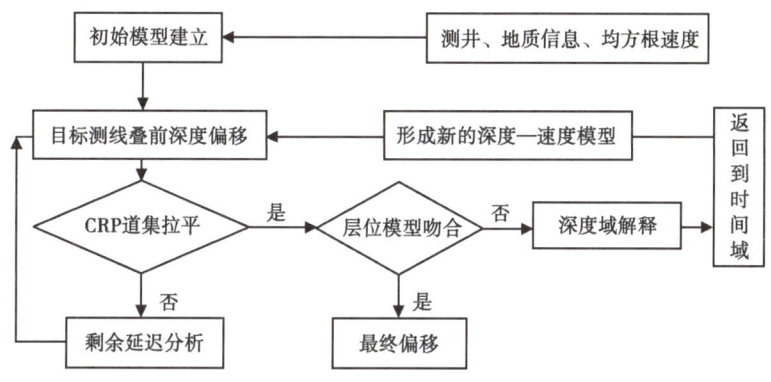

图 5-13 双重循环法深度—速度模型建立流程

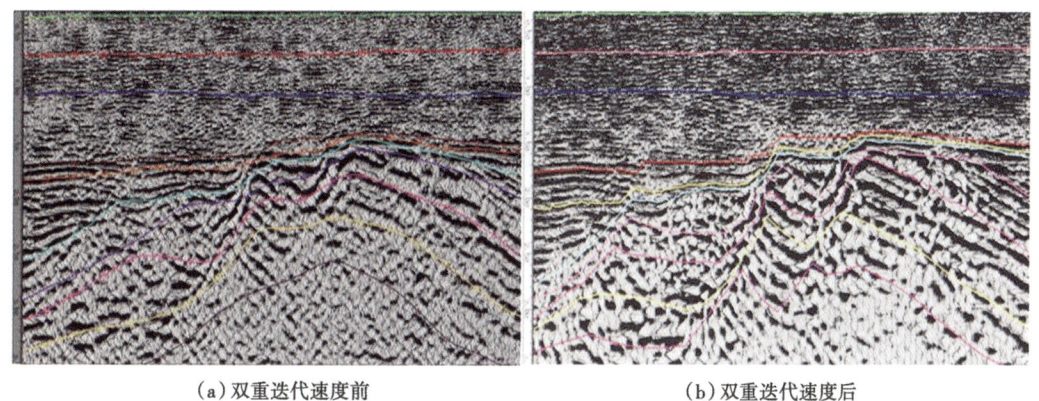

图 5-14 双重迭代速度模型优化方法比较

上述模型优化方法要求数据信噪比较高,可以进行层位追踪、对比。由于在不同程度上使用了假设条件,如横向速度变化不大、炮检距较小、水平反射层等,这些条件并不符合我国中西部的实际情况,使得现有的速度建模方法失效,这正是叠前深度偏移技术在中西部地区难以推广的一个重要原因。西部地区地下速度场十分复杂,存在很强的各向异性现象,偏移后的共成像点道集很难拉平,缺乏判断偏移速度是否准确的依据,理论上目前还没有完全解决西部地区复杂构造速度建模技术难题的有效方法。

相对合理的建模思路应该是采用基于起伏地表的叠前深度偏移成像思路,将静校正和叠前成像一体化考虑。通过初至波旅行时层析成像反演近地表速度,同时结合叠前深度偏移速度分析求取地下速度场,最终获得基于起伏地表的速度深度模型。由于地下波场十分复杂,采用克希霍夫积分法进行叠前深度偏移,无法解决多路径问题,最好采用波场延拓叠前深度偏移,但目前波场延拓叠前深度偏移的速度分析方法还不成熟,且成本太高。折中方法是高斯束法叠前深度偏移,在一定程度上可以解决复杂波场的成像问题。对于有一定信噪比的山前带数据,可以考虑包含各向异性参数的偏移速度分析方法,尽可能地借鉴已有的地质先验知识有助于建模。利用实体块状模型建模方法,将断层上下盘分开,以保证断面的成像。对于信噪比较低的山前带数据,比较实用的方法是层速度常速扫描成像,从浅层开始逐层扫描,得到最终整体层速度模型。

### 5.4.3 叠前深度偏移技术应用流程

叠前深度偏移技术的应用关键是如何建立符合地下实际地质特征的速度深度模型和偏移成像时如何选取合适的偏移参数。

#### 5.4.3.1 速度模型建立

叠前时间偏移完成后，可以得到叠前时间偏移剖面和较为精确的叠前时间偏移速度场。首先，在叠前时间偏移剖面上进行层位解释（图5-15），获得时间偏移域的层位解释并转化为实体模型［图5-16（a）］，层位模型建完后将RMS速度投影到层位模型上，然后将其转化为层速度，再用转化后的层速度将时间域实体模型比例或偏移到深度域［图5-16（b）］，最后根据深度域实体模型建立深度域速度模型（图5-17）。初始模型建立后，对目标线进行Kirchhoff叠前深度偏移，获得CRP道集，再利用沿层剩余延迟分析求取剩余延迟。运行基于实体模型的全局层析成像，同时修正层速度值和层速度分界面模型。这个修正过程是一个不断迭代的过程，直到共成像点道集拉平为止（图5-18）。

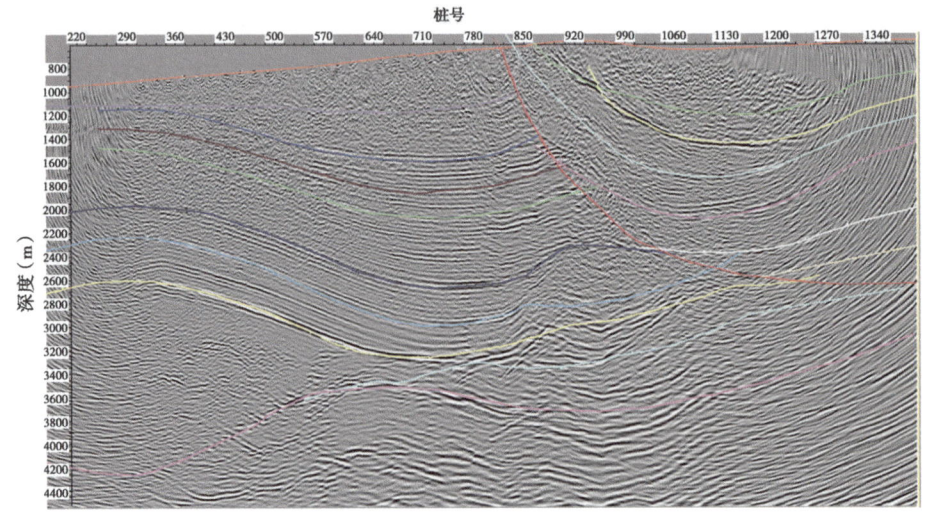

图5-15 叠前时间偏移剖面解释层位

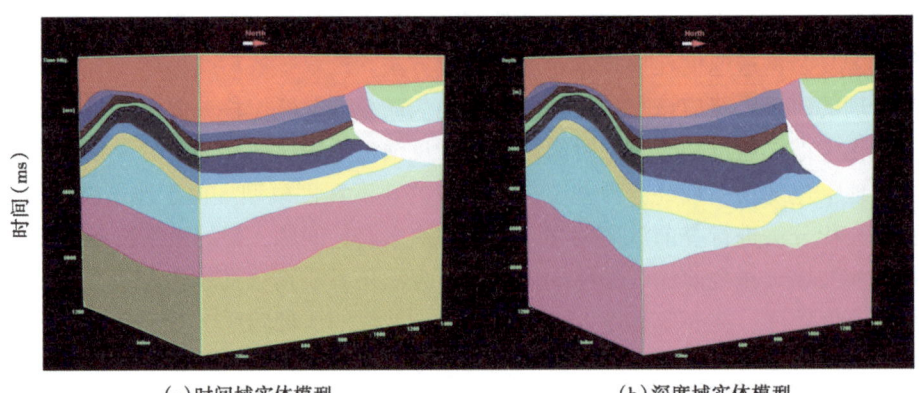

(a) 时间域实体模型　　　　　　　　(b) 深度域实体模型

图5-16 速度建模实体模型

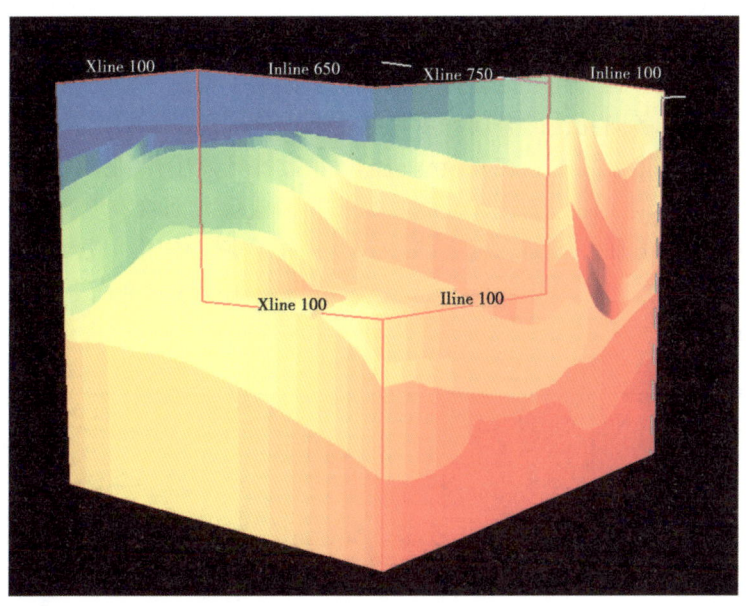

图 5-17 初始速度模型

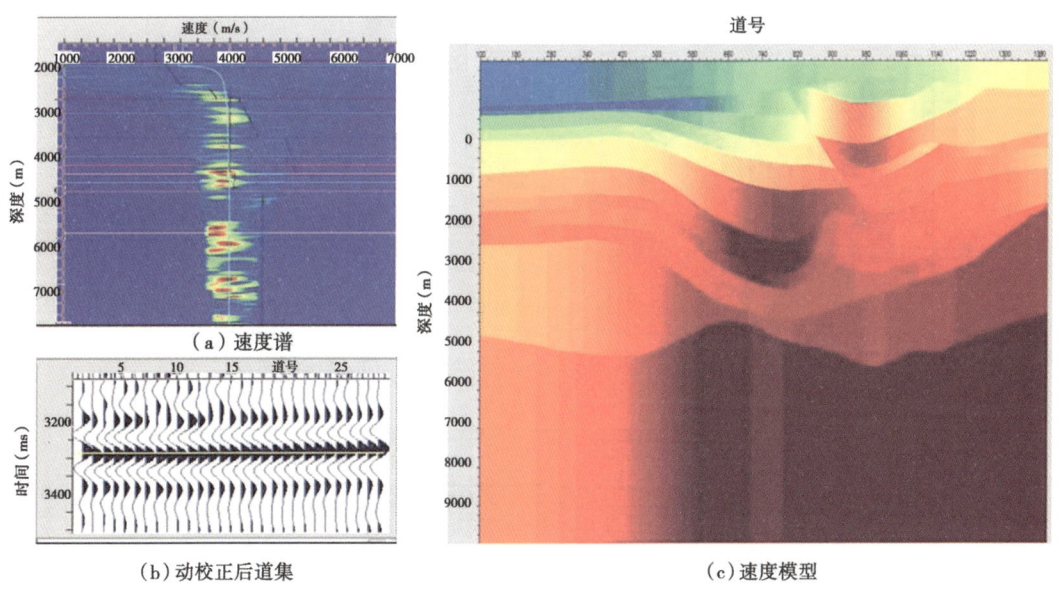

（a）速度谱

（b）动校正后道集

（c）速度模型

图 5-18 剩余速度分析后 CRP 道集拉平及速度模型

### 5.4.3.2 偏移参数选择

处理时选取的偏移参数主要有 3 个。（1）偏移孔径，偏移孔径的选取直接影响成像的质量和运算速度，偏移孔径定义过小不利于陡倾角成像，过大会使偏移时加入相邻道集的信息产生偏移噪声。实际工作中需要对偏移孔径进行偏移实验而确定。（2）拉伸滤波，如果倾角较陡，拉伸切除不要太大，如果倾角较小，拉伸切除可以大点。（3）去假频，在道间距和最大频率一定的前提下，绕射波到达检波点的角度太陡，偏移容易出现假频，用精确三角插值滤波具有较好的去假频效果。

由于叠前时间偏移未考虑折射效应，成像效果存在先天不足。而叠前深度偏移适应速度纵横向变化大、高陡倾角，积分法还可以以起伏地形为边界条件。因此，理论上来说，叠前深度偏移技术可以应用于各向同性的多种构造成像，如盐下构造、潜山内幕、高陡构造、逆冲构造、复杂断裂等。各向异性的叠前深度偏移适应的范围更广。目前，叠前深度偏移技术已成为地震资料处理的主流技术，在复杂构造油气藏勘探开发中得到推广应用，在西部复杂山地，叠前深度偏移的剖面在信噪比、波组特征、断面成像方面均有明显改善（图5-19）。在碳酸盐岩缝洞体成像方面，叠前深度偏移技术也发挥了突出作用，成像位置更加准确，如图5-20所示，时间剖面上的"串珠"钻探失利，在叠前深度偏移剖面上揭示缝洞体偏离原设计井轨迹。

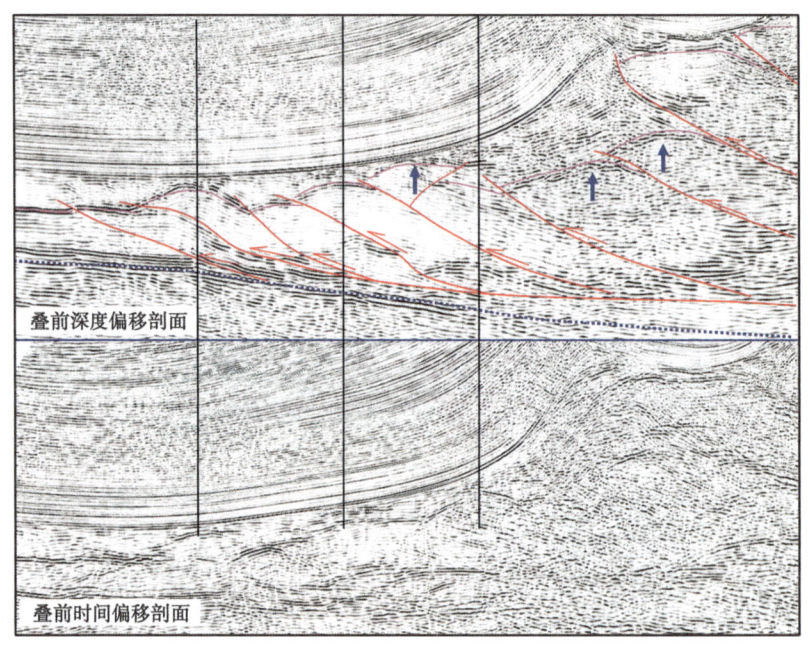

图5-19 中国西部某山地叠前深度偏移与叠前时间偏移剖面对比

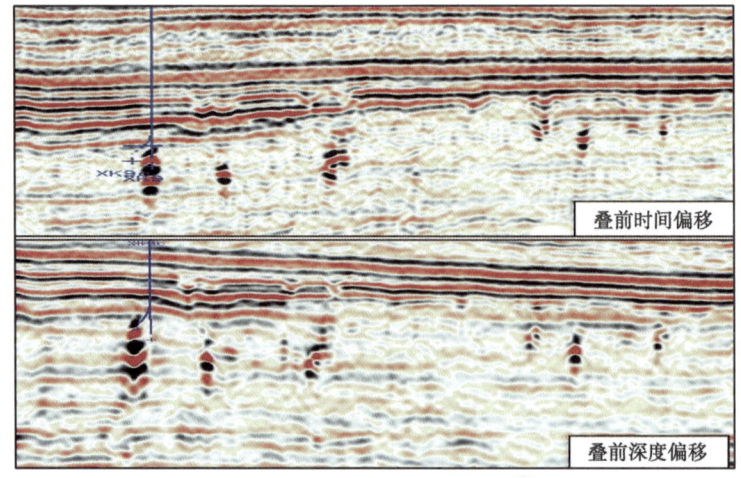

图5-20 中国西部某盐溶储层叠前时间偏移与叠前深度偏移剖面对比

中国东部地区大庆油田侏罗系叠前地震资料比叠后地震资料分辨率高、断裂显示更清晰，尤其是八道湾组和西山窑组煤层反射同相轴前者比后者有较明显的错动。如图5-21所示。

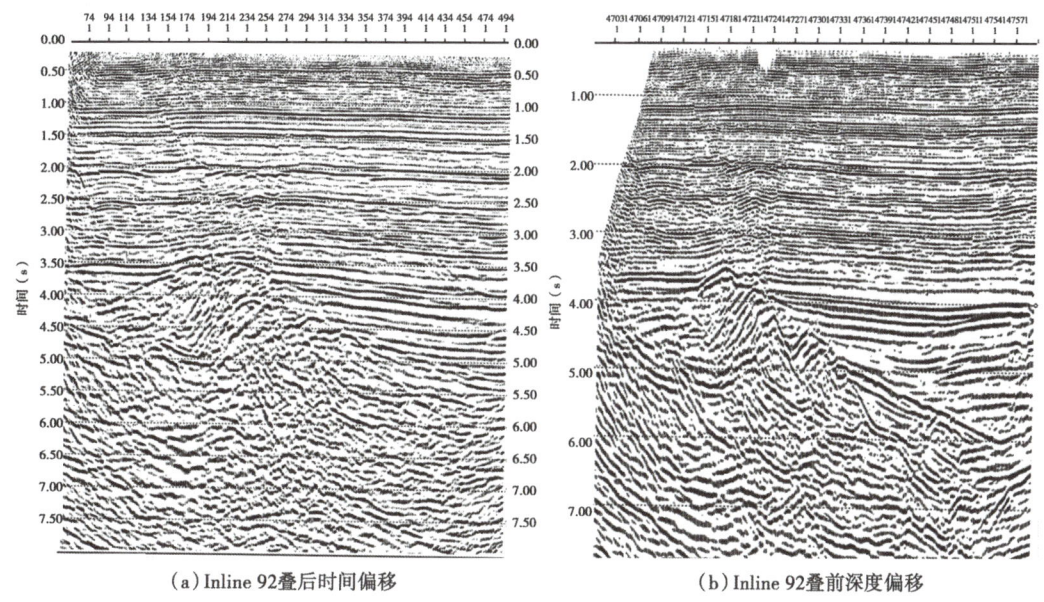

(a) Inline 92叠后时间偏移　　　　　　　　(b) Inline 92叠前深度偏移

图5-21　大庆油田徐家围子地区叠后时间偏移与叠前深度偏移剖面对比（据大庆油田）

图5-22给出的是华北油田南马庄地区潜山带叠后时间偏移与叠前深度偏移剖面对比。在叠前深度偏移剖面上，南马庄地区潜山带的断面波清楚，潜山面及内幕反射特征明显，构造形态可靠。

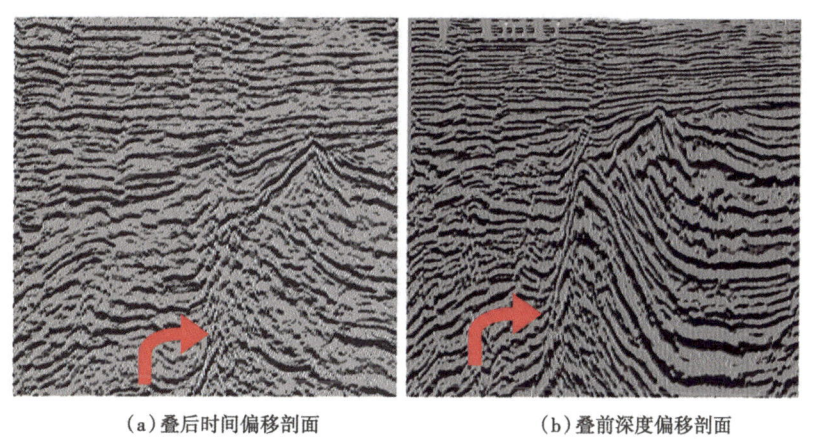

(a) 叠后时间偏移剖面　　　　　　　　(b) 叠前深度偏移剖面

图5-22　南马庄地区潜山带叠后时间偏移与叠前深度偏移剖面对比（据邱毅）

## 5.5　认识与建议

提高分辨率处理主要有两点。第一，必须以信噪比为基础，没有信噪比作保障，提高分辨率处理将失去意义。如何在保幅的前提下，拓展地震波的有效频带，是高分辨处理急需解决的问题。就中国陆上采集的地震资料而言，首先要解决的是构造成像问题，尤其是对低信噪比资料而言。对于那些信噪比较高的资料，在解决好构造成像的基础上，在振幅保真的前提下，根据各种反褶积技术的具体特点，认真优选反褶积技术和参数。并通过钻井、测井资料进行层位标定和对比，有针对性地提高分辨率。第二，注重保护低频，提高分辨率不能把精力主要花在拓宽高频方面，还应该同时拓宽低频，拓宽低频才能有效提高倍频程，才能更加贴近和符合地质规律和特征。

叠前时间偏移成像与叠前深度偏移方法相比，叠前时间偏移方法对速度的敏感程度较弱，假设条件少，对偏移算子进行相应的改进就可以对地下构造进行比较准确的成像；与叠后时间偏移相比，更适用于复杂构造，对目的层和储层的成像有较好的保幅性，其结果有利于更好地进行属性分析，AVO、AVA、AVP 分析，叠前反演及其他参数反演。叠前时间偏移方法计算效率高，配套技术比较成熟完善，在工业界已经得到较为广泛的应用。

叠前深度偏移技术是目前最好的复杂地区成像技术，近年来，借助于高性能计算机技术的发展，它在复杂地区特别是盐下成像方面取得了巨大成功，从而深受勘探家们关注。该项技术提供复杂构造的清晰图像给解释员，使得钻探成功率大大提高，既缩短了勘探周期，又降低了勘探成本，具有很大的工业化应用前景。

克希霍夫方法是当今三维叠前深度偏移处理的主流技术，它具有计算效率高，适应不同的野外观测系统，能较好地适应大倾角偏移，具有抗假频能力，能同时得到成像道集与偏移结果等优点。在实际应用中，最适合为叠前深度偏移建立速度和深度模型，但由于它研究单初至、对能量做积分求和、对强横向速度变化适应性较差，因此成像精度还有待提高。

波动方程偏移算法分为有限差分法、相位移校正法、各类相位屏计算方法等。这些算法各有其应用条件和特点：有限差分法适应横向速度变化，精度高，但费机时，有倾角限制；相位移校正法计算效率高、保幅、无条件稳定、无倾角限制，但不适应横向速度变化，只适应垂向速度变化，精度低，且因 $f—k$ 变换需要等间隔，故不适应非规则采集；各类相位屏计算方法是针对相移法不适应横向速度变化这一特点改造而来的同系列技术，该方法是基于波动方程偏移在效率和精度之间的一个好的平衡。由于波动方程能方法研究多波至，用波动方程能精确计算振幅，所以它的精度很高；实践证明它比克希霍夫积分方法有更好的成像效果，目前正在成为三维叠前深度偏移处理的未来技术。但是，它很费机时，目前不容易普及应用，另外它所用的方程式为单程波动方程，没有考虑其他波传播特性，因此不是完全精确的方法，而是相对精确的方法。它要求完全规则的观测系统，不能做目标线偏移，只能做全数据体叠前深度偏移处理。波动方程偏移方法已经发展出适合陆地三维资料的叠前共炮集深度偏移方法，它既可以用于共享式内存的并行机，也可以用于分布式内存的微机集群；以及适合海洋三维资料的共方位角叠前深度偏移方法，它的方位角归一化需要大量内存，很难用于微机集群。虽然波动方程方法与克希霍夫方法相比还不能产生商品化结果，但根据当前技术发展情况，先使用克希霍夫方法进行层速度建模，再通过波动方程方法做全数据体偏移应不失为一种很好的叠前深度偏移方式。

各向异性叠前深度偏移方法，适合于地层在纵横向上存在强速度变化的地区，由于方法需要求取各向异性模型参数，因此需要工区内有适量的井资料。另外，若地层存在各向异性，但在速度建模中没有考虑这一点，那么应用各向异性偏移方法就不能正确成像。然而，从实际地质条件来看，不但大多数沉积盆地地层均表现出方位各向异性的特征，而且定向排列的垂直裂缝也都表现出强烈的方位各向异性特征，因此如何提取各向异性参数，并将各向异性参数量化是应用各向异性叠前深度偏移方法研究这些地区地震波成像非常重要的前提工作。

转换波叠前深度偏移方法能充分利用横波优点，但又不需要专门的横波勘探，而是从入射纵波转换为反射横波的情形下来研究地下目标体的，它比常规的纵波研究方法有许多优势，特别是在一些缝洞区或者复杂的岩性变化区。实际应用中，为得到更为准确的成像结果，通常在转换波叠前偏移之前，做各向异性速度分析，因为各向异性速度分析能改善大偏移距转换波的时差校正质量，同时得到较为稳定的 Thomsen 参数。

作为未来重要的成像技术，叠前深度偏移算法的发展还需在如下两方面加强研究：

（1）继续完善克希霍夫方法的射线追踪理论，提高旅行时计算精度；

（2）加强波动方程方法稳定性条件及保幅的研究。

# 6 高精度三维地震解释技术

高精度三维地震海量数据中拥有大量的地质信息和惊人的地质体细节映射。地震解释的任务就是在现代地质理论指导下，应用先进的解释工具和技术，结合钻井、测井、录井、试油等数据，最大限度地从地震数据中获取地质信息，服务于勘探生产乃至油气田的管理需要。当然地震数据中也存在噪声和假象，所以解释的任务就是要依据地质理论正确地从噪声中分离出地质信息。因此对地震数据品质理解得越深刻，就越能更好地实现地质信息与噪声的分离。

## 6.1 地震地质解释理论基础

### 6.1.1 地质理论基础

中国的含油盆地以陆相盆地为主，砂体非常发育，为广泛形成岩性—地层油气藏奠定了良好基础。岩性—地层油气藏系指由沉积、成岩、构造与火山等作用而造成的地层削截、超覆、相变，使储层在纵、横向上发生变化，并在三维空间形成圈闭和聚集油气而形成的油气藏，包括地层、岩性和以构造为背景的岩性—地层复合油气藏。地层、岩性圈闭的形成主要受"六线"（岩性尖灭线、地层超覆线、地层剥蚀线、物性变化线、流体突变线、构造等高线）、"四面"（断层面、不整合面、洪泛面、顶底板面）10个要素控制，岩性—地层油气藏的分布主要受最大洪泛面、不整合面和断层面的控制。岩性—地层油气藏广泛分布于我国几大含油气盆地，是近期储量增长重要领域之一。特别是大型坳陷型湖盆发育的岩性—地层油气藏多具广覆式生烃、大面积成藏、丰度较低但规模较大等特点，是寻找大油气田最现实、最重要的领域之一。同时，断陷盆地边缘水系多，广泛发育冲积扇、扇三角洲、水下扇、重力流与湖底扇等砂体沉积，具有优越的岩性油气藏形成条件，也具有巨大的勘探潜力。

中国发育的含油气盆地多以叠合盆地为主，具有生烃层系多，生烃凹陷多，成藏期次多，油气资源潜力大与油气分布具有多样性等石油地质特征。近年来的研究表明，叠合含油气盆地石油地质具有以下诸方面的特殊性：（1）叠合盆地中深层多发育超压带，导致烃源岩的演化不完全遵循蒂索模式，生烃门限出现的深度比以往认识的更深，液态窗下限的深度也比以往理解的更大；（2）叠合盆地中深层可发育较好储层，特别是早成藏、晚埋藏、优质海相砂岩和由火山作用、风化淋滤与构造裂缝等特殊的地质作用形成的储层，物性不受埋深的限制，是叠合盆地中下组合的主要储层；（3）叠合盆地发育多套烃源岩，有多个生烃灶，有多期生烃和成藏，也经历了多次构造变动和油气藏调整改造，油气分布具有一定的特殊性。所以对叠合盆地油气藏形成与分布的预测，需要采取"顺藤摸瓜"的方式，一步一步追踪落实油气现今所在的位置，即要坚持以过程重建为核心的综合研究。近年来，针对中下部组合碳酸盐岩和火山岩等特殊类型储层勘探获得了一批重要突破与发现，如松辽盆地深层、准噶尔盆地和三塘湖盆地石炭系火山岩勘探，四川盆地和塔里木盆地碳酸盐岩礁滩体勘探都获得了历史性突破，充分展示了叠合盆地中下部组合勘探的现实性。

中国中西部前陆盆地勘探程度低，资源潜力大，是未来获得大发现的重要领域。主要包括库车、塔西南、准噶尔盆地西北缘、准噶尔盆地南缘、吐哈盆地北部、柴达木盆地北缘和西南缘、鄂尔多斯盆地西缘、川西等，前陆盆地按构造特征分为前陆冲断带、前渊坳陷带、斜坡带和前缘隆起带4个构造单元（图6-1）。其中前陆冲断带处于造山带与前陆盆地之间的过渡部位，是造山带向盆地方向大规模逆冲推覆，前陆盆地所在地块向造山带之下俯冲碰撞所形成的冲断系统；前渊坳陷带是指前陆上水较深的部分，并紧靠冲断带前缘；前缘隆起带指地壳的挠曲弯曲在

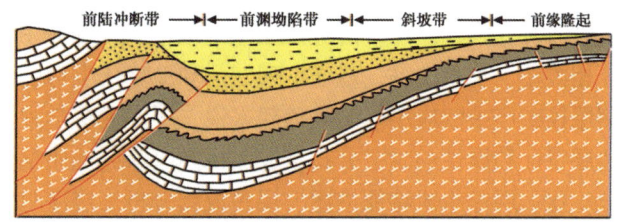

图6-1 前陆盆地结构（据Bally，1980）

前陆盆地的远端产生隆起，该隆起即是前缘隆起。前陆盆地构造的分段性、差异性决定了前陆盆地不同构造段油气成藏特征、油气分布规律及油气丰度的差异，特别是前陆冲断带与烃源岩叠合具有优越的成藏条件，同时冲断带构造挤压作用明显，圈闭类型众多，勘探程度总体较低，是实现油气勘探大突破、大发现的重要领域。

近期勘探实践表明，前陆盆地冲断带所发现的油气田具有规模大、丰度高、单井产量高的特点，有发现大油气田的良好前景，具体原因有以下4点。（1）成藏条件优越，前陆冲断带是前陆盆地最主要的油气富集带。（2）中国中西部发育有叠加型、改造型、早衰型和新生型4种类型前陆盆地冲断带，不同类型冲断带油气富集特征与资源丰度差异较大。（3）前陆冲断带由于构造托举作用和后期快速埋藏，深部储层物性较好。前陆盆地一般充填了巨厚的复理石或类复理石碎屑沉积，冲断带的构造托举作用和前渊快速挠曲沉降作用可产生欠压实，深部砂岩可有效保存相当数量的孔隙，甚至7000m以深的深层都可能有好储层。（4）前陆冲断带连续推覆，构造圈闭十分发育。中西部发育前陆盆地，大多经历了喜马拉雅期强烈的逆冲推覆，使得从造山带向克拉通方向，逆冲掩覆带成排、成带展布，且构造面积大、幅度高。因而，前陆冲断带所发现的油气藏具有储量规模大、丰度高、单井产量高的特点，一旦勘探获得突破就有可能发现一批大中型油气田。

富油气凹陷（区带）指勘探时间较长、勘探程度较高、资源探明率较高的老油气区中资源丰度在$20\times10^4\sim40\times10^4t/km^2$以上、资源规模大于$5\times10^8t$、已发现或可望发现一个乃至多个亿吨级规模大油气田的凹陷（区带）。其地质特点是：构造活动频繁；小物源、多水系，岩性、岩相横向变化快；烃源岩质量好、厚度大；油气藏类型丰富，既发育构造油气藏，也发育岩性油气藏。富油气凹陷虽然勘探程度较高，但剩余油气资源仍较丰富，勘探潜力很大。具体体现在三个方面：（1）断陷湖盆多洼、多凸的构造背景，为富油气凹陷（区带）油气就近运聚创造了条件。断陷型湖盆发育的凹陷自成油气系统，油气富集程度高，资源丰富。（2）富油气凹陷（区带）圈闭类型丰富，勘探潜力超出预期。断陷盆地的形成受断裂控制，因而与断裂有关的构造十分发育，加上断陷盆地水多，物源广，砂体十分发育，因而断陷盆地既发育构造圈闭，也发育岩性圈闭。（3）富油气凹陷（区带）油气分布有明显的互补性。断陷湖盆近物源区一般以构造油气藏为主，远物源区即凹陷或斜坡区发育岩性油气藏。断陷盆地并不局限于二级构造带、潜山和岩性控油，无论构造高部位还是构造低部位、凹陷区，无论是中浅层还是中深层都可成藏，整体含油、叠合连片含油、满凹含油是其基本特征。因此，成熟探区富油气凹陷（区带）仍然存在大量尚未认知的新区、新带、新领域，勘探潜力巨大。

## 6.1.2 层序地层学基础

层序地层学（sequence stratigraphy）是研究侵蚀面或无沉积作用面以及与之可对比的整合面为界的、重复的、有成因联系的年代地层框架内的岩石关系（van Wagoner 等，1988）。层序地层学的研究内容广泛，既研究层序地层的几何特征和时空分布，也研究层序内部组成特征，如岩相类型、化石内容、地球物理特征和地球化学特征，还研究层序形成和演变的原因以及在预测层控矿产中的应用等。概括起来说，层序地层学主要研究以沉积不连续面为界的层序格架内地层特征和属性的时空分布与成因机制的一门地质学分支学科。主要研究内容可归纳为层序划分对比、层序组成特征描述、层序成因分析、层序时代确定和层序时代应用5个方面。

目前层序地层学使用的基本概念、原理和研究方法，主要是20世纪70年代以来提出和不断完善的。在 Payton 等（1977）编辑的论文集《地震地层学——在油气勘探中的应用》（Seismic Stratigraphy—Application to Hydrocarbon Exploration）和 Wilgus 等（1988）编辑的论文集《海平面变化——综合研究方法》（Sea—Level Changes：an Integrated Application）中，提出或根据以往的地质学概念补充完善，建立了层序地层学常用的基本概念（表6-1）。

表6-1 常用术语定义

| 术语 | 定义 |
| --- | --- |
| 层序地层学（sequence stratigraphy） | 研究以侵蚀面或无沉积作用面以及与之可对比的整合面为界的、重复的、有成因联系的年代地层框架内的岩石关系（Van Wagoner 等，1988） |
| 沉积体系（depositional system） | 有成因联系的三维岩相组合体，如三角洲沉积体系、河流沉积体系、障壁岛沉积体系形态、在层序中的位置以及准层序叠置样式来识别（Van Wagoner 等，1988） |
| 体系域（system tract） | 同期沉积体系的总和（Brown 和 Fisher，1977），体系域主要根据边界类型、地层几何形态、在层序中的位置以及准层序叠置样式来识别（Van Wagoner 等，1988） |
| 层序（sequence） | 一套相对整一的、有成因联系的地层单元，其顶界和底界以不整合面及与之可以对比的整合面为界，由多个体系域组成（Vail 等，1977；Van Wagoner 等，1988） |
| 准层序（parasequence） | 一套相对整一的、有成因联系的地层单元，多数情况下以海（湖）侵面为界面，由多个岩层（bed）或岩层组组成（bedsets）（Van Wagoner 等，1988） |
| 准层序组（parasequence set） | 一套成因上有联系的、由多个准层序组成的、具有独特叠置样式的地层单元，在多数情况下以主要海（湖）侵面和与之可对比的界面为界（Posamentier 等，1988） |
| 不整合（unconformity） | 地层序列中两套地层之间的不协调接触，沿不整合面存在明显的侵蚀、削截或暴露地表的证据，地层记录有重要的间断或缺失（张守信，1989） |
| 沉积间断（hiatus 或 diastem） | 也是一种地层记录的中断，这种中断仅仅代表沉积作用的短暂停歇或少量侵蚀（张守信，1989） |
| 密集段（condensed section） | 一种一缓慢沉积（沉积速度小于 1~10mm/ka）的由远洋沉积物组成的地层（Vail 等，1984），形成于相对海平面上升至最高位或最大海进期，主要分布于缺少陆源碎屑供给的陆架外带、陆坡和深水洋盆（Loutit 等，1988） |
| 可容纳空间（accommodation） | 在基准面之下可供沉积物堆积的潜在的空间，可容纳空间是海平面变化和构造沉降的函数（Jervey，1988） |

续表

| 术语 | 定义 |
|---|---|
| 沉积基准面（Base level） | 是一个想象（imaginary）的动态平衡面，用于描述沉积作用的上限和侵蚀作用的下限，高于基准面表现为侵蚀作用，即使有沉积作用也是局部和暂时的，沉积物不稳定，不能长期保存下来而成为地层记录；低于基准面，发生沉积作用，沉积物有可能被埋藏而保存下来（Sloss，1963） |
| 河流沉积平衡剖面（equilibrium profile） | 指河流搬运能力与物源区供给的沉积物总量之间恰好达到平衡状态时，形成顺水流方向上逐渐递降的地形，其形态为近物源方向变陡、近河口处变平缓的向下凹曲的平滑抛物线（Posamentier 等，1988） |

层序地层学的基本单位是层序。"层序"这一术语，由 Sloss 等于 1948 年在美国地质学会的沉积相研讨会上正式提出。目前，人们普遍采用 Vail 等（1977）对层序的定义，即层序是一套相对整合的、成因上有联系的地层单元，以不整合面和与之可对比的整合面为界。这个定义适合于各种级别的层序地层单元，应看作是广义的层序定义。狭义的层序通过体系域来补充定义，一套完整的层序由 2~4 个不同类型的体系域组成。

准层序是层序的基本构筑单位。一个准层序是以海（湖）侵面和与之可以对比的面为界的成因上有联系的地层单元，由相对整一的多个岩层（beds）或岩层组（bedsets）组成（图 6-2）。海、湖相硅质碎屑岩准层序一般为前积型沉积序列，纵向上由多个变粗、变浅的"半旋回"沉积单元组成。在河流、潮坪等环境可以形成向上变细的准层序（Van Wagoner 等，1990）。碳酸盐岩准层序通常是加积型的，因此也是向上变浅的。海（湖）侵面是一个把较新的地层与较老地层分开的面，跨过这个面有水深突然增加的证据。

准层序组由一套成因上有联系的多个准层序组成，它们形成一种在多数情况下以大的海泛面和可与之对比的面为界的独特的叠置方式（van Wagoner 等，1988）。准层序组的边界为：（1）可以分开独特的准层序叠置方式；（2）可以与层序边界重合；（3）可以是下超面或体系域边界。根据准层序的叠置方式，准层序组可以划分前积型、退积型和加积型三种类型，这取决于沉积速率与可容纳空间增长速度的比值。

一般认为，不整合（unconformity）是地层序列中两套地层之间的一种不协调的接触关系。不协调的接触关系意味着不整合面之下的地层形成之后，可能经历了褶皱、抬升、剥蚀等地质作用，而后又重新下沉接受沉积，形成不整合面之上的地层；不整合的存在意味着地层记录的重要间断或缺失。Wheeler（1964）将不整合所代表的间断或缺失称之为缺失空位，缺失空位包括当时地表高于沉积基准面本来就没有沉积和已形成的地层后来被侵蚀掉的两个部分。

沉积间断（hiatus 或 diastem）也是一种地层记录的中断，这种中断仅仅代表沉积作用的短暂停歇或少量侵蚀。地层剖面中任何一个层面都代表沉积过程中的一次中断。但按照通常的理解，当上下地层中的化石、岩石特征等都找不出明显的沉积间断标志或仅存在小的间断时，即认为是整合的、连续的沉积。沉积间断与连续沉积是一组相对的概念。

不整合和沉积间断在传统地质学中是两个不同的概念。不整合形成一般是构造变动造成的，变化的原因来自区域性应力场的改变；沉积间断是盆地内部局部沉积条件变化的结果，不涉及整个系统的根本性变化。不整合代表大的地层记录中断，不整合面上下的地层产状可能不一样，可有明显的古生物记录连续性中断，可直接测量；沉积间断代表小的地层记录中断，主要靠岩石学特征判断，通常缺少明显的构造标志，靠化石记录显示的生物演化阶段性反映不出

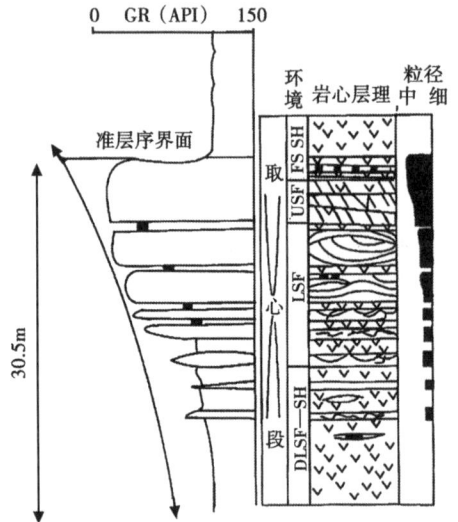

(a)向上变粗的准层序的地层特征图
该层序形成于砂质的、波浪的河流控制的海滩环境中

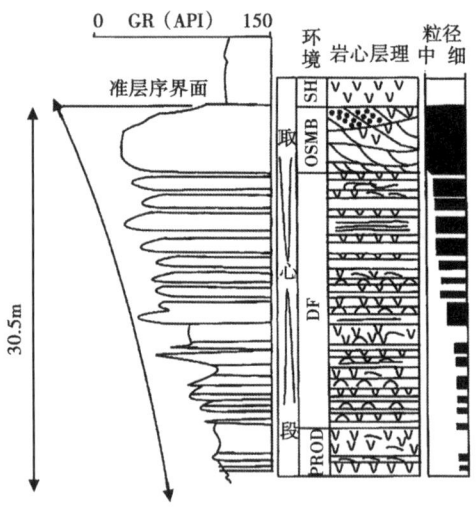

(b)向上变粗的准层序的地层特征图
该层序形成于砂质的、波浪或河流控制的海岸三角洲环境中

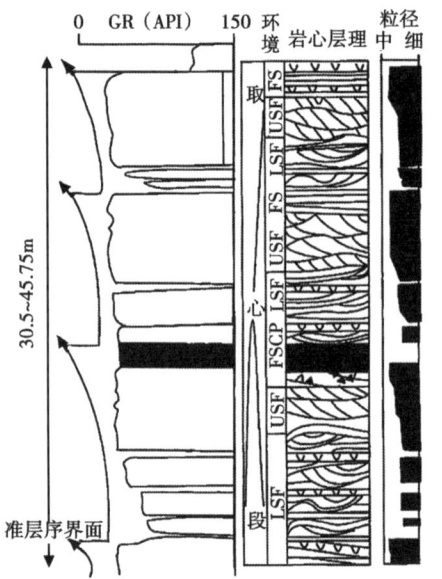

(c)向上变粗的叠加准序的地层特征图
该层序形成于砂质的、波浪或河流控制海岸的海滩环境中，
其沉积速率与沉降速率相等

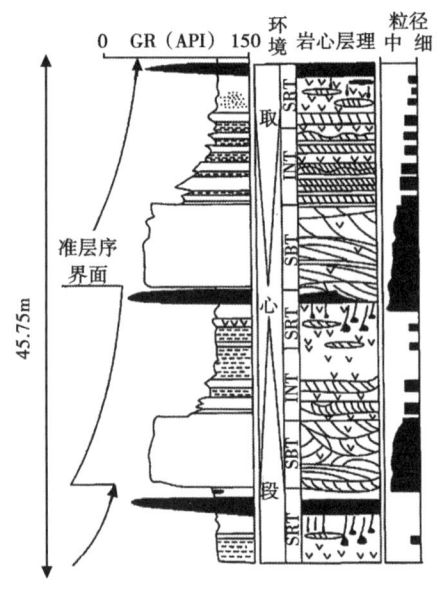

(d)向上变细的叠加准层序的地层特征图
该层序形成于砂质的、潮控海岸的潮汐浅滩到
潮下环境中

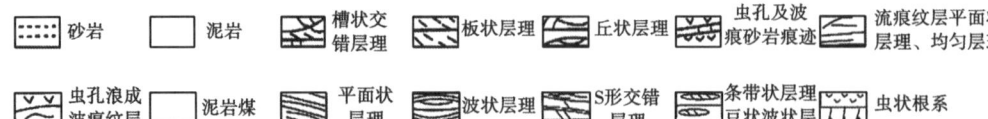

图 6-2 滨岸、三角洲和潮坪环境沉积的准层序特征（据 Van Wagoner 等, 1990）
SH—陆棚；FS—前滨；LSF—下滨面；DLSF—远下滨面；OSMB—外河口坝；DF—三角前缘；
PROD—前三角洲；SRT—潮上；SBT—潮下

来，也不易直接测量。

层序地层学对不整合和沉积间断概念的使用与传统地质学有所区别，把区域上可追踪的沉积间断也划归为不整合的范畴。例如，海相沉积中的重要的水下沉积间断面也被作为一种不整合面（Weimer，1988）。事实上，不整合和沉积间断并不是任何时候都可区分，二者在成因上往往受构造和沉积两个因素的共同影响，因此，在区分不开时，可合称之为沉积不连续面。两个术语同时出现时，不整合对应的地层记录中断时间长，沉积间断代表的中断时间短。

### 6.1.3 岩石物理基础

#### 6.1.3.1 储层岩石的孔隙类型与孔隙度

（1）储层岩石的孔隙类型。

岩石的孔隙类型直接影响岩石的储集性和渗流特性，因此研究岩石的孔隙类型，可为研究岩石的孔隙度和渗透率奠定基础。

研究岩石孔隙类型，实质是研究岩石的孔隙构成，它包括研究岩石孔隙的大小、形状、孔间连通情况、孔壁粗糙程度等全部孔隙特征和它的构成方式。孔隙类型大体可以分为粒间孔隙、裂缝孔隙和溶洞孔隙。一些储层往往含有多重孔隙形态，如裂缝—溶洞孔隙、裂缝—粒间孔隙等。图 6-3 是几种孔隙类型的示意图。

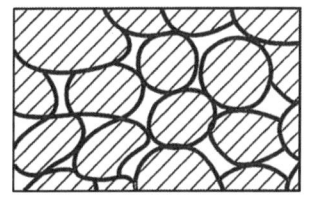
（a）分选好的高粒间孔隙

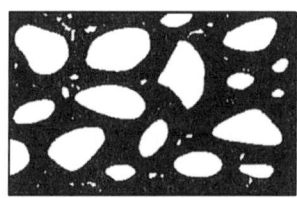
（b）分选差的低粒间孔隙

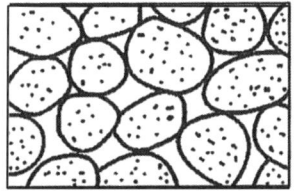
（c）砾石组成的沉积物，除大的粒间孔隙之外，砾石本身也是多孔的，因而整个沉积物的孔隙很大

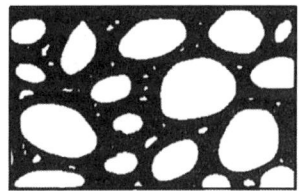
（d）沉积物分选好，但颗粒间有胶结物，因而总孔隙很小

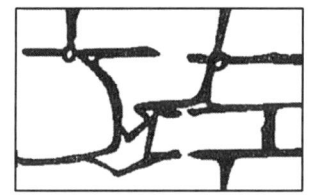
（e）由裂隙和溶蚀作用形成的多孔岩石

（f）由断裂形成的有胶结物的多孔岩石

图 6-3　岩石孔隙的几种类型示意图

按岩石中的孔隙大小，一般可分为三类。

①超毛细管孔隙：孔径大于 0.5mm（500μm）或裂缝宽度大于 0.25mm（250μm）的孔隙。在此类孔隙中，流体在重力作用下可自由流动。岩石中的大裂缝、溶洞及未胶结或胶结不紧密的砂层孔隙多属此类。

②毛细管孔隙：毛细管孔介于 0.2μm~0.5mm，裂缝宽度介于 0.1μm~0.25mm 的孔隙。在此类孔隙中，液体和孔隙间处于分子引力的作用之下。由于毛细管的作用，液体不能自由流动，要使液体沿毛细管孔隙移动，需要有足够的外力去克服毛细管力。

③微毛细管孔隙：孔径小于 0.2μm（即孔道半径小于 0.1μm），裂缝宽度小于 0.1μm 的孔

隙。在此类孔隙中，分子间的引力很大，要使液体在孔隙中移动需要非常高的压力梯度，在这油层条件下一般无法达到。因此，实际上液体是不能沿微毛细管移动的，泥岩和细粉砂岩中的孔隙一般属于此类。这就是人们常将孔道半径大于或小于 $0.1\mu m$ 作为流体能否在其中流动的一个分界线的原因。

（2）孔隙度。

①孔隙度的定义。

岩石孔隙体积大小用孔隙度定量描述。孔隙体积与岩石总体积之比定义为孔隙度，通常以百分数（%）表示，如假定 $V$ 表示一块岩石的总体积，$V_s$ 表示这块岩石中固体部分的体积，$V_p$ 表示这块岩石中孔隙的体积，则孔隙度 $\phi$ 为：

$$\phi = \frac{V_p}{V} \times 100\% = \frac{V - V_s}{V} \times 100\% \tag{6-1}$$

在不同类型的孔隙中，流体的可流动情况有很大差别。因此，从油田开发的角度考虑，只有那种既能储集油气，又可让其渗流通过的连通孔隙才具有实际意义。为此，根据孔隙的连通状况可分为连通孔隙（开放孔隙）和不连通孔隙（封闭孔隙）。参与渗流的连通孔隙为有效孔隙，不参与渗流的则为无效孔隙。因此，在实际应用中，引入了总孔隙度（绝对孔隙度）、有效孔隙度（连通孔隙度）及流动孔隙度等概念。

岩石的总孔隙度或绝对孔隙度 $\phi_t$ 指岩石的总孔隙体积 $V_{pt}$ 与岩石外表体积 $V$ 之比。岩石的有效孔隙度 $\phi_e$ 指岩石中有效孔隙的体积 $V_{pe}$ 与岩石外表体积 $V$ 之比。有效孔隙体积指在一定压差下被油气饱和并参与渗流的连通孔隙体。

有些孔隙虽然彼此连通但由于孔隙的喉道半径极小，在通常的开采压差下仍难以使流体流过，又如在亲水岩石孔壁表面常存在着水膜，相应地缩小了油流动的孔隙通道。因此，在连通孔隙度基础上，进一步引出流动孔隙度的概念。

岩石的流动孔隙度 $\phi_f$ 指流体能够在岩石中流动的孔隙体积 $V_{pf}$ 与岩石外表体积 $V$ 之比。流动孔隙度与有效孔隙度的区别在于，它随地层中的压力梯度和液体的物理—化学性质等不同而变化。因此，岩石的流动孔隙度在数值上是不确定的。由上述分析不难理解，三种孔隙度之间的关系是：$\phi_t > \phi_e > \phi_f$。对于储集性很好的岩石，三者差别很小；当岩石的储集性很差时，三者的差别是比较明显的。

当储层岩石具有双重孔隙系统时，如裂缝—粒间孔隙系统，总孔隙度 $\phi_t$ 为粒间孔隙度 $\phi_1$ 和裂缝孔隙度 $\phi_2$ 之和。

粒间孔隙度和裂缝孔隙度都是相对于岩石总体积而言。实际上，钻井取心很难获得带有裂缝的完整岩心。实验室测定的岩心大都是裂缝储层的基质部分，因而引入基质孔隙度 $\phi_m$ 概念。基质孔隙度只是对基质总体积而言，即基质孔隙体积 $V_{pm}$ 与基质总体积 $V_m$ 的比值。

②影响孔隙度的因素。

一般碎屑岩石是由母岩经破碎、搬运、胶结和压实而成。因此，碎屑颗粒的粗细、排列方式、分选程度和胶结物的类型与数量，以及成岩后的压实作用等，就成为影响这类岩石孔隙度的主要因数。

岩石颗粒尺寸的大小对岩石总孔隙度的影响不大，但是对有效孔隙度和流动孔隙度的影响显著。岩石颗粒形态对孔隙度的影响很大，接近球形的颗粒比其他形状颗粒所形成的孔隙度大。岩石颗粒排列方式不同孔隙度差别也很大，以球形为例的两种排列如图6-4所示。图6-4

(a) 是按正方体排列，所组成多孔介质的孔隙度达47.6%，每一球形颗粒与其他颗粒的接触点有6个；图6-4（b）是按斜方体排列，其孔隙度为25.9%，每一球形颗粒与其他颗粒的接触点有12个。

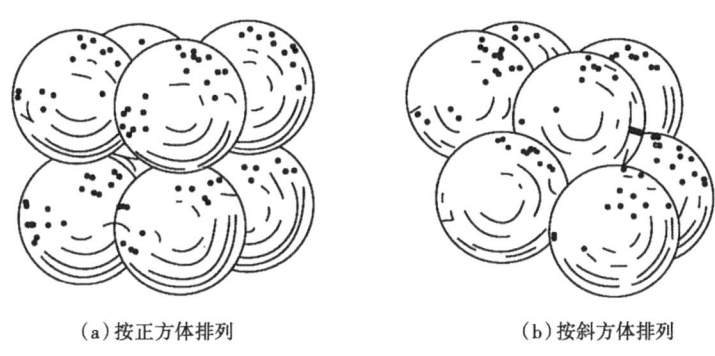

(a) 按正方体排列　　　　　　　　(b) 按斜方体排列

图6-4　理想圆球形颗粒孔隙介质模型

颗粒的分选程度差时，小颗粒碎屑充填到大颗粒的孔隙中，将降低孔隙度。随着上覆岩层的加厚和埋藏深度加大，地层静压力和温度的增加，岩石颗粒排列更加紧密，使孔隙迅速下降，当颗粒紧密排列达最大限度时，上覆地层压力的进一步增加，就会促使颗粒在接触点上的局部溶解，接触点变成接触面，甚至呈凹凸不平的紧密接触。溶解的矿物（如石英）则在孔隙空间形成新的结晶，进一步导致孔隙度的降低，甚至成为不渗透层。

碳酸盐岩的孔隙度随深度的增加而减小也十分明显。由于碳酸盐岩与生物作用关系密切，成岩后对环境异常敏感（如在地下水作用下溶解，适当温度压力下发生重结晶作用等），并且碳酸盐岩较碎屑岩脆，因而更易受构造应力影响，形成许多裂隙，增大岩石孔隙度。在相同的应力条件下，一般白云岩裂缝发育，石灰岩次之，而泥灰岩最差。

③岩石孔隙度的实验室测定方法。

岩石孔隙度的测定方法可归纳为两类，一种是在实验室测岩心，另一种是在钻孔中利用地球物理测井方法原位测定岩石孔隙度。这里介绍前一种。

从岩石孔隙度的定义可以看出，如果已知岩样的体积和它的孔隙体积，或者已知岩样的体积和它的颗粒体积，就可以求得岩石的孔隙度。因此，只需在实验室测得岩样总体积$V$和孔隙体积$V_p$（或颗粒体积$V_s$）两个值，即可求出孔隙度。

根据岩样的具体情况不同，采用不同的方法测定岩石的总体积。

a. 把岩样放入不会渗入岩样孔隙中的液体中来测定岩样的体积，水银可作为这种液体。这个方法的实质就是测量岩样放入水银前和沉入水银后水银体积的变化量。

b. 用某种液体饱和岩样，通常用煤油作为这种液体，然后测量岩样放入煤油前后煤油体积的变化量。也可以根据阿基米德原理，分别测量饱和煤油的岩心在空气中和在煤油中的质量。

上述两种方法适于胶结较好不易破碎的岩样。

c. 对于较疏松易碎的岩石，可采用封蜡法。其操作过程是，首先将外表不规则但光滑的岩样称其质量为$w_2$，最后将已封石蜡的岩样置于水中称得质量为$w_3$，按下式计算出岩样总体积：

$$V = \frac{w_2 - w_3}{\rho_w} - \frac{w_2 - w_1}{\rho_p} \tag{6-2}$$

式中 $\rho_w$ 和 $\rho_p$——分别为水和石蜡的密度，g/cm³；

$w_1$——封蜡岩样置于空气中的质量。

d. 对于具有简单几何形状，如立方体或圆柱体的岩样，则可以直接测量岩样的几何尺寸，并计算出岩样的体积。

关于岩石孔隙体积 $V_p$，下面是两种常用的测定方法。

a. 液体饱和法。

这种方法是比较岩样饱和液体前后的质量。首先将岩样抽提、洗净、烘干，在空气中称量为 $w_1$；然后在真空下使岩样饱和液体（煤油或水），在空气中称出饱和液体后的岩样质量为 $w_2$，若液体密度为 $\rho_0$，则岩石孔隙体积 $V_p$ 为：

$$V_p = (w_2 - w_1)/\rho_0 \tag{6-3}$$

b. 气体膨胀法。

这种方法是利用专门仪器气体孔隙度仪进行测量的。其工作原理是将已知体积（标准室）的气体 $V_k$ 在一定的压力 $p_k$ 下，向未知室作等温膨胀，再测定膨胀后的体系最终压力 $p$，该压力的大小取决于未知体积 $V$ 的大小，故由最终平衡压力按波义耳定律可得：

$$V_k p_k = p(V + V_k)$$

则：

$$V = \frac{V_k(p_k - p)}{p} \tag{6-4}$$

目前我国广泛采用此气体孔隙度仪测定岩样的孔隙体积，求得孔隙度，所用气体为氮气或氢气。因氢气分子量低，对岩石具有较高的渗透能力，有利于进入岩石孔隙中，故对于较为致密的石灰岩和孔隙较小的岩样多采用氢气测定岩石孔隙体积。

在上述测定方法中，由于不同的方法采用不同的工作介质，同一块岩样所测得的 $V_p$ 可能不相同，要根据介质充满岩心孔隙的程度，确定所测孔隙度值代表何种孔隙度。

### 6.1.3.2 孔隙流体对波传播的影响

（1）Biot 速度关系。

Biot（1956）推导出用岩石骨架性质频率相关的流体饱和岩中速度的理论公式，他的公式包括某些，但并非全部，岩石孔隙流体与矿物骨架之间黏性的惯性相互作用的机制。

应用：①根据岩石骨架速度计算饱和岩石的速度；②估算速度与频率的关系；③用 Biot 孔隙弹性理论的准静态极限估计由采油造成的油藏压实。

假设与局限性：①岩石是各向同性的；②组成岩石的矿物具有相同的体积模量和剪切模量；③含流体岩石完全饱和；④注意多数地表岩石的射流频散（Biot 公式中没有包括）相当或大于 Biot 的频散，所以单独应用 Biot 理论会导致较差的高频饱和速度预测；⑤即使在高频范围内，波长也远远大于颗粒或孔隙的大小。

扩展：Biot 的理论已被推广到各向异性介质（Biot，1962）。

（2）Biot 关系式的 Geertsma-Smit 近似。

Biot 理论公式的低频和中频近似（Geertsma 和 Smit，1961），根据岩石骨架性质预测饱和岩石的频相关速度。

应用：①通过岩石骨架速度预测饱和岩石速度；②估算速度与频率的关系。

假设与局限性：①数学近似表达式在中、低频率范围有效，即 $f<f_c$，这通常意味着中到

低的渗透率，但正是在这一渗透率范围内射流频散可能会在 Biot 效应里占主要作用；②岩石是各向同性的；③组成岩石的所有矿物具有相同的体积模量和剪切模量；④注意多数地表岩石的流射频散量（Biot 理论中没有包括）相当于或者大于 Biot 频散，因此单独运用 Biot 理论会导致较差的高频饱和速度预测。

（3）Gassmann 关系式。

一般来说，当岩石所受的挤压增加时，比如地震波穿过岩石，会透发孔隙压力的增加，这种孔隙压力的增加会阻止压缩，进而增强岩石的刚性。Gassmann 公式假设相同的矿物模量和孔隙空间的统计各向同性，但对孔隙的几何形态没有要求。该公式只有在频率足够低，以至于透发的孔隙压力在孔隙空间达到平衡时才成立，即孔隙流体有充足的时间流动并且没有波动透发产生的孔隙压力梯度。

Reuss 平均形式：是孔隙度为 $\phi$ 时的流体和矿物的 Reuss 平均模量，当干岩石骨架体积模量为零时，此式与流体饱和的样品呈悬浮状并且它的体积模量落在 Reuss 边界上这一时显结果相一致。

线性形式：Mavko 和 Mukerji 提出一个特别有用的准确的 Gassmann 公式的线性形式。

纵波模量形式：因为 Gassmann 公式预测剪切模量不变，也可以将 Gassmann 的线性形式改写。

速度形式：Murphy，Schwartz 和 Hornby（1991）提出了 Gassmann 公式的速度形式。

应用：Gassmann 公式应用于估算由于孔隙流体的变化造成的低频弹性模量的改变。

假设与局限性：①低地震频率，孔隙压力在整个孔隙空间达到平衡，现场地震条件通常是适宜的，Gassmann 公式对于实验室条件下超声波一般效果不好，声波测井频率可能会在有效范围之内或之外，取决于岩石类型和流体黏度；②岩石是各向同性的；③所有组成岩石矿物具有相同的体积模量和剪切模量；④含流体岩石完全饱和。

扩展：①Gassmann 公式可以按下列方式扩展；②对于混合矿物，通常可用 $K_0$ 的有效平均模量；③对于黏土充填的岩石，有时将"软"黏土看作孔隙充填物而不是矿物骨架的组成部分效果最好，这时，孔隙流体是"泥"，它的模量可由下面提到的等应力计算估算；④足够低的频率下，多相饱和岩石通常可采用孔隙流体的有效模量，即对液体相和气体相模量的等应力平均。

（4）Bam-Marion 的边界平均方法。

Marion（1900）提出一个根据理论边界计算由孔隙从一种充填相替换成另一种充填相所造成的弹性模量和速度变化的试探算法。Hashin-Shtrikman（1963）边界确定了给定两相体积混合物（液体或固体）的可能的弹性模量。对于组分的任意体积分量，有效模量都会落在边界之间，但其确切值取决于颗粒和孔隙的具体几何关系。

应用：Marion 的便捷平均方法可用于流体替换问题。

假设与局限性：Marion 的边界平均方法主要是试探性的，因此需要时间的检验，希望更进一步加强理论的依据性，无论如何，该方法看起来不错且非常灵活。

扩展：该方法的简单性预示着它可用于比较水充填孔隙与泥充填孔隙作用，变化的黏土矿物颗粒与原始晶体颗粒，如此等等。

（5）各向异性岩石的流体替换；Brown 和 Korringa 公式。

Brown 和 Korringa（1975）推导出各向异性岩石骨架有效弹性模量与该骨架充填流体时的有效模量之间的理论关系式。它是 Gassmann 公式的各向异性形式［Borwn 和 Korringa 也推导出能够使用对应不同孔隙压力（而不是围压）的不同孔隙可压缩性的表达方式]。

应用：可用于各向异性岩石流体代换问题。

假设与局限性：①低地震频率（平衡状态孔隙压力），现场地震条件通常是适宜，Brown 和 Korringa 公式对于实验室条件下超声波一般效果不好，声波测井频率可能会在有效范围之内或之外，取决于岩石类型和液体黏度；②所有组成岩矿物具有相同的体积模量和剪切模量；③含液体岩石完全饱和。

扩展：①对于混合矿物，通常可用矿物柔度 $S_{ijkl}^0$ 的有效平均；②对于黏土充填的岩石，有时将"软"黏土看作孔隙充填相而不是矿物骨架的组成部分效果最好，这时，孔隙液体是"泥"，它的模量可由下面担到的等应力计算估算；③足够低的频率下，多相饱和岩石通常可采用孔隙液体的有效模量，即对液体相和气体相模量的等应力平均。

#### 6.1.3.3 经验公式

（1）速度—孔隙度模型：临界孔隙度和 Nur 的改进 Voigt 平均。

Nur 等（1991，1995）提出岩石的 P 波和 S 波速度应当在小孔隙度极限的矿物速度值和大孔隙度极限的矿物—孔隙流体悬浮速度值之间的趋势上。这一观点是根据多数孔隙介质具有临界孔隙度 $\phi_c$ 这一观察。当孔隙度低于 $\phi_c$ 时，矿物承载；而当孔隙度大于 $\phi_c$ 时，岩石"散开"并且变成承载液体中的悬浮物。

在悬浮域，$\phi > \phi_c$，用 Reuss（等应力）平均可以相当准确地估算有效体积与剪切模量。在承载域，$\phi < \phi_c$，模量迅速从零孔隙度的矿物值减少到临界孔隙度的悬浮值。Nur 发现这种相关性经常可用一条代表 $\rho V^2$ 相对于孔隙度变化的直线近似。

从矿物到临界孔隙度趋势的几何解释就是如果使孔隙度足够大，岩石颗粒间将失去接触和刚度。在地质上，至少对碎屑岩来说，临界孔隙度 $\phi_c$ 时的弱悬浮描述了压实和成岩作用之前的最初沉积。$\phi_c$ 的值取决于沉积过程中颗粒的分选和磨圆度。随着压实和成岩作用，孔隙度减小和弹性刚度增加，样品沿趋势向上移动。

应用：本节讲述的公式可用来表达孔隙度的关系。

假设与局限性：①临界孔隙度结果是经验性的；②由于只考虑孔隙度变化，必须采用其他校正方法来包括如黏土含量等参数的作用。

扩展：孔隙介质破裂强度可用类似方式通过临界孔隙度来定量表示。

（2）速度—孔隙度模型：Geertsma 压缩率经验公式。

Geertsma（1961）提出了一种用矿物的体积模量来估算干岩石（孔隙度在 $0<\phi<0.3$）的体积模量。

应用：这一公式用来经验地表达体积模量和孔隙度关系。

假设与局限性：这一公式是经验公式。

（3）速度—孔隙度模型：Wyllie 的时间平均方程。

Wyllie 等人（1956，1958，1963）的测量显示，当岩石：①具有相对均匀的矿物；②被液体饱和；③在高有效压力下，沉积岩石的速度—孔隙度经常呈现简单的单调关系，即总的传播时间是在矿物中传播的时间与在孔隙流体中传播的时间的和。因此，它时常被称为时间平均方程。

注意：时间平均方程是探索性的，不能用理论来证实。总的传播时间可写成各相的传播时间的和是地震射线理论的假设，只有当①波长比典型孔隙尺寸和岩石颗粒尺寸小；②孔隙和颗粒在垂直于地震射线路径的方向上均质层状排列时才成立。由于这两个假设没有一个是真正成立的，所以预测与测量的结果相一致纯属偶然。试图一味用矿物和流体（传播时间）特征来解释观察的结果会导致错误。有时用时间平均方程的形式来解释横波速度就说明了这一观点。要这样做，必须使用一定的流体的横波速度，这显然是不合理的。

应用：①给出矿物和孔隙流体计算预期的岩石地震速度；②已知岩石类型和孔隙流体成分，根据地震速度来计算孔隙度。

假设与局限性：①岩石是各向同性的；②岩石为流体饱和；③时间平均方程最适用于足够高的有效压力下的岩石，通常在30MPa的量级上，这时岩石具有"极限速度"；④时间平均方程不可用于预测未固结、未胶结的岩石速度与孔隙度关系；⑤时间平均公式最适合原生孔隙度；⑥时间平均公式假设单一均质矿物；⑦时间平均公式最适合中等孔隙度的岩石。

扩展：①对混合的矿物岩石，可以用一个有效的平均速度来代表该矿物物质；②对于含泥、压实以及二次孔隙度的岩石常用经验校正，但必须尽可能核实。

（4）速度—孔隙度模型：Raymer-Hunt-Gardner 关系式。

Raymer 等（1980）建议改进了 Wyllie 的经验速度—传播时间经验公式。

应用：①给出矿物和流体估算岩石的地震速度；②根据测量的地震速度、岩石类型和孔隙流体的成分判断孔隙度。

假设与局限性：①岩石是各向同性的；②组成岩石的所有矿物具有同样的速度。③岩石为流体饱和。④该方法是经验性的。⑤如果岩石在足够高的有效压力下具有"端点速度"，通常在30MPa的量级上，这些关系式最适合；⑥这些关系式不可用于未固结的、未胶结的岩石。

（5）速度—孔隙度—黏土矿物模型：Han 的含泥砂岩经验公式。

Han（1986）发现了超声波（实验室）速度相对于孔隙度和黏土矿物含量的经验回归关系式。这些公式确定于一组 80 个固结良好的墨西哥湾砂岩，其孔隙度 $\phi$ 从 3% 到 30%，黏土矿物体积含量 $C$ 从 0% 到 55%。研究发现纯净砂岩的速度能非常准确地以经验方式与孔隙度相联系。当存在黏土矿物时，与孔隙度的相关性相对比较差，但当黏土矿物含量包括在回归中时，它又变得非常准确。

应用：可用来经验地确定含泥砂岩速度与孔隙度和黏土含量的关系。

假设与局限性：①这些公式是经验的公式，严格来讲，它们只适用于研究的这组岩石。然而，这些结果一般可推广到许多固结的砂岩。任何情况下，黏土矿物的体积含量是定量速度的一个重要参数；有可能的话，回归系数测井和岩心来校正，但一定要包括黏土体积含量。②Han 的线性回归系数随围压呈轻微变化，当压力大于 10MPa 时，它们比较稳定，低于这个值，回归系数变化较大，相关系数就变差了。③用外推的方法来得到实验数据以外的孔隙度和黏土含量是很危险的。比如，不同方程的截距对应于零孔隙度和零黏土含量，它们相互不一致，一般来说，也不同于纯石英的速度。

（6）速度—孔隙度—黏土模型：Tosaya 的含泥砂岩经验公式。

根据测量，Tosaya 和 Nur（1982）确定了（实验室）超声 P 波和 S 波速度相对于孔隙度和黏土含量的经验回归公式。Tosaya 的公式可采用经验地确定含泥砂岩的速度与孔隙度和黏土含量的关系。

假设与局限性：①这些公式是经验的公式，严格来讲，它们只适用于研究的这组岩石。然而，这些结果一般可推广到许多固结的砂岩。任何情况下，黏土矿物的体积含量是定量速度的一个重要参数；有可能的话，回归系数应用研究现场的测井和岩心来校正，但一定要包括黏土体积含量。②方程只适用于有效压力为 40MPa 高压的条件。③一个常见的错误就是通过比较公式过分地解释经验系数，例如和 Wyllie 的时间平均方程比较。这样会导致无意义的水和黏土含量是很危险的。

（7）速度—孔隙度—黏土模型：Castagna 的速度经验公式。

根据测量测量，Castagna 等（1985）确定了水饱和状态下速度相对于孔隙度和黏土含量的经验回归公式。

应用：可用来经验地确定泥质砂岩的速度与孔隙度和黏土含量的关系。

假设与局限性：①这些公式是经验的公式，所以严格来讲，它们只适应于研究的这组岩石。②一个常见的错误就是通过比较公式过分地解释经验系数，例如和 Wyllie 的时间平均方程比较。这样会导致无意义的水和黏土的速度。这并不奇怪，因为 Wyllie 方程只是一个启发式的，它没有理论依据，且不代表一个对任何数据的最佳经验拟合。

## 6.2 构造精细解释技术

当前，中国的油气资源勘探面临勘探对象日趋复杂、勘探目标隐蔽性增强、勘探难度日益加大的现实，剩余油气资源主要分布在岩性—地层油气藏、前陆盆地冲断带、叠合盆地中下部组合和成熟探区富油气凹陷（区带）等四大勘探领域。近年来，由于油价的不断攀升，通过加大研究和实践的力度，中国石油四大勘探领域在地质认识、核心技术等方面都取得了长足进步。

在断陷盆地、坳陷盆地和叠合盆地的油气勘探中，随着勘探程度的日益提高，勘探目标日趋隐蔽，难度越来越大。特别是断陷盆地的复杂小断块和叠合盆地的中下组合油气勘探而言，由于构造复杂、埋藏较深，需要开展精细的构造解释。随着高精度三维地震勘探技术的发展，构造解释技术在近年来已有较大的发展。

三维精细构造解释充分利用高精度三维地震数据体的信息，结合测井数据，并且将一些属性体如相关数据体、方差体用于构造解释中，可视化技术和虚拟现实技术使解释精度大大提高，使解释的结果更完整更准确。三维精细构造解释的步骤是层位标定，层位追踪、断层解释，速度解释和构造成图，关键技术包括可视化技术、相干体技术、变速解释技术和真三维解释技术等。其中断裂解释是精细构造解释的关键，断裂解释的步骤是首先浏览工区的三维数据体、等时切片、方差体时间切片、相干体等，对全区大小断裂的发育规模和分布特征有一个概括性的认识，建立全区断裂解释框架；然后对线和道方向的剖面进行精细解释，详细刻画断裂的性质、断开层位、倾向和倾角。通常主测线方向的地震剖面清楚地刻画了工区内主要断裂，但也要注意与大断裂垂直发育的小断裂。最后对解释的断裂进行合理的组合，包括剖面上断开若干层位的大断裂的描述和断层的平面组合。

应用三维可视化功能，结合区域地质规律对断裂进行三维空间的组合，保证断裂在三维空间的闭合以及断层面在三维空间展布的平滑及合理性，实时地观察断层走向、倾向、倾角的空间变化。断层解释中常用的技术是相干体技术、方差体技术，分形多维技术在断裂解释中也有应用。可以预见，随着各项技术的不断完善和新方法的出现，高精度三维精细构造解释技术也会再上一个新台阶。

前陆盆地油气勘探的关键在于落实构造。由于地表条件复杂，山地地震攻关难度大，地震成像差；复杂的构造变形导致地震资料的处理与解释成图难度大；异常高压的存在给钻探带来很大风险。因此，前陆盆地油气勘探开发面临的挑战也是前所未有的，需要分析每个前陆盆地具体的地质条件，建立适合该盆地的有效勘探方法，例如地震采集方案、处理流程、成像方法与钻井设计等。在此过程中，建立适合该区的构造模型是勘探成功的关键因素之一。勘探实践表明，断层相关褶皱是前陆盆地逆冲带构造变形的一种主要表现形式，其中断层转折褶皱、断层传播褶皱是最常见的两种构造样式。因此，断层相关褶皱理论在前陆盆地构造模型的建立过程中具有重要的指导作用。断层相关褶皱的形成机制有两种理论（Francesco 等，2001）：一种是固定枢纽褶皱理论，认为断层相关褶皱的形成和褶皱翼围绕固定轴面的旋转有关；一种是活动轴面理论，认为断层相关褶皱的形成与活动轴面的侧向迁移有关。断层转折褶皱是褶皱形成断层之后，逆冲岩层在爬升断坡过程中引起褶皱作用［图 6-5（a）］。断层传播褶皱（Williams 等，1983）的一个重要特征是褶皱形成于逆冲断层终端，与断坡同时形成，断层的几何形态限制了褶皱的形状［图 6-5（b）］。滑脱褶皱（Williams 等，1987）的褶皱在断层传播时同时形成，但是断层形状与水平岩层平行［图 6-5（c）］。

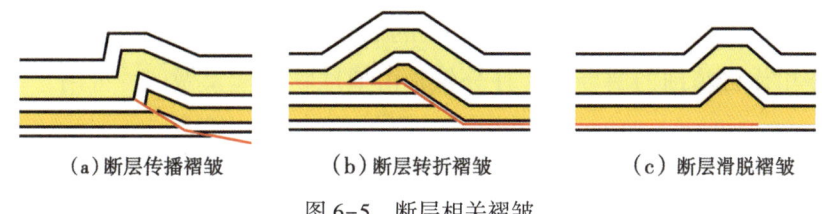

（a）断层传播褶皱　　　　（b）断层转折褶皱　　　　（c）断层滑脱褶皱

图 6-5　断层相关褶皱

断层相关褶皱的原理与方法在油气勘探与开发中的应用主要表现在三个方面。(1) 在资料较少或品质不好的地区，可以建立构造模型，根据构造模型预测地下构造的形态，为确定圈闭服务，这一点在造山带与盆地结合部位的前陆地区获得了广泛的应用，例如，在南美安第斯山前、落基山前、天山两侧等地区。(2) 在油田开发过程中，预测强应变带或裂缝发育区，例如，经过断层转折后地层将被褶皱，遭受一次变形，经过多次断层转折，将遭受多次变形，那么确定经历多次转折的变形区域就可以确定强应变区；断层传播褶皱的前翼、背斜轴面等部位常是裂缝发育区，有优质储集体分布。(3) 对已勘探开发的老油区进行重新检验，随着探井、三维地震等资料的大量增多，有必要重新认识或修正原来的构造模型，改良开发方案，提高油田采收率，这已成为世界油气工业的一种趋势，并已获得良好的开端。

## 6.3　层序地层学技术

### 6.3.1　地震层序地层划分方法及层序识别

地震层序是指在成因上有相互关系的同一套地层，由反射段的末端来划分出它的顶界和底界，即不整合面或相当的整合面。地震层序分析就是识别所谓地震层序的主要反射波组（reflection package），描述由不整合面或相当的整合面所划分的基本沉积（地层）单元。Vail 等（1977）又将其称为沉积层序。

地震反射（经适当处理）是由明显速度—密度差的地层（沉积）面或不整合面产生的。

因此，在地震剖面上，解释者可根据反射的产状、连续性、尖灭超失或削截现象来推断叠覆、沉积地形、侵蚀、沉积间断以及其他地层面貌。产生反射的地层面（沉积地形）具有年代地层性质，因而可在地震剖面上进行时间地层对比，地震反射层亦可用古生物或同位素资料标定。

地震层序分析的第一步是在整个地震测网上进行层序对比，然后选择炮点编制层序等厚图。全盆地范围内的层序提供了该区域的一级时间—地层格架。

地震层序分析的第二步是将井下的地球物理及岩心、岩屑资料作深—时转换。时间图可直接画在地震剖面上，为解释地震相提供所需的岩性和其他岩石特性信息。

在完成地震层序分析后，便可进行更详细的地震相分析。

地震相分析是地震层序分析中的关键部分。其任务是识别层序内更小的反射单元，这种反射单元可能是一个岩相的地震响应。除了反射结构，地震相还表现出特殊的反射连续性、振幅和频率、几何外形，以及层速度。一种地震相反射可以突然终止或渐变为其他地震相的反射。地震相制图是地震相分析的一个重要部分，因为几何外形一般都有助于对应岩相的解释。

单个反射的反射特征分析是比地震相分析更细致的分析，它是指通过分析波形、振幅和频率等对地震相作更精细的解释。这种分析是由地球物理学家做的，可用于验证地震相解释。

最终地质解释是对地震层序和地震相分析的综合和解释，以便分别编制古地理图和地质发育史图。在这个阶段，可将平面图和剖面图作时—深转换。在每个层序中推断的沉积体系的分布有助于相边界、陆棚边缘以及其他主要地层特征的识别和制图。

将所获得的地震层序资料应用于确定、勾绘和评价构造圈闭及地层圈闭中潜在的储层、生油层和盖层。这一阶段又被称为对比评价和远景评价。成功与否主要取决于勘探家的经验和洞察力。对每个层序推断的地质情况（沉积作用、海底侵蚀、地表出露或侵蚀、构造条件等）提供了圈定可能勘探对象的依据。从概念上说，这一过程与常规勘探差别很小，只不过地层资料来源于地震信息而已。

**6.3.1.1 地震层序的识别和划分**

地质学家很早就认识到存在着由成因上有联系的岩相或沉积体系组成的较大的沉积层序。沉积层序的明显例子是那些有斜坡地形沉积的层序，通过识别地震剖面中主要的不整合面或相当的整合面。解释人员可把地层细分为规模（厚度和时间）大致相当于时间—地层单位"统"的成因单元或沉积层序，地震层序的识别过程实际上也就是沉积层序划分的主要过程。因地震分辨率一般不可能达到识别较小成因单元的程度，但通常可以辨别由较大的沉积体系，如三角洲—陆坡、碳酸盐岩台地—陆坡，或厚的陆隆（海相上超）体系等所组成的层序。

**6.3.1.2 地震层序（沉积层序）边界的划分**

沉积层序是一个由相对整合的，成因上有联系的地层序列组成的地层单元。沉积层序的上、下边界是不整合面或可与其对比的整合面。

Vail 等（1977）引入的术语描述了限定沉积层序的不整合面（图6-6），Vail 的术语一般都不问自明。顶超、上超和下超描述由沉积作用产生的反射终止。如果上超或下超因为后期构造影响不能区分，则用底超定义底部终止。顶超分布广泛，构成层序边界，但也可能是局部的并出现在某层序内部。海相上超可出现在向盆地一侧并远离前积斜坡层（远端海相上超），或出现在向陆棚一侧并靠近前积斜坡层（近端上超）。浅海沿岸沉积（三角洲，障壁沙坝等）向陆地一侧的上超称为海岸上超。

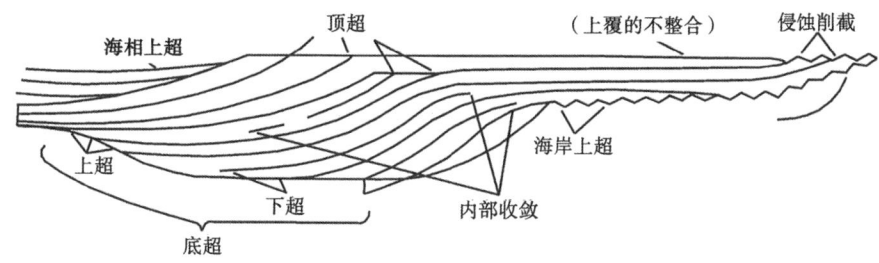

图 6-6　层序边界接触关系（据 Vail 等）

侵蚀不整合可根据下伏地层的削截（终止）来识别。倾斜地层的角度不整合常常是，但并不局限于分布在盆地的向陆一侧边缘——那里常有逐渐的抬升和侵蚀。外陆棚和陆坡地层的海底侵蚀一般会导致以正常沉积产状排列的反射波组出现削截。

总之，沉积层序的边界有 3 种类型：(1) 侵蚀边界；(2) 超失（间断）边界；(3) 整合边界（不见）。

作为层序边界不整合意义可用不整合面上、下反射终止的类型（侵蚀型或超失型）和反射的不整一产状来评价。一个不整合面所代表的间断在其延伸的整个范围内一般是变化的。角度不整合的量值向被侵蚀的较老地层方向增加。底超不整合的量值向超失方向增加。顶超不整合的量值向前积的反方向增加。用削截和（或）超失识别的不整合通常能追踪到整一反射，后者的不整合证据只能由整一的层序界面上、下的古生物或同位素年龄测定提供。在大多数盆地都有这样一些地区，在那里这种整一层序边界事实上可能是整合的。

总之，沉积层序是由一个或多个同期沉积体系沉积的、成因上有联系的地层组成。层序表现为不整一和整一反射特征的不整合面来划分，不整一反射既可以是侵蚀成因的（削截），又可以是沉积造成的（超失）。沉积层序是盆地中一个主要沉积幕现存的记录，因而构成了盆地历史的重要一部分。

在实际工作中，要注意以下三点。
(1) 采用层序地层学建立地质模型指导处理和解释。
(2) 地震储层预测应增加地质模型约束。
(3) 使用解释和处理技术，可以改善小尺度储层目标成像。

通过合成纪录、VSP 和测井资料等对地震层位进行标定，对标志层位进行研究和追踪。

根据地质任务的要求和地质目标特征确定目标解释处理流程，主要流程包括快速动态地震数据的时频分析及相应的人机联作解释、地震频率数据体分析、目标调谐频率加强、等时地震属性分析、切片技术及频率成分合成的成像技术等。

对地震数据体作时频分析，通过时频分析，划分并固定地质层序界面，识别最大洪泛面和首泛面，根据地质层序界面的分布确定层序框架、层序体识别，判别研究目标的层段在层序界面中的位置。

小尺度地层目标成像，绘制解释成果图及其对比图，选择目标成像可以使用地震数据的时频分析、地震频率数据体分析确定有效处理频带。

对储层发育段的地震数据做多个层位对比追踪，并过这些层位做地震属性切片，储层砂体轮廓可以在层位切片上显示，瞬时属性、相干属性、层位切片的解释和处理对改善地震数据质量是明显的。

#### 6.3.1.3 陆相沉积地震层序和体系域的划分

以地震超覆点由退覆转变为上超的转折点处所对应的地震反射界面（称为"极小沉积面"）及其对应的上超或削蚀不整合面、下超不整合面作为地震层序的界面。该界面代表了盆地沉积体制由收缩向扩张的转折面，表现为盆缘不整合范围朝盆地方向延伸达到极大值或盆地沉积作用范围收缩至极小值时刻的地层界面。

以地震超覆点由上超转变为退覆的转折点所对应的地震反射界面（称为"极大沉积面"）及其对应的上超或削蚀不整合面、下超不整合面为界，将地震层序划分为上超和退覆两个体系域。该界面代表了盆地沉积体制由扩张向收缩的转折面，表现为盆地沉积作用范围扩张达到极大值或盆缘不整合朝源区方向收缩至极小值时刻的地层界面。

## 6.4 储层预测技术

### 6.4.1 地震反演技术

为了使地震资料能与钻井资料直接连接对比，需将常规的界面型反射剖面转换成岩层型测井剖面，将地震资料变成可与钻井测井直接对比的形式。实现这种转换的计算机处理技术就是地震反演技术。通常把地震反演的结果叫作合成声波测井，也有人叫作波阻抗。还有人根据词头 pseudo 把反演结果叫作拟、虚、似或伪速度测井或波阻抗。不同公司也有不同的商标名称，如 Seislog、Velog、Glog、PIVTT、Strata、BCI、ROVIM、SLIM 和 PARM 等。图 6-7 是一个楔形砂岩体的例子，在常规地震剖面上很难看出砂岩体的直观形态，而在合成声波测井剖面上，一目了然地就看到这是一个高速度的楔形砂岩体。

高精度地震反演技术是伴随着地震技术在油田开发中的不断深入应用而发展起来的，是20 世纪 80 年代兴起的一门新学科。储层地球物理的核心是研究油藏的非均质性，其地质任务是对油藏及其参数做出预测，着眼于储层特征的横向变化，利用更多的地震信息，结合测

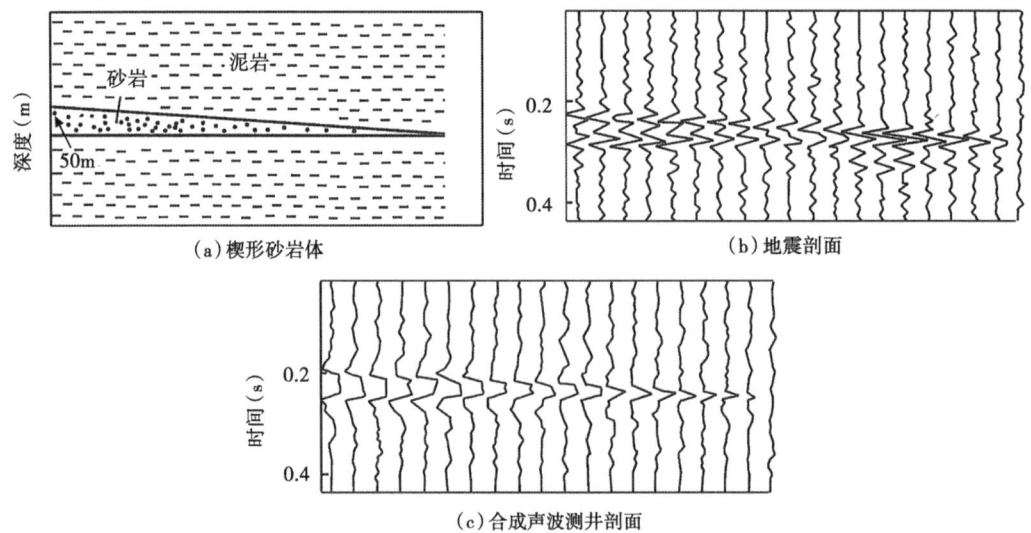

图 6-7 合成声波测井把界面型地震剖面变成了岩层型剖面

井、油藏工程，以地震反演、信息提取为基础，进行地震综合解释，查明油气储层的构造形态、厚度变化、物性分布和油气范围等。其技术特点是以钻井资料为依据，用地质理论做指导，充分发挥地震资料大面积密集采集的优势，研究储层的分布及其变化细节。

不同的岩层具有不同的速度和密度值，速度和密度的乘积叫作波阻抗。只要不同岩层之间波阻抗有差异，就能产生反射波。假定地震剖面上的地震道是法线入射道，即地震入射射线与岩层分界面垂直，则法线入射的反射系数由下式计算：

$$R_i = \frac{\rho_{i+1}v_{i+1} - \rho_i v_i}{\rho_{i+1}v_{i+1} + \rho_i v_i} \tag{6-5}$$

式中　$R_i$——第 $i$ 层底界面的反射系数；

$\rho_i$——第 $i$ 层的密度，g/cm³；

$v_i$——第 $i$ 层的速度，m/s；

$\rho_{i+1}$——第 $i+1$ 层的密度，g/cm³；

$v_{i+1}$——第 $i+1$ 层的速度，m/s。

地震波从激发、传播到接收，相当于经历了一个滤波系统。一个很尖锐的脉冲通过这个滤波系统后，就变成了一个有一定延续长度的脉冲波形。这个过程相当于在每个反射系数位置上用一个子波把反射系数"棒"替换掉，子波的极性和振幅强弱取决于反射系数的正负和大小。由于岩层通常很薄，顶底反射系数间隔远小于子波长度，不同界面的反射子波互相重叠，叠加在一起，形成一道地震记录。这实际上是一个数学上的褶积过程，制作合成地震记录就使用这种方法。最后，由于地震波的球面发散、吸收衰减和透射损失，使得野外记录在磁带上的实际记录浅层振幅强，深层振幅弱，相差一百万倍，无法用来解释。只有经过振幅衰减补偿后，才得到深浅层振幅相差不大的地震道，即我们在地震剖面图上所看到的结果。以上就是地震记录的形成过程。按照这个过程制作合成地震记录或合成地震剖面（地震模型），叫作正演。

反演就是估算一个子波的逆——反子波，如图6-8所示，用反子波与地震道进行褶积运算，从而得到反射系数。然后，把反射系数代入由式（6-5）导出的递推公式：

$$\rho_{i+1}v_{i+1} = \rho_i v_i \frac{1+R_i}{1-R_i} \tag{6-6}$$

便可逐层递推计算出每一层的波阻抗，这就实现了界面型反射剖面向岩层型剖面的转换。

波阻抗反演是指利用地震资料反演地层波阻抗（或速度）的地震特殊处理解释技术。波阻抗反演具有明确的物理意义，是储层岩性预测、油藏特征描述的确定性方法，在实际应用中取得了显著的地质效果。李庆忠院士指出："波阻抗反演是高分辨率地震资料处理的最终表达方式"，说明了波阻抗反演在地震技术中的特殊地位。

#### 6.4.1.1　主要反演方法

地震反演通常分为叠前和叠后两大类。按测井资料在其中所起作用的大小可分成4类：地震直接反演、测井控制下的地震反演、测井—地震联合反演和地震控制下的测井内插外推，分别用于油气勘探开发的不同阶段。从实现方法上可分为道积分、递推反演、测井约束

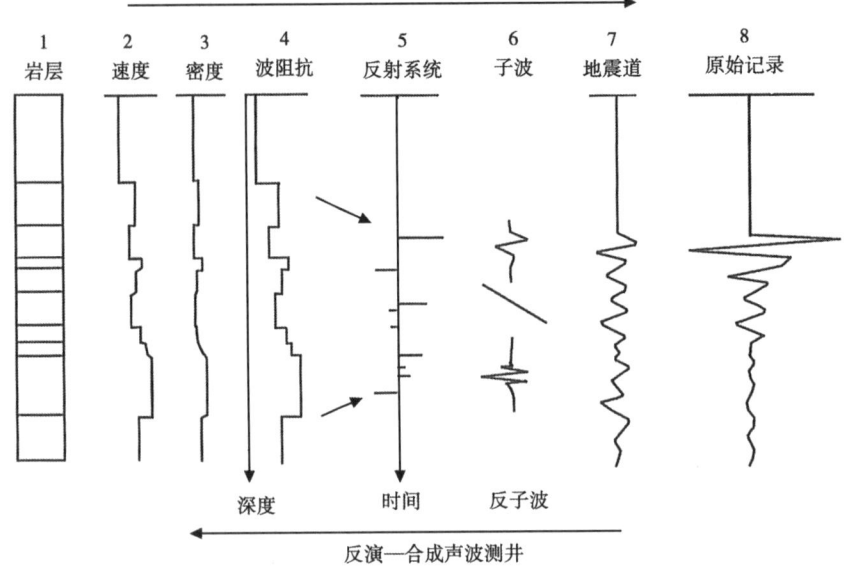

图 6-8 地震记录的形成和反演原理

反演、多参数地震特征反演、地质统计学反演和叠前反演等。

(1) 道积分（连续反演）。

道积分是利用叠后地震资料计算地层相对波阻抗（速度）的直接反演方法。因为它是在地层波阻抗随深度连续可微条件下推导出来的，因而又称连续反演。

设岩层波阻抗 $Z(t)$ 随深度（时间）连续变化，则反射系数 $r(t)$ 可定义为波阻抗的微分函数：

$$r(t) = \frac{1}{2} \frac{\mathrm{d}\ln Z(t)}{\mathrm{d}t} \tag{6-7}$$

即反射系数是地层对数波阻抗对时间微分的一半。由式（6-7）不难导出：地层波阻抗是反射系数对时间积分的指数：

$$Z(t) = Z_0 \mathrm{e}^{2\int_0^t r(t)\mathrm{d}t} \tag{6-8}$$

通过积分处理，就把反映岩层间速度差异的反射系数转换成了反映地层本身特征变化的波阻抗，可直接以岩层为单元进行地质解释（图 6-9）。

道积分方法无须钻井控制，计算简单，实用性强，其结果直接反映了岩层的速度变化，可以岩层为单元进行地质解释。由于这种方法受地震固有频宽的限制，分辨率低，无法适应薄层解释的需要，无法求得地层的绝对波阻抗和绝对速度，不能用于定量计算储层参数，不能用地质或测井资料对其进行约束控制，因而其结果比较粗略。

(2) 递推反演。

基于反射系数递推计算地层波阻抗（速度）的地震反演方法称为递推反演。递推反演的关键在于从地震记录估算地层反射系数，得到能与已知钻井最佳吻合的波阻抗信息。递推反演方法中测井资料主要起到标定和质量控制的作用，不直接参与反演运算，因而递推反演

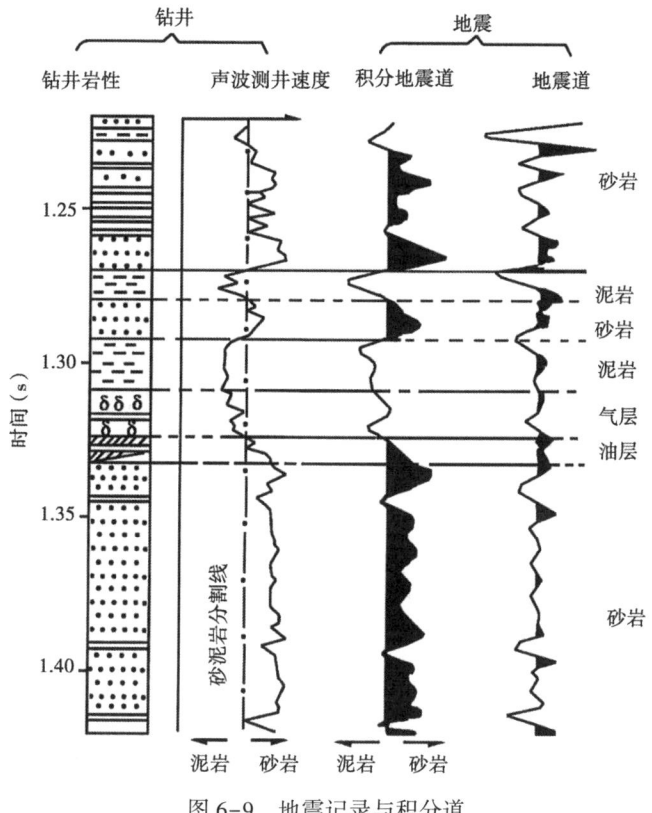

图 6-9 地震记录与积分道

又称之为直接反演，或测井控制下的地震反演。

无噪偏移地震记录的理论模型为：

$$S(t) = r(t) * W(t) \tag{6-9}$$

式中 $S(t)$——地震记录；
$r(t)$——地层反射系数；
$W(t)$——地震子波。

通过子波反褶积处理，可由地震记录求得反射系数，进而递推计算出地层波阻抗或层速度。

$$Z_{j+1} = Z_0 \prod_{i=1}^{j} \frac{1+r_i}{1-r_i} \tag{6-10}$$

式中 $Z_0$——初始波阻抗；
$Z_{j+1}$——第 $j+1$ 层地层波阻抗。

递推反演的技术核心在于由地震资料正确估算地层反射系数。比较典型的实现方法有基于地层反褶积方法、稀疏脉冲反演和测井控制地震反演等。地层反褶积方法是根据已有测井资料（声波和密度）与井旁地震记录，利用最小平方法估算数学意义上的"最佳"子波或反射系数。这种方法的优点是把子波求解的"欠定"问题变成了确定问题，在井点已有测井段范围内可获得与测井最吻合的反演结果。其局限性主要有二：首先是本方法完全忽略了测井误差和地震噪声，这些因素尤其是前者的客观存在使"子波"确定更加困难；其次，地层反褶积因子的估算是在计算时窗内数学意义上的最佳逼近，实际处理范围与该时窗的不同已超出了该方法的适用范围，即便是在井点位置，得到的反演结果已不可能是"误差最小"。不难看出，影响基于地层反褶积递推反演效果的主要因素是测井资料的质量和地震资料的信噪比以及地震噪声的一致性。

基于地震资料直接转换的递推反演方法比较完整地保留了地震反射的基本特征（断层、产状），不存在基于模型方法的多解性问题，能够明显地反映岩相、岩性的空间变化，在岩性相对稳定的条件下，能较好地反映储层的物性变化。在勘探初期只有很少钻井的条件下，通过反演资料进行岩相分析确定地层的沉积体系，根据钻井揭示的储层特征进行横向预测，确定评价井位。到开发前期，在储层较厚的条件下，递推反演资料可为地质建模提供较可靠的构造、厚度和物性信息，优化方案设计。在油藏监测阶段，通过时延地震反演速度差异分析，可帮助确定储层压力、物性的空间变化，进而推断油气前缘。由于受地震频带宽度的限制，递推反演资料的分辨率相对较低，不能满足薄储层研究的需要。

（3）测井约束地震反演。

测井约束反演是一种基于模型的波阻抗反演技术。这种方法从地质模型出发，采用模型优选迭代挠动算法，通过不断修改更新地质模型，使模型正演合成地震资料与实际地震数据最佳吻合，最终的模型数据便是反演结果。

在薄储层地质条件下，由于地震频带宽度的限制，基于普通地震分辨率的直接反演方法，其精度和分辨率都不能满足油田开发的要求。测井约束地震反演技术以测井资料丰富的高频信息和完整的低频成分补充地震有限带宽的不足，用已知地质信息和测井资料作为约束条件，推算出高分辨率的地层波阻抗资料，为储层深度、厚度、物性等精细描述提供可靠的依据。

对于一个给定的 $N$ 层地质模型，各层厚度、速度、密度参数分别为 $d(i)$、$v(i)$、$\rho(i)$、$i=1, 2, \cdots, N$，波在各层中垂直传播时间为 $t(i) = 2d(i)/v(i)$，则第 $i$ 层顶部的反射时间为：

$$\tau(i) = \sum_{j=1}^{i-1} t(i) \quad (i = 1, 2, \cdots, N_{\text{samp}}) \tag{6-11}$$

由该模型建立的地震记录可表示为：

$$S(i) = \sum_{j=1}^{N} r(j)\omega[i - \tau(j) + 1] \quad (i = 1, 2, \cdots, N_{\text{samp}}) \tag{6-12}$$

式中　$S$——地震信号；

$i$——记录样点序号；

$N_{\text{samp}}$——样点数；

$\omega$——地震子波；

$r$——地层反射系数。

实际地震记录中的噪声将强烈地影响反演结果，一种可选的方法是用共轭梯度法求解。用共轭梯度法求解地层波阻抗主要优点有：①算法精确、稳定；②不做矩阵反演，从而避免了大矩阵处理中的病态问题；③具有较强的抗噪能力；④在求解过程中容易执行约束条件。因此，取代直接求解，测井约束反演采用共轭梯度法，通过迭代修改地层模型，逐次逼近来求取地层波阻抗信息。

测井约束地震反演实质上是地震—测井联合反演,其结果的低、高频信息来源于测井资料,构造特征及中频段取决于地震数据。测井约束地震反演技术把地震与测井有机地结合起来,突破了传统意义上的地震分辨率的限制,理论上可得到与测井资料相同的分辨率,是油田开发阶段储层精细描述的关键技术。多解性是测井约束地震反演的固有特性,即地震有效频带以外的信息不会影响合成地震资料的最终结果,减小测井约束地震反演方法多解性问题的关键在于正确建立初始模型。测井约束地震反演结果的精度不仅依赖于研究目标的地质特征、钻井数量、井位分布以及地震资料的分辨率和信噪比,还取决于处理工作的精细程度。

在测井约束地震反演方法中,不适当地强调两个概念容易给人造成误解。其一是强调分辨率达到了几米,外行一听觉得很高明,其实并无实际意义,因为这种方法本身以模型为起点和终点,理论上与测井分辨率相同,问题的实质在于怎么更好地减少多解性。其二是强调实际测井与井旁反演结果多么相似,以表现其反演的可靠性,显然这很容易给人造成误导,实际上,建立初始模型过程中的第一步就是测井资料校正,然后提取子波,只有在合成记录与井旁道最相似之后,才用测井制作模型,实际运算中对井附近模型不可能有大的修改,因此这种对比并无实际意义。

(4) 多参数地震特征反演(以 Jason 软件的 InverMod 反演技术为例)。

地震特征反演是一套多参数地震反演技术,它可以综合地质、地震、测井、钻井、岩心、岩屑、录井、野外露头等各类信息求得的储层参数,建立三维属性模型,根据地震资料反演出声波、密度、电阻率、自然电位、自然伽马、孔隙度、渗透率、含油饱和度、泥质含量等各种地质信息,克服了常规地震反演技术只能反演声波、密度和波阻抗三种有限信息的缺陷,可以更加有效地进行储层的预测和描述。

InverMod 反演的主要技术环节包括地质模型建立、主组分分析、模型估算技术三部分,各部分的主要技术原理如下。

①地质模型建立。

地质模型建立分为模型建造和模型生成两部分。模型建造产生所有的参数(地层框架、垂直曲线组分和内插权),以供产生三维完整属性模型用。模型生成从这些参数模型出发,将所选择的测井曲线内插,产生所有道都包括内插测井曲线组分的三维属性模型体:

$$VC = \sum_{i=1}^{n} W_i VC_i \tag{6-13}$$

$$\sum_{i=1}^{n} W_i = 1$$

式中 $VC$——垂直组分;

$W$——垂直组分权;

②主组分分析。

地下地质体的模型是用参数模型表示的,最重要的模型参数是垂直组分和垂直组分的权。在进行模型驱动的参数反演前还需进行主组分分析,对垂直组分和它们的权分别进行主组分分析。主组分分析最终产生主组分和主组分的权,它们是互相配对使用的。

③模型估算技术。

模型估算主要是修改初始模型以匹配地震数据。初始模型是由模型参数即主组分和主组分的权来确定的。模型估算中涉及的其他参数有层厚度、解释层位的时间、道均衡因子、子波起始时间。

所有这些参数都是受约束的，以使反演过程不偏离初始值太远。这种约束被称作软约束，意味着模型参数具有高斯分布特征——高斯分布的均值是模型参数的初始值，高斯分布的标准偏差是初始模型的不确定性。除了这些整体约束外，还可以设定平滑或道一道约束。

多参数地震特征反演技术是在地质模型的控制下，通过主组分分析和模型估算技术，建立地震信息和储层参数之间的关系，实现多参数的地震反演，这一特点决定了它突破了传统意义上褶积模型的概念，因此它既可以反演出声波、密度和波阻抗等曲线，又可以反演出类似伽马、自然电位、电阻率、孔隙度、渗透率、含油饱和度等多种曲线，这一技术拓宽了测井信息和地震资料结合的领域，是对反演技术的进一步发展。多参数地震特征反演技术适用于各类复杂储层的地震预测，尤其适用于某一种或几种储层参数具有明显异常的薄层的研究，反演结果的精度高。但是这一技术所涉及的反演算法的物理意义尚不是很清楚，对于多参数信息和地震之间的确切关系研究得还不够，影响了这一技术的推广和应用。

（5）遗传算法叠前波形反演。

波形反演技术使用振幅和旅行时信息来提取岩层的物理特性，这些特性对于使用地震数据进行岩性识别是必需的。偏移和波形反演是相辅相成的，它们一起构成了地震反射数据定量解释的完整方法。

地震波形反演已经应用于叠后和叠前数据，总的来说，从叠前反演方法获得的物理特性比叠后地震反演提供的地下界面的地层细节更详细。然而，巨大的计算机花费不允许进行常规的叠前反演，地震反演在传统上只应用于叠后地震数据体，随着强大的并行处理能力计算机的普及，叠前反演已变得可行，至少在需要精细地层和岩石物理分析的部分地区进行是可行的。

遗传算法（GA）是一种应用类似于自然生物演化的统计优化技术。遗传算法反演像许多其他反演方法一样，可以纳入一个贝叶斯统计的框架中，在这个框架中，模型参数的先验信息和正演问题的物理特性被用于计算合成数据，然后将这些合成数据与观测资料进行匹配，获得模型空间内的边缘后验概率密度（PPD）函数的近似估计。遗传算法利用定向随机搜索来估计 PPD 的形状。

反射系数方法可以计算水平层状弹性地质模型的完全地震反映（Fuchs 和 Müller，1971；Kennett，1983）。这一方法在频率—波数域计算平面波的地震反映，各个独立平面波的反映累加产生随炮检距和时间变化的地震记录。用反射系数方法计算平面波的反应速度快，可以在大部分并行计算机上运行。如果将输入地震数据分解成独立的平面波组分，就可以使用反射系数方法来计算平面波合成地震记录，与遗传基因反演的观测值匹配。然而反射系数方法受到地质模型必须是水平层状的限制，对于近似水平层状模型来说，输入的地震数据必须在反演和叠加前进行偏移处理。在构造不是太复杂的地区，输入的数据应该是经过叠前时间偏移的；在构造复杂的地区，输入的数据必须是经过叠前深度偏移的。由于目前大部分深度偏移方法不能做到振幅保持，因此在构造复杂地区建议不进行反演处理。

叠前波形反演比叠后反演具有明显的优越性，叠前反演方法使用了 AVO 信息，能更准确地模拟所有的层间多次波、模式转换和透射效应，从叠前反演方法所获得的物理特性比叠后反演方法能提供地下界面更加详细的地层特征。然而叠前反演需要花费大量的计算时间，这一特性决定了进行大量的叠前反演运算是不现实的，通常地震反演只在叠后地震数据体上进行。随着强大的并行运算能力的计算机的普及，叠前反演方法将变得具有可行性，至少在需要更详细的地层和岩石物理分析的局部地区进行小量的叠前反演处理是可行的。

（6）地质统计学反演。

地质统计学反演是综合利用地震数据、地质知识和测井资料来生成储层参数模型和与之相关的不确定性。利用地质统计学反演技术，一个三维地震数据集在地质和地层模型中被转换，得到了一些储层尺度的波阻抗数据体，并且通过这些三维数据体进行统计学计算来量化其不确定性。把这些统计量与储层参数的克里金相结合，利用测井资料可以把波阻抗转换为储层参数，这一结合过程类似于对波阻抗进行配置协克里金。地质统计学反演方法实现过程如下。

首先是在地震时间域内建立储层的地质模型。层面由所解释的地震数据确定拾取值系列给出，这些层面很重要，因为它们描绘出了储层的主要层位，并且统计模型与这些层有关；它们控制着三维地层网络的建立。网格的结构（上超的、剥蚀的或成比例的）取决于地质情况。井位处的原始波阻抗曲线必须被放置于这个地层网格内，原因是它们将在反演过程中被用作约束数据。利用井和地震数据来确定地质统计学参数。侧向方差图由地震数据变换为地层网格来计算。测井资料则用于每层给出一个先验模型（波阻抗平均值和标准偏差）和计算垂向方差图。

然后地质统计反演过程就可以开始。模拟过程沿着一个随机路径进行，并且在每一个随机拉伸道位置波阻抗的值能通过序贯高斯模拟（SCS）产生。大量的波阻抗道在同一位置生成，并计算出相应的反射系数，在与子波褶积后，能导致与实际地震资料最好拟合的波阻抗道被保留，并且与井数据及以前的模拟波阻抗道合并。

地质统计学反演技术综合利用地震资料、地质知识和测井资料，通过高斯模拟、高斯协模拟和随机反演技术反演出各种储层参数，这一技术适用于各类复杂储层的地震预测和描述，尤其是钻井资料较多、需要进行精细储层描述的地区。这一技术由于应用了地质统计概念，预测结果更加符合实际情况，但是由于反演技术所涉及的算法运算量大，速度太慢，影响了这一技术的推广应用。

## 6.4.2 地震属性分类及反演分析技术

### 6.4.2.1 地震属性的分类

目前地震属性还没有公认的统一的分类，也很难建立一个完整的地震属性列表。但是很多作者在这方面进行了归纳和总结，Taner等对地震属性作了归纳整理，并将其划分为几何属性和物理属性两大类。几何属性或反射特征，用于地震地层学、层序地层学及断层与构造解释，如旅行时、地震反射构形、地震相单元边界反射结构（即层序边界反射终端）以及同相轴反射强度与横向连续性等。地震反射构型包括地震相单元的外形与地震相内部的反射结构，它们反映宏观沉积环境与沉积特征。地震相单元边界反射结构主要反映了沉积过程中所发生的地质事件，如沉积物来源、构造运动、海平面的相对变化等等。主要用于地震相解释与体系域划分。物理属性用于岩性及储层特征解释，本身又可分为两类。（1）由解析地震道计算出的属性，这是最常用的一些属性，包括包络振幅及其一阶二阶导数、瞬时相位、瞬时频率、瞬时加速度、瞬时 $Q$ 值以及他们沿界面在一个时窗中的统计量。在地震道包络极大值处计算的瞬时属性称为主属性，另外还有地震道的频谱属性、相关系数以及由它们派生出来的属性。（2）由叠前资料计算出来的属性，如振幅随炮检距的变化规律、正常时差、纵波及横波层速度等。

从属性的基本定义出发，Brown（1996）将地震属性分为4类，即时间属性、振幅属性、频率属性和吸收衰减属性。其中，源于时间的属性提供构造信息；源于振幅的属性提供地层和储层信息；源于频率的属性提供其他有用的储层信息（尽管目前还不够清楚）；吸收衰减属性将可能提供渗透率信息（尽管还没有大量使用）。目前大多数地震属性从水平叠加数据和叠后偏移数据中提取，而叠前地震属性的典型例子是 AVO。Brown 还将地震属性细分为叠前、叠后地震属性，其中叠后属性再分为基于层位和基于时窗的两大类。

Chen（1997）则以运动学与动力学为基础把地震属性分成振幅、频率、相位、能量、波形、衰减、相关、比值等几大类，见表6-2。此外他还提出了按地震属性功能的分类方案，即把地震属性分为与亮和暗点、不整合圈闭和断块隆起、油气方位异常、薄储层、地层不连续性、石灰岩储层和碎屑岩、构造不连续性、岩性尖灭有关的属性，见表6-3。

此外，为便于地震属性计算，可以按属性目标进行分类。这可以分为剖面属性、层位属性与数据体属性。剖面属性通常是瞬时地震属性或某些特殊处理结果，如速度或波抗阻反演结果等。层位属性是沿层面求取的，是一种与层位界面有关的地震属性，它提供了层位界面或两个层位界面之间的变化信息。基于数据体的属性是从三维地震数据体里推导出的整个属性数据体。

地震属性分析可用于油气勘探开发的各个阶段，是当前高精度三维地震资料地质解释的基本方法。地震属性反演是储层预测的重要技术和手段，可以用于判断储层的性质和反演比对多种测井曲线。

在地震属性分析反演解释时，还必须强调的是，属性反演分析结果的可信度主要取决于假设条件与实际地质情况的吻合程度，地震资料的品质，已有钻井测井资料的典型性以及地质认识的客观性。

#### 6.4.2.2 常见地震属性及基本公式

地震属性数量众多，从提取计算方法来分主要包括相关分析、傅里叶谱分析、功率谱分析、振幅特征分析、复地震道（三瞬技术）等几大类。

（1）振幅特征统计类。

反射波振幅特征是地震资料岩性解释和储层预测常用的动力学参数，是岩性变化、流体变化、岩性物性特征变化、不整合面、地层调谐效应和地层层序变化等因素的综合。

均方根振幅：在分析时窗内选择极大振幅，在其两侧追踪过零点的时间 $t_1$ 和 $t_2$，并计算 $t_1$ 和 $t_2$ 间隔内地震记录样点的均方根：

$$A_{\text{rms}} = \sqrt{\frac{\Delta t}{t_2 - t_1} \sum_{t_1}^{t_2} A^2(t)} \tag{6-14}$$

式中 $A_{\text{rms}}$——均方根振幅；

$\Delta t$——采样率；

$t_1$，$t_2$——分别为时窗顶值、底值；

$A$——瞬时振幅。

表6-2 根据波的运动学或动力学特征进行的地震属性分类

| 振幅 | 波形 | 频率 | 衰减 | 相位 | 相关 | 能量 | 比率 |
|---|---|---|---|---|---|---|---|
| 瞬时真振幅 | 视极性 | 瞬时频率 | 衰减敏感带宽 | 瞬时相位瞬时相 | 相关KLPC1 | 瞬时真振幅乘以瞬时相 | 特定能量与有限能量之比 |
| 瞬时振幅积分 | 平均振动路径长度 | 振幅加权瞬时频率 | 瞬时频率斜率 | 位余弦 | 相关KLPC2 | 位的余弦 | 相邻峰值振幅峰值之比 |
| 瞬时真振幅乘以瞬时相位的 | 峰值振幅的最大值 | 能量加权瞬时频率 | 反射强度斜率 | 瞬时真振幅乘以 | 相关KLPC3 | 反射强度 | 自相关值振幅峰值之比 |
| 余弦 | 合值振幅的最大值 | 瞬时频率的斜率响应 | 相邻峰值振幅之比 | 瞬时真振幅位的余弦 | 相关KLPC比 | 基于分贝的反射强度 | 目标区顶—底频振幅之比 |
| 反射强度 | 振幅峰态 | 频率 | 自相关峰值振幅之比 | 滤波反射强度的余弦 | 相关长度 | 反射强度的中值滤波 | 目标区顶—底频振谱比 |
| 基于分贝的反射强度 | | 平均振动路径长度 | 目标区顶—底振幅比 | 瞬时相位相位 | 平均相关 | 能量 | 正负振动比 |
| 反射强度的中值滤波能量反 | | 平均振动零交叉点 | 目标区顶—底频谱比 | 响应相位 | 集中的相关 | 反射强度的斜率 | 相关KLPC之比 |
| 射强度 | | 带宽额定值 | 振幅斜率 | | 相关峰态 | 能量 | |
| 基于分贝的能量反射强度的 | | 主频额定值 | | | 相关极小值 | 反射强度乘以瞬时 | |
| 斜率 | | 中心频率额定值 | | | 相关极大值 | 相位反射强度 | |
| 滤波反射强度乘以瞬时相位 | | 心迹线频率额定值 | | | 相似系数 | 相位的余弦 | |
| 的余弦 | | 第一个谱峰频率 | | | | 平均振动带觉能量 | |
| 平均振动能量 | | 第二个谱峰频率 | | | | 复合包络差值 | |
| 平均振动路径长度 | | 第三个谱峰频率 | | | | 主功率谱 | |
| 峰值振幅的最大值 | | 衰减敏感带宽 | | | | 主功率谱的中心 | |
| 合值振幅的最大值 | | | | | | 有限频率带觉能量 | |
| 综合绝对值振幅 | | | | | | 特定频率带觉能量 | |
| 复合绝对值振幅 | | | | | | 特定能量与有限能量 | |
| 均方根振幅 | | | | | | 之比 | |
| 复合包络差值 | | | | | | 功率谱对称性 | |
| 相邻峰值振幅的比率 | | | | | | 功率谱振幅比 | |
| 振幅斜率 | | | | | | 目标区顶—底振幅比 | |
| 相对半值时间 | | | | | | 相对半值时间 | |
| 振幅峰态 | | | | | | | |
| 大于门槛值的采样部分 | | | | | | | |
| 小于门槛值的采样部分 | | | | | | | |

209

表 6-3 根据储层特征进行的地震属性分类

| 亮点与暗点 | 整合圈闭断块脊 | 含油气异常 | 薄储层 | 地层不连续性 | 石灰岩储层与碎屑岩储层的差异 | 构造不连续性 | 岩性尖灭 |
|---|---|---|---|---|---|---|---|
| 瞬时真振幅乘以瞬时相位的余弦 | 振幅斜率 | 瞬时相位 | 有限频率带宽能量 | 瞬时频率 | 相邻峰值振幅比 | 瞬时相位 | 瞬时相位 |
| 反射强度 | 相关 KLPC1 | 瞬时相位的余弦 | 特定频率带宽能量 | 振幅加权瞬时频率 | 自相关峰值振幅比 | 瞬时相位的余弦 | 瞬时相位的余弦 |
| 基于分贝的反射强度 | 相关 KLPC2 | 瞬时真振幅 | 特定能量与有限能量之比 | 能量加权瞬时频率 | 目标区顶-底振幅比 | 视极性 | 反射强度 |
| 反射强度的中值滤波能量反射强度的余弦 | 相关 KLPC3 | 瞬时真振幅乘以瞬时相位的余弦 | 衰减敏感对称性 | 瞬时频率斜率 | 目标区顶-底频谱比 | 响应相位 | 基于分贝的反射强度的余弦 |
| 滤波反射强度乘以瞬时相位的余弦 | 相关 KLPC 之比 | 振幅加权瞬时频率 | 功率谱敏感对称性 | 响应频率 | | 平均振动路径长度 | 反射强度基于分贝的中值滤波能量 |
| 平均振动能量 | 相关长度 | 能量加权瞬时频率 | 功率谱斜率 | 带宽额定值 | | 平均振幅零交叉点 | 反射强度基于分贝能量 |
| 平均振动路径长度的最大值 | 平均相关 | 反射强度 | | 主频额定值 | | 相关 KLPC1 | 平均振动路径长度与有限能量之比 |
| 振幅峰值的最大值 | 集中峰的相关 | 基于分贝的反射强度 | | 心谱线频率额定值 | | 相关 KLPC2 | 特定能量与有限能量之比 |
| 求绝对值振幅之和 | 相关极小值 | 反射强度基于分贝的中值滤波能量 | | 中心频率额定值 | | 相关 KLPC3 | 第一个谱峰值频率 |
| 复合绝对值振幅 | 相关极大值 | 反射强度基于分贝乘以瞬时相位的余弦 | | 第一个谱峰值频率 | | 相关 KLPC 之比 | 第二个谱峰值频率 |
| 特定能量与有限能量之比 | 相似系数 | 滤波反射强度乘以瞬时相位的余弦 | | 第二个谱峰值频率 | | 相关长度 | 第三个谱峰值频率 |
| 主功率谱 | | 平均振动能量 | | 第三个谱峰值频率 | | 平均相关 | |
| 主功率谱 | | 平均振动路径长度之和 | | 衰减敏感带宽 | | 集中峰的相关 | |
| 大于门槛值的采样部分 | | 复合绝对值振幅 | | 瞬时相位余弦 | | 相关极小值 | |
| 小于门槛值的采样部分 | | 平均振幅零交叉点 | | 视极性 | | 相关极大值 | |
| 振幅峰态 | | 第一个谱峰值频率 | | 响应相位 | | 相关系数 | |
| | | 第二个谱峰值频率 | | 平均振幅零交叉点 | | | |
| | | 第三个谱峰值频率 | | 相关 KLPC1 | | | |
| | | 最大峰值振幅 | | 相关 KLPC2 | | | |
| | | 特定能量与有限能量之比 | | 相关 KLPC3 | | | |
| | | 振幅峰态 | | 相关 KLPC 之比 | | | |
| | | 大于门槛值的采样部分 | | 相关长度 | | | |
| | | 小于门槛值的采样部分 | | 平均相关 | | | |
| | | 相邻峰值振幅之比 | | 集中峰的相关 | | | |
| | | 自相关峰值振幅比 | | 相关极小值 | | | |
| | | 目标区顶-底振幅比 | | 相关极大值 | | | |
| | | 目标区顶-底频谱比 | | 相关系数 | | | |

确定孤立的或极值振幅异常,用来追踪三角洲河道砂、含气砂体等的岩性变化。

振幅比:为了比较相邻时窗内记录振幅的变化,取两个时窗中的极大振幅或均方振幅,求它们之间比值。这个参数将与分界面性质、地层吸收性质有关。

波峰波谷振幅差:取地震记录中相邻的波峰和波谷振幅之差。这是一个表征波形特点的一个参数,对薄层反射波,它将与薄层厚度有关。

平均能量变化:在时间域内时窗中所有采样点的平均能量(振幅平方)。用来分析有意义的区段(层位)的振幅异常,是一个检测亮点或暗点的关键属性。

(2)复地震道属性

复地震道属性是根据复地震道分析在地震波到达位置上拾取的瞬时地震属性,这类属性在过去二十年间使用很广泛。一个复地震道可以表示为:

$$C(t) = S(t) + jh(t) \tag{6-15}$$

式中　$C(t)$——复地震道;

　　　$S(t)$——地震道,$S(t) = A(t)\cos[\alpha\varphi(t)]$;

　　　$h(t)$——虚地震道,是地震道的希尔伯特变换,$h(t) = A(t)\sin\varphi(t)$;

　　　$A(t)$——振幅包络,$A(t) = [S^2(t) + h^2(t)]^{\frac{1}{2}}$;

　　　$\varphi(t)$——瞬时相位,$\varphi(t) = \arctan\dfrac{h(t)}{S(t)}$;

　　　$\overline{w}(t)$——瞬时频率,$\overline{w}(t) = d\varphi(t)/dt$。

这是三个基本属性,由此可以导出许多其他的瞬时地震属性,如瞬时实振幅、瞬时平方振幅、瞬时相位、瞬时相位的余弦、瞬时实振幅与瞬时相位的余弦的乘积、瞬时频率、振幅加权瞬时频率、能量加权瞬时频率、瞬时频率的斜率、反射强度、以分贝表示的反射强度、反射强度的中值滤波能量、反射强度的变化率、视极性等。

瞬时实振幅:在选定的采样点上时间域地震道振幅变化,为地震道数据的一般表示。传统上广泛用于构造和地层学解释,作为振幅属性的一个基本参数,用来圈定高或低振幅异常(亮点或暗点)。

瞬时平方振幅:表示时间域振幅变化,其相位与瞬时实振幅比,延迟90°。它的相位延迟特性对瞬时相位的垂直变化的质量控制十分有用。因为它是在指定的相位上唯一能观测到的振幅属性,也可以用于确定薄储层AVO异常。

瞬时相位:为在选定的采样点上以角度或弧度表示的相位。有助于加强储层内部的弱反射,但同时也加强了噪声。在彩色成果图上,要考虑它的周期性($\varphi-180° = \varphi+180°$)。因为烃类聚集常引起相位变化,这个属性可用作烃类直接指示之一应用。

瞬时频率:定义为瞬时相位对时间的导数$d\varphi(t)/dt$,以度/毫秒或弧度/毫秒表示。用于估计地震衰减,油气储层常引起高频成分衰减,这个属性也有利于测量地层区间的周期性(cyclicity),存在干扰时显得不稳定。

(3)功率谱特征属性。

谱分析是描述地震记录特征的重要方法,它有两种形式,一是傅里叶谱分析,一是功率谱分析,前者用于确定函数,后者用于随机过程。当用于分析的地震数据是一个均值为零的随机过程,功率谱为它的一个统计特征,可以较好地表示反射波特征;当用于分析的地震数据是一个确定的时间函数,记录信噪比较高,分析时窗中有稳定的反射波脉冲出现,使用傅里叶谱分析描述反射波特征较为适宜。功率谱是由地震记录自相关函数的傅里叶变换求得。为消除傅里叶变换输入函数 ACF 在分析时窗边界上跳变的影响，在做变换前要使用时窗函数进行平滑。为减少偶然误差，算法中应考虑在选定时窗内对 3~5 道相邻道功率谱分析结果进行平均，然后用于参数拾取。

（4）傅里叶谱特征分析。

傅里叶谱特征又称为谱属性。它是在一个长为几十到几百毫秒的时窗内测量的频谱，也是一种类型的体积属性。频谱中逐渐发生的瞬时变化，特别是高频成分的丢失，是波经过地下介质传播的结果。频谱中空间变化，或快速瞬时变化，可以作为一个体积属性使用。在一个有意义的层位以上，或者在层位以下的合适的时窗内，提取频谱中的变化。这些变化，可能与岩性或岩石物性的变化有关。

由岩性横向变化引起的频谱变化有：①引起子波干涉的薄层层段的调谐效应；②由异常低速层段或是厚度变化，引起的时间下弯现象；③由阻抗的横向变化，如孔隙变化，引起的振幅改变；④在不规则表面上的地震能量散射，这可能导致静态误差和高频成分损失。

与岩石中流体性质变化有关的固有衰减是岩石物理变化的原因，但是，建立地震频率衰减和岩石流体性质之间的关系是不容易的。可以用频谱来描述一个层段，对加时窗函数平滑后的地震数据 $f(t)$ 做傅里叶变换可得到地震数据的频谱。通常使用快速算法，输出复变谱的实部和虚部。

$$R_e F(n\Delta w) = \Delta t \sum_{T_1}^{T_n} f(kt) \cos(n\Delta w, k\Delta t)$$

$$I_m F(n\Delta w) = \Delta t \sum_{T_1}^{T_n} f(kt) \sin(n\Delta w, k\Delta t)$$

(6-16)

计算振幅谱用于傅里叶谱特征参数的拾取。

$$A(n\Delta w) = \sqrt{R_e F^2(n\Delta w) + I_m F^2(n\Delta w)} \tag{6-17}$$

振幅谱主频 $f_m$：指振幅谱极大值对应的频率，反映地震信号简谐成分中振幅最大的简谐分量频率，与信号的视频率参数相应。

振幅谱极大值 $A(f_m)$：指振幅谱主频 $f_m$ 对应的幅值 $A(f_m)$，表示主频简谐分量的振幅大小。

平均中心频率 $f_{aw}$：把振幅谱曲线包含的面积分成高频和低频面积相等的两部分，分界处的频率即是平均中心频率，按下列等式求出：

$$\int_{L_f}^{f_m} A(f) \mathrm{d}f = \int_{f_{aw}}^{H_f} (f) \mathrm{d}f \tag{6-18}$$

计算时可先求出振幅谱曲线包含的总面积 $S$：

$$S = \int_{L_f}^{H_f} A(f) \mathrm{d}f = \frac{1}{2} S \tag{6-19}$$

再求出占总面积 1/2 时的高截频率。

$$\int_{L_f}^{f_m} A(f) \mathrm{d}f = \frac{1}{2} S \tag{6-20}$$

即为所求之 $f_{aw}$ 参数。这是一个表示地震信号简谐成分按频率分布特征的参数。若 $f_{aw}$ 比较小，表示信号低频成分丰富。

（5）频带宽度。

频带宽度 $f_b$，把在低截频 $L_f$ 和高截频 $H_f$ 之间振幅谱曲线所包含的面积，用一个高度为振幅谱极大值 $A(f_m)$ 的矩形面积代替，该矩形面积的宽度以频率为量纲，即为所求的频带宽度。按以下公式计算：

$$f_b = \frac{1}{A(f_m)L_f} \int_{L_f}^{H_f} A(f) \mathrm{d}f \tag{6-21}$$

$f_b$ 反映了波形特点，它与子波延续时间成反比。

（6）频谱一阶矩和频谱二阶矩。

频谱一阶矩 $M_1$ 和频谱二阶矩 $M_2$ 是表示振幅谱分散度。以平均中心频率 $f_{aw}$ 为原点，在频率轴上计算频率差 $f-f_{aw}$，并以它为加权值，计算振幅谱加权面积。

$$M_1 = \int_{L_f}^{H_f} |f - f_{aw}| A(f) \mathrm{d}f \qquad M_2 = \int_{L_f}^{H_f} |f - f_{aw}|^2 A(f) \mathrm{d}f \tag{6-22}$$

计算式（6-22）可得参数 $M_1$ 和 $M_2$。当地震信号频率集中于 $f_{aw}$ 附近时，$M_1$ 和 $M_2$ 数值较小；当地震信号频率成分丰富，分散于高频和低频各部分，即具有宽频带信号特点，则 $M_1$ 和 $M_2$ 数值较大。频谱二阶矩 $M_2$ 和频谱一阶矩 $M_1$ 相比较，由于使用了更尖锐的权系数，对信号频率分布变化更敏感。

### 6.4.2.3 相关特征分析

自相关函数是地震记录特征的反映，是地震记录重复性的标志，地震记录自相关特征反映了记录的整个特点，是一组有代表性的定量属性。互相关函数是不同地震记录道相似程度的反映，反映的是地震记录（地层）的连续性。

（1）主极值振幅。

$$\mathrm{ACF}(0) = \frac{1}{M} \sum_{t=t_1}^{t_2} f^2(t) \tag{6-23}$$

表示记录段信号能量。

（2）极小值振幅。

$$\mathrm{ACF}_{\min} = \frac{1}{M} \sum_{t=t_1}^{t_2} f^2(t) f(t + \tau_{\min}) \tag{6-24}$$

式中 $\tau_{\min}$——自相关函数第一个极小值所在的延迟时，极小值振幅大小表示地震子波波形特点及脉冲延续时间。

若极小值振幅低，则表示子波为一相位个数少的短脉冲；而当极小值振幅高时，则表示为一个多相位、延续时间长的脉冲。

（3）主极值面积。

$$\mathrm{ACF}_{S1} = 2\Delta\tau \sum_{0}^{\tau_1} \mathrm{ACF}(\tau) \tag{6-25}$$

式中 $\tau_1$——自相关函数第一个零值点位置。

主极值面积指自相关函数主极值半周期所包含的面积，它与地震脉冲能量分布有关。当地震脉冲相位个数少、延续时间短，能量集中于头部，则主极值面积大，包含的能量强；相反，当脉冲是多相位的，且延续时间长，能量分布较分散，则主极值面积小，包含的能量弱。

（4）旁极值面积。

$$\text{ACF}_{S234} = \Delta\tau \sum_{\tau=\tau_1}^{\tau_4} |\text{ACF}(\tau)| \tag{6-26}$$

式中 $\tau_4$——自相关函数第四个零值点位置。

旁极值面积指与主极值相邻的三个正、负旁极值自相关曲线所包含的面积之和，不计自相关函数幅值符号，是地震记录分辨率的标志。在脉冲延续时间短，相位个数少的情况下，旁极值包含的面积小；相反，当脉冲延续时间长，相位个数多时，旁极值包含的面积大。

（5）主极值半周期宽度。

$\theta=2\tau_1$ 指自相关函数第一个零值点是延迟时 $\tau_1$ 的两倍，其数值决定于地震记录的视周期大小。

在某一延迟时间范围内自相关函数包含的面积，即为：

$$\text{ACF}_{PA} = \Delta\tau \sum_{\tau=\tau_a}^{\tau_b} |\text{ACF}(\tau)| \tag{6-27}$$

式中 $\tau_a$ 和 $\tau_b$——分别为指定延迟时间范围上、下界。

$\text{ACF}_{PA}$ 用于测试地震记录的重复性。计算面积的延迟时间范围按预测的记录重复周期选定，当记录面貌具有重复性时自相关函数面积具有高值异常。

（6）自相关函数幅值下降速度或梯度。

$$\text{ACF}_{DV} = \text{ACF}(\tau)/\text{ACF}(0) \tag{6-28}$$

式中，$\text{ACF}_{DV}$ 在主极值半周期范围内某一延迟时 $\tau$ 处的自相关函数值与零延迟时的自相关幅值之比，其中 $0<\tau<\tau_1$（$\tau_1$ 为延迟时）这个参数反映着记录中样点幅值变化率，与脉冲的视频率成正比。

#### 6.4.2.4 地震属性分析方法

地震属性是从地震数据中获取的所有信息，这些属性可以直接从测量中得到，也可以通过逻辑推导或经验公式获取。地震属性分析技术已广泛应用于地震构造解释、地层分析、岩性特征描述及油藏检测及监测等各个领域，属性分析的主要目的是在储层预测中为构造解释和岩性解释提供更精确和详细的信息。地震属性分析技术已经在油藏描述与评价中起到了非常重要的作用，其作用主要表现为三个方面：油气预测、岩性或岩相预测和油藏参数估算。

随着各种新的数学工具、信号处理技术不断地引入地震勘探，从地震数据中提取的地下地质信息较过去大大地增加，人们很自然地产生了根据反射地震数据直接寻找地下油气藏的想法。首先是20世纪70—80年代出现的"亮点"技术，在这个技术中反射波的振幅和极性等被用来作为属性以识别油气藏。之后又出现了利用多种地震属性综合检测油气藏的技术。从20世纪末起，模式识别技术受到追捧，先后研究出了模糊模式识别、统计模式识别、神经网络模式识别等油气预测技术。新近出现的分形油气预测、灰色油气预测方法也正在研究中。

(1)统计模式识别方法。

模式识别之所以重要是因为人类的活动几乎都是以模式的形式出现。世界上的种种事物，往往需要用相互关联的所有特征组成的模式来描述。有时这些特征的相互关系并不明显，但我们知道它们是相关的，因为它们描述的都是同一事物。而不同的事物，它们之间的特征是有区别的。模式识别的任务就是根据这些特征的相似性和差异性，进行分类，再识别出来。根据含油气与不含油气储层的地震波运动学和动力学特征（如波形、振幅、频率、相位等）的差异，油气统计模式识别是一种从地震资料中提取多种地震属性，采用多元统计的方法，预测含油气储层的位置与范围的一种技术。由于用常规地震解释方法研究储层时，往往会遇到不少困难而不易见效，常见的困难是储层较薄，无法分辨，特别是有些储层特征的变化在地震记录上反映很微弱，肉眼不易觉察。模式识别技术采用了多种地震属性对储层的变化进行判断，因而有较高的综合分辨能力。

(2)定量地震相分析方法。

地震相是沉积相在地震剖面上的影射，指有一定分布范围的三维地震反射单元，其地震参数如反射结构、几何外形、振幅、频率、连续性和层速度，皆与相邻相单元不同。它代表产生其反射的沉积物的一定岩性组合、层理和沉积特征。正因为这样，可以说地震相是沉积相在地震剖面上的反映。

传统地震相划分方法是相对于近几年发展起来的定量地震相分析而言的。它是通过肉眼观测来描述的，俗称"相面法"。"相面法"地震相分析类似于观察和描述岩心或露头的沉积相分析，但它是通过对地震剖面上反射特征的观察和描述来进行的。地震相的特征可用地震相参数来表达，地震相参数是地震相内部那些对地震剖面的面貌有重要影响，并且具有重要沉积相意义的地震反射参数。在传统地震相分析中地震相参数有三种类型，即物理参数、地震反射构型和地震相单元边界反射结构。

由于高精度三维地震采集技术的不断提高，使得地震剖面上包含的地震信息更加丰富，而其中的许多信息光靠肉眼在地震剖面上观察是检测不出来的，必须借助地震数据处理技术和计算机技术加以提取、分析，并通过一定的数学方法，对这些地震信息的地质特征加以解释。在这种情况下，就产生了定量地震相分析。这一新的研究领域大致始于1984年，当时主要有两种方法。第一种方法是以频率分布图和交会图的方式来表示参考相，利用不同的相具有不同的散点集分布范围来区分参考相。第二种方法是以星状图的形式来表示参考相，在这种方法中不同的相具有不同的星状图。当然，上述参考相的建立是根据井旁地震资料制作的，并用井资料作了标定。只要将其他位置相同井段的地震参数与参考相做比较，就可以确定出它属于哪一类岩相。

经过一段时间的研究，人们发现采用少量地震参数并用上述的作图方法无法解决更复杂的地质问题，因此便从地震剖面上提取更多的地震参数（地震属性），如自相关函数、功率谱等二十多种地震属性。并用多元统计的方法进行研究，研究方法分为两步。第一步是选学习道（学习道一般取井旁地震道），然后根据学习道提取地震属性，再利用多元统计方法建立学习道的判别函数，由于这些学习道对应于井的沉积相，所以所建立的判别函数就是该沉积相的判别函数。如果研究区的井很多，那就可能建立若干个判别函数，不同的判别函数对应于不同的沉积相。第二步是进行预测，根据各CDP提取的地震属性，最后确定它属于哪一类沉积相。

目前，模式识别、人工智能专家系统和人工神经网络已进入地震相定量分析这一研究领域。

(3)储层参数估算方法。

储层参数包括储层厚度、孔隙度、渗透率、饱和度、砂泥岩含量等,广义上可以认为是经过处理后的测井参数。储层参数估算的目的就是预测这些参数的井间变化,由于这些参数在油气田勘探和开发评价过程中都起着举足轻重的作用,吸引不少地球物理工作者对此产生了浓厚兴趣,并投入相当的人力、物力进行研究,推动了储层参数预测方法研究的不断深入,提出了许多储层参数预测方法,其主要方法大致可分为四大类:①仅用测井资料的 Kriging 方法;②测井资料与地震属性结合的线性回归方法;③测井资料与地震属性结合的地质统计方法;④测井资料与地震属性结合的神经网络逼近方法。第一种方法仅适用于井资料较多的时候,但难以刻画储层参数的变化细节,随着储层描述精度的不断提高与细化,已经越来越少使用此类方法。后三种都强调与地震属性的结合,这代表了储层参数估算的发展趋势,并且已从单属性向多属性发展,基于多地震属性的储层参数估算方法可能是未来的发展方向。

油藏描述要估算的第一个参数是厚度。地震对厚度的估算能力,通常用一个厚度渐变的楔形体地震模型给出。当厚度大于 1/4 波长时,直接测量油藏顶底反射之间的时间,利用已知的油藏层速度,就可以算出厚度,厚度等于 1/2 间隔时间与层速度的乘积。由此可见,地震频率越高,层速度越低,分辨的厚度就越小。因此,目前开展的高分辨率地震攻关研究,将有助于提高地震分辨薄层的能力。当厚度小于 1/4 波长时,反映薄层顶底的波谷至波峰的时间不再随厚度减小而减小,而是保持不变,因此用时间测量厚度的能力便告消失。但是,振幅随厚度减小而减小,利用振幅可以估算厚度。振幅估算厚度的能力受信噪比的限制,一旦薄层的弱反射被噪声淹没,连反射都看不清楚了,也就无法估算厚度了。因此,高信噪比资料是检测薄层的必要条件。地震检测厚层均匀地层中的薄夹层容易,检测薄互层中的薄层就很困难。

要估算的第二个参数是孔隙度。钻井岩心和测井能够提供精确的孔隙度值,可以利用克里金方法进行平面作图。但是只能在井间进行内插,围绕钻井画圈,难以刻画横向变化。开发地震能够改善孔隙度的平面估算,常用方法是作孔隙度与声波速度的交会图,建立孔隙度与速度的线性方程,然后用地震反演速度计算孔隙度。在孔隙度的估算中,有时会遇到这样一个问题,就是当储层是高速度层时,由于孔隙度增大和泥质含量增加都会引起速度降低,仅用一个常规的纵波速度估算孔隙度,就会误把泥质含量当成孔隙度估算,犯孔隙度估算偏大的错误。如果已知纵波速度和横波速度,通过解一个二元一次方程组,就可以唯一地分别计算出孔隙度和泥质含量,就能够知道哪些地方的低速度层是孔隙发育带,哪些地方的低速度层是泥质含量高值区域。上述纵波速度、横波速度可以通过纵波、横波联合勘探资料反演获得,也可以通过常规纵波资料的 AVO 反演获得。上述二元一次方程组的两个方程,分别由纵、横波速度与孔隙度和泥质含量的函数关系组成。

另外两个参数是渗透率和饱和度。地震估算渗透率和饱和度,目前还有一定的困难,通常是建立它们与孔隙度或速度的关系,把孔隙度或速度转换成渗透率或饱和度。含气饱和度与速度的关系相当复杂,经典的含气饱和度与速度的关系表明,砂岩只要含有一点气,速度就会显著降低。含气饱和度再大,速度不但不再降低,反而略有升高。这种复杂关系使得无法用地震资料确定含气多少,有无工业价值,只能知道有没有气。最近的研究表明,上述困难情况只存在于气均匀分布在孔隙介质中的情况。对于非均匀的碎片模型,含气饱和度与速度的关系就非常简单,含气饱和度随速度的降低而增加呈线性关系。在这种情况下,利用速度估算含气饱和度就变得容易起来。因此首要的问题是，要鉴别所研究的气藏是均匀模型，还是碎片模型。碎片模型的鉴别标志，是根据测井资料计算的干燥岩石的泊松比是否超过 0.25，超过 0.25 就是碎片饱和（当然目前这仅是个经验值）。碎片模型适用于疏松未固结薄互层砂岩气藏的饱和度计算。

### 6.4.3 谱分解技术

谱分解技术是美国 Landmark 公司等发展起来的一项基于频率谱分解的储层特色解释技术，它利用短时窗的傅里叶变换，把三维地震数据分解成频谱调谐立方体，与薄层干涉、地震子波和随机噪声密切相关。特定的频率调协立方体可以刻画和表征特定的地质体，有助于对薄层岩性的识别，可以在频率域突破地震分辨率小于传统的 1/4 波长的限制。

谱分解方法可以在频率域分出各频带来自薄层顶底反射干涉中的虚反射信号，虚反射处的频率或谱陷频对应于薄层的双程时间厚度。地震子波包括了许多高于地震波主频的频率成分，那么，岩性—地层的细微特征变化都可以通过频谱中陷频信息计算出来。

谱分解是一种全新的三维地震数据体解释性特殊处理技术，它通过短时傅里叶变换方法进行数据的时频转换。其理论基础依赖于薄层反射系所产生的谐振反射。薄层反射在频率域中可以表征地层厚度的变化。也就是薄层调谐反射得到的振幅谱可以确定构成反射的单个薄层的特征关系，振幅谱通过频陷曲线确定地层的细微变化，振幅频陷周期频率值可以进一步确定薄层厚度。同时，随着短时傅里叶变换方法的发展，使时间域的地震记录变换为频谱调谐数据，传统的傅里叶变换方法是对整个信号记录作变换，得到的频谱各个分量仅反映整个信号长度内平均条件下的各阶频率的振幅和相位，而不同时段的地震信号存在很大的差异，需要逐个选择信号进行傅里叶变换。为了克服信号时窗太短所造成的频截效应，需要加上时窗函数克服信号变换的时窗效应，即短时傅里叶变换，通过这种方法信号变换，可将时间域的地震记录转换为频谱数据。

众所周知，傅里叶变换是积分型变换的一种方法，如下式：

$$g_{(t)} = \int_{-\infty}^{+\infty} G(f) e^{i2\pi ft} df \tag{6-29}$$

$$G_{(t)} = \int_{-\infty}^{+\infty} g(f) e^{i2\pi ft} dt \tag{6-30}$$

傅里叶变换也适用于多变量的情况，式（6-29）、式（6-30）也可拓展为二维变换：

$$g(x, t) = \frac{1}{(2\pi)^2} \int_{-\infty}^{+\infty} \int_{-\infty}^{+\infty} G(k, f) e^{i(kx+ft)2\pi} dk df \tag{6-31}$$

$$G(k, t) = \int_{-\infty}^{+\infty} \int_{-\infty}^{+\infty} g_{(x, t)} e^{-i(kx+ft)2\pi} dx dt \tag{6-32}$$

值得注意的是，地震信号无论从时间域到频率域的变换，还是从频率域到时间域的反变换，计算精度仅与数据采样长度有关。采样数据的截断和取舍，会丢失一些信息，影响计算精度。地震记录长度应该是"无限长"以满足变换精度要求，但计算数据记录时窗长度与计算工作量是一对矛盾，数据时窗"有限长"变换精度受影响；数据时窗越长精度越高，计算量就越大。

实际的地震波常常是地下多个薄层的综合响应，但由这些薄层组成的层组产生的复杂的谐反射在频率域却是唯一的。调谐反射振幅谱的干涉图定义了合成该反射的单个薄层间的声波特性关系，振幅谱上陷波的模式与地层中岩块的变化有关，通过振幅谱上的陷波模式就可以识别薄层厚度的变化。同样，用相位谱上相位的不稳定性可以识别地层横向上的不连续性。结合振幅和相位谱上相关的干涉现象，解释员就能对三维地震工区中地下岩块的变化进行快速有效的定量识别和成图。

基本工作流程可按照如下步骤进行。

（1）首先，解释员把时间域地震数据体加载到三维解释系统中，对目的层进行解释和数据浏览，确定研究层位与目标。

（2）根据地质任务要求进行频谱分析和处理参数试验，确定时窗和频率参数。然后把目的层段短时窗内的时间域数据转换到频率域，形成目的层谐振体。

（3）对目的层谐振体在平面（普通频率切片）和剖面上进行浏览和观察。在频率切片上，薄层的干涉以相干振幅变化的形式出现，而随机噪声表现为干涉图上的小斑点，类似于接收到的比较差的电视信号。

（4）利用整个频率范围的动画（如浏览所有的频率切片），并结合对沉积模式的认识，对目的层段储层的横向变化进行分析。

（5）将离散频率能量体以一个地震数据作为输入，输出多个离散的频率和相位体。在滑移时窗内进行谱分析，对地震数据体内的每个样点都计算振幅谱和相位谱，之后频谱成分重新排列成一系列的同频率时间数据体。通过振幅谱上的陷波模式就可以识别薄层厚度的变化。同样，用相位谱上相位的不稳定性识别地层横向上的不连续性，研究储层的横向变化，进行储层描述。通常在用目的层谐振体进行目的层段检测之后，再使用离散频率能量体进行目的层段之外的储层预测。

（6）成果显示。将颜色及光线参数调整好，完美准确地展示可视谱分解的典型特征切片和剖面。对确定地质目标进行精细的解释和刻画，重点是薄层的厚度求取及储层的横向变化。

需要说明的是：谱分解技术利用短时窗的振幅谱响应特征，使振幅谱变化与时窗内地层的声波特性和厚度有关，时窗越短，时窗内地层表现出来的随机性越少。其结果表明数据的振幅谱不是白噪均化的，能够分辨地层沉积薄层及地质体内部特征。同时，相位谱在模拟岩块特征方面也十分有用。相位对地震特征的微小变化很敏感，对检测横向上声波特性的非连续性非常有效，如果分析时窗内岩块是横向稳定的，其相位谱也是稳定的，一旦出现横向的非连续性，相位谱在非连续部分也变得不再稳定。这一特性在谱分解技术的实际应用中要格外注意。

## 6.5 裂缝检测技术

裂缝性储层指天然存在的裂缝对储层内流体的流动具有重要影响或根据预测具有重要影响的储层。这种影响可以是提高储层的渗透率和孔隙度，也可以是增强储层渗透率的非均质性。裂缝发育带在许多油气藏中是液体流动的重要通道，正确识别或预测裂缝发育方向，对油气藏勘探和开发有着十分重要的现实意义。

储层裂缝成因的复杂性、裂缝大小的多尺度性、裂缝形态的多样性、裂缝充填物的多类性以及岩性变化造成的多解性等，使得单一地震属性对裂缝的预测存在多解性，很难对裂缝做出准确评断。人们通常利用地震剖面上的断层解释来间接预测裂缝发育带,而断层的解释特别是与裂缝发育关系密切的小断层的解释,在常规剖面上难以识别。

因此,需要通过结合多种地震识别技术,充分利用叠前和叠后裂缝检测方法,降低裂缝预测的多解性,提高裂缝检测精度。

叠后裂缝检测主要检测宏观尺度的断裂和裂缝发育带,常用的技术有:相干分析、曲率属性分析、小波多尺度边缘检测、沿层倾角扫描、相位谱裂缝预测以及多属性预测技术等。

叠前裂缝检测技术主要是利用叠前地震资料,从中提取地震波特征(振幅、频率)的方位各向异性,通过地震属性(振幅、频率、衰减)随方位角变化特征分析裂缝的方向和发育程度。常用的技术为方位各向异性裂缝检测技术。

### 6.5.1 相干分析技术

相干体技术对识别与显现断层进而预测裂缝发育带较为有效。从三维数据体出发,选用相应、有效的计算方法实现相干数据体的转换,进而展现裂缝发育带的剖面及平面分布。在相干数据体的转换过程中,通过计算纵向和横向上局部的波形相似性,可以得到三维地震相关性的估计值。被断层面切开的小范围内的地震道通常与相邻道有不同的特征,从而导致局部的道与道之间相关性的突变。沿一张时间切片计算每个网格点上的相关值,就能得到沿断层低相关值的轮廓,对一系列时间切片重复这一过程,这些轮廓就成为断面。通过三维相关属性体的提取,就可以把三维反射振幅数据体转换成三维相关系数数据体。根据层位解释数据,可以提取沿层相干切片。该技术是运用相关原理突出相邻道之间地震信号的非相似性,进而达到检测断层和反映地质异常特征展布的一项技术,目前发展到第三代相干分析技术。

地震具体相邻道相干属性 $E$(能量比)或 $R$(标准化相关系数)的计算公式为:

$$E(\tau, d_x, d_y) = \frac{\sum_{n=1}^{N} \left[ \sum_{j=1}^{M} u(t + n\Delta\tau - d_x x_j - d_y y_j) \right]^2}{M \sum_{j=1}^{M} \sum_{n=1}^{N} u^2(t + n\Delta\tau - d_x x_j - d_y y_j)} \tag{6-33}$$

或

$$R(\tau, d_x, d_y) = \frac{\sum_{n=1}^{N} \left[ \sum_{j=1}^{M} u(t + n\Delta\tau - d_x x_j - d_y y_j) \right]^2 - \sum_{j=1}^{M} \sum_{n=1}^{N} u^2(t + n\Delta\tau - d_x x_j - d_y y_j)}{(M-1) \sum_{j=1}^{M} \sum_{n=1}^{N} u^2(t + n\Delta\tau - d_x x_j - d_y y_j)}$$

$$(6-34)$$

式中 $u$——地震道;
$t$——时间延迟量;
$x_j$,$y_j$——分别为纵横测线方向的地震道位置;
$d_x$,$d_y$——分别为纵横测线方向的视倾角;
$\Delta\tau$——采样率。

黄沙坨油田构造位于辽河坳陷东部凹陷中部的一个构造单元(图6-10)。早期曾被认为是勘探禁区,辽河油田解放思想,硬是在火山岩喷发气孔和构造裂缝中找到油,其中沙三中段火山粗面岩成为主要的探目的层,构造裂缝为该区火山岩的主要储集空间。在勘探进程研究中共采用了4种方法对粗面岩裂缝的发育状况进行了预测。效果特别显著的是采用三维地震相干体技术对粗面岩的裂缝发育情况进行了宏观预测。区域上展示了裂缝的发育程度，由南向北逐渐降低和减弱（图6-11）。

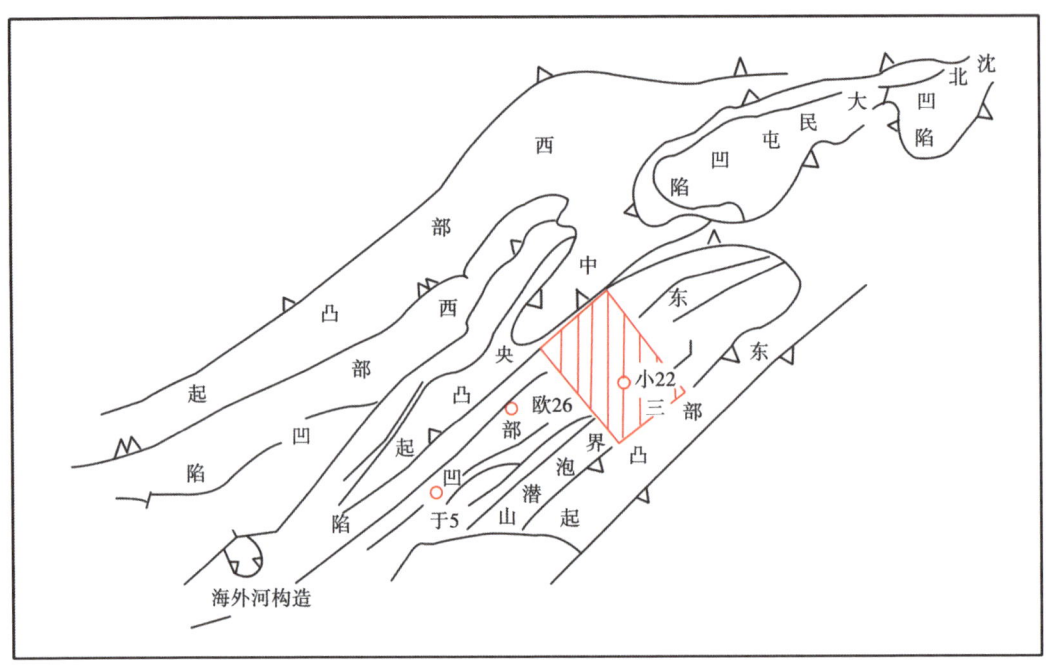

图6-10　黄沙坨油田地质位置图

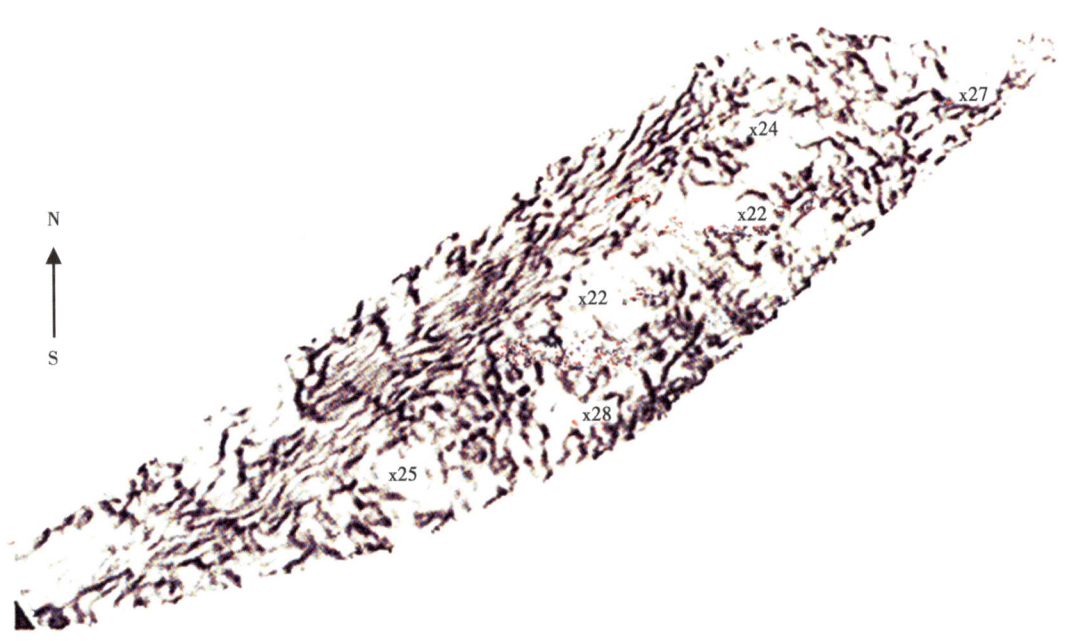

图6-11　相干体预测裂缝分布

## 6.5.2 曲率属性分析技术

曲率描述的是曲线上任意一点的弯曲程度,例如曲线在某一点偏离直线有多远,曲线的弯曲程度越大,曲率也就越大。曲率可以用二阶导数的形式表示如下:

$$K = \frac{\frac{dy^2}{dx^2}}{\left[1 + \left(\frac{dy}{dx}\right)^2\right]^{3/2}} \quad (6-35)$$

式(6-35)表明曲率通常和二阶导数关系密切,因此通常可以采用二阶导数直接测量曲率,这一假设通常在倾角很小时,才能够给出一个很好的近似值。由于曲率会随横截面的方向而发生变化,曲率的二维概念可很容易推广到三维情况。一条曲线在数学上可以以一个剖面切割层面得到,平面与层面之交定义了一条曲线,其上任意一点的曲率都可以计算得到。研究表明:最有用的曲率是那些与层面正交的平面所定义的曲率,这些曲率称为法曲率。采用不同的方法将这些法曲率组合,进而可定义所有与层面有关的重要曲率属性。通过对曲率属性的研究,可以界定断层及断层的几何形态,研究裂隙发育带。对某些曲率属性进行颜色编码还可以反映山谷、平地、山脊和穹隆等局部地貌特征,能够加强特别微小的断层及其他层面特征的识别等。

三维地震资料非常适合计算曲率属性。网格化层面的曲率计算有很多种方法。实际计算时,采用3×3的网格点值对局部二次曲面方程进行最小二乘法拟合,计算结果放在网格中心点。获取局部二次曲面系数后,根据微分几何,定义了12种曲率,即倾角、方位角、平均曲率、高斯曲率、极大曲率、极小曲率、最大正曲率和最小负曲率、形态指数、倾向曲率、走向曲率、等值线曲率、弯曲度。

在网格层面上计算曲率属性,不但能够用于研究控制构造格局的大断裂,而且更要用于研究受大断裂控制的小断裂;研究烃类区域运移路径和断层的大小等。高频段提取的曲率特性更能够反映微小构造及其特征,使这些微小构造、裂隙容易识别和解释。低频段提取的曲率特性则能够更好地反映控制构造格局的较大断裂的信息。

## 6.5.3 小波多尺度边缘检测技术

地震波场对裂缝的多尺度效应指的是不同振幅、频率和波长的地震波场对不同尺度裂缝的响应不同。它是地震资料预测岩石裂缝的首要考虑因素。随裂缝张开度的减小,纵波速度、振幅、主频和品质因子及其变化率会增加。如用裂缝尺度的大小来表述裂缝的张开度变化,裂缝尺度愈小(强度小),纵波的主频、振幅、速度及品质因子就愈大。

用地震资料预测岩石裂缝,首先要考虑利用地震波场对裂缝的多尺度效应。通过这些"效应"的研究,可在地质和地球物理之间建立了彼此联系和综合解释的桥梁,同时也对裂缝预测技术的形成和发展奠定了基础。边缘检测是图像分析中常用的一种方法。储层的裂缝检测与图像分析中的边缘检测有许多相似之处,因此提出将小波多尺度边缘检测理论与地震波场对裂缝的多尺度特性相结合,形成反映地震记录的多尺度边缘检测方法。

裂缝在地震记录上很难识别,具有较强的隐蔽性,利用小波变换的多分辨功能和优良的

"数学显微镜"的特性,将时空域中的地震记录转换到小波域,使时空域中未能用肉眼在地震同相轴上直接发现而又实际存在的隐蔽特征,在小波域中明显而直接地充分展示出来。同时在小波分频域进行信噪比增强和提高分辨率的处理,使那些在小波域观察到的隐蔽特征在重构后的时空域中仍能够得到较好的分辨,以期突破常规时间(空间)域分辨率的极限,提高地震记录的质量和分辨率。

### 6.5.4 沿层倾角扫描技术

用反射层计算出每个网格点的时间倾角,其过程是一种对时间图表面的微分。每一个跟踪点的时间都认为是与在正交方向上的两个相邻点有关,这三个点限定的最终时间平面确定了一个具有大小和方向的倾斜矢量。通过对时间表面上各个点计算得出这些参数,并以彩图显示出来,就得到了倾角图,在倾角图上,倾角大的数据条带对着这断层和裂缝的走向。沿层倾角扫描首先在层位精细解释和全三维解释的基础上进行层位自动追踪,再对自动追踪的层位按合适的平滑因子进行平滑处理,消除局部奇异数值点,再进行倾角扫描。

对地震资料进行沿层倾角扫描,得到地震反射层面横向的倾角变化,以此近似反应构造曲率的横向变化梯度(图6-12)。

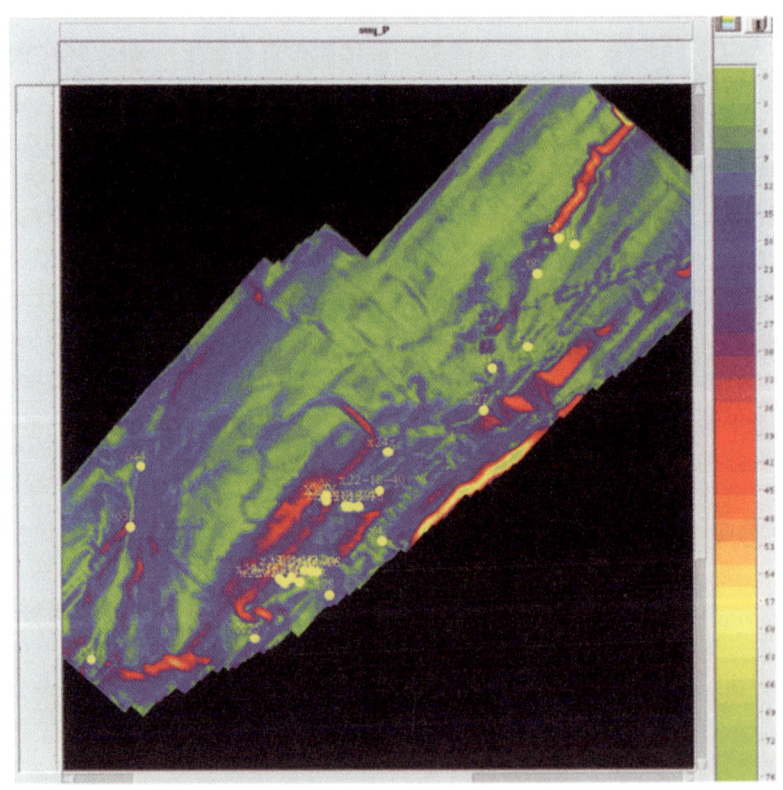

图 6-12 倾角扫描预测裂缝

### 6.5.5 地震多属性预测技术

沿目的层提取多种地震属性信息,分析后发现均方根振幅、主频、能量半衰时间、反射强度斜率及弧长等 5 种属性的异常区具有很强的一致性，与过去实施开发产量较高的井位分布条带相吻合。这与粗面岩裂缝的发育区具有很强的相关性，即异常区在界面断层下降盘以北东向沿小 25-小 23-小 22 井方向呈串珠状分布（图 6-13）。

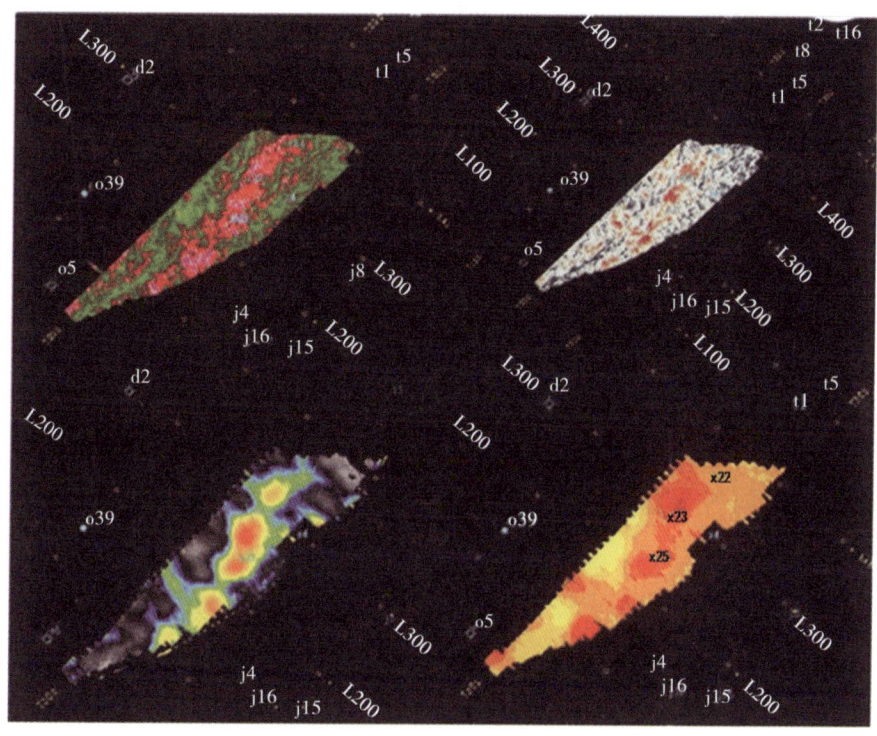

图 6-13　地震属性预测裂缝分布趋势图

## 6.5.6　相位谱裂缝预测技术

对地震数据进行频谱分解得到振幅谱数据的同时，也能得到相位谱数据，它代表不同频率分量的相位延迟。相位对地质体的变化是极其敏感的，地质体的不均匀或突变会引起相位的跳跃性变化。均匀的地层几乎不会引起地震反射同相轴的纵、横向剧烈变化，只有当构造运动、岩溶作用或油气充填使岩石成分、结构发生变化时，反射特征才随之变化，同相轴发生扭曲，造成相位改变。由谱分解技术得到的相位谱包含整个地震频率范围内的相位信息、断层及其附近相位谱，断层附近的相位谱很不稳定，而在远离断层的位置相位谱表现比较稳定或呈渐变特征，故应用相位谱切片比传统的相位属性能更加准确地识别和解释断层，尤其是小断层或裂缝发育带。通常在地震资料有效频带内，随着频率的增高小断层变得更加清楚。但是相位的不稳定性除了受到断层的影响外，还受制于噪声的影响，因此应用谱分解的相位数据体时必须以高信噪比的地震资料为前提。

图 6-14 是塔里木盆地某三维区奥陶系潜山顶面相位谱切片，它清晰地反映了断层的平面分布规律（线状异常），以及部分溶蚀孔洞的分布（点状异常），可以与相干层切片相互印证，用于裂缝发育带和溶洞的预测。

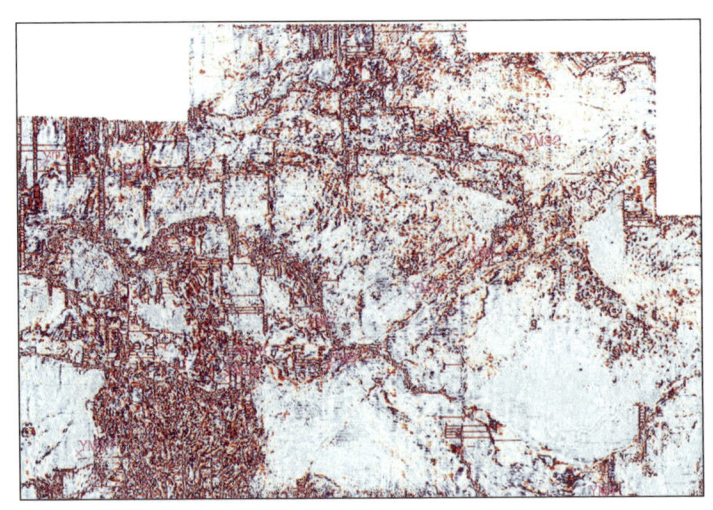

图 6-14　塔里木盆地某三维区奥陶系潜山顶面相位谱切片

### 6.5.7　方位各向异性裂缝检测技术

前述几种裂缝检测方法，本质上都是通过研究构造变形和断裂来定性预测裂缝发育带。根据地震勘探理论，裂隙的存在导致介质的物理性质随着观测方位的不同而发生变化，这在地震勘探中会引起地震波传播特征的变化，称为方位各向异性。同时，由于地层上覆载荷的压实作用，水平或低角度裂缝近乎消失，对裂缝性油气藏贡献大的是易于保存的高角度缝和垂直裂缝，而正是这类裂缝对地震波产生了各向异性的传播特征，并且能够相对容易地获得这些信息。这一性质使得可以利用宽方位（或多方位）地震资料，实现半定量裂缝检测（包括裂缝的走向和密度），这是应用高精度三维地震技术预测裂缝储层的重要发展方向。

各向异性介质在地震信息上的反映表现在以下几个方面。

（1）反射走时不同。在各向同性介质中，道集内反射波走时曲线是双曲线型，而在各向异性介质中，由于在不同方位上速度的不同，使得走时曲线不再是双曲线。

（2）反射振幅不仅随着炮检距的变化而变化，而且还随方位角变化而变化。

（3）地震波衰减也随着方位角的变化而变化，表现出不同方位角的频率特征不同。

（4）速度随方位的变化而变化。

（5）若有高精度三维三分量资料时，还可以利用横波资料信息。当横波穿过各向异性介质时，发生横波分裂，分裂成快横波和慢横波，快横波的偏振方向平行于裂缝方向，慢横波的偏振方向垂直于裂缝方向。

研究表明，在水平各向异性介质中，纵波的 AVO 梯度在平行于裂缝走向和垂直于裂缝走向上存在较大差异。AVO 梯度较小的方向是裂缝走向，梯度最大的方向是裂缝法线方向，并且差值本身与裂缝的密度成正比，由此可以标定出裂缝的密度。如果用 AVOZ（方位AVO）分析法计算出 360°范围内的每一组方位角的梯度值，就可以得到不同方位角对应的最大梯度差值（相当于椭圆的长轴与短轴之差），据此判定裂缝的走向。

在缺乏各个方位的可靠 AVO 梯度信息时，根据实验与理论分析可知，纵波垂直于裂缝带传播会有明显的旅行时延迟和衰减，并有反射强度降低和频率变低等现象。因此，也可以利用纵波的这些不同特征来确定裂缝储层发育分布。相对简单的方法是利用方位各向异性介质对纵波反射能量与速度的影响来预测裂缝的方向与密度。HTI 介质对纵波的影响主要表现为随方位变化的能量衰减与速度差异（表现为旅行时的差异）。显然，能量最弱、速度最低的方向，就是垂直于裂缝的方向；反之，则为平行于裂缝的方向。同时，能量衰减越明显、速度差异越大，说明裂缝越发育，反之亦然。因此，通过拟合振幅或速度的各向异性椭圆，可以利用这两种特性来预测裂缝的方向和相对密度。其他有方位各向异性特征的地球物理参数，如频率等，也可用类似的方法进行裂缝预测。

图 6-15 是利用振幅各向异性特征预测的塔中某区裂缝发育特征立体图。图中四边形片代表裂缝，其颜色表示裂缝发育强度（红色裂缝发育强、蓝色弱），其方向即是裂缝走向。利用方位各向异性预测裂缝的最大优势在于它可以定量计算裂缝强度和走向。

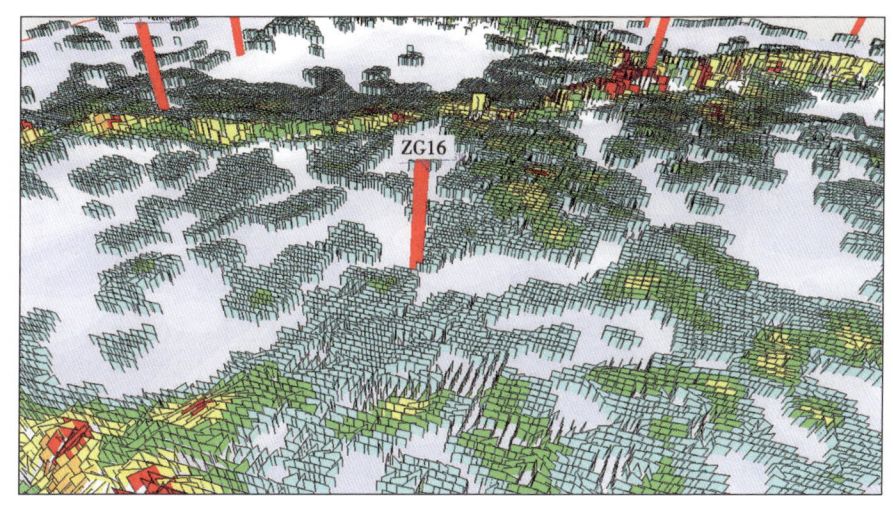

图 6-15 塔里木油田某井区裂缝预测立体显示图

利用方位各向异性预测裂缝的基础是地层固有的方位各向异性特性，这种特性在单组裂缝时表现得最为明显。对两组相同密度的正交裂缝进行正演模拟，并将模拟结果用于裂缝反演，计算得到的裂缝方向是两组裂缝走向的中线所在方向。由此可见，方位各向异性裂缝预测方法的应用是有前提条件的，它只能用于单组裂缝或具有明显方位优势的多组裂缝的预测，且对后者的预测结果只能是综合效应而不是准确值。这种方法不能用于没有明显方位优势的多组裂缝的预测；事实上，当发育多组明显不同走向的裂缝时，地层的各向异性特性就不再明显甚至完全消失，该方法不再适用。

## 6.6 烃类检测技术

地震信号除受孔隙流体（油、气或水）影响外，同时还决定于岩性、孔隙度、储层深度等埋藏条件，甚至岩石骨架结构、孔隙形状以及薄层调谐、各向异性等众多地质因素，并受到各类噪声的影响。上述因素中任何一项的变化都会不同程度地使孔隙流体变化的地震响应畸变、甚至被掩盖。然而，其中每一个因素，特别是孔隙流体的变化会在地震信号的波形、能量、频谱等各方面有所响应。因此，人们逐渐认识到应该用地震信号的多个特征，而不是单一特征来检测油气。近几年来国内学者开展多参数油气检测方法研究取得成功（杜世通等，1993；钱绍新，1993）。然而统计学的方法往往对数据分布有依赖性，并对原始资料质量要求较高，因此局限性较大。

### 6.6.1 模式识别技术

20世纪80年代兴起的人工神经网络技术，它具有并行处理能力，分布式信息处理方式，自组织自学习能力，以及高度的容错性等优点，因此吸引了各个领域的人们。地球物理学家对它的模式识别能力特别感兴趣，因为它优于传统的统计方法和人工智能方法，所以很快被引进到地球物理学领域（Mc Cormack M.D. 1991），并力图解决非油气识别之类问题（Huang Kou-Yuan等，1989；H Z Yang等，1991；Feng-Mei Yang等，1991），国内学者首先取得突破（朱广生、刘端林等，1994），几个油气田的实际生产应用证明，神经网络油气识别方法简便易行，效果良好。

模式识别技术是一种根据含油气与不含油气储层的地震波运动学和动力学特征（如波形、振幅、频率、相位等）的差异，从地震资料中提取多种地震属性，采用多元统计的方法，预测含油气储层的位置和范围的一种新技术。

模式识别是一种模拟生物神经网络结构和功能的复杂网络系统，它是由大量的仿生物神经元的简单处理单元广泛互联而成。典型的生物神经元（即神经细胞）的结构可简化为如图 6-16 所示的形态。

图中胞体完成普通细胞的生存功能；树突有大量分支（可达 $10^3$ 数量级）用以接收来自其他神经元的信号；轴突用以输出信号，突触是一个神经元与另一个神经元相联系的特殊部位，突触的作用是可以导致或阻止下一个神经元的兴奋。

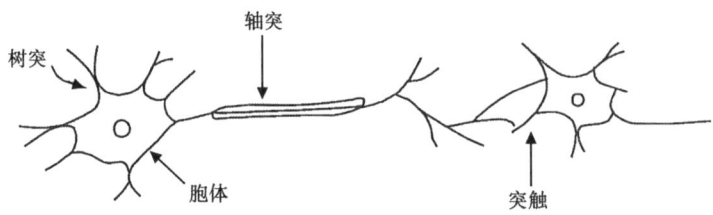

图 6-16 生物神经元（神经细胞）结构示意图

神经元的基本工作机制是：一个神经元有两种状态——兴奋和抑制。如果输入兴奋总量超过某个阈值，神经元就会被激发，由抑制状态进入兴奋状态，发出输出并轴突传递给其他神经元。而且，对于外加的输入，神经元的响应是并行的。上述对神经元的工作机制的描述是极度简化的，实际的情况要复杂很多。但这种简化的描述对实际的模拟模型的工作是有意义的。

由于生物神经元的简化模型并不唯一，所以人工神经元的模型也是多种多样的。对于油气预测评价问题，选择工程上最常用、最简单的人工神经模型。如图 6-17 所示，图中的输入 $x_i \in R$，相当于来自外界或其他神经元的刺激；$\omega_i \in R$ 相当于突触的连接强度；$f$ 是一个非线性函数，称激励函数，如阈值函数或 Sigmoid 函数。将上述的人工神经元按一定规则广泛相连就组成了人工神经网络系统。将这种网络模型用以模拟人类对事物的分类判别过程就是人工神经网络模式识别。

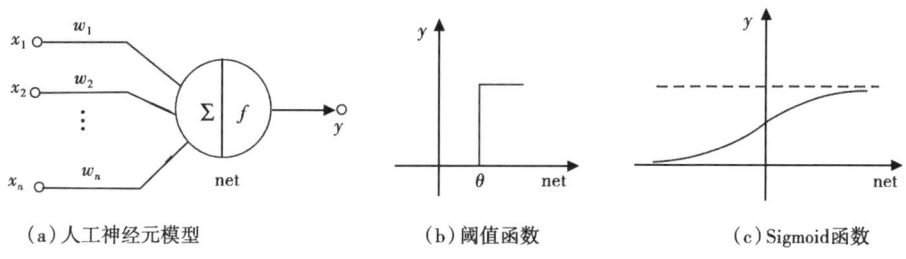

(a) 人工神经元模型　　　　(b) 阈值函数　　　　(c) Sigmoid 函数

图 6-17　人工神经元模型示意图

**6.6.1.1　神经网络主要类型的基本原理**

现已研究的神经网络模型约有 50 多种，在实际应用中有多种形式的神经网络可以应用于烃类预测。在此介绍一下最常用的模型，即反射传播神经网络模型、自适应共振模型（ART）、自组织特征映射（SOM）模型的基本原理。

(1) 反向传播神经网络模型。

该网络模型为前馈型神经网络，即构成网络的各种神经元接受前一级输入并输出到下一级而无反馈。由于中间的隐层不直接与外界连接，所以无法直接计算其误差。为解决这一问题，提出了反向传播算法（Back Pro-pogation 简称 BP）。其主要思想是从后向前（反向）逐层传播输出层的误差，以间接算出隐层误差。算法分两个阶段：第一阶段（正向过程）输入信息从输入层经隐层逐层计算各单元的输出值；第二阶段（反向过程）输出误差逐层向前推算出隐层各单元的误差并用此误差修正前层权值。如图 6-18 所示。

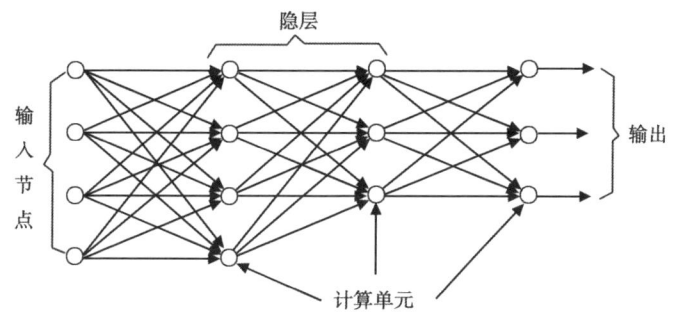

图 6-18　BP 人工神经网络结构示意图

对网络进行训练时，首先提供一组训练样本，每个样本由输入样本和目标输出组成。网络学习的目的是使网络尽量逼近所需的映射（即输入输出关系）。网络训练时，不断地把网络的实际输出与目标输出做比较，并按学习规则改变连接权，直至所有训练数据的网络实际输出与目标输出之差达到要求为止。

应用条件：由于 BP 神经网络是根据前向传播后产生的误差来向后传播，并逐个改变连接权值实现的，加之 BP 方法的误差曲面是非常复杂的，因此某些改进型 BP 算法通常考虑在误差曲面极度起伏区应用小的步长，以避免权值调整过大会跨过全局极小值；而在误差曲面较平整区应用的步长，以避免权值调整过小导致收敛速度过慢。这种改进后的 BP 算法在一定条件下虽能提高计算速度，加速收敛，并给出相应的预测结果，但是也会因 BP 网络自身缺陷而存在局限性。

（2）自适应共振模型（ART）。

ART模型就是一种自组织地产生认知编码的神经网络理论，它可以用来分析关于语音感知、字符识别、视觉感知、嗅觉感知（编码）等问题。

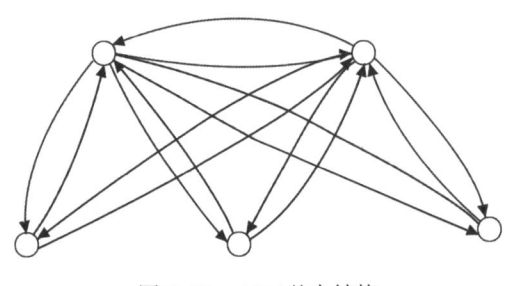

图6-19　ART基本结构

ART模型的主要组成结构如图6-19所示。它由输入神经元和输出神经元组成，使用前向连接权及样本输入来计算匹配测度，即输出神经元的输出值，具有最大匹配测度的神经元的活跃级通过输出神经元之间的横向抑制得以进一步增强，而其他输出神经元的活跃级逐渐减弱，从输出神经元到输入神经元有反馈连接以进行学习比较。同样，还提供有一个用来确定具有一个最大输出值的输出神经元与输入模式进行比较的机制。

ART模型的一般结构由两个层次组成。在ART中，利用两个功能互补的子系统和控制机制之间的交互作用来处理熟悉的或不熟悉的事件。熟悉的事件由注意子系统来处理，这个子系统建立熟悉事件的精确的内部表示以响应这些熟悉的事件，即对STM（Short Term Memory）中的活跃模式进行编码，并且这个子系统还建立一个自上而下的样本以帮助稳定被学习了的熟悉事件编码，但是一个孤立的子系统并不能对不熟悉的事件建立新的聚类。第二个子系统便是调整子系统，当不熟悉的事件出现时，它回溯注意子系统。对不熟悉的事件建立新的表达编码（聚类内部编码）。

应用条件：和大多数的自组织神经网络一样，ART模型采用竞争学习来进行自组织。其竞争编码层次的各个神经元之间有互相的连接。但和大多数竞争网络不同的是其两个层次之间有相互的反馈连接。这样输入模式产生的各种模式在两个层次之间振荡，直到在竞争编码层次上形成了与输入模式相同的编码时才结束。自适应组织神经网络计算速度较慢，收敛也比较慢，最终也能得到比较精确的数值，所以此类神经网络较适合于分类比较复杂的烃类预测。

（3）自组织特征映射（SOM）模型。

自组织特征映射模型是Teuco Kohonen于1981年提出的。这种模型可以在一维或二维的处理单元阵列上形成输入信号的分布拓扑图。而在初始状态下，这些一维或二维处理单元阵列上是没有这些信号特征的分布拓扑结构图的。利用SOM模型的这一特性，可以从外界环境中按照某种测度或者是某种可有序化的拓扑空间来抽取特征或者是表达信号抽象的、概念性的元素。

Teuco Kohonen的自组织特征映射模型系统的基本结构由4个部分组成：

①一个处理单元阵列。这个处理单元阵列从事件空间中接收相关（连贯）的输入，并且形成这些输入信号的简单的辨别（discriminant）函数。

②一种比较选择机制。这种机制比较辨别函数并选择一个具有最大函数输出值的处理单元。

③某种局部互联作用。这种局部互联作用同时激励被选择的处理单元及其最相邻的处理单元。

④一个自适应过程。这个自适应过程修正被激励的处理单元的参数，以增加其相应于特

定输入的辨别函数输出值。SOM 模型一般只包含有一维阵列和二维阵列，但其原理可以推广到 $n$ 维处理单元阵列中去。

应用条件：多层感知器神经网络方法要求待测的地震样本具有明显的差异，这就限制了该方法在新探区的应用。为此，通常使用无导师训练的神经网络实现烃类横向预测，以扩大神经网络方法烃预测的应用范围。Kohonen 网络学习系统就是一种无导师学习的组织系统，是自组织特征映射网络中较常用的一种。SOM 网络的特点是经过学习后，每一个神经元仅对固定的一类输入做出响应。响应点的位置在训练过程中逐步有序可循，从而相似输入的响应和不同输入的响应得以分开，因此，适合于分类的 Kohonen 网络尤其适用只有油气井或只有干井的情况。

#### 6.6.1.2 技术应用

塔里木轮南地区碳酸盐岩含油气性预测技术采用过人工神经网络模式识别来预测储层的含油气性。该技术采用类似于脑神经元工作原理的模型和人工神经网络误差反向传递算法（BP 算法——有监督的神经网络算法），模拟自然界生物神经网络模式识别的实现过程，摸索了一套适合轮南地区地震资料特点的人工神经网络模式识别工作流程，可用如下几个步骤概括：

(1) 对工区地震资料进行处理、解释，得到目的层位；
(2) 沿工区地震剖面倒计时层位开时窗，提取地震特征参数；
(3) 选取合适的特征参数及一致油气情况的井作为学习样本训练网络；
(4) 网络训练收敛后，获取输入输出关系映射；
(5) 将训练好的网络用于对未知区域的预测，完成快速评价工作。

利用上述工作流程，对轮南地区奥陶系碳酸盐岩三位地震数据体进行模式识别含油气性预测，研究中选用合理的地震特征参数及人工神经网络模型各项参数，学习样本选择过井机器附近的地震道，通过对网络反复进行训练——收敛，最后利用得到的输入—输出映射关系，预测出轮南地区奥陶系主要油气富集区油气分布规律。轮南平台区奥陶系储层含油气性预测结果显示（不同颜色代表预测概率值），流体分布规律与储层分布规律一致，平面上受裂缝系统、岩溶发育程度和岩溶地貌单元控制，主要沿断裂和山梁两侧呈条带状展布（图 6-20）。

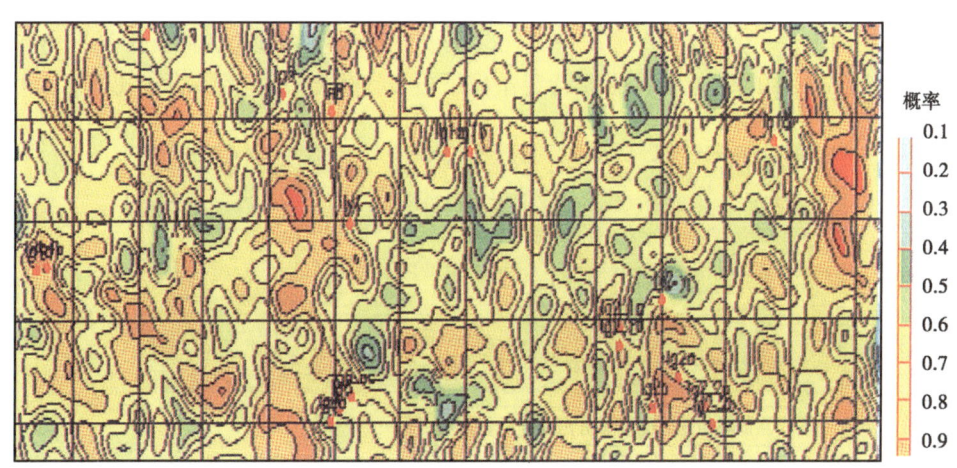

图 6-20 轮南平台区奥陶系模式识别油气富集区预测

由于碳酸盐岩岩性致密，储层内部气体对纵波影响较小，地震响应特征不明显，造成神经网络模式识别技术预测结果与实钻井油气显示吻合程度只有65%，可见储层含油气性预测仍是今后技术攻关的难点。

### 6.6.2 叠后地震含油气性检测技术

#### 6.6.2.1 亮点技术

亮点技术是最早用于含油气性检测的技术之一。储层含气后声波速度会明显降低，与围岩（通常是下伏地层）形成较大的波阻抗差，使得地震反射波能量很强，在黑白胶片的地震剖面上形成明显的"亮点"而得名。后来泛指由于含油气而引起叠后地震剖面上反射振幅的变化。包括"亮点""暗点""极性反转""平点"等。阻抗差增大呈现"亮点"阻抗差减小呈现"暗点"阻抗差反转呈现"极性反转"，气水界面呈现"平点"。

亮点技术在构造勘探、碳酸盐岩勘探的常规偏移剖面上都有显著的特征。在无膏盐层发育的地区，亮点即相当于较厚储层的底界面，在阻抗反演剖面上储层表现为一套低速异常；在有膏盐层分布的地区，将亮点特征与反演结果的低阻抗特征相结合来识别油气，在波阻抗反演剖面上储层主要表现为一套低速异常条带，而膏盐层的阻抗值较高。

#### 6.6.2.2 吸收衰减分析技术

利用含油气层对高频信号的强烈吸收或衰减作用，分析信号通过不同储层时高频信号的衰减程度，来间接预测储层的含油气性。通常，含气层对地震高频信号的吸收衰减作用强、水层弱，油层对高频信号的吸收衰减作用介于含气层和水层之间。利用地震信号的吸收衰减作用进行含油气性检测的较常见做法有低频伴影法和时频分析法两种。

低频伴影法：利用地震信号通过含气层之后，由于高频信号被吸收，剩余信号以低频成分为主，在地震剖面含气层的下方出现低频阴影（也有人认为属于"高频衰减、低频共振增强"所致）；而对于非含气层，信号的高、低频成分能量比不变，相对于前者而言低频信号的能量较弱，就不会出现低频伴影的现象。

图6-21是国外某气田的10Hz单频剖面。可见明显的低频能量出现在气层下方，而其他部分没有。在我国柴达木三湖地区、塔中地区也发现了这种现象。在图6-22中，塔中某区A井为一口气井，塔中某区B井为一口干井。在常规剖面上，两者都有串珠状强反射，在10Hz单频剖面上，可见塔中某区A井出气层段下方有低频能量团，而塔中某区B井的低频能量几乎不可见。因此，低频伴影在特定条件下可以有效地指示储层的含气性。

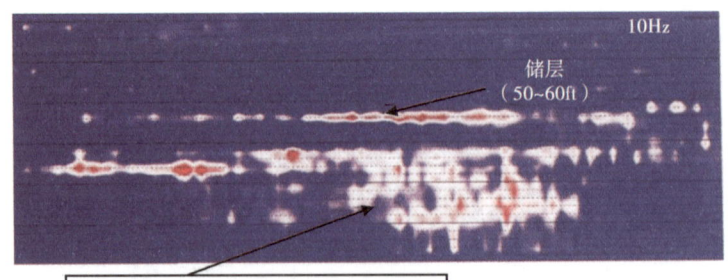

图6-21 国外某气田的低频伴影现象

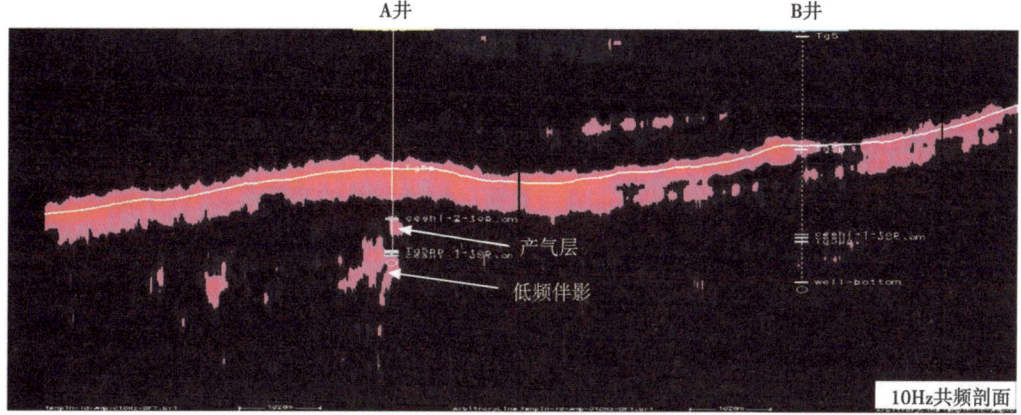

图 6-22 塔中某井区低频伴影现象

时频分析油气检测方法：通过直接研究地层反射能量在频率域的变化特征而进行含油气性分析。作单点时频剖面，不含油气目的层段强能量的最高频率（或是中心频率）没有随时间的增加而减小；而在含油气目的层处可明显看到，随着时间的增加，能量在从高频向低频迁移，说明由于含气使高频成分被吸收所致，由此可以指示储层的含油气性。

### 6.6.3 叠前地震含油气性检测技术

随着高精度地震采集处理技术的进步，尤其叠前偏移技术的发展，可以得到来自地下真实反射点的叠前道集（CRP 道集），为叠前地震信息解释技术的发展奠定了基础，使得 AVO 技术、叠前弹性阻抗反演技术等应用成为可能。将波阻抗与泊松比进行交会解释，使得从传统的地震剖面解释即反映地质年代特征的认识，可以提高到反映地质岩石地层物理属性特征的新阶段。

#### 6.6.3.1 AVO 技术

在储层预测技术中对 AVO 已经进行了介绍，这里只对其预测油气的特性进行描述。AVO 作为一种含气储层的异常地球物理现象，最早在 20 世纪 80 年代初被 Ostrander 发现。当砂岩储层含气后，地震反射振幅随炮检距会发生明显的增大。因此，通过研究振幅随炮检距（入射角）变化的规律，即研究 AVO 曲线的梯度、截距等，就可以判别储层的含油气性。

常用的 AVO 属性分析方法主要有两种：$P$—$G$ 交会分析（截距—梯度分析）和 $R_p$—$R_s$ 交会分析（纵横波反射系数分析）。近年来还逐步发展形成了 AVO 彩色交会技术。

（1）$P$—$G$ 交会分析技术。

$P$—$G$ 分析的理论基础是 Zoeppritz 方程的 Aki—Richards 线性简化方程：

$$R(\theta) = P + G\sin^2\theta \tag{6-36}$$

式中 $R(\theta)$——不同入射角时的反射系数；

$\theta$——小于 30°的入射角；

$P$——线性方程的截距，为零炮检距时的反射系数；

$G$——线性方程的梯度，反映反射系数随入射角的变化率。

利用叠前道集产生超道集与角道集数据体，选择适当参数计算超道集或角道集的截距和梯度；产生 P—G 交会图，标定含气储层的顶底界，并形成含气储层顶、底位置识别模板。

利用 P—G 交会分析可表征厚度较大的含气层顶、底界，但不能识别含气差异。在川中实践表明，储层段在含气饱和度很低的情况下就可以造成明显的 AVO 响应，20%~40%含气饱和度的储层与含气 60%~80%的储层之间的截距—梯度差异很小。因此，由以上分析可知，P—G 分析能够定性识别较厚含气储层的顶底界，可以识别较厚的纯含水储层和含气储层。

此外，通过 P—G 分析方法还可以得到与截距、梯度相关的其他很多 AVO 属性，如横波反射系数、伪泊松比、各种加权属性剖面等，甚至某些后续属性能够进一步突出含油气异常。

(2) $R_p$—$R_s$ 交会分析技术。

$R_p$—$R_s$ 分析方法以 Aki-Richards 方程为基础，通过 $R_p$—$R_s$ 分析得到纵波反射系数、横波反射系数、伪泊松比、流体因子等多种 AVO 属性参数。

假设在 Aki-Richards 方程中取 $v_p/v_s = 2$，则：

$$G = \frac{1}{2}\frac{\Delta v_p}{v_p} - 4\left(\frac{v_s}{v_p}\right)^2 \frac{\Delta v_s}{v_s} - 2\left(\frac{v_s}{v_p}\right)^2 \frac{\Delta \rho}{\rho} = R_p - 2R_s \tag{6-37}$$

其中：
$$R_s = \frac{1}{2}\left(\frac{\Delta v_s}{v_s} + \frac{\Delta \rho}{\rho}\right)$$

因此，横波反射系数（$R_s$）可以按下式估算：

$$R_s = \frac{1}{2}(R_p - G) \tag{6-38}$$

利用 $R_p$—$R_s$ 求出流体因子 $\Delta F$ 进行气水识别，其公式为：

$$\Delta F = \frac{\Delta v_p}{v_p} - \alpha \frac{v_s}{v_p}\frac{\Delta v_s}{v_s} \tag{6-39}$$

式中 $\alpha$——泥岩线系数。

流体因子利用了横波信息对流体不敏感的性质。从包含流体和储层性质的纵波中，除去由储层物性变化带来的横波信息，得到反应流体的地震信息，一般可以直观地反应含流体的变化情况。对于含水砂岩流体因子接近于 0，而含气砂岩的流体因子的绝对值很大。由于横波速度不受流体影响，而纵波速度则随流体变化而改变，因此，较厚的砂岩含气后，$\Delta v_p/v_p$ 增大，$\Delta v_s/v_s$ 则变化不大，因此，流体因子增大。流体因子在含气砂岩顶部为负值，底部为正值，能较好反应气层的位置。

流体因子方法检测含气性只能回答有无的问题，当含气饱和度大于 5%时，其流体因子特征几乎一样。因此，很难通过流体因子参数来确定含气的级别。

(3) PR-NI 彩色交会分析。

1995 年，Verm 和 Hilterman 将 Shuey 方程进一步简化，在 $v_s/v_p = 1/2$，入射角小于 30°的假设条件下，Shuey 方程可以进一步简化为：

$$R(\theta) = NI \cos(2\theta) + PR\sin(2\theta) \tag{6-40}$$

式中 $R(\theta)$——入射角为 $\theta$ 时的反射振幅；
NI——垂直入射反射系数；
PR——泊松比反射率。

泊松比反射率和垂直入射反射系数两种 AVO 属性进行交会分析时，是把 NI（主要反映岩性信息）和 PR（主要反映流体信息）两种属性交会，并把岩性和流体信息同时反映在一个彩色剖面上。通过精细的交会图解释，就可以较可靠地确定含气储层的分布。如图 6-23 所示，NI 和 PR 交会图能够较好地识别岩性和流体性质。

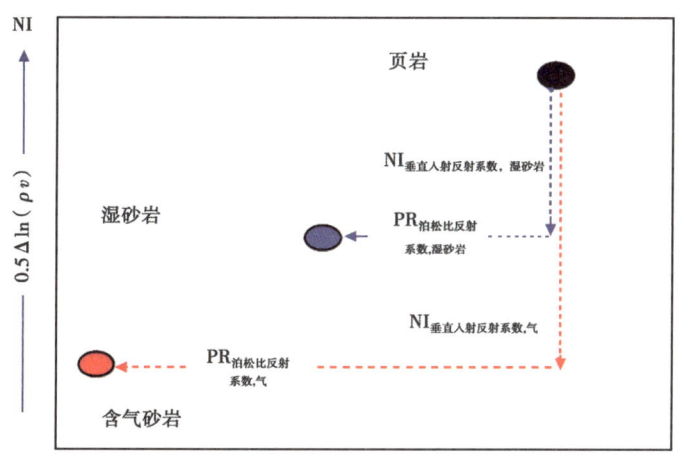

图 6-23　叠前 AVO 属性 PR 和 NI 交会（据 Hilterman，2001）

图 6-24 是塔中某区的 AVO 分析图，ZG1 钻遇强振幅带，高、低部位有不同的 AVO 特征。在已钻探的低部位，振幅虽然更强，但是其变化趋势是由弱到强；而高部位则是由强到弱，与已经被钻探证实获得油气的 ZG5 井一致，因此，ZG1 所钻遇的强振幅带（目的层），很可能是高部位含油气、低部位含水。

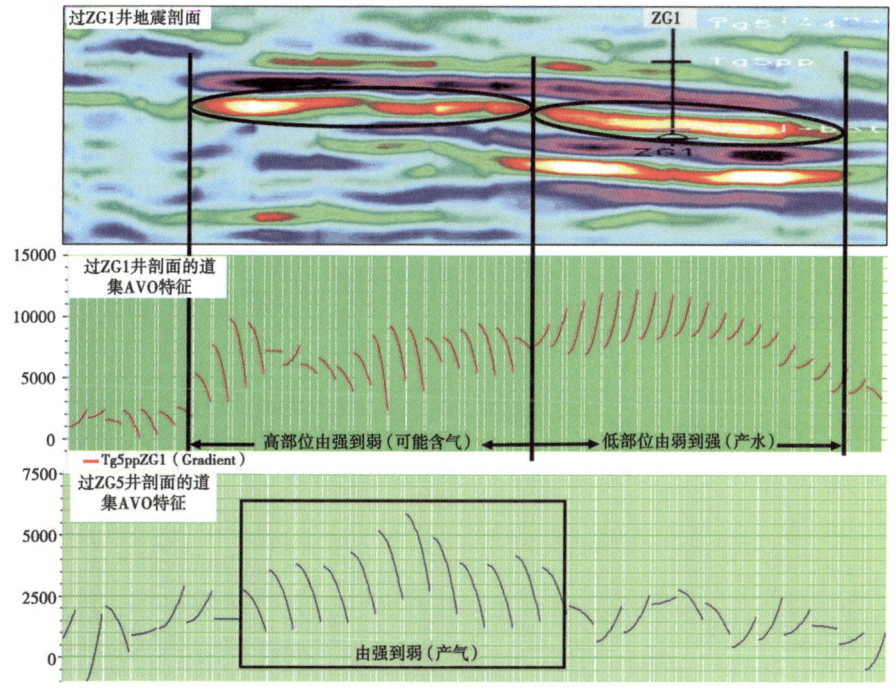

图 6-24　ZG1 和 ZG5 道集 AVO 特征分析

对于碳酸盐岩储层，由于碳酸盐岩孔洞的充填物、流体以及围岩接触关系的不同，在不同区域，同一种 AVO 现象不一定代表相同的地质情况，因此，对每一个区块进行 AVO 研究时，首先必须利用测井资料进行 AVO 正演，明确研究目标区的 AVO 响应特征，才能进行下一步分析。

#### 6.6.3.2 弹性阻抗反演技术

弹性阻抗是声波阻抗的推广，它是纵波速度、横波速度、密度以及入射角的函数。可以简单地表示为：

$$R(\theta) = \frac{E_2 - E_1}{E_2 + E_1} \tag{6-41}$$

式中 $E_1$，$E_2$——分别为地震波能量传播时反射界面上、下两层介质的弹性阻抗，是纵波速度 $v_p$、横波速度 $v_s$、密度 $\rho$ 以及入射角 $\theta$ 的函数；

$R(\theta)$——以 $\theta$ 角入射时的反射系数。

在应用中，把经过叠前精细保幅处理和偏移的共反射点道集，分成多个入射角叠加，形成不同入射角剖面，将 3 个及以上不同入射角剖面分别进行子波提取和叠后（弹性）阻抗反演，得到不同角度下的弹性阻抗 EI($\theta_1$)、EI($\theta_2$)、EI($\theta_3$)，并形成方程组，就可以联合求出纵、横波速度及密度了。弹性阻抗反演能有效地解决地震子波随炮检距变化的问题，得到不同入射角的波阻抗，即弹性阻抗；这是以另一种方式来表示 AVO 信息的方法。通过联合求解岩石物理参数后，可以进一步开展多信息交会进行岩性和含油气性的综合解释。

将弹性阻抗的表达式加以变换，可以分离出纵波阻抗和变化梯度两部分：

$$\text{EI} = v_p^{1+\tan^2\theta} v_s^{-8K\sin^2\theta} \rho^{1-4K\sin^2\theta} = \text{AI} \cdot f_{(S_g, \theta)} \tag{6-42}$$

式中 $K$——纵横波速度比的平方；

AI——纵波阻抗。

其中 $f_{(S_g, \theta)}$ 是流体项，它与孔隙度和流体饱和度有密切的关系，这里称为弹性阻抗系数（Hong Cao，Zhifang Yang，Yonggen Li，2008）。

图 6-25 显示了气层和微气层不同入射角弹性阻抗系数的变化特征，不同含气饱和度对

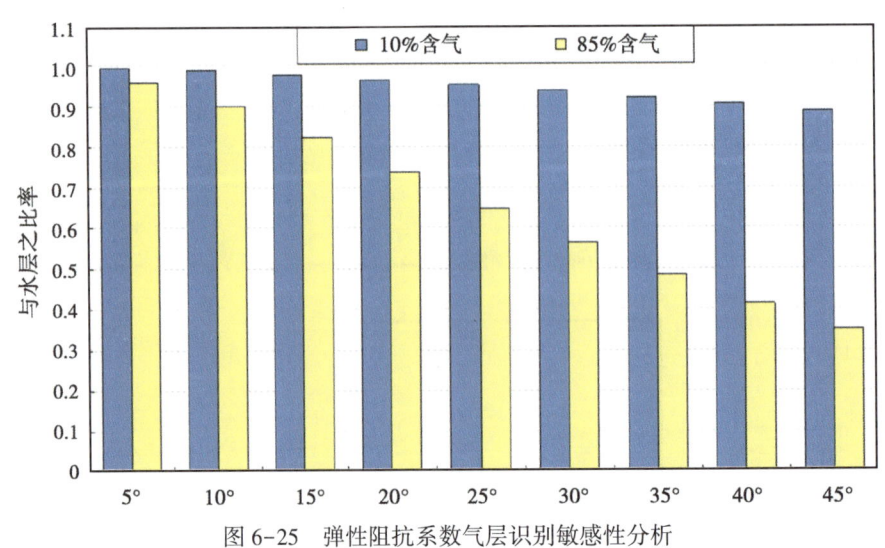

图 6-25 弹性阻抗系数气层识别敏感性分析

应的弹性阻抗变化梯度不同，弹性阻抗系数可以在小的入射角的情况下，能有效检测气层。根据岩心测试结果，随着入射角增大，气层与微气层的差异越来越大。实际资料通常入射角是 20°~30°，计算的气层（85%含气）与微气层（10%含气）的弹性阻抗系数差异表现在 20°时为 22.8%，30°时为 37.4%。因此，利用弹性阻抗系数能较好地识别气层。

### 6.6.3.3 叠前同步反演技术

叠前同步反演就是利用不同角道集的地震数据、层位数据、测井数据进行同时反演，直接得到纵、横波阻抗和密度。与上述叠前弹性阻抗反演比，理论上并没有本质区别，仅是不用先进行不同角度弹性阻抗反演，再解联合方程，而是一步到位。叠前同步反演方法输入角道集，同时反演得到纵、横波阻抗及密度等数据。该方法可有效降低分角度纵波弹性阻抗反演的非唯一性，具有全局优化、算法稳定、质量控制手段多、抗噪能力强的优点，目前使用更为广泛。

实际资料的应用表明，叠前反演的结果要比常规声波阻抗反演更准确一些。图 6-26 (b) 是 TZ 某井区叠前同步反演所得波阻抗平面图，图 6-26 (a) 为常规波阻抗反演平面图。对比可见两者规律大体一致，但叠前反演结果指示的有利区更少一些，与本区东部断层不发育相吻合；同时与钻井揭示的储层发育规律吻合度也较高。

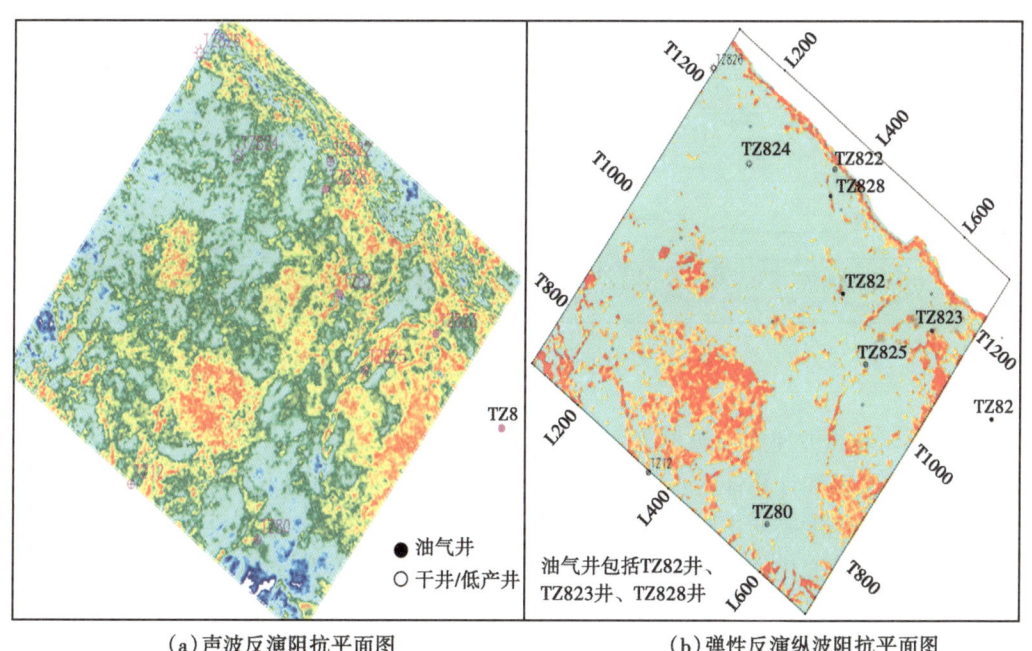

(a) 声波反演阻抗平面图　　(b) 弹性反演纵波阻抗平面图

图 6-26　TZ 某井区叠前同步反演所得纵波阻抗与声波阻抗反演平面图对比

通过波阻抗或弹性参数的反演，就可以定量预测储层物性参数。通常利用测井数据对相关参数进行交会分析，建立弹性参数与物性之间的相关性，并在测井数据的约束下进行转换。

叠前同步反演涉及参数较多，这些参数主要用来控制所反演的弹性参数类型（包括纵波阻抗、横波阻抗、纵波速度、横波速度、密度和纵横波速度比等），反演所采用的方程、反演的约束条件、各种参数的相对稳定性（如纵波阻抗的相对稳定性、横波阻抗的相对稳定性等），以及模型信息融入程度等。因此在反演时需要加强对这些参数的监控，提高反演质量。

单一弹性参数利用了储层或含气性某个方面的地震响应特征进行储层和含气性预测，但预测结果多解性较强。将不同的弹性参数进行交会，寻找不同弹性参数共同反映储层或含气性的地震响应特征，进行岩性和含气性预测，可以降低预测的多解性。

（1）不同角度的弹性阻抗交会。

单个角度的弹性阻抗对岩性和含气性具有一定的识别能力，不同角度的弹性阻抗交会对岩性和气层具有更好的识别能力。图6-27是某测线不同角度弹性阻抗反演和交会的结果。比较小入射角和大入射角的弹性阻抗，可以发现在ZHAO23井处，目的层段随着角度的增大弹性阻抗减小。在弹性阻抗交会剖面上，ZHAO23井附近，目的层段出现异常（黑色），表明该区含气的可能性较大。钻探结果表明，该井在目的层段获得了高产工业气流。

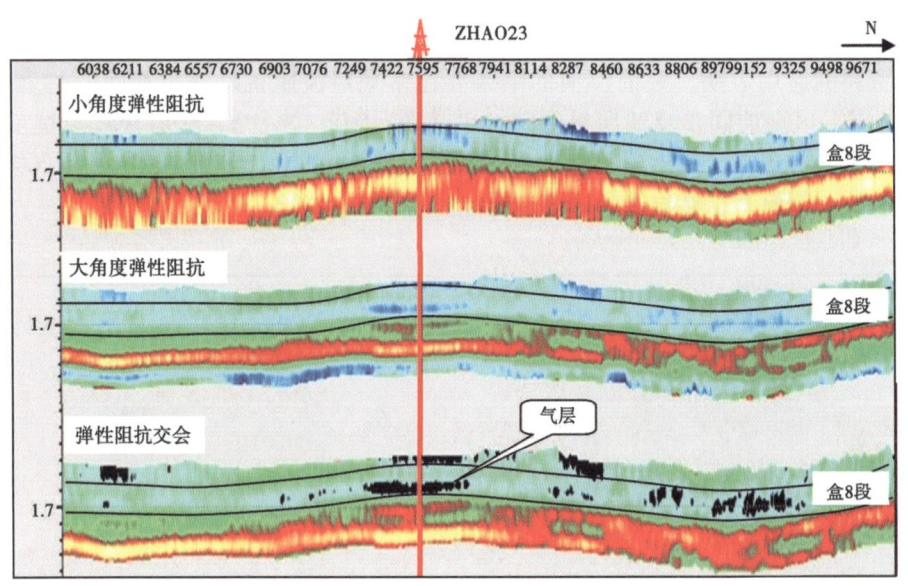

图6-27　不同角度弹性阻抗交会剖面

（2）泊松比与纵波速度（纵波阻抗）交会。

通过大量的实验和计算证实：影响反射振幅随炮检距变化的最主要因素是上下层的泊松比，其次是速度。速度差异主要决定了零入射角时反射振幅的大小与极性，泊松比差异是影响反射振幅随炮检距变化的根本原因。因此，AVO响应实际是地层泊松比异常的反映。换句话说，只要界面两侧介质的泊松比有所变化，就可能产生AVO异常。

图6-28为某区一口工业气井目的层段不同岩性的泊松比与纵波阻抗的交会图。从交会图上可以看出，砂岩与泥岩的泊松比值域区间基本不重叠，含气砂岩，特别是致密气层与干砂岩的泊松比有小部分重叠，但整体上含气砂岩与干砂岩的泊松比能够区分。由此表明，在该区的目的层段，利用岩石的泊松比参数能够区分岩性、预测储层的含气性；纵波阻抗能够反映储层的致密程度，泊松比与纵波阻抗交会能够预测有效储层。

（3）拉梅常数乘密度（$\lambda_\rho$）与剪切模量乘密度（$\mu_\rho$）交会

从弹性参数的敏感性分析可知，$\lambda_\rho$、$\mu_\rho$对有效储层比较敏感。利用$\lambda_\rho$—$\mu_\rho$的交会，可以更好地区分有效储层。利用测井资料，进行$\lambda_\rho$—$\mu_\rho$的交会分析。在交会图上，选取合适的$\lambda_\rho$—$\mu_\rho$分布范围，建立解释有效储层的测井分析模版。为了尽可能地减少非储层干扰、

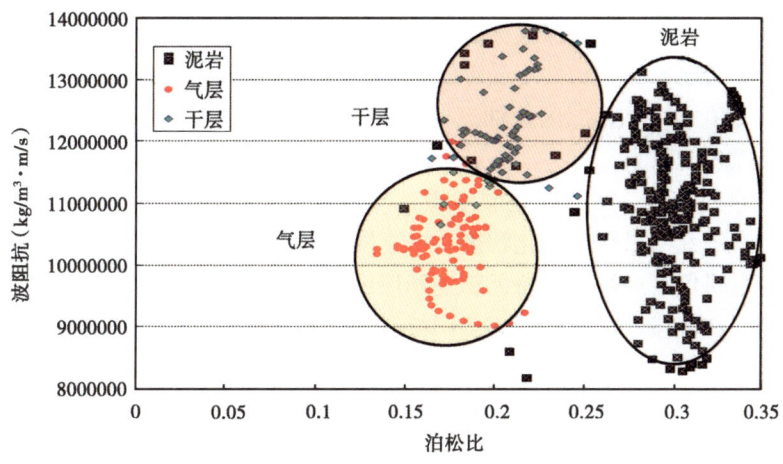

图 6-28 泊松比与波阻抗交会图

准确刻画有效储层,需要进行反复优选。图 6-29 为 $\lambda_\rho$ 和 $\mu_\rho$ 交会分析所得的有效储层结果,与测井解释的吻合情况较好,交会分析模版的可信度较高。

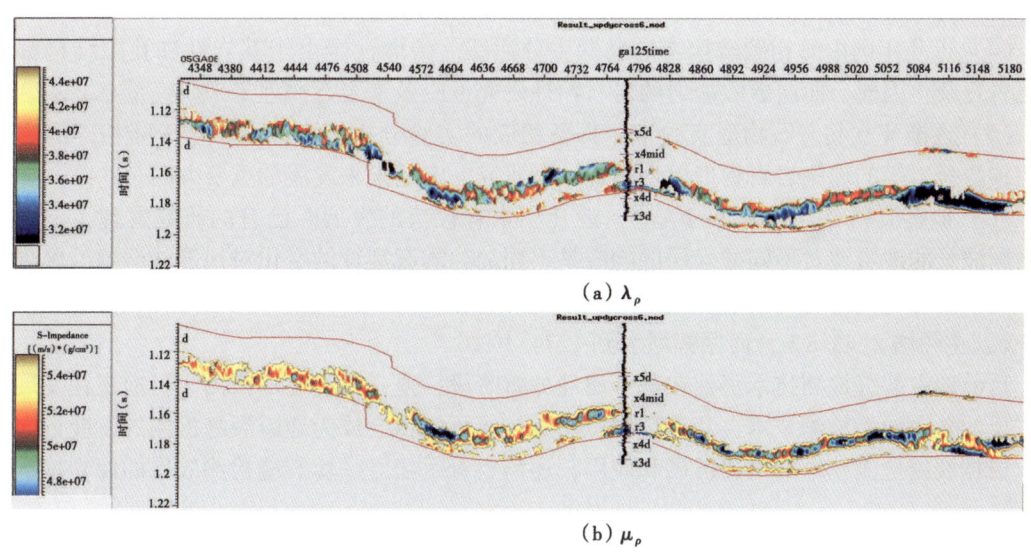

图 6-29 地震数据的 $\lambda_\rho$ 和 $\mu_\rho$ 交会结果剖面

## 6.7 认识与建议

(1)近年来中国石油立足岩性—地层油气藏、前陆盆地冲断带、叠合盆地中下部组合、富油气凹陷(区带)四大勘探领域,通过深化地质认识,发展核心技术,创新工作模式,形成了岩性—地层油气藏勘探地质理论、前陆盆地油气勘探理论、叠合盆地油气勘探理论以及富油气凹陷勘探理论等地质理论,有力地指导了这些领域的油气勘探工作,同时也形成了针对性的精细构造解释技术,在这些领域获得了一批重大发现与突破,油气储量进入了新的增储高峰期。岩性—地层油气藏多具广覆式生烃、大面积成藏、丰度较低但规模较大等特点，是寻找大油气田最现实、最重要的领域之一；前陆盆地冲断带具有优越的成藏条件，勘探程度总体较低，是实现油气勘探大突破、大发现的重要领域；叠合盆地中下部组合发育碳酸盐岩、火山岩等储层，储集物性不受埋深限制，油气资源仍有较好的经济性，是油气勘探实现大发展的重要领域；成熟探区富油气凹陷（区带）仍然存在大量尚未认知的新区、新带、新领域，勘探潜力巨大。

（2）从三维空间着眼，将层序地层学理论与高精度三维地震技术有机结合，能够大大地提高层序地层学研究结果的定量化程度。由于陆相盆地沉积体规模小、沉积相横向变化较快，需要从三维空间角度进行沉积特征识别和层序划分。二维地震资料由于测线不可能完全垂直于构造走向，在偏移中难以实现完全归位，即使测线完全垂直于构造走向，也不能消除侧反射干涉引起的假象，使得二维资料一般品质较差，甚至不易识别出层序边界和体系域边界。高精度三维地震资料能够较好地消除偏移归位问题，通过不同方向地震切片的分析，可以更为准确地识别层序和体系域边界及沉积体在三维空间的分布特点。特别是相干体技术和三维可视化技术的应用，可以提高层序解释的精度。因此，开发和应用定量化高精度三维地震层序分析技术，是层序地层学发展的重要方向之一。

（3）目前的岩石物理模型主要是基于高孔隙度砂泥岩的岩石，对于我国陆相砂泥岩地层来说，中低孔隙度为主要储层。因此，相对致密砂岩储层的岩石物理研究应该是重要的研究方向。

（4）近几年国内海相碳酸盐岩的勘探十分活跃。碳酸盐岩由于其岩性和孔隙结构都较砂泥岩复杂，因此，面向碳酸盐岩的岩石物理研究也应该是岩石物理未来研究重点之一。

（5）逐渐建立起岩石物理实验室，具备相应的实验分析能力，以及基于陆相碎屑岩和海相碳酸盐岩等的理论岩石物理模型的进一步研究一定是未来发展的重要方向。

（6）地震波场对岩层裂缝的响应，近几年来有较快的发展。已有的研究发现，不同频率不同波长的地震波对不同的岩层的响应是不同的，岩石裂缝的变化对地震波振幅的影响是最大的。已有的实验研究发现，当岩石的裂缝张开度减小约 $7\mu m$ 时，地震波的速度大约增加4%，主频增大43.8%，而振幅增大到1274.4%。

目前地震裂缝检测技术仍处在基于属性分析阶段，是一种定性的预测。目前正在发展的分方位的各向异性检测技术，乃至全方位检测技术可能将会成为地震裂缝检测的发展方向。

根据裂缝检测技术的迅速发展和应用，还需要着手建立一套裂缝检测效果的评判标准和规定。

# 后　　语

　　发展无止境，勘探永不息。油气勘探从构造向复杂岩性、从中浅层向深层、从常规向非常规、从陆地和过渡带向深海、从常规地表向极地延伸，油气勘探需求促进了地球物理技术的持续飞速发展。三维地震技术已从21世纪初的几百道发展到现在的千道、几千道、几万道，不同的地质需求催生了常规三维地震、高分辨率三维地震、二次三维、高精度三维地震等技术的研究和发展，但对于高精度三维地震技术的定义一直比较模糊。本书主要是对21世纪前十年所形成的高精度三维地震技术的归纳总结，从2005年开始编撰的多年时间里，笔者追踪地震技术的发展，对高精度三维地震的含义和技术内涵进行了不断的修正，在传统三维地震基础上以完成地质任务为前提，以强化采集参数为基础，精心应用各种处理新技术、新软件为手段，获得高分辨率、高精度的地震资料，使其具有高信噪比、高分辨率、高保真度的特征。

　　本书针对获得高信噪比、高分辨率、高保真度的地震资料，对地震波激发论及偏少，主要对优化采集观测系统和接收条件、做好表层调查及静校正、高精度资料处理、高精度资料解释的几个关键步骤进行了阐述。应该看到，近几年随着深层、深海、致密油气、非常规油气领域勘探需求的强劲增长，物探技术得到了前所未有的快速发展，高密度、全数字、多波、四维、井地联采、微地震、"两宽一高"（宽频、宽方位，高覆盖）等采集技术，单程波、双程波、双波偏移、分方位处理、全方位处理等处理技术，多孔多结构岩石物理、叠前波动方程反演、全波形反演、地应力预测、岩石脆性预测、有机碳含量预测等解释技术的攻关研究和应用如火如荼，在复杂构造成像、复杂储层预测、非常规油气储层研究、水平井设计等方面见到了良好效果，由于篇幅和水平有限，本书未做一一赘述。

　　展望未来，我国油气勘探开发对象面对资源品质劣质化、油气目标复杂化、安全环保严格化等严峻挑战，全球油气勘探开发趋势正从常规油气藏向低渗透、非常规发展，从陆地向海洋发展，从浅层向深层、超深层发展，待开发油气资源主要集中在低渗透、深层油气藏、海洋油气藏、非常规油气藏等领域。资源品质越差，对工程技术的需求越大，面对"深、低、海、非"勘探开发新形势，物探技术遇到了新的挑战。低频激发，宽频接收，超万道无线随机观测，高精度的储层预测和流体识别，各向异性分析，储层与岩石物理准确的"甜点"预测，微裂缝发育带预测，有机碳含量预测，岩石脆性预测和地应力预测，全波形反演，全弹性波叠前深度偏移等技术必将成为未来研究的热点，也将进一步促进高精度三维地震技术的发展，并使其得到不断的丰富和完善。

# 致　　谢

在 40 多年的地球物理勘探工作过程中，特别感谢苏盛甫、孟尔盛、李庆忠、袁秉衡、陆邦干、陈祖传、马在田、俞寿鹏、牛毓荃、赵忠全、程金葳、渥·伊尔马滋等前辈和专家的教诲和指导。

在本书多年的编著当中，特别感谢刘怀山、李明、张研、董世泰、张颖、刘连生、詹仕凡、罗富龙、符力耘、杜启振、狄帮让、彭蓉、卢明辉、王云雷等教授和专家的支持和鼓励！

最后，要对编著此书给予大力帮助的中国海洋大学地球科学学院、中国石油勘探开发研究院物探技术研究所、中国石油咨询中心勘探部的同志们表示衷心的感谢！

## 参 考 文 献

杜世通，宋建国，孙夕平. 2010. 地震储层解释解析技术［M］. 北京：石油工业出版社.

韩文功，印兴耀，王兴谋. 2006. 地震技术新进展［M］. 东营：中国石油大学出版社.

韩文功，于静，张怀榜，等. 2011. 干扰波调查方法在高密度地震采集中的应用［J］. 石油物探，50（5）：499-507.

何登发，Suppe J，贾承造. 2005. 断层相关褶皱理论与应用研究新进展［J］. 地学前缘，12（4）：353-364.

何樵登. 1988. 三维地震勘探技术［M］. 长春：吉林大学出版社.

李庆忠. 1993. 走向精确勘探的道路［M］. 北京：石油工业出版社.

李庆忠，张进，2006. 岩性油气田勘探——河道砂储层的研究方法. 青岛：中国海洋大学出版社.

Gjis J. O. 弗米尔. 2008. 三维地震勘探设计［M］. 李培明，何永清，译. 北京：石油工业出版社.

Kelly M，曾忠，阎世信. 2002. AVO 反演：求取岩石特性差异［J］. 勘探地球物理进展，25（4）：71-78.

刘洪，孟凡林，李幼铭. 1995. 计算最小走时和射线路径的界面网全局方法［J］. 地球物理学报，38（6）：823-832.

刘丽峰，杨怀义，蒋多元，等. 2006. 三维精细构造解释的方法流程和关键技术［J］. 地球物理学进展，21（3）：864-871.

陆基孟，王永刚. 2011. 地震勘探原理［M］. 东营：中国石油大学出版社.

吕公河，张光德，尚应军，等. 2010. 胜利油田高精度三维地震采集技术实践与认识［J］. 石油物探，49（6）：562-572.

马在田. 1989. 地震成像技术：有限差分法偏移［M］. 北京：石油工业出版社.

牛嘉玉，侯启军，祝永军，等. 2006. 岩性和地层油气藏地质与勘探［M］. 北京：石油工业出版社.

钱荣钧. 2011. 地震反射波法的几个问题［M］. 北京：石油工业出版社.

R E 谢里夫，L P 吉尔达特. 1999. 勘探地震学（上册）. 二版［M］. 北京：石油工业出版社.

田忠斌. 2010. 高精度三维地震勘探关键技术研究及应用［J］. 中国煤炭地质，22（3）：44-49.

王永生. 2011. 高精度三维地震勘探关键技术概述［J］. 中国石油和化工标准与质量，31（5）：171.

魏伟，符力耘，蒋韬. 2009. 复杂构造三维地震观测系统设计的共聚焦分辨率分析［J］. 地球物理学报，52（5）：1310-1317.

渥·伊尔马滋. 2006. 地震资料分析——地震资料处理、反演和解释［M］. 刘怀山，曹孟起，张进，等译. 北京：石油工业出版社.

熊翥. 2006. 21 世纪初中期油气地球物理技术展望［M］. 北京：石油工业出版社.

熊翥. 2002. 复杂地区地震数据处理思路［M］. 北京：石油工业出版社.

阎世信，程树堂. 1991. SDZ-120 型数字地震仪的前置滤波及剖面处理［J］. 石油地球物理勘探，26（3）：361-371.

阎世信，刘怀山，姚雪根. 2000. 山地地球物理勘探技术［M］. 北京：石油工业出版社.

阎世信，吕其鹏. 2000. 黄土塬地震勘探技术［M］北京：石油工业出版社.

阎世信，谢文导. 1998. 三维地震观测方式应用的几点意见［J］. 石油地球物理勘探，33（6）：787-795.

阎世信. 1986. 冀中拗陷榆科地区的野外地震方法［J］. 石油地球物理勘探，21（1）：54-64.

阎世信. 2001. 黄土塬弯线高分辨率地震勘探技术及应用［C］//石油勘探工程技术论文集（物探）. 北京：石油工业出版社.

阎世信. 2004. 中油股份公司勘探开发物探技术需求［C］//勘探生产工程技术座谈会大会技术报告集. 北京：石油工业出版社.

俞寿鹏. 1993. 高分辨率地震勘探［M］. 北京：石油工业出版社.

云美厚. 2005. 地震分辨率［J］. 勘探地球物理进展，28（1）：12-18.

曾忠，阎世信，魏修成，等. 2003. 苏里格气田地震预测技术效果分析及对策［J］. 石油勘探与开发，30

（6）：63-67.

张守信. 1989. 理论地层学——现代地层学概念［M］. 北京：科学出版社.

赵诚亮，李瑞，邓雁，等. 2011. 裂缝性储层地震识别技术［J］. 天然气技术与经济，5（1）：17-20.

赵殿栋. 2009. 高精度地震勘探技术发展回顾与展望［J］. 石油物探，48（5）：425-435.

赵文智. 2006. 石油地质理论与方法进展［M］. 北京：石油工业出版社.

赵政璋，赵贤正，何海清. 2005. 中国石油近五年油气勘探新进展及未来勘探的潜力和方向［C］//中国石油地质年会 2004 年论文集［M］. 北京：石油工业出版社.

中国石化石油物探技术研究院. 2011. 油气地球物理技术新进展：第 79 届 SEG 论文概要［M］. 北京：石油工业出版社.

中国石油勘探与生产分公司. 2005. 地震资料叠前时间偏移处理技术研讨论文集［M］. 北京：石油工业出版社.

中国石油勘探与生产分公司. 2007. 中国石油天然气股份有限公司 2006 年度物探技术攻关论文集［M］. 北京：石油工业出版社.

中国石油天然气集团公司工程技术与市场部. 2005. 物探工程技术交流会论文集［M］. 北京：石油工业出版社.

周星合，乔琳. 2008. 地震勘探中的常见地震干扰波及压制方法［J］. 西部探矿工程，20（11）：138-141.

朱广生，刘瑞林，王庭阁. 1994. 神经网络在油气层横向预测和地震道编辑中的应用［J］. 石油物探，（01）：1-9.

邹才能，张颖，等. 2002. 油气勘探开发实用地震新技术［M］. 北京：石油工业出版社.

Alkhalifah T, Tsvankin I. 1995. Velocity analysis for transversely isotropic media［J］. Geophysics, 60 (5): 1550-1566.

Bancroft J C, Geiger H D. 1994. Equivalent offset CRP gathers［M］//SEG Technical Program Expanded Abstracts 1994. Society of Exploration Geophysicists, 672-675.

Baum G R, Blechschmidt G L, Hardenbol J, et al. 1984. The Maastrichtian/Danian boundary in Alabama: A stratigraphically condensed section［C］//Geological Society of America, Abstracts with Programs. 16 (6): 440.

Biot M A. 1962. Mechanics of deformation and acoustic propagation in porous media［J］. Journal of applied physics, 33 (4): 1482-1498.

Biot M A. 1956. Theory of propagation of elastic waves in a fluid-saturated porous solid. II. Higher frequency range［J］. The Journal of the acoustical Society of America, 28 (2): 179-191.

Brown A R. 1996. Seismic attributes and their classification［J］. The leading edge, 15 (10): 1090.

Brown Jr L F, Fisher W L. 1977. Seismic-stratigraphic interpretation of depositional systems: examples from Brazilian rift and pull-apart Basins: Section 2. Application of seismic reflection configuration to stratigraphic interpretation［J］. American Association of Petroleum Geologists Memoir, 213-248.

Castagna J P, Batzle M L, Eastwood R L. 1985. Relationships between compressional-wave and shear-wave velocities in clastic silicate rocks［J］. Geophysics, 50 (4): 571-581.

Fuchs K, Müller G. 1971. Computation of synthetic seismograms with the reflectivity method and comparison with observations［J］. Geophysical Journal International, 23 (4): 417-433.

Geertsma J, Smit D C. 1961. Some aspects of elastic wave propagation in fluid-saturated porous solids［J］. Geophysics, 26 (2): 169-181.

Han D, Nur A, Morgan F D. 1986. Velocity Measurement and Empirical Modeling in Sandstones［C］//SPWLA 27th Annual Logging Symposium. Society of Petrophysicists and Well-Log Analysts.

Hong Cao, Zhifang Yang, Yonggen Li. 2008. Elastic Impedance Coefficient (EC) for Lithology Discrimination and Gas Detection［J］. SEG Annual Meeting, 1526-1530.

Huang K Y, Yang H Z. 1992. A hybrid neural network for seismic pattern recognition［C］// International Joint

Conference on Neural Networks. IEEE.

Huang K Y, Liu W H, Chang I C. 1989. Hopfield model of neural networks for detection of bright spots [M] //SEG Technical Program Expanded Abstracts 1989. Society of Exploration Geophysicists, 444-446.

Hughes V J, Kennett B L N. 1983. The nature of seismic reflections from coal seams [J]. First Break, 1 (2): 9-18.

Jervey M T. 1988. Quantitative geological modeling of siliciclastic rock sequences and their seismic expression [J].

Krohn C, Ronen S, Deere J, et al. 2008. Introduction to this special section—Seismic Noise [J]. The Leading Edge, 27 (2): 163-165.

McCormack M D. 1991. Neural computing in geophysics [J]. The Leading Edge, 10 (1): 11-15.

Payton, Charles E. 1977. Seismic stratigraphy-applications to hydrocarbon exploration [M]. Tulsa, OK: American Association of Petroleum Geologists

Posamentier H W, Jervey M T, Vail P R. 1988. Eustatic controls on clastic deposition I—conceptual framework [J].

Raymer L L, Hunt E R, Gardner J S. 1980. An improved sonic transit time-to-porosity transform [C] //SPWLA 21st annual logging symposium. Society of Petrophysicists and Well-Log Analysts

Salvini F, Storti F. 2001. The distribution of deformation in parallel fault-related folds with migrating axial surfaces: comparison between fault-propagation and fault-bend folding [J]. Journal of Structural Geology, 23 (1): 25-32.

Sava P, Fomels. 1998. Huygens wavefront tracing: A robust alternative to conventional ray tracing [J]. SEG Technical Program Expanded Abstracts. 101-113.

Sethian J A. 1996. Theory, algorithms, and applications of level set methods for propagating interfaces [J]. Acta Numerica, 5: 309-395.

Shaw J H, Connors C D, Suppe J. 2005. Seismic interpretation of contractional fault-related folds: An AAPG seismic atlas [M]. American Association of Petroleum Geologists.

Suppe J, Medwedeff D A. 1990. Geometry and kinematics of fault-propagation folding [J]. Eclogae Geologicae Helvetiae, 83 (3): 409-454.

Suppe J. 1983. Geometry and kinematics of fault-bend folding [J]. American Journal of science, 283 (7): 684-721.

Thomsen L, Tsvankin I, Mueller M C. 1995. Layer-stripping of azimuthal anisotropy from reflection shear-wave data [M] //SEG Technical Program Expanded Abstracts 1995. Society of Exploration Geophysicists, 289-292.

Tosaya C, Nur A. 1982. Effects of diagenesis and clays on compressional velocities in rocks [J]. Geophysical Research Letters, 9 (1): 5-8.

Tsvankin I, Thomsen L. 1994. Nonhyperbolic reflection moveout in anisotropic media [J]. Geophysics, 59 (8): 1290-1304.

Vail P R, Mitchum Jr R M, Thompson III S. 1977. Seismic stratigraphy and global changes of sea level: Part 3. Relative changes of sea level from Coastal Onlap: section 2. Application of seismic reflection Configuration to Stratigrapic Interpretation [J]. 83-97.

Van Wagoner J C, Mitchum R M, Campion K M, et al. 1990. Siliciclastic sequence stratigraphy in well logs, cores, and outcrops: concepts for high-resolution correlation of time and facies [J]. AAPG.

Van Wagoner J C, Posamentier H W, Mitchum R M J, et al. 1988. An overview of the fundamentals of sequence stratigraphy and key definitions [J]. Soc. Econ. Paleont. Mineral, 42: 39-45.

Van Wagoner J C, Posamentier H W, Mitchum R M. 1988. An overviewof sequence stratigraphy and key definitions [J]. Wil-gus CK, Ross CA, Posamentier H W. Sea level changes: An in-tegrated approach, 42: 39-45.

Weimer R J. 1988. Record of relative sea-level changes, Cretaceous of Western Interior, USA [J].

Wheeler H E. 1966. Systematic Interpretation of Unconformities [J]. AAPG Bulletin, 50 (3): 640-640.

Wilgus, Cheryl K. 1988. Sea Level Changes——An integrated Approach [J]. Tulsa: Society of Economic Paleontologists and Mineralogists.

Williams G, Chapman T. 1983. Strains developed in the hanging walls of thrusts due to their slip/propagation rate: a dislocation model [J]. Journal of Structural Geology, 5 (6): 563-571.

Yang F M, Huang K Y. 1991. Multilayer perceptron for detection of seismic anomalies [M] //SEG Technical Program Expanded Abstracts 1991. Society of Exploration Geophysicists, 309-312.

Yilmaz O, Zhang J, Shixin Y. 2005. Acquisition and processing of large-offset seismic data: A case study from Northwest China [M] //SEG Technical Program Expanded Abstracts 2005. Society of Exploration Geophysicists, 2581-2584.